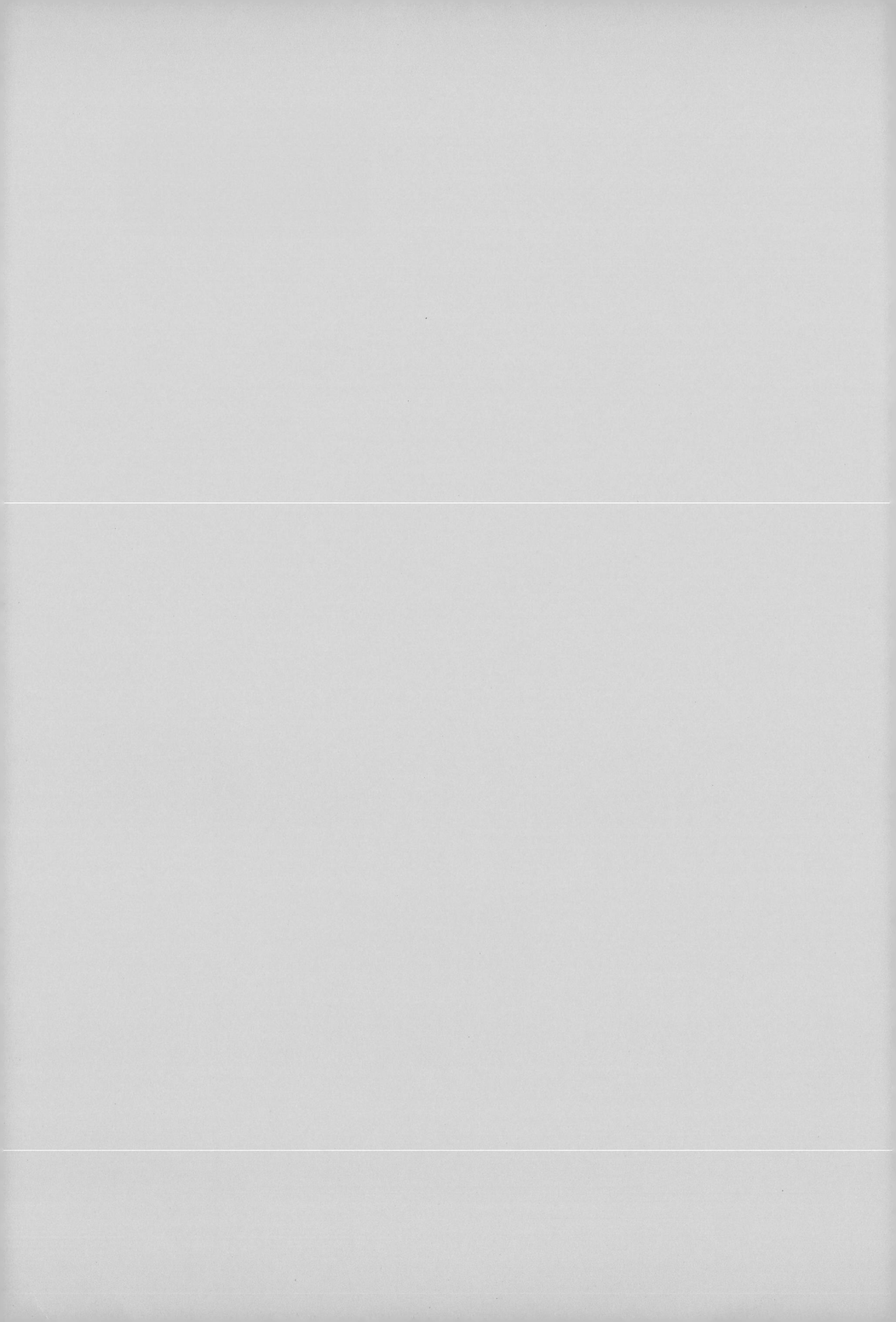

PERMACULTURE

パーマカルチャー
自給自立の農的暮らしに

パーマカルチャー・センター・ジャパン 編

創森社

パーマカルチャーの世界への招待〜序に代えて〜

　パーマカルチャーは、自然を拠りどころとし、自然と折り合いをつけながら、私たち人間が地球上で持続的に生きていくライフスタイルを基本とするものです。農業、それも多くの化学肥料、化学農薬を投じる慣行農業でなく、より自然の成り立ち、仕組みを理解し、重視する永続可能な農業を基盤としながら、林業、水産業、建築、文化、健康、環境、地域社会のあり方まで暮らし全体の問題を領域としています。

　もともとパーマカルチャーという言葉は、パーマネント（permanent 永久の、永続する）とアグリカルチャー（agriculture 農業）、さらに文化（culture）を組み合わせたもの。持続可能な農業を基礎とする永続可能な文化を意味しています。

　パーマカルチャーは、1970年代、オーストラリアのタスマニア大学で教鞭をとっていたビル・モリソンと当時、彼のもとで学んでいたデビット・ホルムグレンが体系化し、実践、提唱した考え方。この考え方を実際に組み立ててデザインし、取り組んでいくうえで基本となるのは、基礎（感性、伝統文化、科学）と倫理（地球への配慮、人間への配慮、余剰物の共有、そして本書では自己への配慮を新たに追加）、さらに原則（循環性、多重性、多様性、合理性）です（本文の第1章、第5章で詳述）。これらを基本としながらも、それに従うのではなく自分なりに解釈し、実践しながら育てていくことが大切です。

　既存の価値体系が、根本から問い直されようとしている現代。市場原理優先で農作物の単一化が進み、大規模化してしまった農業をはじめとする様々な人間の行為により自然破壊が行われ、ついには地球環境そのものが危うくなっています。このまま手をこまねいていたのでは、自然環境はもとより、人間社会の存続が危うくなるのは自明の理です。持続可能な社会を築く手だてとして、パーマカルチャーが世界各地で個人、地域を主体に着実に広がっているゆえんともいえるでしょう。

　さて、日本の文化や風土に適合したパーマカルチャーを創造しながら日本各地に普及するため、パーマカルチャー・センター・ジャパン（PCCJ）を設立したのが1996年。神奈川県藤野町（現、相模原市緑区）を拠点に長年にわたって塾形式で座学や実習を繰り広げ、価値観を共有する方々との交流をはかったり、ネットワークの輪を広げたりしてきています。パーマカルチャーの考えを推し進めていくなかで、実際パーマカルチャーは自然と対峙し、自然を克服するという西欧的な思想より、むしろ人間はいくら抗（あらが）っても自然の一部にしかすぎないと捉え、自然に対して畏敬の念をもって接するという日本古来の思想と深い結びつきがあることを日々、実感しています。

　本書は日本の風土において、パーマカルチャーの考え方、取り組み方の基本が分かる手引書、普及本になることを企図し、編纂したものです。本書の刊行にあたり、ビル・モリソン、デビット・ホルムグレンの両氏はもとより、お力添えをいただいた多くの協力者、関係者の方々に深甚なる謝意を表します。

NPO法人 パーマカルチャー・センター・ジャパン（PCCJ）

パーマカルチャー〜自給自立の農的暮らしに〜――――もくじ

パーマカルチャーの世界への招待〜序に代えて〜　パーマカルチャー・センター・ジャパン　1

第1章　いま、なぜパーマカルチャーが必要とされているか　9

◆パーマカルチャーが目指す世界　設楽清和　――――10

忘れてしまったものを取り戻すために――――10
パーマカルチャーの語源と目指すもの――――11
　パーマカルチャーの言葉の意味　11　　基礎となるものと倫理観　11
パーマカルチャーが生まれた時代背景――――12
一人ひとりが変われば社会も変わる――――12

◆パーマカルチャーの原則　設楽清和　――――13

自然が自らを永続可能にしている仕組みと原則――――13
原則その1　循環――――14
　循環の仕組み　14　　栄養分の循環　16　　水の循環　17
　エネルギーの再生・利用　19　　情報の循環　20
原則その2　多重性――――21
　空間の多重性　21　　時間の多重性　23　　機能の多重性　24
　拠りどころの多重性　26
原則その3　多様性――――28
　多様な関係性　28　　エッジづくりの手法　28
原則その4　合理性――――30
　合理と不合理　30　　ゾーニングの手法　30　　自然資源の利用　32

第2章　パーマカルチャーのデザインと実践のための基本　35

◆パーマカルチャーによる農場の概念とデザイン　設楽清和　――――36

目指すのは森のような農場――――36
　森の構造的な特徴　36　　森のシステム的な特徴　36
農場づくりの基本的な考え方――――37
農場のデザイン――――37
　システムデザイン　39　　敷地のデザイン　46
　ゾーニングによるデザイン　48

要素の確定と配置——— 49
　　　　要素確定のための考え方　50　　配置の考え方　50
　　安定しながら変化をさせるイメージで——— 50

◆農場づくりの実践　設楽清和　　　　　　　　　　　　　　　　　　　　　　51

　　マルチの効果と方法——— 51
　　　　マルチの効能　51　　積層マルチの方法　52
　　生物的防除（害虫および病気対策）——— 52
　　コンパニオンプランティング——— 56
　　ギルドづくり——— 64
　　　　一年草類中心のギルド（畑のギルド）　64　　樹木中心のギルド　64
　　在来種・固定種の種採り——— 66
　　キーホールガーデンなど——— 67
　　チキンドーム——— 70
　　　　ニワトリを飼う場合の注意事項　70　　チキンドームの特徴　70
　　　　チキンドームのつくり方　70　　チキンドームの使い方と飼い方　74
　　コンポストトイレ——— 74
　　　　コンポストトイレの仕組み　74　　コンポストトイレのつくり方　75
　　　　コンポストトイレの使い方　76
　　落ち葉集め——— 77
　　　　落ち葉集めの必須アイテム　77　　落ち葉集めの注意点　78　　落ち葉の集め方　79
　　　　落ち葉の使い方　79　　踏み込み温床と簡易ミニ温床づくり　79
　　野生動物との棲み分け——— 82
　　　　イノシシ　82　　ハクビシン　83　　アナグマ　84　　イタチ　84

◆植物コミュニティのデザイン　設楽清和　　　　　　　　　　　　　　　　　85

　　生育に適した光の強さ——— 85
　　根の張り方——— 86
　　栄養分の供給——— 86
　　　　窒素　86　　リン酸・カリウム　87
　　生長速度と大きさ——— 87
　　相性の良し悪しとアレロパシー——— 88
　　　　相性の良し悪し　88　　アレロパシーへの注意　88

◆地域の植物を調べて生かす　池竹則夫　　　　　　　　　　　　　　　　　　89

　　身近な植物に着目する理由——— 89
　　　　生態系と人間生活の変遷　89　　なぜ植物か　90　　本来の「生きる力」を取り戻す　90
　　植物資源の利用価値——— 91

植物は環境を把握するための指標―――92
　　土地の状態　93　　気候条件　97　　地歴　99　　環境汚染の程度が分かる　100
　植物は衣食住の資源―――102
　　衣の資源　102　　食の資源　102　　住の資源　104
　植物の種類を見分けるために―――106
　　野外観察の機会をもとう　106　　五感で植物に接してみる　110
　　思わぬ被害者・加害者にならないために　111

◆農業と土壌と土壌生物の世界　設楽清和　四井真治　―――113

　作物栽培を支える七つの世界―――113
　　土壌の働き　113　　土壌の生成過程　114　　よい土壌の条件　114
　　日本の土壌　114　　土壌生物　116　　有機物の働き　116
　土壌の生産力―――117
　　土壌栄養分と気候　117　　土中生物の働き　118　　好気性菌と嫌気性菌　119
　　有機物の分解と窒素　120　　植物による栄養分の吸収　122
　　近代農業の間違い　123　　永続可能な農業へ　124
　コンポストづくりの基本―――125
　　コンポストづくりは循環づくり　125
　　動物や微生物の力を借りて有機物を分解する仕組み　126　　ミミズコンポスト　128
　　微生物コンポスト　129　　ボカシ肥のつくり方　130

◆水系のデザイン　神谷 博　―――131

　大きな水循環・小さな水循環―――131
　　地球水循環　131　　地域水循環　132　　水系の種類と水系区分　132
　　生きものの水循環　133
　雨・大気の水系―――133
　　雨の降り方と地域差　135　　雨の活用　135　　雨の水質　135
　　雨の集め方と溜め方　136
　川・地表の水系―――136
　　川の性格と種類　136　　水路と堰・水車などの活用　137
　　丘陵地や傾斜地の水制御　138　　砂防と森林の水　138　　洪水・浸水への対処　139
　湖沼・地表の水系―――139
　　池と沼　139　　湿地　140　　ため池と遊水池　140
　水みち・地下の水系―――140
　　湧水と地下水　140　　湧水のタイプ　141　　地下水の種類と分布　141
　　水みちの種類　142　　水みちの捉え方　142　　水みちの制御　143
　　井戸のつくり方　143

◆パーマカルチャーのデザインに生かすための自然観察　田畑伊織 ── 145

　はじめに〜土地の声に耳を傾ける〜── 145
　場所の感覚をみがく〜Think planetary〜── 146
　風景を見る〜地域の全体像を捉える〜── 147
　森を外から見る〜木の種類を見る〜── 148
　森を中から見る〜森のつくりを見る〜── 151
　時間を追って見る〜森の成長を見る〜── 152
　まとめに代えて〜 Act locally 〜── 155

◆自然エネルギーのデザイン　今井雅晴 ── 156

　パーマカルチャーの自然エネルギーデザイン── 156
　エネルギー供給の現状── 157
　自然エネルギーのデザイン── 159
　　生活スタイルに合わせた工夫　159　　エネルギーを捉える工夫　160
　　太陽光発電　160　　太陽熱エネルギー　161　　風力　162　　小水力発電　163
　　雨水利用　163　　バイオマス利用　164
　富士エコパークビレッヂの事例── 164

◆パーマカルチャーによる家づくり　山田貴宏 ── 168

　足し算からかけ算の建築へ── 168
　血の通った住まい── 169
　家という建物そのものでできること── 170
　　「地産地消」の家づくり　170　　家のまわりの環境との関係性をどう築くか　173
　　住まいのなかで住まい手が積極的にできること　175
　　家という建築物をつくるプロセスでの配慮　176
　住環境づくりから発展するコミュニティ── 177

第3章　パーマカルチャー的暮らしの考え方・取り組み方　179

◆パーマカルチャーにおける「食」のデザイン　村松知子 ── 180

　「食」をデザインする── 180
　3分の1いただく〜生命とのつながりを実感する食〜── 181
　　パーマカルチャーガーデンの営み　181　　生命が支えられるスープ　181
　地域経済によって支えられる暮らし── 182
　　篠原の里カフェ　182　　パンとランチで人々の交流　183
　「自然の恵み」をお裾分けする── 183

一緒に有機農業を支える仕組み　183　　「信頼に基づく経済」の構築　184
　パーマカルチャーデザインの奥にあるもの———184
　　　食を軸に環境負荷を減らす　184　　生命への感謝と畏怖　185
　自分の本当の欲求を知る———186

◆こころとからだづくりの考え方　安珠 ——————————— 187

　混乱の時代の心得———187
　ホリスティック・パラダイムと代替療法———188
　セルフケアの三本柱———189
　　　食生活　189　　運動　190　　休養　190
　メディスンホイールに見るホリスティックケアの知恵———191
　　　身体のケア〜薬草（ハーブ）〜　192　　精神のケア〜瞑想〜　193
　　　霊性のケア〜祈り〜　195　　感情のケア〜支えあう関係性、コミュニティ〜　197
　忘れ去られた「身体と自然」を取り戻す———197
　身体〜気づきを深める媒体〜———198
　　　心と体を一つとして扱う　198　　短時間で微妙な変化を観察　199
　「人間らしく」生きるためのライフスタイルデザイン———200

第4章　「森と風のがっこう」に見るパーマカルチャー　203

◆「森と風のがっこう」に見るパーマカルチャーの取り組み　酒勾 徹 ———204

　自然エネルギーの町、葛巻で———204
　宮沢賢治に惹かれて———204
　　　分校跡を拠点に活動開始　204　　「思い」を寄せ合って真価を発揮　205
　施設づくり———206
　　　みんなの思いを受け入れながら　206　　地域の未利用資源を考慮したデザインに　207
　　　コンポストトイレ　207　　空き缶風呂　208　　排水活用　209　　温室　209
　　　微気象の活用　210　　バイオガス　210　　雨水利用　212　　菜園スペース　213
　　　コンパニオンプランツ　213　　チキントラクター　214　　鶏舎　215
　「もったいない」「ありがたい」「おかげさま」「せっかくですから」———215
　パーマカルチャー講座からカフェづくりへ———216
　　　パーマカルチャー講座　216　　えっ、カフェ？　217　　接縁効果　218
　　　素材は地域の「もったいない」づくし　218
　校庭の緑化に挑戦———220
　　　小さな砂漠　220　　森に向かうエネルギー　221　　パイオニア　221
　自然エネルギーを体感できるエコキャビン———222
　　　楽しく学べるアイディアが盛りだくさん　222　　薪利用　224

エネルギーを実感できる暮らしへ　224
　目指す広場の姿——— 225
　森と風のがっこう　設立趣意書——— 226

第5章 パーマカルチャーへの理解をより深めるために　227

◆パーマカルチャーの基礎をなすもの　設楽清和　————— 228

　創発の能力を覚醒させることから始めよう——— 228
　永続可能な文化の再構築へ向けて——— 229
　　権力の特徴とその排除　229　　基礎をなすもの①「感性」　230
　　基礎をなすもの②「伝統文化」　239　　基礎をなすもの③「科学」　247
　五感で捉える現象——— 251
　　現象①パターン（かたち）　251　　現象②システム（ながれ）　253
　　現象③リズム（ふり）　258

◆パーマカルチャーの倫理　設楽清和　————— 260

　自己に対する配慮——— 260
　　葛藤から「本質のありか」へ　260　　自身を構成し、変容させるもの　261
　地球に対する配慮——— 261
　　生命が自らつくり上げた生きるための空間　261　　森へ帰るということ　262
　　表土を守り、生物が転生する場　263
　人に対する配慮——— 264
　　自由と平等は前提条件　264　　一人ひとりが参加可能にすること　265
　　具体的な形と活動で表現　266
　余剰物の共有——— 266
　　自然は生命を生かしたがっている　266　　百姓とは百のことができる人間　267
　　新しい生活と経済のかたち　268　　労働の経済から仕事の経済へ　269
　　自らの手で生きるパラダイムを築く　271
　永続する文化の創造へ——— 271
　　人間を人間たらしめているもの　271　　生命と文化の永続性の一致点　272
　　すぐれた学と実の体系への参加　273

◇主な参考・引用文献集覧　274
◇パーマカルチャー・インフォメーション　275
◇執筆者プロフィール一覧　278

ヤギ小屋を建築

デザイン────寺田有恒　ビレッジ・ハウス
イラストレーション────宍田利孝
写真協力────三宅 岳　蜂谷秀人　樫山信也
　　　　　　森と風のがっこう　光風林
　　　　　　三戸森弘康　佐藤一成
取材協力────ひきちガーデンサービス
　　　　　　ひょうごの在来種保存会
　　　　　　日本自然農業協会　関野農園
　　　　　　高橋浩昭　土屋喜信　菅野芳秀
編集協力────村田 央
校正────吉田 仁

PERMACULTURE

第1章

いま、なぜパーマカルチャーが必要とされているか

収穫期の野菜いろいろ（パーマカルチャー・センター・ジャパンの農場）

PERMACULTURE

パーマカルチャーが目指す世界

設楽清和

忘れてしまったものを取り戻すために

　現在、私たちが生きる世界は地球温暖化をはじめとした多くの環境問題、農山村の高齢化・過疎化や労働格差といった社会問題などと、数多くのひずみを抱えている。これらの問題は、なぜ発生してしまったのだろうか。

　私たち人間は、自然の一部である。地球上の生命は、すべてがそれぞれの役割を持ち、その役割を果たすことで他の生命を支え、また他の生命から支えられるという関係の中で生きている。そして、現在の私たちがあるのも、そのような生命の営みの時間的、空間的結果によるものであることは間違いない。

　そうした多種多様な生命を基本とする自然環境は、無限に豊かであるとともに、常に変化し続けている。私たち人間は、その変化を察知し、理解し、対応するために必要な感性を育み、コミュニティを築き、知識を蓄えてきた。これらは言わば、本当の意味での「生きる力」なのである。

　そしてまた、生命それぞれに役割があるように、私たち一人ひとりにも役割がある。そして、それらが互いに関係を持ってつながりあうことで、初めて自然環境も人間が生きる社会も豊かになり、持続していくことが可能となるのである。

　しかし現在は、自然と人間とが隔絶してしまっている。自然から離れてしまった人間は、自らの拠りどころとなる自然を破壊してしまい、それが地球環境問題という形で現れはじめている。そしてまた、人間同士の関係性が希薄になってしまったことで、様々な社会問題が発生してしまっている。

　現在、多くの人たちが環境問題や社会問題に関心を持つようになり、より暮らしやすい環境や社会をつくりたいと願っている。当然のことだ。しかし、何をすればそのようになっていくのか、途方に暮れている人も多いことだろう。

　私たちは本来、自然の中で快適に暮らしていくための能力も手段も持っていたはずだ。そのことを忘れてしまっているだけなのである。いま必要なのは、私たちが生きていくための基盤である自然との直接の関係を取り戻

すこと、そして、そのことに基づいた地域や社会をつくり出すことではないだろうか。そのための一つの道筋となるのが、「パーマカルチャー」なのである。

パーマカルチャーの語源と目指すもの

●パーマカルチャーの言葉の意味

パーマカルチャーとは1978年、当時オーストラリアのタスマニア大学教員であったビル・モリソンと、学生であったデビット・ホルムグレンが確立した、人間にとって持続可能な環境をつくり出すためのデザイン体系であり、田舎でも都市部でも、すべての人と地域に適応可能なようにまとめられたライフスタイルのデザインの手法である。「パーマカルチャーとはこういうもの」という一つの決まった形があるわけではなく、その土地、その人に応じた、多種多様なパーマカルチャーが考えられる。

パーマカルチャー（Permaculture）という言葉は、パーマネント（Permanent 永久の、持続的）とアグリカルチャー（Agriculture 農業）、およびカルチャー（Culture 文化）を合わせた造語である。つまりパーマカルチャーには、パーマネント・アグリカルチャー（持続的な農業）と、パーマネント・カルチャー（持続的な文化）の二つの意味がある。そして、この永続可能な文化は、持続的な農業と倫理的な土地利用という基盤があって、初めてつくり出すことができる。

だからこそパーマカルチャーは、農的暮らしを営みながら、自然が本来持っている多様性と豊かな生産性を取り戻すだけでなく、さらにそれらを高め、人間の生活もまた精神的にも豊かさのあるものとしていくことで、持

アワ・エコビレッジ（カナダ）の子供農場

続可能な環境と社会をつくり出していくことを目指している。スローガンは「世界中を食べられる森に変える」である。

●基礎となるものと倫理観

パーマカルチャーの基礎となるのは、①自然そのものを観察すること（と、そのための感性をみがくこと）、②世界中の伝統文化の知恵を学ぶこと、③現代の科学的・技術的知恵を融合させること（本書第5章のうち「パーマカルチャーの基礎をなすもの」参照）である。具体的には、身のまわりの太陽光や水、動植物、建物、エネルギーなどの自然の要素を知り、それらの特徴を活かして配置することによって各要素の間に多様な関係性をつくり出すことが目的である。

このことによって、それぞれの要素にとっての必要がその場所で満たされると同時に、その場から過剰に搾取したり汚染したりすることのないシステムとすることで、生態学的に健全で、かつ経済的にも成り立つシステムとなり、それで初めて持続可能な環境なり社会となっていくのである。

その際、①自分自身を高めていくための「自己に対する配慮」、②すべての生物や無生物に対して心配りをする「地球に対する配慮」、③人間の基本的欲求を満たす「人間に対する配慮」、④自然からの恵みと一人ひとりの人間が持つ才能を十全に生かしていく

「余剰分の共有」が、その実践において求められる姿勢であり、倫理観である（本書第5章のうち「パーマカルチャーの倫理」参照）。これはパーマカルチャーにおける価値観といってもよい。

パーマカルチャーが生まれた時代背景

1928年、自然豊かなタスマニアの小さな漁村に生まれたビル・モリソンは、当時その環境下で皆がそうであったように、自給自足を基本として、漁師や猟師、森林労働など様々な仕事を掛け持ちしながら暮らしていた。そのような経験から、自然がどのようにして永続可能なシステムを生み出しているのかに気づき、理解していった。

しかし1950年代、ビル・モリソンはオーストラリア連邦科学産業研究機構の野生生物調査部やタスマニア島漁業省で生物調査員として働いていたときに、魚資源や森林の減少を目の当たりにし、そのことに危機感を覚えるようになった。

その当時から効率的で無駄のない農法として、世界各地で単一の作物を栽培するモノカルチャー農法が大規模に展開されるようになっていたが、そのことによる農薬被害や土地の荒廃といった問題も発生しはじめていた。

ビル・モリソンは環境保護活動に身を投じ、自然のシステムを破壊している政治や産業界に対して抗議活動を行ったが、結果として、何も変えることができなかった。そこでビル・モリソンは、ただ抗議をするのではなく、失われた自然環境を本来の姿に戻し、人や動植物が共存する仕組みを目指し、具体的に実践・提示をするようになった。そして生まれたのが「パーマカルチャー」なのである。

一人ひとりが変われば社会も変わる

ビル・モリソンが危機感を抱いた状況は、残念ながら今もなお続いている。いや、その危機的状況は進行する一方であるかもしれない。そのような状況を「なんとかしなければ」と考える人の多くが、パーマカルチャーを試みるようになってきている。日本でもここ数年、若者を中心にパーマカルチャーに関心を持つ人が急激に増えてきており、様々な場で実践が行われている。

パーマカルチャーの創始者の一人であるデビット・ホルムグレンは、こんなことをいっている。

「地球上で一人ひとりが暮らし方を変えれば、とてつもない社会的な変革が達成できる可能性がある」

かつてビル・モリソンが政治や産業界に働きかけても何も変わらなかったように、世の中を上から変えていこうとするのは困難だ。しかし、自分を変えていくことは可能であり、その積み重ねが希望ある未来をつくり出す唯一の方法と考えられる。

それは必ずしも、広大な土地を探して本格的なパーマカルチャーを実践することではない。自分の庭で試みてみるのでもよいし、都会で共同菜園のような形で試みてみるのもいいだろう。パーマカルチャーの形も多様であってよい。

そうしたいくつもの試みから、自然との関係をそれぞれが取り戻していくこと、さらには、それら各地での試みから得られた経験や知識が有機的に結びついていくことによって、人と自然がより豊かになっていくような関係性が形づくられ、生命溢れる地球になっていくことが期待される。

パーマカルチャーの原則

設楽清和

自然が自らを永続可能にしている仕組みと原則

　パーマカルチャーの原則とは「自然が自らを永続可能にしている仕組み」のことである。これらの仕組みは、今この時においても存在し、その役割を果たしており、そのおかげで人間を含む、すべての生物は生きていることができる。これらは、自分たちの身のまわりで起こっていることを注意深く観察すれば、どこにでも簡単に見出すことができる。

　実際、多くの伝統文化はこのような仕組みを人間の生活に応用する術の集積として捉えることもできるだろう。それゆえ、これらはある意味、非常に明快で分かりやすく、誰もが納得できるものだ。

　例えば、晩秋から冬になると多くの木が葉を落とす。これは、落ちた葉が、微生物の働きにより分解され、翌年の木々の生長の糧となるだけではなく、土を覆うことで、土中の生物や微生物を寒さから守ったり、あるいは、土が冬の風に飛ばされることがないようにする働きをしている。

　人間はこれら落ち葉が農作物のための肥料になることを、このような落ち葉と木々の関連から見出し、秋冬に落ち葉をためて堆肥化するようになった。

　しかし落ち葉を取り過ぎれば、やがて木々の生長が悪くなり、燃料を木々から採取することが困難となることも経験から学んで、どれほどの量を、いつ採ればよいかということが、やがて集落社会での取り決めとなる。

　このように自然の動きと、それに対する人間の理解に基づく文化の発達が、自然と人間が関わり合いながら永続可能性を生み出していく基盤となっている。すべての伝統文化はこのような側面を持つと考えられるが、それらは経験的であり、また地域的であって、その過程についての理解できる言葉や概念での説明がないために、多くの場合、地域を越えて伝承することがなく、また環境や社会的な変化に合わせて応用していくことが難しいという側面ももつ。

　パーマカルチャーの創始者の一人であるビル・モリソンは、漁師（猟師）として、自らの命をもって自然のこのような仕組みと向き

パーマカルチャーの原則
その1　循環
その2　多重性
その3　多様性
その4　合理性

原則その1　循環

●循環の仕組み

合ってきた。そして、大学において様々な科学に出会うことで、それらを表現する言葉を得て『パーマカルチャー』などを著したのだが、彼の目には、各地の伝統文化や自然そのものの動きの中に、それらを永続可能にしている仕組みが透いて見えていたのだろう。これらがパーマカルチャーの原則となっている。

もちろん、彼が見出した仕組みだけが自然の持続可能性をもたらしているものではあるまい。しかしこれらの原則は、私たちに、自然の動きと、私たちが求めている永続可能性を結びつける糸口となって、私たちをその先へと導いてくれる。

循環とは、ものがめぐって元に戻るさまを指す。物理学においてはエントロピーの法則が示すように、循環はあり得ない。すべてのエネルギーは徐々に劣化して、やがて廃熱となってしまうという一方向の変化しかない。しかし、生物が自らの命に永続性をもたらしたのは、この循環という仕組みを役割分担と関係性の構築によってつくり出したことによるところが大きいと考えられる。

窒素循環がその典型だろう。空気中に存在する窒素は、そのままの形では植物に利用されることはない。土中の根粒菌（マメ科植物などの根に侵入し、根粒を形成して共生する細菌）などの窒素を固定する働きをする微生物によって植物に利用可能な形に変えられ、

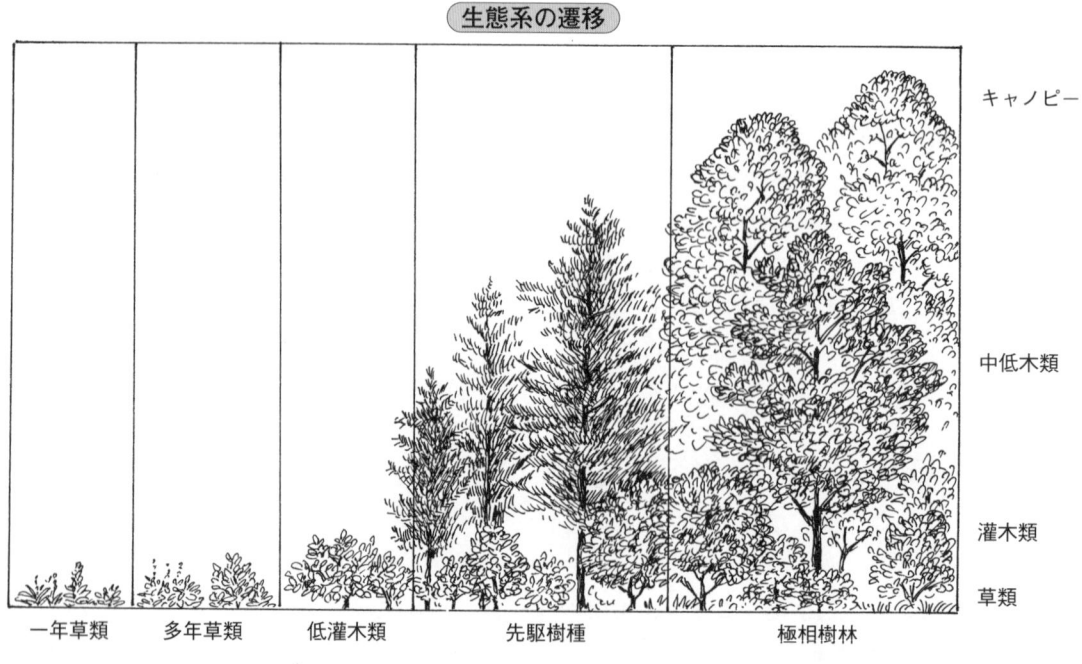

生態系の遷移

注：出典「Miller Living The Environment 7th edition」

第1章　いま、なぜパーマカルチャーが必要とされているか

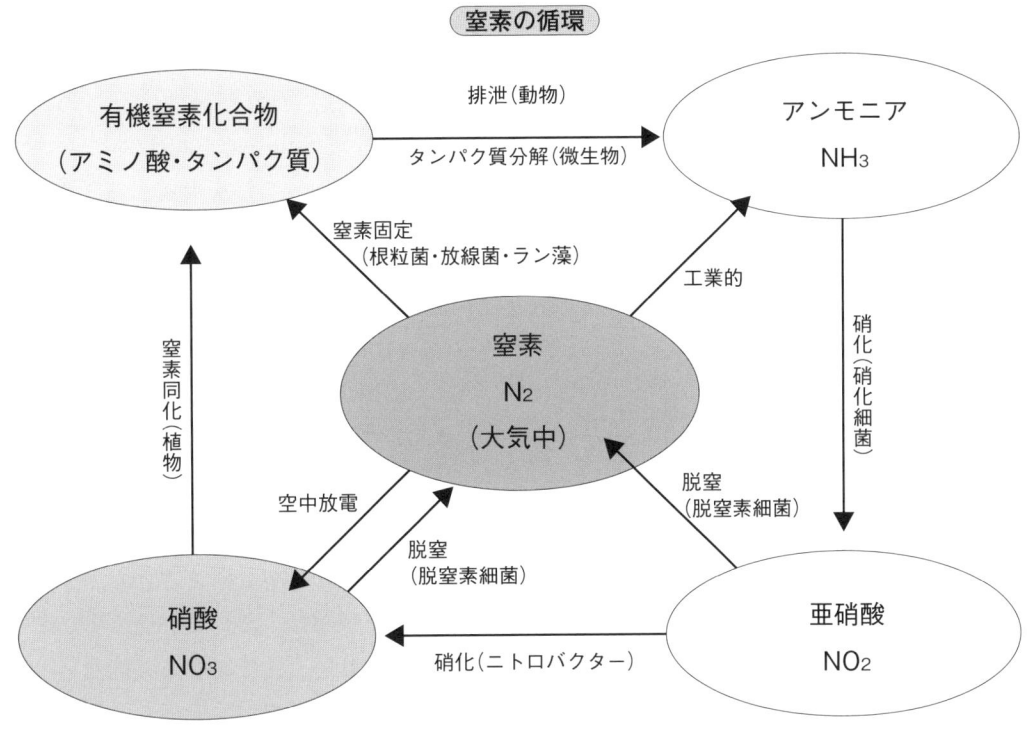

注：出典「www.miotsukushi.com」

吸収される。植物の体内に取り入れられた窒素は、タンパク質やアミノ酸などの窒素化合物に変えられ、蓄えられる。

これらは動物に食べられると動物の体内に入り、同様に蓄えられるか、アンモニアとして排泄される。また、植物にしても動物にしても、命を失えば微生物に分解され、ふたたび植物に吸収されるか大気中に戻ることになる。このような植物と動物、そして微生物のそれぞれが異なる役割を分担することによって窒素は循環し、その結果、地球上の生物はその生命を保つことができていると言える。

窒素に限らず、水や炭素など生命に関係する物質の多くは、消費されるのではなく、循環している。循環することによって、繰り返し生命過程に参入することが可能となり、それゆえ、生物はそれらを失うことなく、自らの命を支え、あるいはつないでいくことができるのだ。命が物質の再生を促し、その物質がまた命を永らえさせる。

このような相互関係による永続性をつくり出した神秘は、果たして偶然によるものだけなのだろうかと、自然のあり方に合目的性を見てしまうのは決して私ばかりではあるまい。

だが、もう少し冷静にこの循環を考えてみることも必要だ。循環の動きをシステムとして考えるのであれば、あるシステムのアウトプットが必ず他のシステムのインプットとなるという連鎖が続いて、最終的には元のシステムにまで戻ってくることと考えられる。明治時代に行われていた（すでにそれよりもずっと以前から行われていたと考えられるが）人糞と農産物の交換なども（『東アジア4000年の永続農業』F・H・キング著より）、その途中に、様々な生物の働きと人間の行為を入れ込みながらこの循環を人為的に行っていたものと見ることができるだろう。

15

今から100年前にアメリカ農務省のキング氏が見出したように、循環をつくり出す人間の知恵と創意が、まさしく4000年以上にわたって自然の豊かさを損なうことなく、人間の生活をも向上させるという奇跡を、東アジアの国々において可能にしてきたのだ。

もちろんシステムという言葉はなかったにしても、循環を考えることは、時間と空間の把握の仕方を部分から全体的、統合的なものへと導く働きをしていた。目前に見えるものだけではなく、空間的、時間的に遠く離れたものまでのつながりを考え、自らが今なすべきことを決定することが日常となっていた。何もネイティブアメリカンの例を持ち出すまでもなく、7世代より先のことを考えることはごく当然のことであり、循環をつくり出すことが未来へと命を続かせていくもっとも有効な方法であることは、個人の意識の中ではないにしても、文化として人の行動や考え方を規定していた。

循環はパーマカルチャーの基本であり、それを具体化するための様々な仕組みを工夫することが、パーマカルチャーの実践の根幹をなしている。

私たちが循環させるべきものとその循環の考え方をここで簡単にまとめておこう。

● **栄養分の循環**

栄養分とは、植物が光合成によりつくり出す炭水化物を根から吸収される窒素をもとに合成されるタンパク質などが動物や微生物により摂食され、最後には微生物により分解され、堆肥となって植物に再度吸収される、様々な元素およびその集合体である。この栄養分の循環は、食物連鎖と呼ばれている。これは先にも述べたように、生物がつくり出した役割分担に基づく循環システムであり、それゆえ人間が関わって、その働きを高めることもできる。

基本としては、すべての栄養分は効率的に循環させる。そのためには、この循環の輪をできるだけ小さくしておくことが大切である。この小さな輪を形成する一番よい方法は、人間一人ひとりが、生産から分解までの輪を自分の生活の中に築くことだろう。すなわち、自分の食べるものを自分で育て、食し、そして野菜くずや排泄物を堆肥化することだ。

食べ物、特に野菜を育てることは、それほど難しいことではない。土があって、種をまき、日が当たって、雨が降れば、育って、時期が来れば収穫して食べることができる。自分で育てた野菜は、たいてい売っているものよりも美味しい。舌で感じる美味しさと言うよりは、体が喜んでいる美味しさだ。できれば、朝や昼の食事は農場でするほうがいいだろう。パンかご飯に塩を持って行けば十分。摘んだ野菜に塩をかけただけで、立派なおかずになる。そうすれば、ほとんど野菜くずなどは出ないし、出ても堆肥場に投げ込んでおけばよい。堆肥場では微生物がそれらを分解して、ふたたび植物が利用できる形に変えてくれる。

また、畑にコンポスト（堆肥）トイレをつくっておけば、人間から出た排泄物も微生物が分解して堆肥に変えてくれる。このような生活の中の仕組みをつくっておけば、生ゴミや汚物（人間の屎尿(しにょう)）というものは一切なく、栄養分は余すところなく循環するだろう。

栄養分は、人間ばかりではなく、他の生物にとっても欠かすことのできないものであるため、常に膨大な量が生産され、消費されている。それらは、やがて微生物によって分解される排泄物や生ゴミ、あるいは死骸になるのだが、これを貯めてしまって大きなシステムによって処理しようとすると、衛生の問題

第1章 いま、なぜパーマカルチャーが必要とされているか

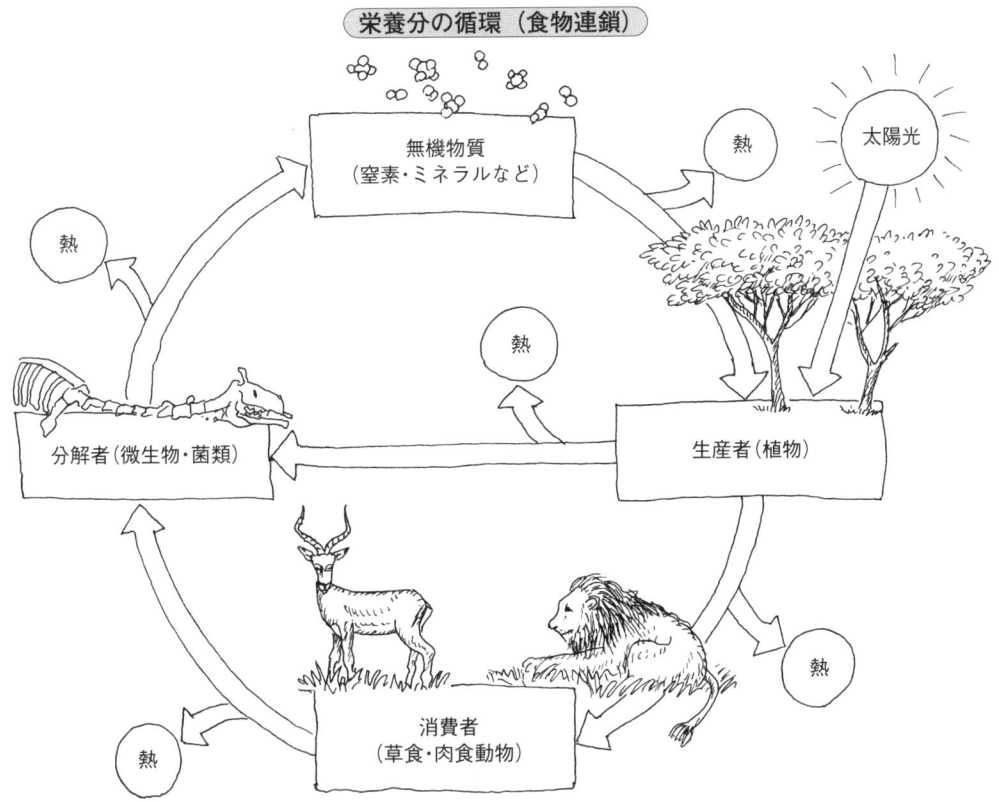

栄養分の循環（食物連鎖）

も発生するうえ、莫大なコストがかかってしまう。個人あるいは家庭レベルでの循環をつくり、維持していくことが、自らの健康を保ち、生活コストを少なくするためにも必要である。

● 水の循環

　水を本当の意味で循環させるには、多大なエネルギーが必要となる。例えば、汚れた水を水蒸気に戻して、ふたたび冷やして水に戻そうとすれば、多くのエネルギーと設備が必要となることは、小学校で理科の実験を行ったことのある者であれば、すぐに理解できるだろう。

　このような循環は、実際には太陽（と地球）が代わりに行ってくれているので、人間はこれまでその恩恵を受けるだけでよかった。しかし、人間の自然への介入、特に森林の破壊と河川の改修は、この水の循環の速さと道筋を変えたばかりでなく、その環の一部を切り取ってしまった。その結果として、世界各地での砂漠化は、明確にその面積が計算できないほどの速さで広がっている。また、様々な人間がつくり出した化学物質は、水に溶け込んで川を、地下水を、そして海を汚して、人間を含む生物に取り返しがつかないほどの、そして想像を超えた被害を与えている。それだけではなく、過剰に生産され水に流される多くの有機物は、生態系そのものを変化させてもいる。

　水の循環に人間が関わることができるとすれば、次の2点だろう。すなわち、水を貯めてゆっくりと流すことと、使った水を使う前と同じ状態にして自然の水の流れの中に戻すことだ。

　水を蓄えるには、木を植えることと、様々な貯水施設をつくることが考えられるだろう。木を植えれば、木そのものが蓄える水

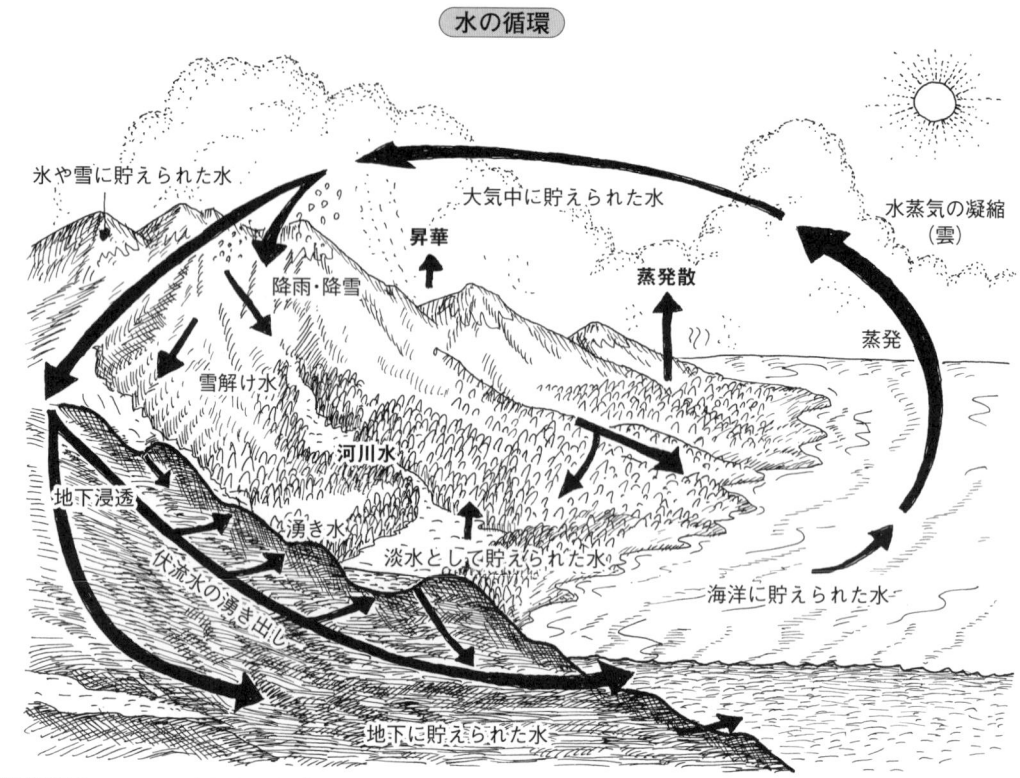

注：出典「US Department of the Interior」U.S. Geological Survey

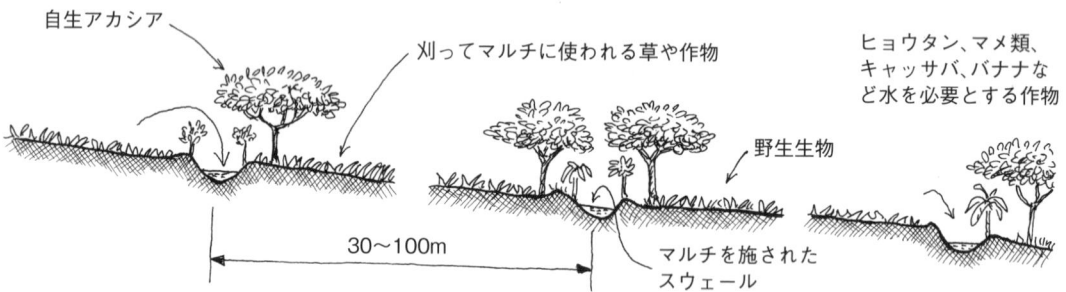

注：①乾燥地のスウェールとスウェールの間の幅は、多湿気候域の幅より広い。斜面上のスウェールには飼料用マメ科樹木や丈夫な樹木を育てる。スウェールとスウェールの間は、チゼルプラウ（チゼルと呼ばれる爪状のもので部分耕起する作業機）で耕して、何回か雨が降ったらイネ科の草や穀類の種子を播くのもよい。
②出典「パーマカルチャー〜農的暮らしの永久デザイン〜」ビル・モリソンほか著、小祝慶子ほか訳（農文協）

（葉や幹、根など）だけではなく、木がつくる土壌にも水が蓄えられる。それに、蒸散作用などにより、新たな雨をつくり出す効果もある。また、木、特に広葉樹が倒れたときにできる大きな穴（倒れるときに根が持ち上がってできた穴）は、それだけで小さな池となる。

貯水施設としては、雨水タンクや貯水池、水田などが考えられるが、斜面に等高線上に溝を切っておくだけでもよい。これはスウェールと呼ばれるものだが、水が斜面を下る速度を緩める効果や、溝にたまった水がゆっくりと地下に浸透していく（溝がなければ、地表を流れ去ってしまって地下に浸透すること

はほとんどない）ことで地下水を涵養する（地下水の循環に要する時間は、地表水のおよそ100倍以上と考えられる）。逆に川の底や側面をコンクリート張りにしてしまえば、水が流れる速度は加速し、洪水などが起きやすくなる。

汚水の処理については、水を汚さないことがまずもっとも有効な手段だろう。特に微生物により分解することのできない化学物質は、水に流さないことだ。洗剤などはほとんど使う必要はないだろう。私は、30年以上にわたって、食器や野菜を洗うのに洗剤を用いたことはないが、それによって健康を害したことは一度もない。トイレも水洗である必要はないだろう。水を使えば、人間の屎尿の処理もそれだけ難しくなり、薬品などを用いて処理することで、かえって水の汚染が進むことにもなる。

汚染が予想される使用については、その使用量をできるだけ少なくすることを考え、汚染した水は、できるだけ植物や微生物を利用して浄化する。その量と地下水、あるいは河川との関係があるが、土壌浸潤も一つの方法だろう。

21世紀は、水をめぐる争いが起きる時代と言われている。実際、世界各地の水利権が、他の国や多国籍企業により買収されている。また、増え続ける人口を支えるための食料生産には、より多くの水が使用されるだろう。汚染のない水のゆっくりとした、しかし確実な循環は、人が生き続けていくための必須条件となっている。

● エネルギーの再生・利用

熱力学の第2法則（エントロピーの法則）によれば、宇宙に存在するすべてのエネルギーは、高質なエネルギーからより質の低いエネルギーに常に変化しており、最終的にはすべて廃熱となってしまう。確かにすべてのエネルギーは、それを使用すれば他のエネルギーに変換され、それを他のエネルギーを使うことなく質、量ともに元のエネルギーに戻すことはできない。これは日常の実感でもある。すなわち、物理学の法則から言えば、エネルギーの循環はあり得ないことになる。

できるだけ消費するエネルギーを少なくし、質の高いエネルギー（化石燃料など）を質の高いままに保っておくことは、エネルギーを持続的に使用していくための有効な方策であると言える。しかし、このようないわゆる「省エネルギー」の取り組みは消費者の立場のものであり、積極的に実践していくというよりは、むしろ現在の「低炭素社会」といったスローガン的な価値観を権力により強制的に押しつけられることで、盲目的にそれに従う事態に陥りやすい。

特に、現在のように生活で使用するエネルギーのほとんどを世界レベルでの供給システムに依存している場合、情報操作によって、気づかないうちに「エネルギーによる支配」をこうむることになる。しかも、現在の巨大なシステムが供給するエネルギーは、いずれも循環するものではなく、どのような技術的な改良も決して持続可能性をもたらすものではない。

栄養分と同じように、エネルギーもまた、地域内での生産と消費を目指すことが大切だろう。その基本的な考え方は「再生の時間」だ。すなわち、エネルギー源が再生する時間に合わせてエネルギーを使用していくことだ。

例えば、太陽の光は天候にもよるが、ほぼ1日の周期で同じだけのエネルギーがふたたび利用可能になる。パッシブにしてもアクティブにしても、1日の太陽エネルギー量に適合する量を使用していれば、決してエネルギ

ーが途切れることはない。

　これと同じことが、人間にとって使用可能なエネルギーのほとんどについて言えるだろう。化石燃料でさえ、もしその生成過程を明らかにして、その期間を測ることができれば、それに合わせて現在使用することのできる量を割り出し、持続可能に使用していくことは可能だろう（もちろん、その場合に使用できる量はごく微々たるものになるだろう）。そのような地質学的な時間は人間にとって未知のものであるが、エネルギーの再生量と使用量のバランスを生活時間により測りながら持続可能な形で使用することは、人間がずっと行ってきたことである。

　このような形で使用することのできるエネルギーは、いわゆる「バイオマス」と呼ばれるエネルギーだ。分かりやすく言えば、薪とアルコールである。これらは現在でも、いくつかの先進国をのぞけば、主要なエネルギーとなっている。特に、電気を用いないのであれば（それが現実的か非現実的かの議論はおくとして）、生活に必要なエネルギー（主に熱エネルギー）は、たいていこれらでまかなうことができる。

　自動車も、現在のエネルギーメジャーが政府に圧力をかけて禁酒法によりアルコールを自動車の燃料として使用する道を閉ざしてしまうまでは、アルコールを燃料として走っていたと言われている。現在でもブラジルでは、アルコール車が大部分を占める。

　このような生物、特に植物がつくり出すエネルギーは、それが一年草であれ樹木であれ、ほぼ1年という単位で生産量を考えることができる。太陽は確かにもっとも再生可能なエネルギーだが、天候など人間にとって制御も予測も難しい要素に左右されてしまうために、それのみに頼ってエネルギーをまかなうことは難しく、危険が伴う。一方、バイオマスであれば、1年の間に天候の不順はあるにしても、だいたい生産量は一定しているし、保存もできる。日照や温度の不安定さに適応できるように、異なった条件に対応する様々な植物を混植しておけば、安定度はさらに増すだろう。

　里山の例に見られるように、人間は生物、特に植物がつくり出すエネルギーを、その生産量と消費量のバランスをうまく取りながら使用し、枯渇させることなく使用してきた。また、人間がそのために行う枝打ちや下草刈りは、森を若く保ち、生産性や多様性を維持することに役立つという効果ももたらしていた。このように、生物がつくり出すエネルギー量を人間の力で増やしながら、その使用効率を高めていくことで、私たちは持続可能なエネルギー源を確保していくことができるだろう。

●情報の循環

　情報の循環もまた、人間の永続性の可否を決定する。

　生命において、その命の構成を遺伝子に情報化することに成功したことは、多分、永続性の確保においてはもっとも決定的なことだっただろう。情報は、個々の命よりも耐久性を持ち、しかも、変化させることも進化させることも容易である。

　一方、情報は、このような基本的な性格を持つことから、命と同じようにやがては老い、朽ちていく。それゆえ、情報の循環とは決して同じところを同じままに回ることではなく、螺旋状に上昇していくようなイメージで循環する。すなわち、情報は育ちながら循環するのであり、育てなければ循環はしない。もちろん、聖書などの宗教の教典やアメリカ憲法の前文のように、創設の行為を伝える情報が、それが他に掛け替えのないもので

第1章　いま、なぜパーマカルチャーが必要とされているか

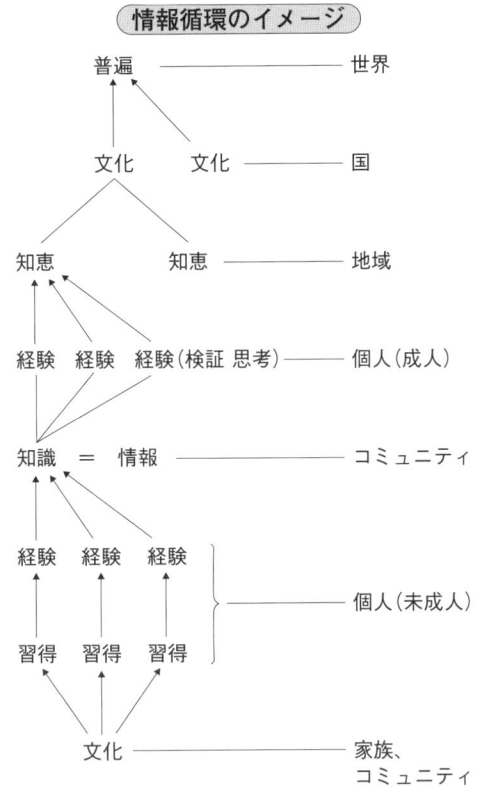

あるがゆえに永遠化することはあるが、そのような情報は、人間にその進むべき方向を示してくれる指針、あるいは世界の理解の基底をなすものであり、それ自体は変わることがなくとも、個人の中でやはり経験とともに育っていくものだ。

情報が育つとは、個人個人の思考によって、その情報の持つ意味や価値が深まっていくことを指す。情報の質の高さとは、それを受けた人の内部にどれだけの変化を起こすことができるかによって測ることができるだろう。感動や気づき、納得など、人の心を動かすことができる情報は質が高い情報と言える。

そして、それら質の高い情報は、多くの場合、出会いや対話、そして思考や研究によって、何かしら真理や本質といった言葉で表現されるものに触れている。

情報は、人から人へと渡るうちに高めら

れ、深められて永遠の真理といったものに近づいていくのだろう。そして真理を伝える情報は、また、未来をも伝え得る。それこそが情報の循環の意味であり、役割であると言えるだろう。

原則その2　多重性

●空間の多重性

自然は様々に多重であると言えるだろう。

例えば、森の中に入ると、そこには様々な植物が生きているだろう。そこで気づくのは、それらの植物が空間的にいくつもの層をなしていること、そして、層をなすことで、多くの植物が生きることができるようになっていることである。

森のもっとも上の層はキャノピー（canopy 天井、天蓋、大空）と呼ばれている。多くの場合、その地域の生態系で主要な骨格をなす高木により構成されており、大きく伸びた枝が広がり、それについた葉が、降り注ぐ太陽の光の多くを吸収してしまう。それでも、このキャノピーを抜けて、差す光もある。

これを頼りに、キャノピーを形成する木よりは背丈が少し低い亜高木と呼ばれる木々が、その下の層をなす。ここでほとんどの光は木々の葉に吸収されてしまう。そのためその下に育つのは、葉を透けて降りてくる弱い光でも育つ植物たちだ。観葉植物と呼ばれているものの多くがこれらにあたる。日本には、冬でも青い葉をつけているアオキなどがある。

このように、自然においては空間を三次元的に棲み分けることによって、多様な生物の共生が可能になっている。

一方、現代農業においては、空間は二次元

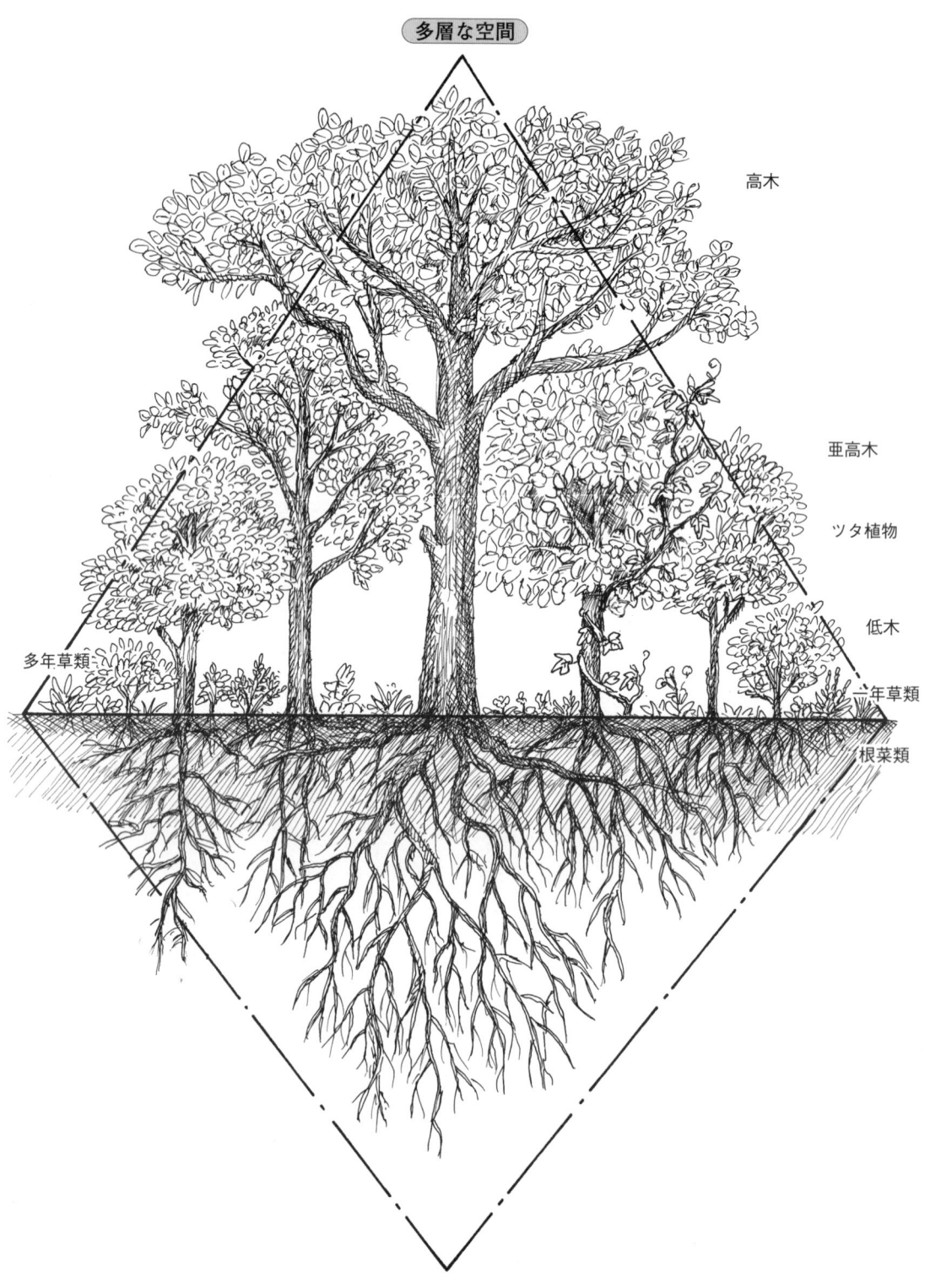

注：①豊かな土と水のある環境における植物の重層。林冠部、中層部、下草(ハーブ)層が、光と養分を分かちあっている
　　②出典「パーマカルチャー〜農的暮らしの永久デザイン〜」ビル・モリソンほか著、小祝慶子ほか訳(農文協)

的にしか使用されていない。すなわち、同じ作物を面積が許す分だけ育てることしかしていない。

これを、図に見られるように様々な高さを持つ植物（一年草類から樹木まで）を、必要とする光の量などを考慮しながら混植すれば、空間の体積を利用することになり、はるかに多くの収穫を得ることができる。根菜類、一年草類、多年草類、低木類、亜高木類、高木類、それにツタ類など七つの層をつくることができれば、空間も光もより無駄なく利用することになるだろう。

このような多品種栽培は、様々な自然条件の変化や異常に対しても、一つの種類が被害を受けることがあっても他の種でその分を補うことができるため、より安定した生産を行うことができるという利点も持っている。

● **時間の多重性**

時間は常に過去から未来に流れていて、決して後戻りすることをしない。それは、すべての生命の、老いて死んでいくという必然を生み出してもいる。それゆえ、生命は限られたその時間を様々な形で重複させることで、種としての永続性を高めていると考えられる。

例えば哺乳動物の多くは、自分の子供を自らの命があるうちに産み育てる。親が子とともに生きることで、子供を外敵から守ることができるばかりでなく、それまでに親が蓄えた様々な知恵を子供に伝えていくこともできる。

このように、個の時間を重ね合わせることで、個の連続としての種が存続していく可能性が高まるのだ。

言語もまた、時間の経過の中で起こった様々な出来事を、別の時間の中に挿入する行為と捉えることもできるだろう。言葉によって過去の時間を現在に重ね合わせることで、現在起ころうとしている危機を回避することや、過去に起きた同じ過ち（あやま）を避けることも可能になる。

さらに、言語が文字化されることで、時間をより長く、しかも正確に重ね合わせることが可能になり、またカメラやビデオなどの映像技術と各種伝達メディアの発達は、異なる空間に生じている時間を同時に経験することをも可能にしている。

経験や記憶、あるいは記録などは、すべてこのように時間を重ねることを別の言葉で表現したものである。その重複の密度が増すほど、未来は予測可能になり、種の存続は約束されるのだが、人間はまさしくこの戦略に則って自らの永続性を見出そうとしているようにも見える。

もっと単純に、人が協力することも、時間を重ね合わせることだ。それぞれが持っている時間を重ね合わせて使うことで、一人ではとてもできないことが実現する。そのような凝縮した時間のなかでは、それぞれが一人でいるとき以上のエネルギーを発揮するのも、時間を重ね合わせることの効果だろうか。

農薬や化学肥料を使わず不耕起、無除草の自然農法を実践、提唱した福岡正信氏が用いる「粘土団子」という手法も、その団子の中に、先駆種から極相種（極相とは生態系遷移の最終段階。その地域にもっとも適した種の高木がもっとも高いキャノピー）までの種や、分解や発芽を司る菌を入れ込んでいること（つかさど）において、時間を重ね合わせることで生態系遷移を早めて、森という状態を自然に任せるよりも迅速につくりあげることを目指していると捉えることができるだろう。

ビル・モリソンは「地球の生産力は無限で、それが実現していないのは人間の自然に対する理解が不足しているだけである」とし

ているが、このような人間の知識や経験といった時間の重ね合わせを自然の時間とさらに重ね合わせることが、眠っている自然の生産性を揺り起こす一つの手法であろう。

●機能の多重性

一つのものが多くの機能を果たすことは、生命の世界にあってはごく当たり前のことだろう。

例えば一本の木を考えてみよう。図に示すように、地球との関わりにおいては、二酸化炭素の吸収や酸素の生成という機能を果たしている。他の生物のためには、炭水化物やタンパク質の合成ばかりでなく、木陰や住居の提供も行っている。水との関係においては、雨水を受け止めて土へのダメージを和らげることから、葉や幹、そして根における水の貯蔵、それに、水のゆっくりとした空気中への蒸散と同時に、それを捉えてふたたび土に戻している。土については、土壌を保持し、落ち葉を落とすことで腐植を増やして、土を豊かにしている。さらに人との関係においては、薪などのエネルギーの提供や木の実などの食料、それに薬の原料や建材なども与えてくれている。これ以外にも、人間にはまだ知られていないような多くの機能を一本の木は持っているだろう。

多くの機能を果たすことができる、言い換えれば、自然という総体の中において多くの役割を果たすことができることが、その生物の進化の度合いを表していると言うこともできるのではないだろうか。第5章に示した百一姓としての人間も、多くの機能を果たすことができる存在として捉え直すことができるだろう。

一つのものに多くの機能を持たせることは、特に日本のように資源や大きさの限られた場においては当然のことであり、また、知恵を絞って工夫することは楽しみでもあった。食器の箸などは、その代表的なものだろう。障子や襖で仕切ることのできる空間の使い方も、優れた多機能性の文化的な表現だ。商業デザイナーのエンツィオ・マーリも、優れたデザインの特徴の一つとして多機能性をあげている（「プロジェクトとパッション」）。

このような多機能性という視点から現代の文明を見てみれば、それが、まったく逆の単一的な機能性を追い求めて発展してきたことが明らかになるだろう。

多くのゴミやものの過剰は、この多機能性の喪失によるところが大きい。それはまた、人間の価値を計る基準にも影響しており、専門性のある何か一つだけの機能を持つか、あるいはある意味自らの機能を持たずに、与えられた作業をこなす労働力のみを持つ人間が、社会が求める人間像となってしまっている。

人間として、そして人間がつくり出す「もの」もまた、この多機能性を取り戻すことが、持続可能な文化を取り戻していく一つの指針になるだろう。まずは自分の身のまわりを見渡してみて、一つの機能しか果たしていないものに、他の機能を持たすことができないか考えてみるのもいいだろう。それは創造力を鍛えるよい訓練にもなる。また、多機能性を持つ「もの」の基本的な性格も、自らの手で明らかにすることができるだろう。

一見、多機能性を持っているようなもの（例えば携帯電話）も、その機能の多くは使用する者が望んだ機能ではなく、つくり出す者が付加価値として付け足した機能に過ぎず、多くの場合、無駄になっている。

むしろ、使う者が自らの手で思考し工夫することで、自らの必要に合ったいくつもの機能を「もの」に持たすことが可能になる。しかも、そのような工夫は個人にとどまること

第1章　いま、なぜパーマカルチャーが必要とされているか

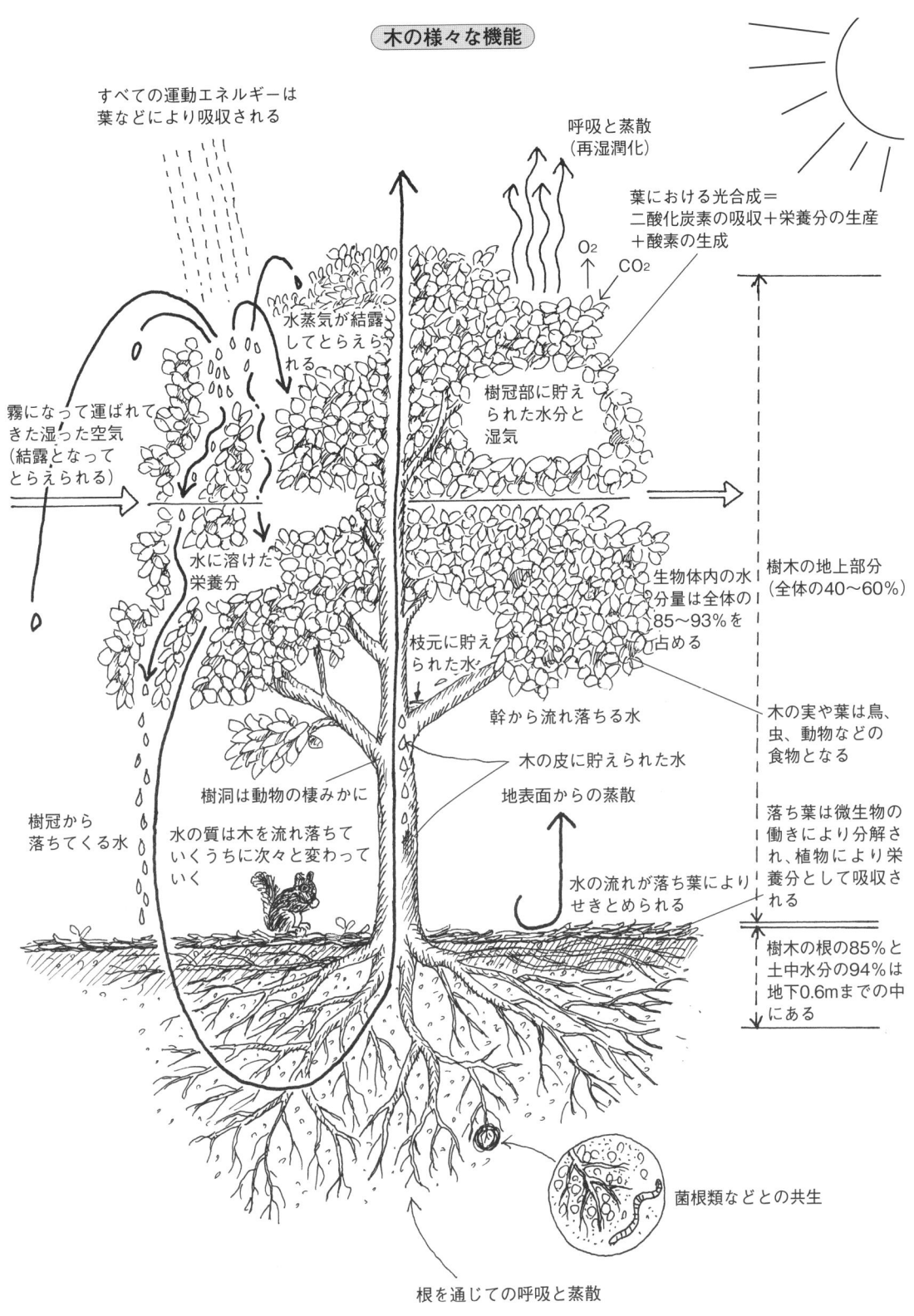

注：出典「PERMACULTURE : A Designers' Manual」(TAGARI)、一部翻訳

なく、多くの場合は、時代を超えて伝わり、さらなる工夫を誘発する。このような工夫の積み重ねは、個人の思いつきを超えて、いつしかそのものがもつ本質へと辿り着き、その本質がもっともよく表現される形へと集約される。先に例として出した箸のように、食べることに必要な、挟む、切る、刺す、持ちあげるといった機能をすべて果たすことができる形状ができあがっており、それはすべての人の手の動作にも適合している。

また、多機能性を考えることは、「もの」のライフステージを考えることにもなるだろう。例えば、やかんであれば、当初その機能は基本的にお湯を沸かすことに限られ、単一の機能しか持たないことになる。その機能は、例えば穴が開いてしまえばなくなってしまい、やかんはゴミとして捨てられることになる。しかし、その穴の開いたやかんという新しいライフステージにおいて、例えば、野菜やハーブを植える鉢という機能を与えることもできる。穴が開いているおかげで、水がたまることがなく、植物の根が水の過剰で腐ってしまうこともない。見た目にも面白い鉢が出現するだろう。

このように、同時に二つの機能を果たすことはできなくても、使用する者の発想次第で、時間をずらして二つ以上の機能を持たせることは決して難しくなく、そのような多機能性は、そのものの使用期間を長くすることでゴミの抑制にも役立つだろう。

多機能性とは、多くの生物の常態であり、それらを人間が理解し、顕在化させていくことで、個々の生物にとっても、それらの有機的な集合体としての生態系にも、そして人間にとってもより豊かな生活環境をつくっていくことは可能だろう。

また、人間のつくり出す「もの」や仕組みにも、様々な工夫によって多くの機能をバランスよく付加していくことで、少ない資源やエネルギーでより豊かな生活をつくり出していくことが可能になると考えられる。

●拠りどころの多重性

人間が生きていくのに欠かすことのできないものに、どのようなものがあるだろう。空気、水、食料、衣類、住居、家族やコミュニティ、それに言語などがあげられるだろうか。あるいは現代であれば、職やお金などもそれらの中に入ってくるだろう。

ちなみにお金を例にすると、ある地域、共同体の中でのみ流通する地域通貨は独自の価値尺度に基づき、地域内の経済循環、コミュニティ形成の拠りどころとなっている。

アメリカ・ニューヨーク州イサカで発行されている地域通貨アワー

職やお金が常に不足なく供給されること、あるいは存在していることが、私たちの生存を保証する。そして、それらが常に存在するためのもっとも有効な手段は、それらに複数のバックアップを設けることだろう。

例えば水を考えてみると、現代の都会に生活している人の多くは、上水道にその供給を頼っているだろう。しかし、神戸の震災で見られたように、上水道はわずかに1本のパイプに過ぎず、地震などのちょっとした働きかけでも簡単に断裂してしまう。唯一の水の供給源が断たれてしまったことで、当時震災の被害を受けた地域では、多くの人が「生存の

日本の伝統的な水のバックアップシステム

斜面を守る森林（果樹など）　貯水池　水を涵養する森林　横井戸　川　縦井戸

危機に立たされたことを感じた」と言う。

　仮に雨水をためておくタンクや井戸が各家に備えられていたら、水に関する不安は、はるかに軽減されたものと思われる。実際、上水道システムが設置される以前は、日本のどの地域においても井戸や池など複数の水の供給源が、各家に用意されていた。水に関しては、現在よりも昔のほうが安全なシステムが存在していたと言えるだろう。

　エネルギーや食べ物といった生命を支えるための必需品ばかりではなく、家族や職といった人間の社会性を支える必需品にも、水と同じようにバックアップを準備しておくことが必要だろう。

　エネルギーについては、化石燃料だけではなく、燃料となる樹木や風力・水力などの自然エネルギーを日常生活の中で利用できるよう、装置や仕組みを用意しておくことであり、食べ物はスーパーなどの一般の流通に頼るだけではなく、小さな家庭菜園をつくるなどして自給することや、農家を支援しながら同時に食料の確保もできるCSA（Community Supported Agriculture　コミュニティで支える農業）制度に参加することなども考えられるだろう。

　家族についても、現在の核家族制度では頼るべき相手が夫や妻、あるいは親と子といった非常に限られた範囲にとどまってしまう。日本において戦前まではむしろ普通であり、多くの文化でも長い間、習慣化あるいは制度化していた大家族制であれば、子供の面倒を見るのは親だけではなく、母方の叔父・叔母であった。これは、子供の頼ることのできる対象が親以外にもあるというだけではなく、親にとっても子供を預ける先があることで、精神的な余裕をもたらしてくれるものであった。

　職も、現在においては生きていくことを支えるもっとも大切な手段として位置づけられているが、ほとんどの人が複数の職を持っていることはないだろう。複数の職を持つことは、職を他の人と分かち合う（ワークシェアリング）という余裕を生み出すばかりでなく、一つの職しかないためにその職に奴隷的に従属するということがなくなり、自分の意志と自由、そして働くことに対する積極的な意志を取り戻すことにもなるだろう。

　自らにとって欠かすことのできないものが一つしかないとき、多くの人はそれを失う恐

怖が行動の大きなモチベーションとなってしまう。そのような行動は、多くの場合非常に自己中心的で、他の人あるいは生物を顧みない破壊的な性格を持つ。

これは、現在の価値基準がお金に集約されてしまっている社会全体についても言えることだろう。人や社会が永続的であるためには、それらを支える、不可欠なものに複数のバックアップを設けておくことが必須である。

原則その3　多様性

●多様な関係性

特に生物において進化とは、個の中に宿る機能や役割およびその相互関係が質的に高まり、また数としても多くなることに他なるまい。しかし、それらは常に顕在化しているわけではない。条件によって現れているものもあれば、隠れているのもある。その条件とは、それらを導き出す他との関連性である。

先に多重性のところで木の機能の多重性について述べたが、木の持つ多様な機能も、実際には他の生物や土などとの関係によって、その機能がどのように生かされるかが決まってくる。

例えば葉は、光との関係においては光合成を行う場となるが、ある昆虫にとっては食べ物になる。また土にとっては、土を肥やす有機物ともなる。人間にとっても、現代人であれば、落ち葉はゴミになるが、一昔前であれば、燃料や堆肥の原料であった。

一般に、多様性が増すと生態系は安定し、持続性が高くなると言われているが、単に種類や数が多ければよいと言うものではない。大切なのは、やはり多様な関係性だ。

例えば、年によって気候の変動などにより、温度差や日照量の差などが生じるのは、決して例外的なことではないだろう。仮に、高い温度や多くの光を必要とする植物ばかりで構成されている生態系であれば（人間がつくった畑などの生態系はこのようなものであることが多い）、天候が不順な年には生産性が著しく低下し、連鎖的に動物や微生物なども生き残ることが難しくなることが考えられる。

しかし、低温や日射量が少なくても実を結ぶことができる植物が混在していれば、仮に天候が不順でも生産性が壊滅的に低下することはない。光や温度の関係性において多様であることが、持続性と大きな関わりを持つということだ。

生物と環境（光、温度、地形、土質、湿度など）の関係性、そして生物同士の関係性をできるだけ多様にすることが、生態系の持続性を高めるうえでは必須であると考えられる。

●エッジづくりの手法

その手法に、エッジづくりがある。エッジ（接縁、周縁、辺縁）とは、二つ以上の異なる環境の間に生じる境界＝際のことだ。

例えば、湿地や沼地といった生物の多様性が非常に高いところは、陸と水の狭間、すなわちエッジに位置している。このような場所は、陸と水、両方の性質を持つばかりでなく、両者が混じり合うことで、そこにしかない性質が生まれるために、三つの環境が生じ、それぞれの環境に適した生物が棲息するようになる。また、海岸に多くの流木などが打ち上げられているのを目にすることがあるが、それは、エッジに多くのエネルギーや栄養分が集まりやすいことを示しており、それらを求めて多くの生物が集まってくる。

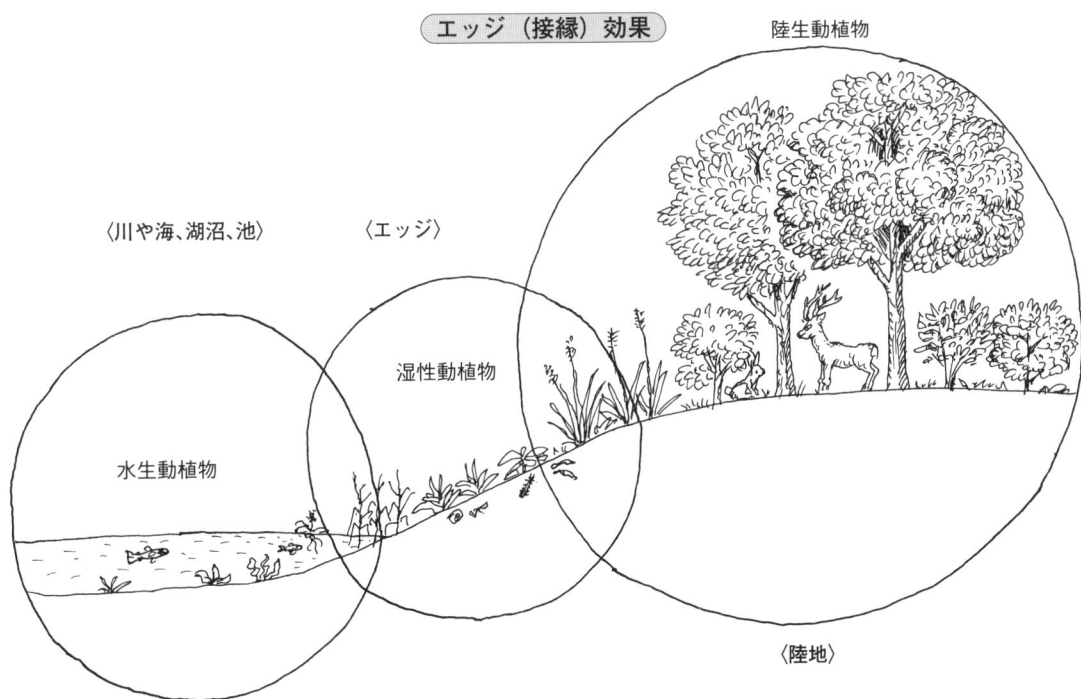

注：エッジには水生、陸生の動植物も棲息するが、そこにしか生育できない湿性の動植物もいるので豊かな生態系が形成される

　できるだけ多くのエッジをつくり出していくことが、多様性を確保し、持続性を高めていくうえで重要であると言える。そのためには、土地であれば平坦にするのではなく、池を設けたり土や石を積むなどして、様々な高低差をつけること。また形状や道なども、直線ではなく曲線にすることなどが考えられるだろう。

　地域的にも、都市と田舎を直線的に分離するのではなく、アメリカの建築家クリストファー・アレグザンダーが提唱しているように（『パタン・ランゲージ〜環境設計の手引〜』より）、両者の際をフィンガー状に曲線にすればより多くのエッジが生まれて、都市の利便性と田舎の環境の良さをともに利用できる環境が幅広く生じるので、多くの人間がこのようなところに住むようになるだろう。

　多様とは、生物が生存し続けるための基本的な条件であり、また、生物自らの戦略であるとも言えるだろう。異なる遺伝子が融合し

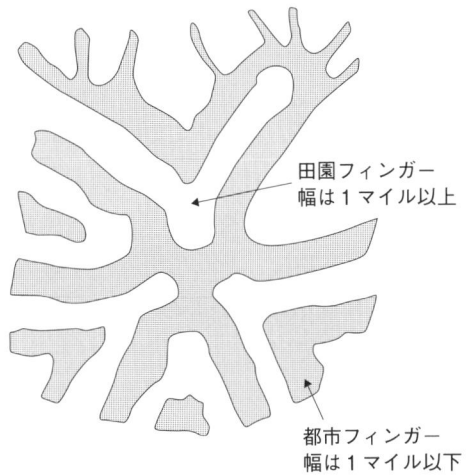

注：出典「パタン・ランゲージ〜環境設計の手引〜」
クリストファー・アレグザンダー著（鹿島出版会）

て一つの命をつくり出す有性生殖は、新たな多様性を無限に生み出していくことで種の生存の可能性を高めている。しかも、それら用意された様々な可能性は、環境に対応する形で（すなわち、環境との関係性において）出現する。このような可能性としての多様性

に対応して、それらを実体化する多様な環境をつくり出していくことが、自然をより豊かにしていくために人間が行うべき作業の一つではないだろうか。

原則その4　合理性

●合理と不合理

合理とは、文字通り理にかなうことであり、理性を持った人間が合理を求めていくことは当然のことであろう。

しかし、すべての価値基準が経済（あるいはお金）にからめとられてしまっている現在においては、理もまた経済から派生している。すなわち、コストをいかに下げ、大きな利益を生み出すかに合理が集約されてしまっている。コストが高くなることや利益が少なくなることは、すべて不合理なこととして排斥されてしまう。

その結果として、自然においては、野草などの人間に直接の利益をもたらさないものは駆逐され、人間においては、伝統工芸など習得に時間がかかる技術に基づく大量生産に適合しない生産物は、それを生み出す個人の個性とともに価値のないものとされ、衰微し、絶えようとしている。

真実、理はより多くの命の存在を可能にする働きにあると考えて差し支えあるまい。命の集合としての自然＝natureの意味もまた、命に関わって「生まれること」であり「成長すること」であるという。それも現在だけではなく、無限の未来にわたって途切れることなくである。この理にかなう、人間の価値観や活動こそが合理であろう。

また、人は無駄を嫌うという傾向を持つ。エネルギーや手間、それに時間をできるだけ無駄なく使うところに技が生まれ、それが永続的な文化の礎（いしずえ）となっている。それもまた、人間の理性の源となる理であろう。より多くの命を育みながら、しかも、いやそのために、人の行為において無駄を省くことこそ、合理の基本的な方向である。

●ゾーニングの手法

その具体的な方策として、ゾーニング（区分け）がある。これは、人間から自然に向けて、グラデーション的な土地利用を行うことを意味している。すなわち、図にあるように、人間がもっとも時間を多く過ごす場所を中心とし、人間の立ち入ることがない自然のままの場を周縁として、その間を人間の介入度を基準にゾーン分けしていく手法である。

生活の場であれば、家を中心として第1ゾーン、菜園など頻繁に行く場所が第2ゾーンとなる。

日本のように居住地の敷地面積が少ないところでは、この二つのゾーンを持つことが精一杯だが、昔の農家程度の規模があれば、さらに水田や鶏舎、それに果樹園など、1日に一度行くところが第3ゾーンとなり、あまり手をかける必要のない、燃料や建材のための人工林が第4ゾーンとなる。第5ゾーンは、自然のままにしておくところだ。

このように人間と自然の間のバランスを設定すれば、自然に対する人間の介入が際限なくなることを避けることができると同時に、野生動物が菜園を荒らしてしまうことも少なくなる。何よりも、人間の移動のための時間やエネルギーも極力省くことができるので、無駄を省いて効率的に生産活動を行うことができるようになる。

また地域計画であれば、都市を第1ゾーンとして、森や山などの自然の地を第5ゾーンとする。途中、水田や畑、果樹園などの農業

第1章　いま、なぜパーマカルチャーが必要とされているか

ゾーニングの例

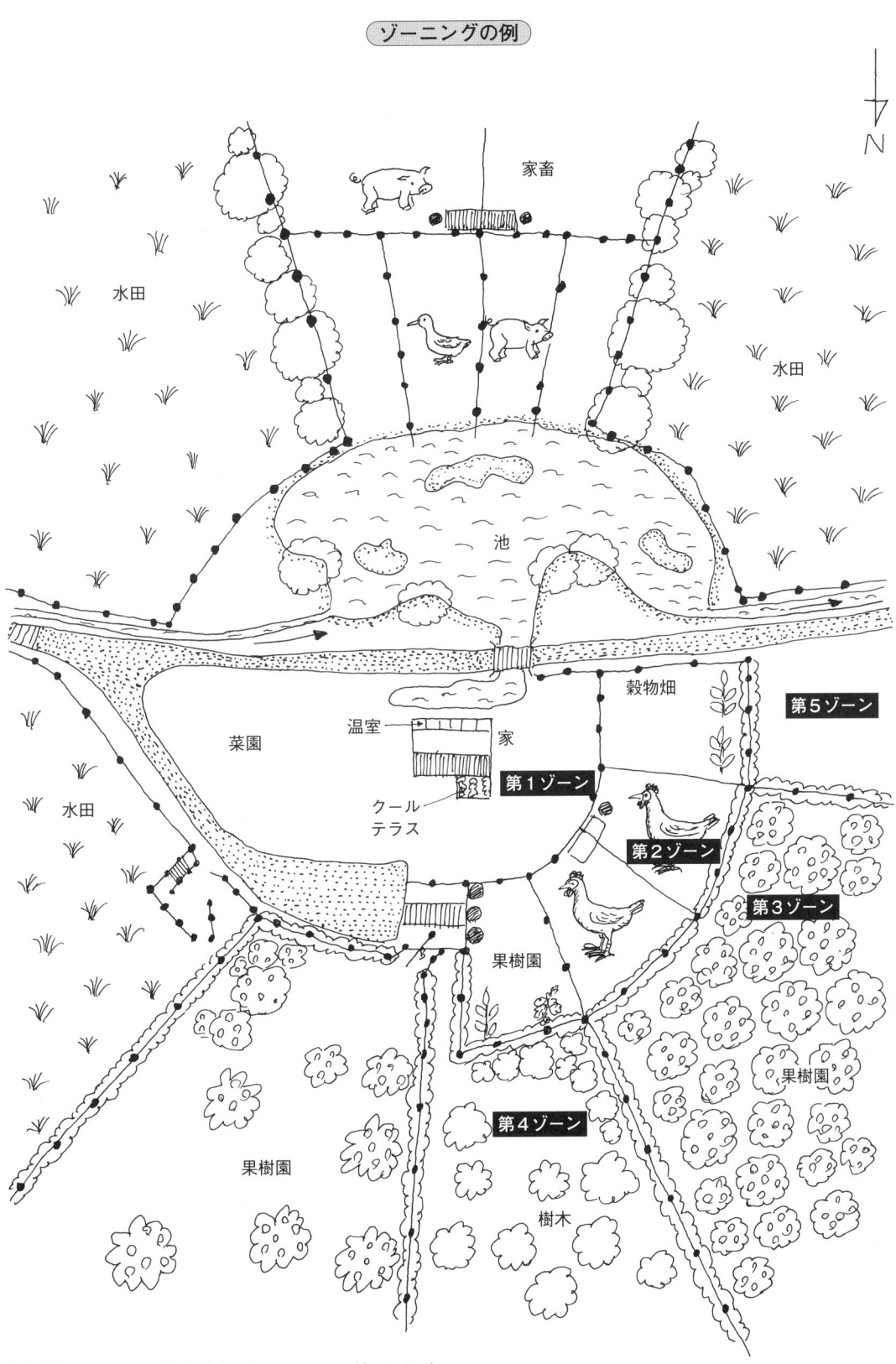

注：出典「PERMACULTURE：A Designers' Manual」(TAGARI)

チキントラクターで拓いたパーマカルチャー農場

水牛による耕作（フィリピン）

地を第2ゾーン、家畜の放牧地や里山を第3ゾーン、植林地を第4ゾーンとすることも考えられるだろう。

このゾーニングは、焦点となる中心が必ずしも一つである必要はない。例えば、住む家と職場、そしてそれら2点を結ぶ通勤経路を第1ゾーンと設定することもできる。電車や車での通勤では無理かもしれないが、家から駅までの、歩いたり自転車で走るところの途中に菜園を設けてもよいのではないかと思う。

駅の周辺1kmをすべて貸し農園にすれば、朝、会社に行く途中に菜園の手入れをし、夕方、家に帰る途中に作物を収穫し、家に戻って調理して食べることもできるだろう。駅周辺の環境の改善にもなる。

現在の価値観ではあり得ない夢物語かもしれないが、一部の人間の利益のために、駅前に大型のスーパーやホテル、駐車場などを配するのではなく、生活者を豊かにするための土地利用を考える時期に来ているのではないかとも思われる。

●自然資源の利用

もう一つの合理性を具体化する手法は、自然資源の利用だろう。これは、もっと動物や、昆虫、植物などの自然の生物の力を人間のために利用しようという考え方だが、搾取するのではなく、どちらにとっても利点があるように人間が知恵を働かせる手法だ。

この手法は、伝統的な農においては、すでに確立したものであり、世界各地で様々な形でいまも活用されている。

ニワトリなどの利用

写真は、フィリピンの水牛を用いた耕作の様子を写したものだが、この牛1頭で1反耕すのに1時間はかからない。しかも、その燃料は田んぼの畦に生えている野草だ。水牛とそれを扱う人間はほとんど一体化しており、ちょっとした合図で水牛は向きを変えたり、進路を変更したりする。その動きはトラクターよりもはるかに変幻自在で、操る人間になんの危険もない。

チキントラクター（第2章などで詳述）も、パーマカルチャーの手法としてよく知られているが、日本でもかつて竹で編んだかごにニワトリを入れて雑草取りをする風景はどこでも見られた。

また、水田の上にツバメが止まることができる縄を渡すことで、稲につく虫を食べて除去してもらうと同時に、ツバメが水田に落とす糞が雑草の繁茂を押さえる効果を持っていたことなども伝えられている。三澤勝衛の著書『風土産業』の中には、このような自然や生物の力を巧みに利用した各地の農や産業の

第1章　いま、なぜパーマカルチャーが必要とされているか

ニワトリの産出物と行動

注：①産出物は卵、肉、羽毛、鶏糞など。必要とするものは食べ物、水、空気、他のニワトリ、砂など。行動は引っかく（耕す）、餌をあさる、飛ぶ、喧嘩をするなど
②システム内の各構成要素を、他の要素との相互関連において正しい場所に配置するためには、各要素の特徴、必要とするもの、および産出するものの分析が必要である
③参考「パーマカルチャー～農的暮らしの永久デザイン～」ビル・モリソンほか著、小祝慶子ほか訳（農文協）

コンパニオンプランツとしてキュウリ、ダイズを組み合わせて栽培

様子が多数紹介されている。

コンパニオンプランツ

また、一般に、コンパニオンプランツ（共栄植物）と呼ばれている植物の組み合わせも、科学と言うよりはむしろ長年の工夫や経験を集積した、言い伝えともいうべき手法だ。これについても、後に詳述するが（第2章）、数億年にわたる植物の進化の過程で、様々な植物の間でお互いに助け合うような関係性ができあがっていったことは、これもまた理にかなっているように思われる。

自然においては、あらゆる生物が、お互いが生き続ける可能性を高めることができる関係性を構築する方向に進化しているように見える。自らの繁栄だけを求めてその方向に変化していった生物は、やがて滅んでいる（定方向進化は種を滅ぼす）。

自然の資源は、人間にとってもまさしく無限に用意されているが、利用される生物にとっても有益であることが、資源を使い尽くすことなく自らもより豊かになっていくことの基本的なあり方だろう。

先にも書いたように、自然の中にはより多くの命が育まれる理が存在しており、人にはそれを読みとり、自らの命ばかりでなく、自然に存するあらゆる生物をより豊かにするために実体化する能力がある。

合理とは、ただ単にその理を知るのではなく、その理によって自らの能力を顕現し、それを理の集合である自然を、より豊かにするために用いることにある。

PERMACULTURE

第2章

パーマカルチャーのデザインと実践のための基本

パーマカルチャーデザインによる農場の一角

PERMACULTURE
パーマカルチャーによる農場の概念とデザイン

設楽清和

目指すのは森のような農場

　パーマカルチャーの究極の目標は、世界中を生産的な森にすることだ。それは農場についても同じで、森のような農場（森の持つすぐれたシステムを活かした農場）づくりを目指す。その外観はまさしく森のようであり、一見無秩序のように見えるが、細部にわたってきめ細かく構築されたもので、通常の森以上の生産性を持つ空間である。

　もともと森は、木の実や果物、それに野草や山菜、あるいはウサギ、キジといった食べ物、さらに木材や衣料となる繊維を提供してくれるばかりでなく、気候を緩和し、防風の役割を果たし、また雨による土壌の流失なども防いでいる。このような森の機能を保持しながら、かつ人間の生活の質をより高めてくれるような農場こそ、パーマカルチャーの目指すものである。

　それでは〝森のような畑〟とは、どのような畑であり、どのようなつくり方をしたらよいのだろうか。まず、森の構造とシステムを考えてみよう。

●森の構造的な特徴

重層的な空間
・空間の四次元的な利用（21頁〜参照）。
・植物や動物などの森の構成要素が一つだけではなく多くの機能を持っている。

多様性のある空間
・複雑な地形が多くの微気象をつくり出している。
・様々な条件に適した植物が共生している。
・地形と植物の多様性が、様々な動物や昆虫の棲息を可能にしている。

個性ある部分の集合体
・密接な関係を持つ植物と動物で構成される様々なギルド（集合体）がある。
・ギルド間に多くのエッジ（縁、境界、際）が存在しており、その部分はより多様で生産性が高い。

●森のシステム的な特徴

総体は安定しているが、常に変化している
・極相を構成する樹種が中心となってギルド

が構成される。
・常に攪乱（かくらん）が入って部分的に遷移が逆戻りしたり、新しいギルドが構成されたりしている。

水やエネルギーなどが循環している
・キャノピーなど水蒸気を結露させ、また植物や動物が利用できるようにする設備を備えている。
・落ち葉によるマルチなど地面からの蒸散を防ぐ設備がある。
・池や水たまりなどの貯水設備がある。
・栄養（堆肥の素）を提供してくれる一年草類や落ち葉が多い。
・微生物が活発に活動できる環境がある。

植物、動物や無機物の関連性が高い
・植物（生産者）と人間を含む動物（消費者）、微生物（分解者）がバランスよく存在している。
・構成要素間でインプット、アウトプットの関係が確立していて無駄になるものがなく、移動にかかるエネルギーのロスがない。

自律性が高く、自己修復機能も有する
・構成要素あるいはサブシステム同士の相互抑制がある（253頁〜参照）。
・風や火事などの自然災害に強い樹種が存在する。

農場づくりの基本的な考え方

以上のような森の構造的、システム的特徴に基づくパーマカルチャーの農場をつくっていくにあたって、その基本的な考え方は以下のように設定される。

地に向かうのではなく天に向かう
・耕すのではなく土をつくる。
・奪うのではなく与える。
・平面的ではなく立体的な空間の利用を考える。
・時間とともに成長していく。

自然に逆らわず、自然の恵みを大切にする
・自然にあるものを使う（マルチ、緑肥、支柱、混栽、天敵など）。
・一年生の作物から多年生の植物へ。……生態系の遷移こそ自然の動き。自然に任せていれば、恵みもまた大きくなる。近代農業は自然の動きを止めるために、人間の労力と化石燃料などのエネルギーを注ぎ込んでいる。そうではなく、自然の動きを助けて、より生産力の高い自然をつくり出していく。
・自然の中に存在するものすべて（エネルギー、無機物、有機物）を資源と考え、それらを劣化させることなく利用することを考える。
・農場内にあるすべての要素（石、土、植物、動物、構造物など）を関連づけ、様々なエネルギーを循環させることで、外部からのインプットや外部へのアウトプットの少ない自立的な空間をつくりあげる。

パーマカルチャーはデザインである。農場づくりにおいても、個々の作物をいかにつくるかではなく、作物がよく育ち、また、人間にとっても手のかからない農場をデザインすることから始めることになる。

農場の基本的な考え方をベースに、その土地の特徴や、それに関わる人間の性質、それに文化・社会条件などを考慮して農場をデザインする。

農場のデザイン

農場をつくるときには、いきなり現場（農場）で考え、つくり出すのではなく、前もって紙の上などで慎重に時間をかけてデザインを行う。

このデザインでは、農場づくりの基本的な

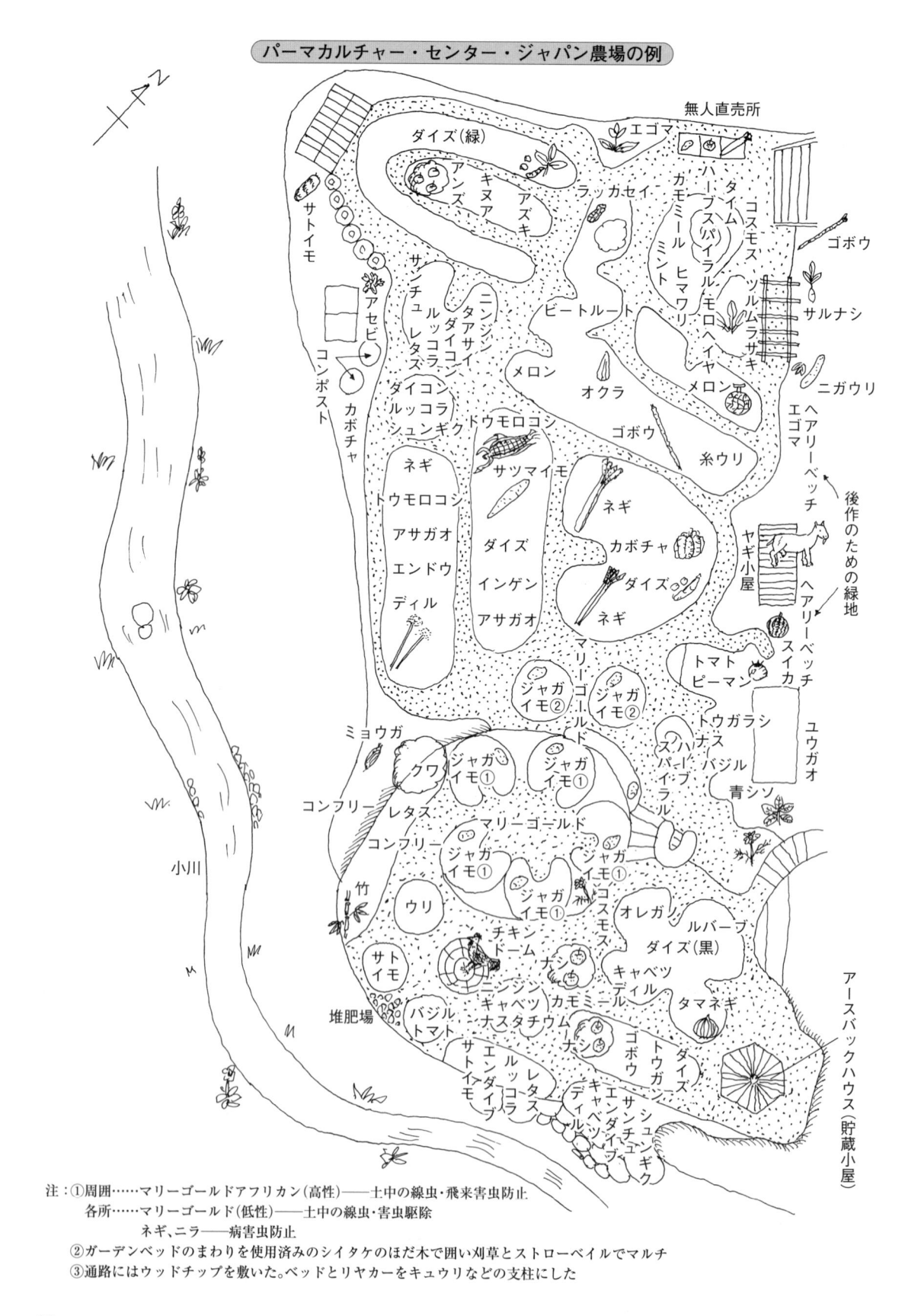

パーマカルチャー・センター・ジャパン農場の例

注：①周囲……マリーゴールドアフリカン（高性）──土中の線虫・飛来害虫防止
　　各所……マリーゴールド（低性）──土中の線虫・害虫駆除
　　　　　　ネギ、ニラ──病害虫防止
　　②ガーデンベッドのまわりを使用済みのシイタケのほだ木で囲い刈草とストローベイルでマルチ
　　③通路にはウッドチップを敷いた。ベッドとリヤカーをキュウリなどの支柱にした

パーマカルチャー・センター・ジャパン農場の水のシステム例

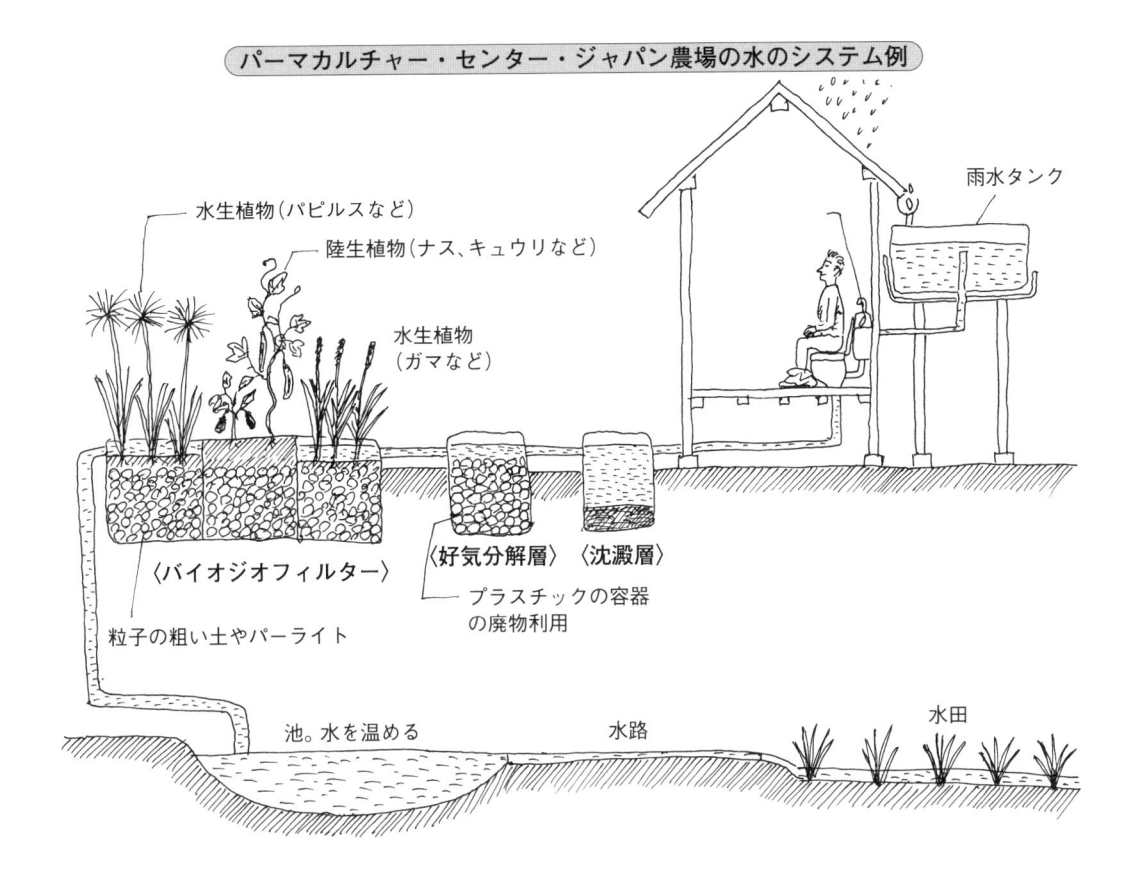

- 水生植物（パピルスなど）
- 陸生植物（ナス、キュウリなど）
- 水生植物（ガマなど）
- 雨水タンク
- 〈バイオジオフィルター〉
- 〈好気分解層〉
- 〈沈澱層〉
- 粒子の粗い土やパーライト
- プラスチックの容器の廃物利用
- 池。水を温める
- 水路
- 水田

考え方を活かしながら、実際の現場に合わせたエネルギーの流れであるシステムとパターンを考え、さらに地形や気象の自然条件と人間の行動パターンに適した土地の配分を行うゾーニングを決め、そして、農場を構成する要素（植床、アプローチ、野菜や果樹などの植物、ニワトリやヤギなどの動物など）を配置していく。

●システムデザイン

畑において主に考慮すべきエネルギーは、水・光・熱・栄養・動物・植物の六つである。

水・光・熱・栄養については、これらをどこで取り入れ、どのように利用し、そして排出するかがシステムデザインであり、このデザインによって、生産性や労力、環境に対する負荷が大きく異なってくる。

動物については、その習性や特徴を理解し、植物や他の動物と関連づけるシステムをデザインする。

植物については、コンパニオンプランツの考え方に基づき様々なギルドをつくる。

水のシステムデザイン

水は、重力によって上から下へ移動する。下から上へ動かそうとすれば、重力の分だけエネルギーが必要となる。また、水は、様々な物質を溶け込ませて移動させることができる媒体でもある。

よって、水は畑（農地）のできるだけ上のほうに溜め、それを重力により移動させながらできるだけ何度も利用し（水そのもの、あるいは媒体として）、最後には浄化して（水に溶けた栄養分を植物の栄養として利用して）排出することがデザインの基本となる。

パーマカルチャー・センター・ジャパン

（以下、PCCJ）では、図のような水のシステムを設けている。

　PCCJの農地は棚田状で、高度差的に3段になっている。

　一番上の部分にトイレを設け、トイレからの排水は、沈殿槽とプラスチックの空き容器を入れた浄化槽を通って、植物による水の浄化を行うバイオジオフィルターに導かれる。

　ここで浄化された水は、池に落とされる。この池ではアイガモが飼われており、アイガモの糞などによって栄養分を含んだ水は、次に水田に流れ込む。この際、池で水が温められるために、稲の生育にとって好影響を与える。

　水田の水は、徐々に地下に浸透してその下の段の池に溜まり、ここでは魚の養殖が行われる。この池のまわりにはヤナギ（水分の多いところを好み生長が早く、枝は細工や薪に用いることができる）や、サトイモやニンジンなどの野菜が植えられる。池の水は徐々に地下浸透して浄化され、地下水や川に流れ込むものと考えられる。

▼水のストックを増やす

　できるだけ多くの池をつくり、それらをつなぐこと。水田も池の一つと考えるとよい。

　棚田状になっていないような斜面では、等高線に沿って溝（スウェール）を掘り、水が徐々に地下浸透していくようにして、その溝の外側に果樹を植える例が、パーマカルチャーの現場では多く見られる。

光のデザイン

　光とは、基本的に太陽光を指す。光はすべての生物的エネルギーの源になっているが、一方で過度の光を受けると生物の多くはダメージを受ける。光を必要なときに必要なだけ利用することが、光のデザインの第1の戦略となる。

　日照時間の少ないところでは、白い壁などを用いて反射によって光の効果を高めたり、あるいは日照時間そのものを増やすことを考える。

　日照時間の長いところでは、西日による温度の上昇も含めて生物に対して害になることが多いので、C4植物（トウモロコシやサトウキビなどの熱帯性の植物）などを利用して日陰を設けることを考える。

　一般に、光合成を行う光の波長は400～700nm（ナノメートル）。赤色光や遠赤光など波長の長い光は植物の発芽や開花を促す働きがあるが、波長の短い近紫外光は、植物の生長を抑制する。

熱の確保・利用のデザイン

　熱は、植物の生長や動物の飼育には欠かせないエネルギーである。畑における主な熱源は、太陽光、微生物による発酵熱および動物の体温である。

▼太陽熱

〈POINT 1．蓄熱体を用意する〉

　冬から春にかけては、太陽熱をできるだけ多く、そして長時間ストックしておくことを考える。

　もっとも簡単な方法は、質量の高い（重い）物質に太陽の光をできるだけ多く当て、蓄熱させることである。石やレンガ、廃タイヤなどに蓄熱させ、夜などの温度の下がるときに放熱させる。温室など断熱を施した施設のほうが蓄熱効果は高いが、屋外であっても大きな石や家など、大きな質量を持つものであれば、かなりの保温効果が期待できる。また、大きな池も蓄熱体と考えられる。

〈POINT 2．樹木によるサントラップ〉

　畑のまわりを防風林で囲むことは、風を避けるばかりでなく、太陽熱を溜める効果もある。畑の北側は常緑の高くなる木を植え、畑を取り囲むように南に向かって徐々に低い木

第2章　パーマカルチャーのデザインと実践のための基本

〈蓄熱体の利用〉
〈蓄熱体の利用で保温効果〉

蓄熱体を利用してより暖かい気候で育つ植物を育てる

岩などの質量の高いもの

〈中古タイヤを使ったポテトタワー〉

タイヤが蓄熱体となるのでジャガイモなどの作物の成育を促進させることができる

レインボーファーム（ニュージーランド）における樹木を用いたサントラップ

を植えておく。これをサントラップと言う。

▼発酵熱
〈POINT 3．発酵にはボリュームが必要〉
　熱を伴う微生物の分解は腐熟であるとの見解があるが、ここでは発酵とする。
　発酵熱は、有機物が微生物の働きにより分解される（可溶性無機養分となる）過程で放出されるものである。システム的に考えると不要になった有機物（生ゴミや糠、藁、鋸屑など）を分解して、再度植物が使える無機養分とする循環システムの一部である。
　このとき、活動する微生物は、活動にあたってはある程度の気温を必要とする。このため、ある程度断熱効果のある場所と、ボリュームが必要となる。
　理想的には、1㎥以上の堆肥を温室内で発酵させる。これにより有機物が完全に分解するまで菌は活動することができ、また発酵熱を温室の保温に用いることができる。
　炭素/窒素比は40〜25：1、水分量は40〜50％くらいにする。

▼動物
〈POINT 4．常温動物は熱源〉
　常温動物は、常に熱を発散している発熱体である。日本でも古くから、ニワトリを床下に飼う床暖房や、ウマなどの家畜小屋と人間の住居を同じ屋根の下に設けて家を暖める（曲がり屋）ことが行われてきた。温室とニワトリ小屋を併設する（ニワトリの体温で温室を暖めるのに用いる）ことはパーマカルチャーの実践地では普通に見られる。
　また人間も動物であり、特に多くの熱を無駄に使う。この熱（廃熱）を有効に利用することを考えるべきだろう。畑の一角に温室兼風呂場を設け、温水は川の水、あるいは雨水を太陽熱温水器で暖めたものを用いる。風呂桶1杯の水はかなりの量があるので、小さい温室であれば、朝まである程度暖めておくことができる。

栄養分の循環システムデザイン
　植物の生長に必要とされる必須元素は16種

41

パーマカルチャー・センター・ジャパン農場の堆肥場づくりの例

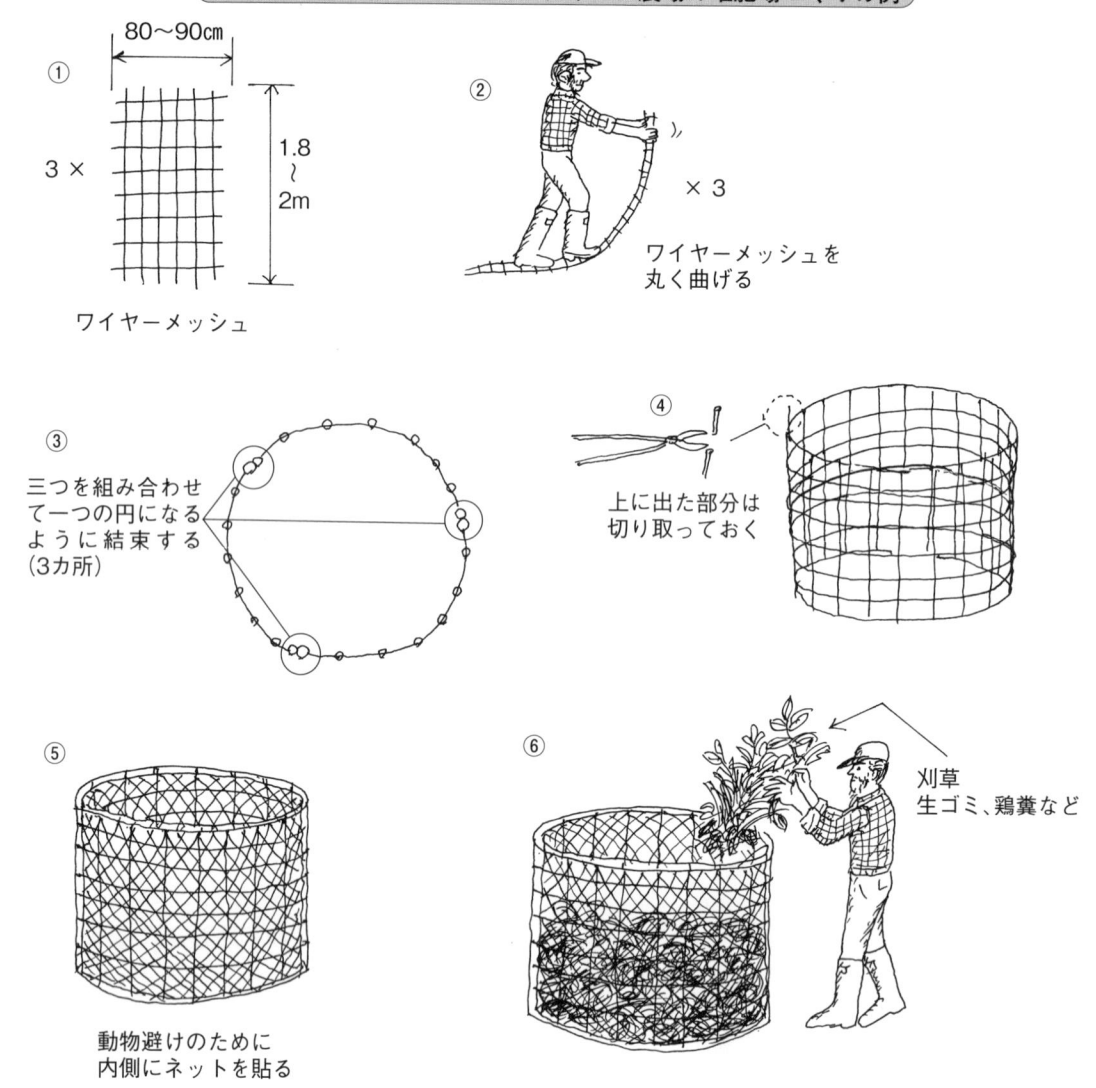

① ワイヤーメッシュ　3× 80〜90cm × 1.8〜2m

② ワイヤーメッシュを丸く曲げる　×3

③ 三つを組み合わせて一つの円になるように結束する（3カ所）

④ 上に出た部分は切り取っておく

⑤ 動物避けのために内側にネットを貼る

⑥ 刈草、生ゴミ、鶏糞など

　類とされており、そのうちもっとも多く必要とされる炭素、水素、酸素は、主に空気中の炭酸ガスと根から吸収される水分によりまかなわれる。その他の13種類は主に土中に存在しており、根から吸収される（窒素は主に空中に存在するが、吸収されるときには、主に微生物の働きにより根から吸収される）。特に窒素、燐酸、カリウムは主要三元素と言われており、他の微量元素に比べると多量に必要とされる。

　これら栄養素については、基本的にはすべて循環させるシステムを考える。すなわち生産―消費―分解のサイクルをつくることである。具体的には、農場で生産された野菜や動物性タンパク質を住居などの生活の場で消費し、住居から出される生ゴミや排泄物を堆肥場やコンポストトイレで分解して、また農場に戻すことを意味する。

　このサイクルシステムを機能させるのに必要な要素には、以下のようなものが考えられる。

　生産に必要な装置：畑、水田、果樹園、

第2章　パーマカルチャーのデザインと実践のための基本

チキンホットハウスの例

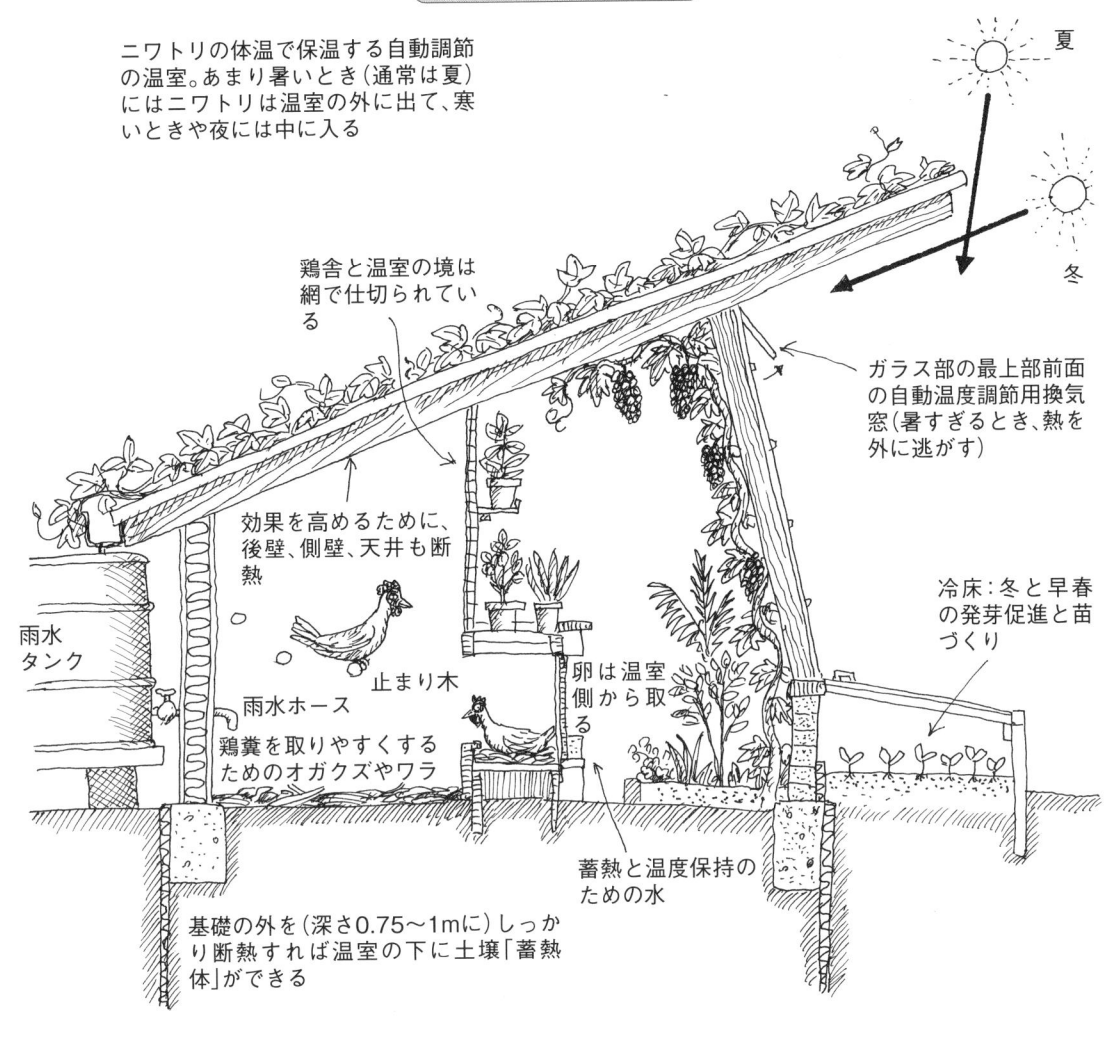

ニワトリの体温で保温する自動調節の温室。あまり暑いとき（通常は夏）にはニワトリは温室の外に出て、寒いときや夜には中に入る

夏
冬

鶏舎と温室の境は網で仕切られている

ガラス部の最上部前面の自動温度調節用換気窓（暑すぎるとき、熱を外に逃がす）

効果を高めるために、後壁、側壁、天井も断熱

雨水タンク

止まり木

雨水ホース

鶏糞を取りやすくするためのオガクズやワラ

卵は温室側から取る

冷床：冬と早春の発芽促進と苗づくり

蓄熱と温度保持のための水

基礎の外を（深さ0.75〜1mに）しっかり断熱すれば温室の下に土壌「蓄熱体」ができる

注：出典「パーマカルチャー〜農的暮らしの永久デザイン〜」ビル・モリソンほか著、小祝慶子ほか訳（農文協）

池、鶏舎、畜舎、温室、冷室、物置

　消費に関係する装置：住居、台所—かまどなど、家畜舎、貯蔵小屋

　分解に必要な装置：堆肥場、コンポストトイレ、またはバイオガスシステム、ミミズコンポスト

〈POINT 5．栄養分はすべて循環させる〉

　農場から採集するものを、その農場を運営する者が消費し、そして排泄物を農場に還元するのであれば、栄養分を外部から入れる必要はなく、また土壌が過栄養状態になることもない。微量元素なども、必要であれば植物が自ら根を伸ばして土中から吸い上げたり、岩などを溶かして摂取することができる。

　すなわち、必要な栄養分は土中にすべてあると考えられ、それを外部に持ち出すことがなければ、農場はより健全で肥沃になっていく。

動物利用のデザイン

　動物はエネルギーの塊であり、また、草などの人間が直接は利用できにくいエネルギー

動物の飼養

〈ニワトリ〉

〈ヤギ〉

〈アヒル〉

を動物性タンパク質という利用しやすいエネルギーに変換してくれるエネルギー変換装置でもある。

動物の習性を知り、適切に利用することができれば、人間の労働量や機械、化石燃料などのエネルギーの消費を大幅に減らすことができる。

〈POINT. 動物はトラクター兼肥料供給機〉

パーマカルチャーではチキントラクターが必須アイテムとなっているが、ほとんどの草食動物は草刈り機兼トラクター兼肥料供給機となってくれる。ただし、動物の習性をよく知ったうえで十分に管理しないと、多大な被害をもたらすことにもなる。

▼ニワトリ

ニワトリについてはその習性などを考えて15〜30羽くらいを一つの集団として飼育する（雄鳥1羽に雌鳥15〜30羽）。飼料は台所から出た残飯がもっとも好まれるが、おからと米ヌカを混ぜて放線菌によって発酵させた発酵飼料を与える。

また、トウモロコシやくず米に貝殻を砕いたものをニワトリの食べる様子を見ながら適当に混ぜて与える。緑肥は野草でもよい。スイバなどを好む。

チキントラクターは直径2mほどのドームにニワトリを2羽入れ、2週間くらいで移動していく。前もってドームの底面と同じ大きさに整形した植床を10ほどつくっておき、それを順繰りに移動する。

移動した後はマルチ（地面に藁、落ち葉などを敷いて地温を調整。水分の蒸発を防いだり、雑草を抑止したりする効果もある）して、苗を植えるか種を撒く。20週で1周することになるので、雑草が出始める4月初め頃から使用し始めると、収穫が終わって、別の

害虫を捕食したりするアイガモは、畑のコンパニオンアニマル

季節の野菜を植える時期になる。

▼ヤギ

ヤギは予想以上に力強く、そして大食いの動物である。草地につないでおけば、1日で半径5mほどの円の草をすべて食べ尽くしてくれる。しかし、土地を引っかいたりするような習性はなく、むしろ長い間同じ場所に置くと土を固めてしまうので、ニワトリのようにトラクターとして使うことはできない。糞もニワトリの糞ほどは窒素分を含んでいないので肥効はあまり期待できない。あくまでも広い面積を除草する除草機と考える。

乳については、一度子供を産めば2年ほどは搾乳できるようであるが、逆に搾乳してやらないと乳腺炎を起こしてしまうので、毎日の搾乳が必要となる。

力はかなり強く、雌でも女性では十分には扱いきれない。よく飼われているザーネン種は身体も大きく力も強いので、パーマカルチャー農場では他の小型のヤギを飼育したほうがよいだろう。

▼アヒル、アイガモ

除虫と除草および肥料分の供給のみを考えるのであれば、アヒルやアイガモがもっともよい。ニワトリよりも知能が発達しており、人間にもよく馴れる。仮に小屋や檻から脱走した場合でも畑に対する被害は少ない。また、非常に丈夫で飼育しやすい。2羽くらいであれば、2反の農場に放し飼いにしておけば、虫の被害はほとんどなくなる。

ただし、ニワトリに比べて水分を必要とするので、池などの水浴ができる施設が必要となるのと、池の中で排泄するので、池の掃除が必要となる。また、池の縁をつつく（土を食べている？）ので、時間が経つにつれて池が崩れてしまう。池の縁を柵で囲うなどの工夫が必要となる。

ニワトリもそうだが、タヌキやキツネ、野犬などの害獣の被害を受けやすいので、害獣から守る小屋などの施設も必要だ。特にイタチは、一度ニワトリ小屋に入るとすべてのニワトリを殺してしまう（血を吸うと言われているが、実際にはかみついて頸骨を折って絶命させる）ので、万全の対策が必要となる。直径5cmほどの穴があれば侵入するので、目の細かい網で囲うことと、網が錆びて破れていないかなどの日々の点検が必要となる。

糞はかなり水分を含んでおり、ニワトリに比べるとかなり臭気が強い。肥料としてはニワトリの糞のように固まりにはならずに乾燥もしにくいので、集めて発酵させるのは難しいようである。むしろ果樹園などで昼間放し飼いにして土の上に排泄してもらって、それが肥料分として植物などに吸収されるという方式を考えたほうがよいと思われる。

植物利用のデザイン

植物もまたエネルギーの塊であり、人間を含めて消費者は、このエネルギーを摂取して生きている。そして植物はこの栄養分としてのエネルギーの他にも植物同士、あるいは動物との関係を調節するエネルギーをつくり、放出している。

このエネルギーを利用したのがコンパニオンプランツ（共栄植物）である。コンパニオンプランツにより構成される植物の群衆シス

キーホール（鍵穴）ガーデンの基本形

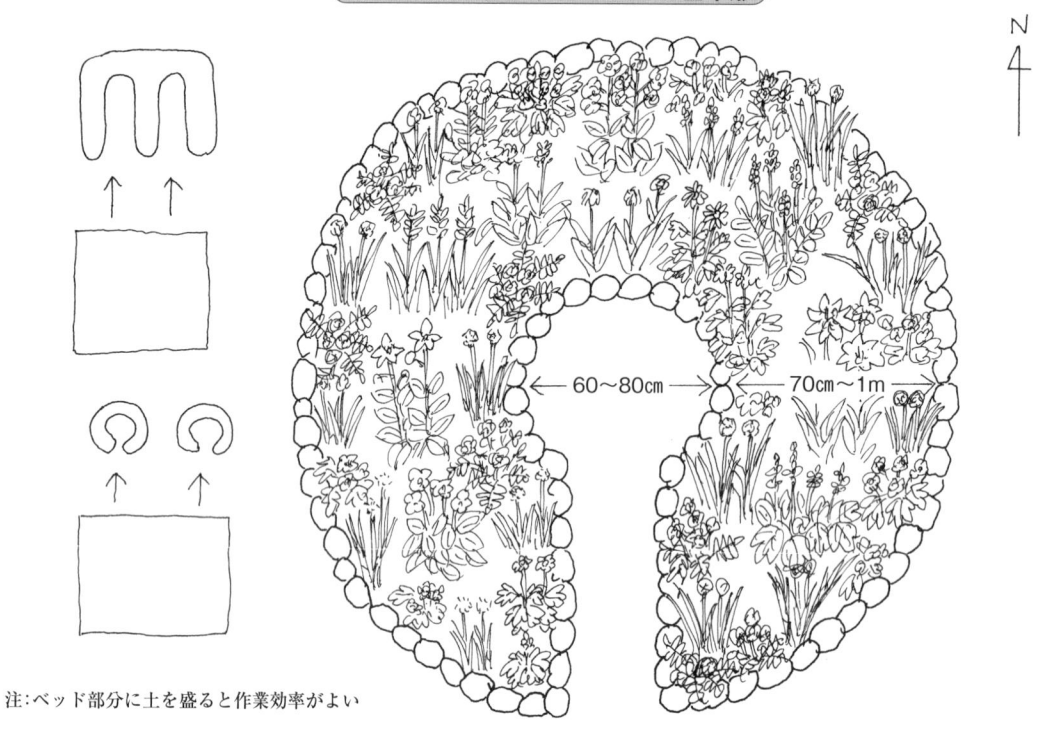

注：ベッド部分に土を盛ると作業効率がよい

テムがギルドである。コンパニオンプランツとギルドについては、「農場づくりの実践」（本章51頁）などで詳しく触れる。

●敷地のデザイン

パターンによるデザイン

パターンとは、エネルギーの流れる形である。このパターンをデザインに利用することにより、エネルギーの流れを滞らせたり、あるいはエネルギーがあまりに早く流れ去ってしまうのを避けて、病虫害や、土壌の劣化などを防ぐことができる。

なだらかな起伏

温帯で雨が多い地方では、なだらかな起伏が形成される。日本の山の多くはこのなだらかな起伏を持っており、豊かな森が形成されている。この起伏のパターンを農場にも利用することができる。

▼蒲鉾型植床

植床については中央が盛り上がって、端にゆくにしたがって低くなる蒲鉾型をつくる。これにより、中央部は水はけがよくなり乾燥に適したものを植えることができ、また周辺部は水分が多くなるので多くの水分を必要とする植物を植えることができるので、多様な植物を栽培することが可能となる。

キーホール（鍵穴）

川などの水の流れの瀬、特に大きな岩の後ろなどには、水によりえぐられたようなキーホールが見られる。このキーホール型には多くのエネルギーが集まってくる。

▼キーホールガーデン

キーホールガーデンには様々な形が考えられるが、基本的には円形のベッド（植床）にキーホールを穿つ形になる。直径1から1.5mほどでキーホールの丸い部分が中央に来るようにする。この形を採ることにより、苗を植えたり収穫したりするのが容易になる。

第2章　パーマカルチャーのデザインと実践のための基本

スパイラル（螺旋）ガーデンの基本形

〈乾燥に強いハーブ〉
タイム
オレガノ
マジョラム
ラベンダー
ローズマリー

〈湿地を好むハーブ〉
レモンバーム
コンフリー
ミント
ドクダミ
ハッカ

スパイラルのため、東西南北すべての面がある

高さや日当たりが異なるため、多くの微気象が生じる

乾燥している

湿気が強い

スパイラル（螺旋）

スパイラルは、もっともよく見られるパターンである。水や風がもっともスムーズに流れる形と考えられる。

47

▼スパイラルハーブガーデン

石を螺旋型に積んで様々な微気象をつくるのが、このスパイラルガーデンである。底面の直径を2mほどとし、高さは1～1.2mほどに積み上げる。材料としては、蓄熱体として役立ち、また水はけをよくする意味からも大きめの自然石を用いて、それを土か漆喰で隙間を詰めて固定する。

螺旋状であることから、様々な方位と高さが得られるので、日照と湿度の強さに応じて様々なハーブを植えることができる。できれば台所の近くに配置して、新鮮なハーブが簡単に採取できるようにする。

波形

波は光の一つの性質であり、物質が動くときの基本的な形と考えられる。規則正しい波形は一定のリズムを生み出し、活動を容易にする。

▼波形のアプローチ

波形

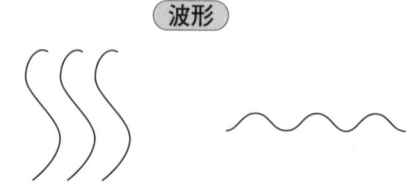

注：自然に見られるパターンの一つとして波形がある。雨の多い地域では、山の形（右側）も波形をしている

人間が歩くアプローチについては、自然の地形に合わせながらできるだけ波形を描くように整形する。まだ整形していない農地であれば、取りあえず歩きやすいように歩いてみてアプローチの位置を決めることから始めるとよい。

この波形のアプローチとキーホールガーデンを組み合わせることにより、作業しやすく、また歩いていても楽しい農場を整備することができる。

●ゾーニングによるデザイン

ゾーニングには二つの基準があり、これらは時に相反することもあるので、どちらの基準もできるだけ高いレベルで満たされるようにゾーニングを行う。

人間の労力に基づくゾーニング

人間がもっとも多くの時間を過ごすところを起点の0ゾーンとして、それから通う頻度に応じて、頻度の高い場所を近くに、頻度の低いところを遠くに置くゾーニングを行う。

0ゾーンに配置するもの：農具置き場、保存庫、アースオーブン、加工場

1ゾーンに配置するもの：葉菜類、果菜類

2ゾーンに配置するもの：根菜類、穀類、豆類、家きん小屋

3ゾーンに配置するもの：果樹

4ゾーンに配置するもの：燃料、建材、樹木

地形などの場所の条件によるデザイン

地形や気象など、場の条件に適した要素を配置することにより、余分なエネルギーを省くことがゾーニングの基本的な考え方である。場の条件による農場での要素の配置には以下のような原則が考えられる。

▼傾斜別利用

傾斜の強いところは野菜の畑とせず、広葉の果樹あるいは樹木を配置する。……傾斜地では、土地を留めておくことが第一に考えるべきことである。通う頻度の高い野菜畑や、根が直根性である針葉樹の森林では土壌の流失が起きやすいので、林床にも一定時期光の入る落葉広葉樹を植えるようにする。地域の原生種の広葉樹があればそれを利用する。

小屋などの建造物は斜度の緩い斜面に設ける。畑は建造物近くの緩い斜面地に設ける。

野菜の多くは水はけのよい場所を好むが、

傾斜地は基本的に水はけがよいので、畑に適している。傾斜が強すぎて水がすぐに流れしまうようであれば、段を設ける。

平坦なところは豚などの大型の家畜を飼う場所として適している。

▼高度別利用

雨水池はできるだけ高いところにつくる。

傾斜地には逆転層と呼ばれる霜の降りない暖かいところがある。谷底から20ｍほど上がったところで、野菜の栽培や居住地として適している。

一般に高度の低いところは緩斜面となり、野菜の栽培に適しているが、冷気だまりともなるので、霜に対する注意が必要であり、暖かい微気象をつくる工夫が求められる。

▼土質別利用

土質については、含水量と土壌pH（ペーハー、ピーエッチ）が決定要因となる。ちなみに土壌はpHによって酸性、アルカリ性に分けられる。一般に水分が多く、また、雨も多いところは酸性になり、乾燥しているところはアルカリ性が強くなるが、地質に石灰が含まれているところでは、湿地であってもアルカリ性が強い。

一般に野菜は、適度の水分がありながら水はけのよい土壌を好み、またpHについては5～7ぐらい（弱酸性から中性）が生育に適している。堆肥などの有機物を多く施用すると、土壌は中性に近づき、また、水分含有量も多くなる。

パーマカルチャーでは、もともとの土質は制限要因とはならず、改良できるものと考える。

湿地については、水田にするなど、水生植物の栽培場所とする。ガマやクワイ、レンコンの栽培なども考えられる。斜面地の水田の多くは、もともと水が出やすい湿地性の土地であることが多く、畑地としては適していな

pH別の野菜の適地

pHに対する反応	pHの目安	野菜
酸性に弱い（石灰分を好む）	6～7	ホウレンソウ、ナス、タマネギ、ゴボウ、アスパラガス、ショウガ
酸性にやや弱い（石灰分をやや好む）	5.5～6.5	キュウリ、メロン、トマト、ニンジン、エンドウ、キャベツ、カリフラワー、セルリー、ブロッコリー、レタス
酸性にやや強い（石灰分は好まない）	5.5～6	サツマイモ、サトイモ、パセリ、トウモロコシ、インゲン、ダイコン、カブ
酸性に強い（石灰分はほとんど必要ない）	5～5.5	ジャガイモ、スイカ

注：出典「カラー版　家庭菜園大百科」
　　板木利隆著（家の光協会）

いところが多い。水田の跡地を利用する場合は、水がどこから湧くのかを確認し、そこを池か水田にして、できれば水路を設けてオーバーフローした水を川に導くようにする。

日本のように通年比較的安定して降雨があるところでは、乾燥土壌はそれほど植物の栽培制限要因とはならない。単一作物栽培を行わない、自給的な菜園は、たいてい斜面地に位置している。すなわち、水が溜まるところよりは乾燥する場所のほうが日本では畑地に適しているということである。

pH別の野菜の適地については表を参照。

要素の確定と配置

農場の構成要素を確定するためには、様々な視点から農場を考えてみることが必要であ

る。

●要素確定のための考え方

システムデザインにおいて考えたように、水や熱、エネルギー、栄養分などを循環させるために必要となる要素（装置）は、どのような農場においても必要となる。様々な条件によって、その規模や内容は異なってくるが、まずこのシステムを組むのに必要な要素から割り出していく。

そのときにまず考えなければならないのは、そういった要素を外部から導入するのではなく、できるだけその場にあるものでまかなっていくことである。池をつくるにあたって、最初からセメントなどを持ってきてつくるのではなく、その場にある粘土を利用することをまず考える。発想としては、その場にあるもので、いかにシステムを構築していくかを出発点にするとよい。

システムに組み入れられる要素以外にも、問題となるような自然条件を資源に変える仕組みを組むための要素なども必要となる。例えば、湿地を水田という生産に必要な要素に変えるために排水路が必要になるといったことが考えられる。

それ以外にも子供の遊び場や、目を喜ばせるための花畑など、人的な必要から、入れておきたい要素などが抽出、確定される。

原則として、デザインの最初の段階では要素はできるだけ必要最小限のものにしておくこと、そして、各要素に最低三つの役割を持たせることを考える。一つの役割しか果たさないものは構成要素から省いたほうが、その後のメンテナンスなどの手間を省く意味からもよい。

●配置の考え方

配置については、まず、余分なエネルギー（労力や動力）の使用をできるだけ少なくすることを考える。関係性のある要素はできるだけ近くに配置し、また、そういった要素間のやりとりには、できるだけ自然の力を用いるようにする。

例えば、池が畑や水田よりも低いところにあると、水を運ぶために労力や動力が必要になるが、池が高いところにあれば、重力を使うだけで水の運搬が可能になる。

また、自然の地形や微気象をできるだけ活かした配置を行うことも大切である。例えば、日当たりのよい大きな岩の前には、そうではない場所に比べて暖かい微気象が生じる。このようなところは暖かい気候に育つ樹木などを植えるのに適している。

安定しながら変化をさせるイメージで

要素を確定し、配置を決めることで、農場のデザインは一応完了したことになる。注意深い観察に基づき、綿密なデザインを行うことで、現場で場当たり的に樹木を植えたり、野菜を育ててしまうことで生じる、労力や資源、それにエネルギーの無駄を大幅に省くことができる。

しかし、最初から完璧なデザインができるわけではない。また、時間とともに変化する自然条件や人的条件の変化により、デザインを変化させる必要も生じてくる。実際に農場をつくってみて気づくことも多く、それらをフィードバックしてデザインを変更していくことで、よりよいデザインになっていく。

自然と同じように、基本的な部分は安定しながらも、常に小さな変化をさせていくというデザインをイメージしておくとよいだろう。

PERMACULTURE

農場づくりの実践

設楽清和

　デザインに基づいて、農場を実際につくっていく作業は楽しいものである。

　農法についていえば、パーマカルチャーの農法というものはない。有機農法にせよ、自然農法にせよ、あるいは近代農法にせよ、その土地の自然条件と社会条件にもっとも適した農法を用いることでよい。もっともすぐれた農法は、近くに住む老人に尋ねるのが一番だろう。

　それでも、パーマカルチャーの原則を活かした農場づくりについては、ビル・モリソンをはじめとして、多くの実践者が様々な技術を開発してきており、それらの中には、どの地域においても応用可能なものもある。ここではそういった技術を紹介する。

マルチの効果と方法

　マルチとは、畑や菜園の地面を、やがて土に変わるもの（刈った草、干し草、枯れ葉、木屑、藁、完熟堆肥など）を使って覆うことだ。マルチは時と方法を選んで行えば、土にとっても植物にとっても非常に効果的である。

●マルチの効能

- 雑草の生育を抑制する。……十分な厚みが必要（15～20cm）。
- 土の湿気を保つ。……土中の水分を保つので、灌水（水やり）が少なくてすむ。
- 土中の温度を一定に保つ。……寒い地方では春先のマルチは土の温度が上げるのを妨げてしまうので逆効果になるが、夏の間は土の温度を一定に保つ働きをする。
- 土壌を改良する。……マルチの下の土は湿気が保たれるうえに高温に曝されることもなく、また激しい雨を受けることもないので、土壌づくりを行う様々な生物の活動を促進する。

　また、マルチが分解していく過程で有機物が供給されるので、土壌の改良に役立つ。

- 土に養分を与える。……パーマカルチャーでは後に見るように炭素質の多い層と窒素分の多い層で交互に重ねる積層マルチを行う。このため、微生物の働きが良くなり、有機物の分解がすみやかに行われるために土壌が豊

かになる。

　ただし、紙や藁などは多くの炭素を含んでおり、これらを分解前に土の中にすき込むと土壌が窒素不足になる。炭素を分解するバクテリアが土壌中の窒素を消費するためである。マルチを行う際には窒素分と炭素分のバランスを考えておくことが大切だ。

・果菜を汚れと病気から守る。……藁や木の皮などは水はけがよいので、スイカや地這いキュウリなどを汚れや病気から守る働きをする。

●積層マルチの方法

　積層マルチは、維持に手間のかからない（除草や散水を行わない）菜園をつくるのに適している。材料を多く使うので、大規模な農場よりは小さい菜園に向いている。

　積層マルチでは、窒素分の多い層と炭素分の多い層を交互につくり、計4層のマルチにする。

▼第1層

　できるだけ地面に近いところで、生えている草を刈る。刈った草はそのままにしておいて肥料とする。

　地面が乾いている場合には、灌水してからニワトリの糞などの窒素分の多い肥料を撒く。野菜屑などの生ゴミも混ぜるとミミズが集まって、有機物の分解が早まる。

▼第2層

　新聞紙（厚さ10枚ほど）か段ボール、または不要になった木綿か羊毛、絹などの自然素材でできた布などを地面に敷き詰める。

　風に飛ばされないために、これらの材料を十分に水に濡らしておくことが大切だ。また、雑草の発育を抑えるためには十分な厚さが必要だ。

▼第3層

　次に、窒素分を多く含み、炭素分の少ない

土の乾燥を抑えたりするため、藁などをナスのマルチとして敷く

堆肥や海草、髪の毛、野菜屑、刈った雑草などを重ねる。この層は新しい表土になるので、少なくとも7.5cmほどの厚さが必要になる。

▼第4層

　この層には分解を遅くするために、窒素分が少なく炭素分に富んだ材料を使う。

　15cmほどの厚さが必要だ。藁や干し草、籾殻、スギの葉などが適している。落ち葉も使うことができるが、乾燥すると風に飛ばされてしまうので網をかけるなどの工夫が必要となる。

　マルチが終わったら、すぐに苗の移植をする。大きな種なら撒くことができるが、小さな種や根菜類は、1年目は避けたほうが無難。

生物的防除（害虫および病気対策）

　害虫や病気の防除を行うには、まずは自然の生態系に存在する抑止力やバランスをつく

マルチの実施

マルチの材料
- 生ゴミ
- 完熟堆肥
- 干し草
- 藁
- ダイズの殻
- 枯れ葉
- シダ類
- 木屑

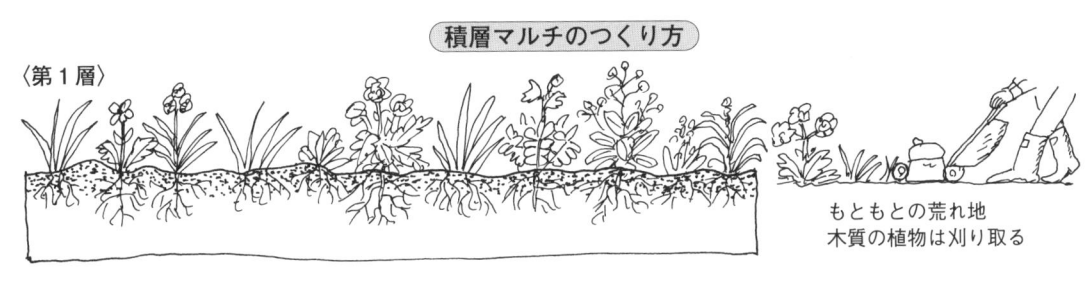

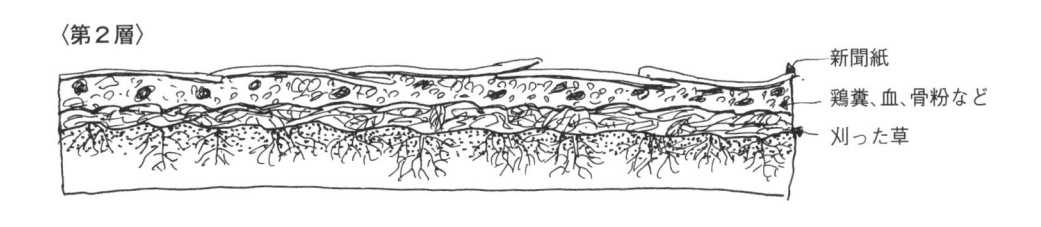

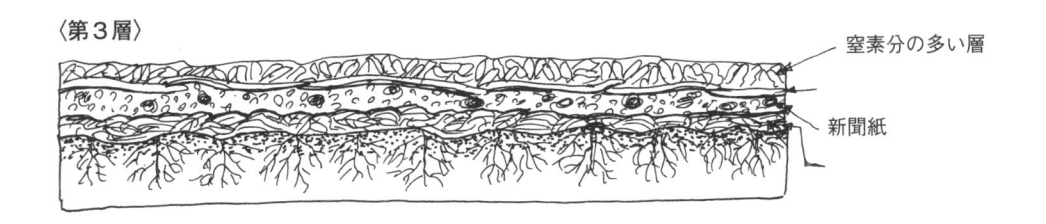

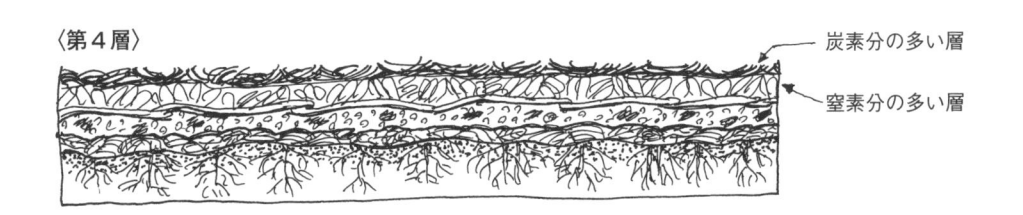

畝に藁を敷く

積層マルチのつくり方

〈第1層〉
もともとの荒れ地
木質の植物は刈り取る

〈第2層〉
- 新聞紙
- 鶏糞、血、骨粉など
- 刈った草

〈第3層〉
- 窒素分の多い層
- 新聞紙

〈第4層〉
- 炭素分の多い層
- 窒素分の多い層

害虫と天敵

害虫	作物	天敵
アブラムシ	ナス科、アブラナ科	ナナホシテントウ、ナミテントウ、クサカゲロウ
アオムシ	アブラナ科	コマユバチ、アシナガバチ、クモ類
ヨトウムシ	アブラナ科	クモ類
ハダニ	ナス	ケシハネカクシ、チリカブリダニ、ハダニアザミウマ
コナガ	キャベツ、ハクサイなどのアブラナ科	カエル類、クモ類、ヒメハナカメムシ、寄生バチ(タマゴコバチ、コマユバチ、ヒメバチなど)、天敵微生物(細菌病、糸状菌病、ウイルス病など)
オンシツコナジラミ	トマト	オンシツツヤコバチ、クモ類

注:出典「有機農業ハンドブック～土づくりから食べ方まで～」(日本有機農業研究会)=原出典「現代農業」1997年6月号などを参考にして作成

土壌動物と病原菌

土壌動物	作物	病原菌
ミミズ	ハクサイ リンゴ	根コブ病菌、苗立枯病菌 リンゴ黒星病菌、センチュウ
トビムシ	ダイコン キュウリ アブラナ科 ホウレンソウ ダイズ	ダイコンイオウ病菌 キュウリツル割病菌 立枯病菌(リゾクトニア、ソラニ) 立枯病菌(ピシューム、ウルチマム) 白モンパ病菌、モンガレ病菌、灰色カビ病菌
ササラダニ		立枯病菌(リゾクトニア、ソラニ)

注:出典「有機農業ハンドブック～土づくりから食べ方まで～」(日本有機農業研究会)

り出すことが大切だ。

生物的防除を行う場合には、以下のことを考慮に入れる必要がある。

温度

多くの害虫はその天敵よりも低い温度で生育するため、天敵よりも早い時期に現れる。

このため、早い時期の害虫防除は人間の手で行わざるをえない。例えば、テントウムシダマシは最初、越冬した成虫がジャガイモにつくので、この時期に人の手で退治しておくと、夏のナス科のトマトやナス、ピーマンなどの食害が少なくなる。

多種類栽培

単一作物栽培や少品目栽培には、本来多種多様な動植物によって構成されている、自然のもつ防御機能が備わっていない。多くの害虫の天敵となる昆虫や動物には、彼ら独自の食べ物や生息場所が必要となる。多様な植物を植えて、できるだけ自然に近い生態系をつくり出すことが大切だ。

これには基本的に以下の方法が考えられる。

クローバーは窒素固定植物

ヒメカメノコテントウムシはハダニ類の天敵

▼混栽

植物も自らを守るために、根から分泌物を出して菌や虫を寄せつけない力を持っている。混栽は、特にこういった力の強い植物を利用して病気を予防し、害虫の防除を行う。

表は、育てようとする植物と、それがかかりやすい病気およびその病気を防ぐ混栽植物を示している。

▼間作

主に窒素固定を行う植物（主に多年生）と野菜を交互に植えることにより、土壌の栄養分を豊かにする。

多年生のマメ科の植物を間隔を空けて植え、間に育てようとする野菜を植える。これらの多年生の植物は、野菜の成育中は随時剪定され、切り落とされた枝や葉が、窒素分に富んだマルチとして、また、動物の飼料として利用される。

よく利用される窒素固定植物としては、草類ではアルファルファ（和名ムラサキウマゴヤシ　Medicago sativa）やクローバー（和名シロツメクサ　Trifo liun repens）、それに秋、水田に種をまくレンゲなどがある。

また、樹林では、アカシア（Acacia spp）、ネムノキ（Albizia lopantha）、ハンノキ（Alnus spp　マメ科ではない）などがある。

天敵

天敵を呼ぶためには、蜜と花粉が必要だ。年間を通じて花が咲いているように、様々な植物を植えるようにしよう。ニンジンなどの花は、それ自体が天敵となる虫たちの食べ物となる。

▼天敵を呼ぶのに適した植物

タンポポ、マリーゴールド、ヨモギギク、ニンジン、コリアンダー、キャラウェー、ソバ、クローバー、ソラマメ、ブロッコリー、ダイコン

▼アブラムシの天敵

アブラバチ類、ヒラタアブ類、ショクガタマバエ類、クサカゲロウ類、テントウムシ類、ハナカメムシ類、オオカメムシ類、タカラダニ類

▼ハダニ類の天敵

カブリダニ類、テントウムシ類、ハナカメムシ類、タマバエ類、クサカゲロウ類、ハネカクシ類

▼アザミウマの天敵

タマゴコバチ類、ヒメコバチ類、ハナカメムシ類

▼その他の天敵

カマキリ：アオムシ、クモ、ウンカ、甲虫、バッタ

蝶鳥類：ウンカ、甲虫、アオムシ

カエル：甲虫、アオムシ、ヨトウムシ

コンパニオンプランティング

コンパニオンプランティングとは、ある特定の目的（たいていは害虫駆除）のために、2種類以上の植物を組み合わせる手法のことを指す。

しかし実際にやってみると、植物がどのようにコンパニオンとして働くかは非常に多様である。

例えば、いつも害虫の被害を受けている植物については、その害虫からかくまったり、害虫を追い払ったり、あるいは罠にかけたりするコンパニオンが考えられる。益虫を食べ物や棲みかを与えて引きつけたり、保護したりするコンパニオンもある。

また、光や根の伸びる場所がかち合わないので、一緒にしておいてもよく育つ植物の組み合わせもある。

これらコンパニオンプランツ（共栄作物）の主な機能をあらためて示すと、次の通りである。

匂いを出して虫を追い払う

昆虫の多くは、匂いでお気に入りの植物を探し出す。例えば青虫は、キャベツなどの好物が出すマスタードオイルに引き寄せられる。タマネギの出す硫黄化合物に引き寄せられるハエの幼虫もいる。だから、他の匂いの強い植物をコンパニオンプランツに使って育てたい植物を守るという方法もある。

例えばニンニクのような植物は、アブラムシやガを寄せつけない匂いを空気中に放出するし、タマネギは、イチゴやトマトを虫の被害から守る。ミントはモンシロチョウをキャベツに寄せつけない働きをするし、バジルはトマトにつく毛虫にとってはいやなものだ。トマトの葉にはソラナインという毒性のある

トマトのコンパニオンプランツは、一緒に料理してもおいしいバジル

揮発性化合物が含まれており、近くにあるキャベツやブロッコリーにモンシロチョウを寄せつけない。

刺激臭のある植物を、庭の周辺部や作物の間に植えてみるとよい。もし作物の近くに植えられない場合は、刈り取った香草を庭の中に撒いてみると同じ効果が得られる。

おとりとなる

ある種の植物は、特定の昆虫を引き寄せる。例えば、ナスタチウムはアブラムシを引き受けてくれる非常に優れたおとり植物である。アブラナ科の植物はカメムシ類を引きつける。

おとり植物は、2通りの方法で作物を守る。おとりとなって、育てようとする植物に行こうとする虫を引きつけておくことが一つ。もう一つは、虫が少数の植物に集中するので、駆除が楽になることである。虫は植物を引き抜いて始末することも、他の方法で処理することもできる。

コンパニオンプランツリスト

作物名	英名	科・属 混植作物名	相性	効果
アスパラガス	Asparagus	ユリ科アスパラガス属 　ニラ 　ネギ 　パセリ	 ○ ○ ○	 病害虫を駆除する 病害虫を駆除する 生育を助ける
イチゴ	Strawberry	バラ科オランダイチゴ属 　除虫菊 　ニラ 　ネギ 　ボリジ	 ○ ○ ○ ○	 多くの害虫を駆除する 病害虫を駆除する 病害虫を駆除する 収穫量を増す。病害虫に対する抵抗力をつける
インゲン	Bean	マメ科インゲン属 　アサガオ 　ウィンターサボリ 　サマーサボリ 　ペチュニア 　マスタード 　マリーゴールド 　ロベッジ 　ローズマリー 　ニンニク	 ○ ○ ○ ○ ○ ○ ○ ○ ×	 害虫を防ぐ 生育を助ける 生育を助け、風味をよくする 害虫を防ぐ 土の中の線虫駆除に効果が高い 生育を助け、病気を防ぐ 害虫を防御し、ハチを誘引する
エンドウ	Pea	マメ科エンドウ属 　ウィンターサボリ 　サマーサボリ 　ペチュニア 　マスタード 　マリーゴールド 　ロベッジ 　ローズマリー 　ニンニク	 ○ ○ ○ ○ ○ ○ ○ ×	 生育を助ける 生育を助け、風味をよくする 害虫を防ぐ 土の中の線虫駆除に効果が高い 生育を助け、病気を防ぐ 害虫を防御し、ハチを誘引する
カボチャ	Pumpkin	ウリ科カボチャ属 　ニラ 　ネギ 　ボリジ 　ラディッシュ	 ○ ○ ○ ○	 病害虫を駆除する 病害虫を駆除する 病害虫に対する抵抗力をつける 害虫を駆除する
カリフラワー	Cauliflower	アブラナ科アブラナ属 　ナスタチウム	 ○	

キャベツ	Cabagge	アブラナ科アブラナ属		
		カモマイル	○	生育を助け、風味をよくする
				モンシロチョウを防ぐ
		セージ	○	
		ゼラニウム（白花）	○	
		タイム	○	モンシロチョウを防ぐ
		ディル	○	お互いに生育を助け合う
		ナスタチウム	○	
		ニンニク	○	
		ヒソップ	○	モンシロチョウの罠植物
		ミント類	○	モンシロチョウを寄せつけないが、繁殖力が旺盛なので注意
		ローズマリー	○	モンシロチョウを防ぐ
キュウリ	Cucumber	ウリ科キュウリ属		
		ディル	○	生育を助ける
		ナスタチウム	○	
		ニラ	○	病害虫を駆除する
		ネギ	○	病害虫を駆除する
		セージ	×	生育が妨げられる
コールラビ	Kohlrabi	アブラナ科アブラナ属		
		ナスタチウム	○	
ジャガイモ	Potato	ナス科ナス属		
		ホースラディッシュ	○	病気に対する抵抗力をつける
		マリーゴールド	○	土の中の線虫駆除効果が高い
		ロベッジ	○	生育を助け、病気を防ぐ
スイカ	Watermelon	ウリ科スイカ属		
		ニラ	○	病害虫を駆除する
		ネギ	○	病害虫を駆除する
ソラマメ	Broad bean	マメ科ソラマメ属		
		ナスタチウム	○	
ダイズ	Soybean	マメ科ダイズ属		
		ニラ	○	病害虫を駆除する
		ネギ	○	病害虫を駆除する
ダイコン	Radish	アブラナ科ダイコン属		
		ニラ	○	病害虫を駆除する
		ネギ	○	病害虫を駆除する
		ラビッジ	○	生育を助け、病気を防ぐ
タマネギ	Onion	ユリ科ネギ属		
		カモマイル	○	生育を助け、風味をよくする
		サマーサボリ	○	生育を助け、風味をよくする
		ディル	○	生育を助ける
		ニラ	○	病害虫を駆除する
		ネギ	○	病害虫を駆除する

野菜	英名	科・属／コンパニオン	可否	効果
トウモロコシ	Corn	イネ科トウモロコシ属		
		アサガオ	○	害虫を防ぐ
		ゼラニウム（白花）	○	
		ディル	○	生育を助ける
		パセリ	○	生育を助ける
トマト	Tomato	ナス科トマト属		
		ナスタチウム	○	
		ニラ	○	病害虫を駆除する
		ニンニク	○	
		ネギ	○	病害虫を駆除する
		バジル	○	生育を助け、風味をよくする
		パセリ	○	生育を助ける
		百日草	○	ヤガやハムシを防ぐ
		ボリジ	○	病害虫への抵抗力をつける
		マリーゴールド	○	多くの害虫を防ぎ生育を助ける
		レモンバーム	○	生育を助け、風味をよくする
ナス	Egg plant	ナス科ナス属		
		ニラ	○	病害虫を駆除する
		ニンニク	○	
		ネギ	○	病害虫を駆除する
ニンジン	Carrot	セリ科ニンジン属		
		セージ	○	ニンジンバエを防ぐ
		チャイブ	○	生育を助け、風味をよくする
		ロベジ	○	生育を助け、風味をよくする
		ローズマリー	○	ニンジンバエを防ぐ
		ディル	×	
バラ	Rose	バラ科バラ属		
		ゼラニウム（白花）	○	
		チャイブ	○	黒星病を防ぐ
		ニンニク	○	互いに生育を助ける
		パセリ	○	生育を助ける
		マリーゴールド	○	土の中の線虫駆除に効果が高く、多くの害虫を防ぐ
		ミント類	○	害虫を寄せつけないが、繁殖力が旺盛なので注意
		ルー	○	マメコガネから守りハエを追い払う
ブドウ	Grape	ブドウ科ブドウ属		
		セージ	○	
		ゼラニウム（白花）	○	
		ナスタチウム	○	
		ニンニク	○	
		ヒソップ	○	収穫が多くなる
		ホースラディッシュ	○	病気に対する抵抗力をつける
		マスタード	○	

ブロッコリー	Brocoli	アブラナ科アブラナ属 ナスタチウム	○	
ホウレンソウ	Spinaci	アカザ科ホウレンソウ属 ニラ ネギ	○ ○	病害虫を駆除する 病害虫を駆除する
メキャベツ	Brusselssprouts	アブラナ科アブラナ属 ナスタチウム	○	
メロン	Melon	ウリ科キュウリ属 アサガオ ニラ ネギ	○ ○ ○	害虫を防ぐ 病害虫を駆除する 病害虫を駆除する
ラディッシュ	Radish	アブラナ科ダイコン属 チャービル ナスタチウム ロベッジ	○ ○ ○	生育を助ける 生育を助け、病気を防ぐ
リンゴ	Apple	バラ科リンゴ属 チャイブ ナスタチウム ニンニク ホースラディッシュ マスタード	○ ○ ○ ○ ○	黒星病を防ぐ 病気に対する抵抗力をつける
レタス	Lettuce	キク科アキノノゲシ属 ディル	○	生育を助ける

有益なハーブ・花・野菜リスト

作物名	英名	科	効果
アサガオ	Morning glory		トウモロコシ、メロン、ツルインゲンと相性がよく、害虫を防ぐ
アスター	Aster		多くの害虫を防ぐ
アニス	Anise	セリ科	コリアンダーと一緒に植えると、発芽と生育が促進される。アブラムシを防ぎ、ハチを招く
アマ	Flax	アマ科	重たい土の改良
ウインターサボリ	Winter savory	シソ科	豆類の生育を助ける
オレガノ	Oregano	シソ科	ミツバチを誘引する。ほとんどの野菜に有益
カモマイル	Chamomile	キク科	キャベツ、タマネギの生育を助け、風味をよくする。コムギの収量を上げる。有害な飛翔昆虫を忌避する
キャットニップ	Catnip	シソ科	ジャガイモハムシ、ノミハムシ、マメコガネを防ぐ、畑の縁どりによい。猫が好む

キャラウェー	Caraway	セリ科	土を柔らかくしてくれるので、畑のあちこちに植えるとよい
コスモス	Cosmos		多くの虫を防ぐので、畑の縁どりによい
コリアンダー	Coriander	セリ科	アニスの友達、チャービルとも相性がよい。フェンネルは発芽を妨げる。ハダニやジャガイモハムシなど多くの虫を防ぐ。ミツバチを誘引する
サマーサボリ	Summersavory	シソ科	豆類とタマネギの生育を助け、風味をよくする
除虫菊	Pyrethrum		多くの害虫を駆除する。イチゴと相性がよい
セイヨウイラクサ	Stingingnettle	イラクサ科	アブラムシの発生を抑制する
セージ	Sage	シソ科	モンシロチョウ、ニンジンバエを防ぐ。キャベツの風味をよくする。キュウリの生育は妨げられる。ブドウ、ニンジン、ローズマリーとも相性がよい
ゼラニウム（白花）	Geranium		マメコガネが引き寄せられ、葉を食べて死ぬといわれている。キャベツ、バラ、ブドウ、ダイズ、トウモロコシに有益。ヨコバイを駆除する
ソバ	Buckwheat	タデ科	コメツキムシ類の幼虫を駆除する。カルシウムを集積するため痩せた土を肥沃にする
タイム	Thyme	シソ科	ハチを招き、モンシロチョウを防ぐ。多くの作物によいが、特にキャベツには有益
タラゴン	Tarragon	キク科	ほとんどの作物の生育を助ける
タンポポ	Dandelion		雑草としては有害だが、エチレンガスを発散し、果実の結実を促進する
チャイブ	Chives	ユリ科	アブラムシを防ぐ。ニンジンの生育を助け、風味をよくする。リンゴ、バラの黒星病を防ぐ
チャービル	Chervil	セリ科	ラディッシュの生育を助ける
ディル	Dill	セリ科	キャベツと一緒に植えるとお互いの生育を助け合う。また、トウモロコシ、レタス、タマネギ、キュウリの生育を助ける。ハチを誘引する。ニンジンと相性が悪い
ナスタチウム	Nasturtium	ノウゼンハレン科	アブラムシを誘引し、オンシツコナジラミ、ヘリカメムシなどを防ぐ。キャベツ、キュウリ、トマト、ラディッシュ、果樹と相性がよい
ニラ	Chinese chive	ユリ科	ニラに含まれる硫黄化合物が強い抗菌作用を持ち、線虫に対して忌避作用を示す。また寄生菌根菌による拮抗作用で、病害虫の繁殖を抑制する
ニンニク	Garlic	ユリ科	ニンニクとバラは互いに生育を助ける。ニンニクは自然の病害虫防除剤である。マメコガネ、キクイムシ、アブラムシ、ウサギ、ナメクジ、ヘビなどを防ぐ。豆類とは相性が悪い
ネギ	Welish onion	ユリ科	ネギに含まれる硫黄化合物が強い抗菌作用を持ち、線虫に対して忌避作用を示す。また寄生菌根菌による拮抗作用で、病害虫の繁殖を抑制する

バジル	Basil	シソ科	ハエ、カ、チョウを寄せつけない。トマト、コショウの生育を助け、風味をよくする。ルーとは相性が悪い
パセリ	Parsley	セリ科	アスパラガス、トウモロコシ、トマト、バラの生育を助ける
ヒソップ	Hyssop	シソ科	ブドウのそばに植えると、収量が多くなる。モンシロチョウ、マメコガネの罠植物。ハチを招く
百日草	Zinnia		トマトにつくガやウリハムシを防ぐ。マメコガネの罠植物
フェンネル	Fennel	セリ科	他のハーブや作物からは離れたところに植える。ヘビやナメクジを寄せつけない。訪花昆虫を誘引する
ペチュニア	Petunia		ヨコバイ、アブラムシ、豆類の害虫を防ぐ
ペニローヤル	Pennyroyal	シソ科	アリを忌避する
ベルガモット	Bergamot	シソ科	ハチを誘引する。畑や果樹園を華やかにする
ホースラディッシュ	Horseradish	アブラナ科	畑の隅に植えるとジャガイモを丈夫にする。ジャガイモやリンゴに病気に対する抵抗力をつける
ボリジ	Borage	ムラサキ科	ミツバチを誘引し、イチゴの収穫量を増す。病害虫に対する抵抗力をつける。トマト、カボチャとも相性がよい
マジョラム	Marjoram	シソ科	ハチを招き、多くの害虫を防ぐ。ほとんどの作物にとって有益
マスタード	Mustard	アブラナ科	豆類、果樹と仲良し
マリーゴールド	Marigold	キク科	土の中の線虫駆除に効果が高く、また、多くの害虫を防ぐ。トマトの生育を助け、ジャガイモ、豆類、バラにも有益
ミント類	Mint	シソ科	モンシロチョウ、アリ、アブラムシ、ノミハムシ、ヘリカメムシなどを駆除するが、ミント類は繁殖力が旺盛なので注意が必要
ラディッシュ	Radish	アブラナ科	カボチャの害虫を駆除する
ロベッジ	Lovage	セリ科	豆類、ジャガイモ、根菜類の生育を助け、病気を防ぐ。畑のあちこちに植えるとよい
ラベンダー	Lavender	シソ科	ラベンダーとタイムは互いに生育を助ける。作物を病気から守り、風味を増す
ルー	Rue	ミカン科	バラ、ラズベリーをマメコガネから守る。ハエを追い払う
レモンバーム	Lemon balm	シソ科	ミツバチが好む植物。トマトの生育を助け、風味をよくする
ローズマリー	Rosemary	シソ科	モンシロチョウ、ニンジンバエ、ヨトウガを防ぐ。ハチを誘引する。キャベツ、豆類、ニンジン、セージに有益
ワームウッド	Wormwood	キク科	モンシロチョウ、ニンジンバエ、ノミトビムシ、アブラムシなど多くの害虫を追い払う。植物の生育を抑制する作用が強いので、畑の周囲に植えるとよい

注：出典「ちみちみ農場レポート」より

第2章 パーマカルチャーのデザインと実践のための基本

【植物の相性】

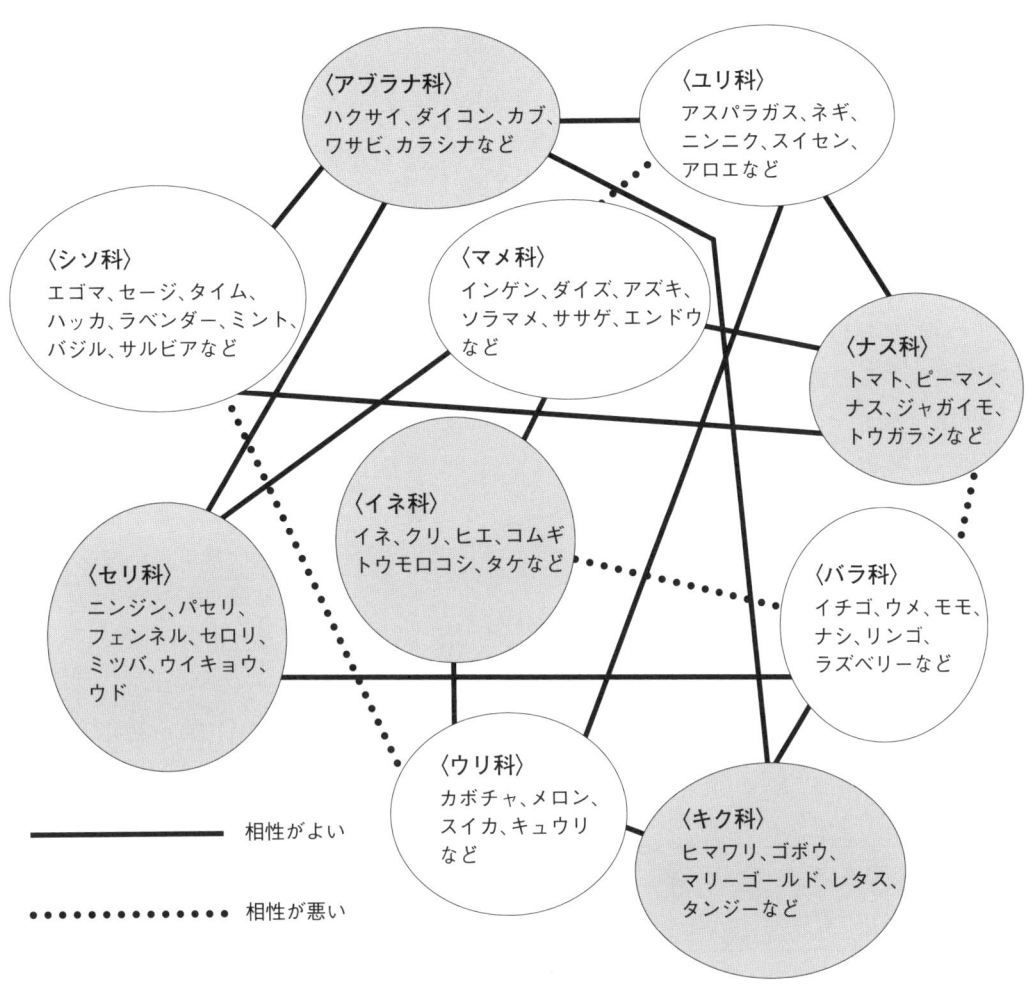

〈アブラナ科〉
ハクサイ、ダイコン、カブ、ワサビ、カラシナなど

〈ユリ科〉
アスパラガス、ネギ、ニンニク、スイセン、アロエなど

〈シソ科〉
エゴマ、セージ、タイム、ハッカ、ラベンダー、ミント、バジル、サルビアなど

〈マメ科〉
インゲン、ダイズ、アズキ、ソラマメ、ササゲ、エンドウなど

〈ナス科〉
トマト、ピーマン、ナス、ジャガイモ、トウガラシなど

〈セリ科〉
ニンジン、パセリ、フェンネル、セロリ、ミツバ、ウイキョウ、ウド

〈イネ科〉
イネ、クリ、ヒエ、コムギ、トウモロコシ、タケなど

〈バラ科〉
イチゴ、ウメ、モモ、ナシ、リンゴ、ラズベリーなど

〈ウリ科〉
カボチャ、メロン、スイカ、キュウリなど

〈キク科〉
ヒマワリ、ゴボウ、マリーゴールド、レタス、タンジーなど

―――― 相性がよい
・・・・・・ 相性が悪い

注：出典「パーマカルチャーって何」酒匂徹

益虫の棲みかとなる

すべての虫が害虫というわけではない。多くの虫が害虫を食べたり害虫に寄生したりして、実際に作物を育てる手助けをしている。そういった益虫が棲むことができるように、好みの花の咲く植物を植えるのもよいだろう。

例えば、ディルを育てると害虫を食べるクモやウスバカゲロウ、スズメバチなどを引き寄せることができる。こういった虫は、アオムシやキュウリにつく甲虫類、レタスにつくアブラムシなどを防除するのに役立つ。

お互いに有益な関係を持つ

どんなに近くに植えても競争することのない植物は、それだけでも庭に一緒に植えておく価値がある。

深く根を張るスクウォッシュと根の浅いタマネギは土中での棲み分けができており、それぞれの根は別のところから養分を吸収する。養分を多く吸収するキャベツやトウモロコシ、ナス、スクウォッシュは、ニンニクや

豆のような養分をあまり必要としない植物と組み合わせるとよい。トウモロコシはインゲン類の支柱となるし、ヒマワリは、地這いのキュウリやレタスにちょうどよい日陰をつくる。

場所の有効利用以外にも、互いに有益な関係にある植物を植えることは、庭をより多様にするという利点を持つ。これはまた、ある種の虫にとっては作物の中で動いたり食べ物を見つけるのが難しくなることでもある。

植物を混植すると食料や棲みかが増えるので、益虫もまた引き寄せられてくる。しかも、花が咲く植物と実をつける植物を混植すると、魅力的で、しかも生産的な庭をつくることができる。

相性

これまでの経験から、植物の種類ごとに相性の善し悪しがあることが分かっている。前頁の表はこれを示したものである。

ギルドづくり

ギルドとは、先に見たコンパニオンプランツの考え方を活かした、相性のよい植物により構成される植物群のことである。パーマカルチャーにおける植栽では、このギルドづくりが基本となる。ギルドとは、生態系のもっとも小さな単位と考えることもできる。

ギルドをつくることによって植物同士がお互いに助け合い、生産性を高めたり人間の労力を省くことが可能になる。

●一年草類中心のギルド(畑のギルド)

このギルドは、ニワトリによる耕起と土壌への栄養分の補給を含めた以下のような季節ごとのローテーションを行う。

これはあくまでも一つの例であり、地形などの自然条件の変化に合わせて様々な植物の組み合わせが考えられる。

ローテーションの例（1年間）
ニワトリ（3月初め2週間））―ギルド1―ギルド2―ニワトリ（9月末）―ギルド3
▼ギルド1の植栽（4月～6月）
キマメ、ササゲ、ジャガイモ、トマト、ナス、シシトウ、タカノツメ、キャベツ、サトウダイコン、ブロッコリー、ニンジン、パセリ、セロリ、ホウレンソウ、バジル、セージ
▼ギルド2の植栽（7月～9月。ギルド1と重複しているものはそのまま置いたもの）
トマト、ナス、キュウリ、ピーマン、シシトウ、タカノツメ、オクラ、ダイズ、パセリ、セロリ、レタス、ニワトリの餌としてアマランサス、ラディッシュ、ハコベ
▼ギルド3の植栽（10月～翌年3月）
ソラマメ、ブロッコリー、カリフラワー、キャベツ、レタス、ダイコン、エンダイブ、ディル、ホウレンソウ、エンドウ、セロリ、5寸ニンジン

この他に考えられる例
▼春～夏
キュウリ、インゲン、エンドウ、レタス、キャベツ、バジル、ボリジ、ナスタチウム、イチゴ、ニンジン、ラディッシュ
▼秋（～冬）
キャベツ、レタス、タマネギ、セイジ、ミント、ローズマリー、ナスタチウム

●樹木中心のギルド

このギルドは、先駆種から極相種までの自然遷移を促進し、樹木を中心とした極相の生態系をつくり出すことを意図している。

第2章 パーマカルチャーのデザインと実践のための基本

ギルドの遷移例

ギルド1
ギルド2
ギルド3

ニワトリの餌になる一年草類

注：出典「The Permaculture Home Garden」Linda Woodrow

1m	pp-キマメ bb-ソラマメ
50cm	cap-タカノツメ e-ナス t-トマト
40	br-ブロッコリー cau-カリフラワー p-ジャガイモ
30	ba-バジル cab-キャベツ cel-セロリ en-エンダイブ d-ディル k-ケール l-レタス pa-パセリ sp-ホウレンソウ
20	be-ササゲ pe-エンドウ
5	b-サトウダイコン c-ニンジン

果樹中心のギルド

このギルドには、できるだけ人の手をかけずに、しかも果樹が十分に生育し、生産することを目的として、当初、以下のような植物を混植する。この混植により、主にイネ科などの雑草の抑制、有用な動物の誘引、窒素などの栄養素の固定が行われる。また、カエルを誘引するために小さな池をつくる。

2〜3年経つと果樹が生長し、雑草の影響などは受けにくくなるので、その後は、ニワトリやアヒルなどの家禽類を導入し、落ちた果実の処理（落果には害虫が繁殖するので）と、糞による肥料の供給を行わせる。5年後にはブタを、7〜10年後にはヒツジやウシなどを管理のもとに放牧することも考えられる。

▼混植する植物・春の球根植物—イネ科の雑草を抑え、昆虫を誘引する

ラッパスイセン、ヒヤシンス、アヤメ科の植物

・深根性植物—雑草を抑えるマルチとして役立つとともに、作物の生産も行う。ミミズの活動を促す効果もある。

コンフリー、アーティチョーク、タンポポ

・昆虫のための植物と小さな花の咲く植物—

昆虫や鳥の誘引。
　フェンネル、ディル、ヨモギ、ニンジン
・窒素固定植物—窒素の固定。
　マメ科の植物（果樹のギルドでは、マメ科の樹木類—ネムの木、アカシア、ハンノキなどを用いる）、クローバー類
・防虫植物—センチュウなどの害虫を排除する。
　マリーゴールド
・グランドカバー植物—地表をおおって雑草の生育を抑制する。
　アルファルファ、サツマイモ
　▼ギルドの遷移
・1年目のギルド
　果樹：ナシ、リンゴなど
　球根植物：スイセン、ヒヤシンス
　深根性植物：コンフリー、アーティチョーク
　誘引植物：フェンネル、ディル、ヨモギ、ニンジン
　窒素固定植物：アカシア、クローバー
　防虫植物：マリーゴールド
　グランドカバー植物：サツマイモ、ナスタチウム
・2年目のギルド
　1年目と同じ。
・3年目のギルド
　ニワトリを導入する。アカシアの葉はニワトリの餌とし、枝はマルチに用いる。一年生の植物は徐々に減少する。
・4年目のギルド
　3年目と同様。
・5年目のギルド
　アカシアは切って用材として用いる。ブタを導入して、落果の処理と栄養の供給を行わせる。

在来種・固定種の種採り

　在来種は、ある地方で古くから栽培され、風土に適応してきた系統、品種。品種特有の個性的な風味を持ち、おおむね固定種（何世代もかけて選抜、淘汰されてきて遺伝的に安定した品種）と考えてよい。

　この在来種、固定種に対し、種苗会社が開発・普及してきたのがF_1交配種。異なる性質の種をかけ合わせてつくった雑種1代目。大きさも均一で大量生産、大量輸送に向くが、自家採種しても性質が一定せず同じ作物に育ちにくい。毎年、種苗会社から種を購入しなければならなく、経費がかかる。

　在来種や固定種は、農薬や化学肥料を多用しなかった時代の作物ということもあり、パーマカルチャーの畑に向いたものが多い。在

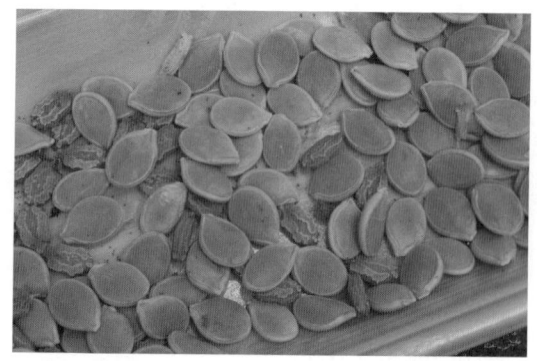

カボチャの種

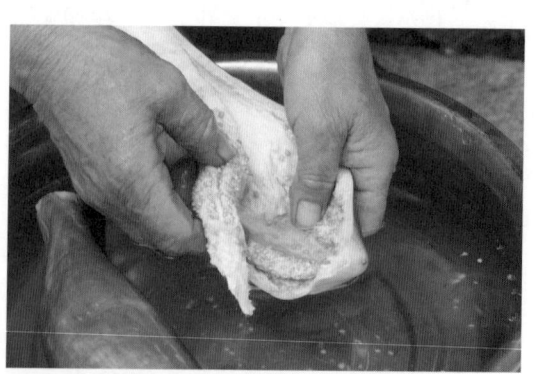

ナスの種を採る

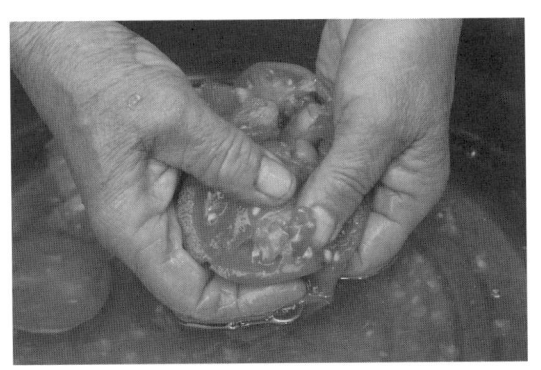

第2章 パーマカルチャーのデザインと実践のための基本

トマトの種を採る

オクラの莢と種

総苞入りのゴボウの種

透明板を付けた乾燥箱でカボチャの種などの陰干し
(パーマカルチャー・センター・ジャパン)

来種や固定種の野菜を手がけ、持続的に自家採種に取り組むようにする。

作物には、受精によって繁殖する種子繁殖と栄養体（体の一部）を用いる栄養繁殖がある。種子繁殖は、品質、生産力ともに高い母本（その品種の特性を示す親株）を確保、選抜し、採種するもの。栄養繁殖は、収穫したサツマイモ、サトイモなどを種イモにしたりして行う。

すぐれた種子の3条件を示しておく（「野菜の種はこうして採ろう」船越建明著、創森社）。
- 交雑種や異変種の混入がなく、土砂などの夾雑物（きょうざつ）が十分に取り除かれているもの
- よく充実しており、発芽率が高いもの
- 病害虫の付着や被害のないもの

キーホールガーデンなど

キーホールガーデンとは、鍵穴状の作業スペースのついたガーデンベッドを指す。このキーホールがあることで、植物の世話をする人間がガーデンベッドの中側にまで入って作業をすることができ、しかも土を踏みつけて固めてしまったり、植物を踏みつけて折ってしまったりすることがない。

家のまわりに3～4mほどのスペースがあれば、キーホールガーデンをつくることができる。

鍵穴状の作業スペースに入ることで、植物の手入れがしやすくなるだけでなく、ベッドの土を踏みつけることなく、より自然の土に近い状態を保つことが可能になる。

キーホールガーデンの広さは手が届くこと

キーホール（鍵穴）ガーデン

注：花壇、ミニハーブ園、キッチンガーデンなどとして利用する

作業しやすいキーホールガーデンを造成

を考慮し、鍵穴状の部分は直径60〜80cm、ベッド部分は80〜120cmが目安。鍵穴状の部分とベッド部分のきわからベッド部分の奥に向けて土を盛ったり、土を盛らずにもとの土をそのまま生かしたりする場合がある。

土を盛ってベッド部分全体を40〜70cmの高さにすると作業効率がよく、高齢者や障がいのある人でも楽に園芸作業ができる。また、植物に目線が近くなるため、病害虫を早期に発見することができ、対策も立てやすい。

ベッドは、手入れしやすく楽しい花壇にしたり、五感を刺激し、利用価値も高いミニハーブ園にしたり、コンパニオンプランツの考えを取り入れ、相性のよい野菜などを組み合わせたキッチンガーデンにしてもよい。

キーホールには風や雨に運ばれてきた塵や植物のかすなどが溜まるので、ベッドへの栄養面の補給材にもなる。

また、東洋的なガーデンデザインとしてキーホールガーデンなどをいくつか組み合わせたマンダラガーデン（図）を設置し、理にかなった植栽を手がけることも考えられる。

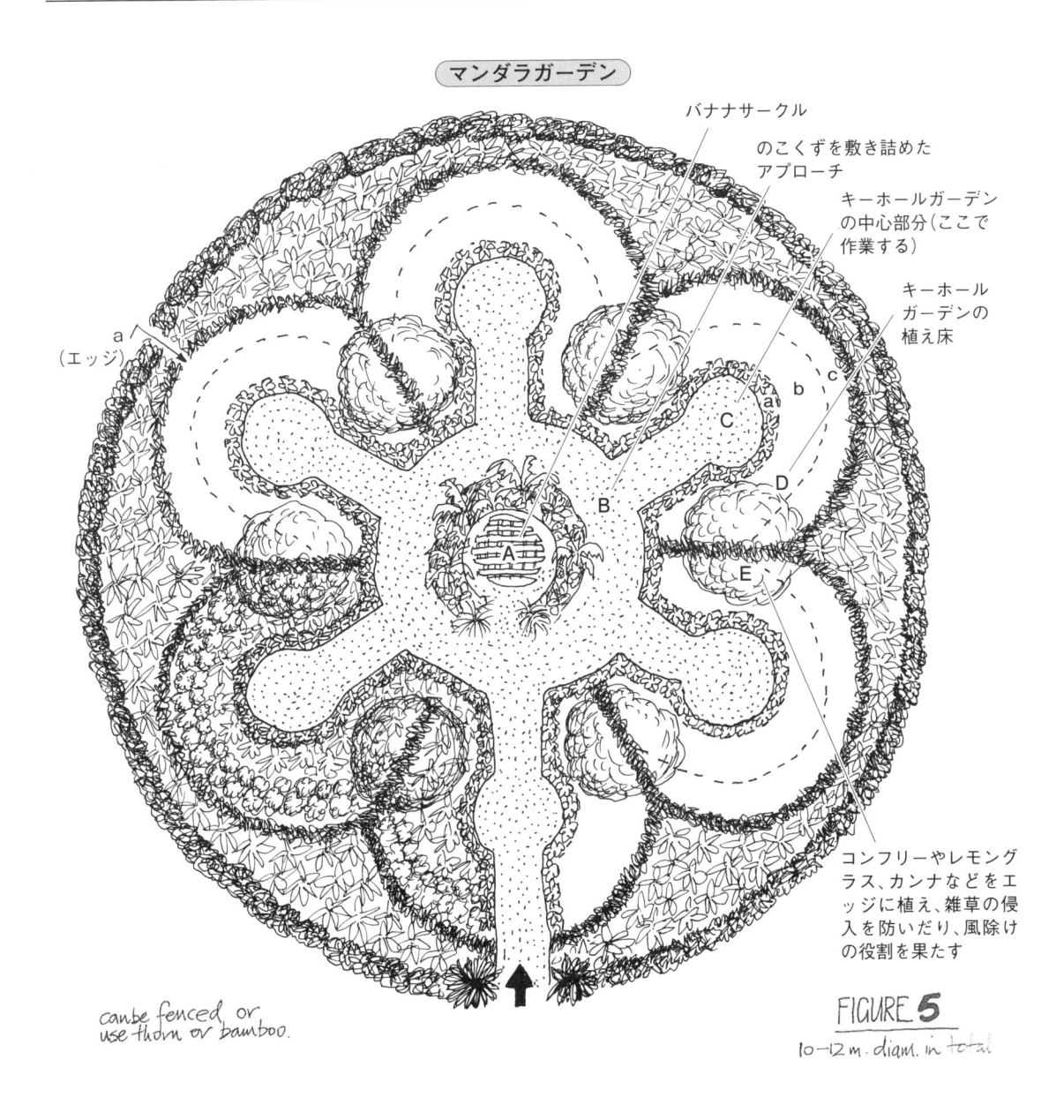

第2章 パーマカルチャーのデザインと実践のための基本

マンダラガーデン

バナナサークル

のこくずを敷き詰めた
アプローチ

キーホールガーデン
の中心部分(ここで
作業する)

キーホール
ガーデンの
植え床

(エッジ)

コンフリーやレモング
ラス、カンナなどをエ
ッジに植え、雑草の侵
入を防いだり、風除け
の役割を果たす

can be fenced or
use thorn or bamboo.

FIGURE 5

10-12 m. diam. in total

A バナナサークル：バナナ、サトイモを排水を導いた水溜まりに円状に植栽したもの
B のこくずや木のチップを敷き詰めた通路
C 作業を行うキーホール状の場所
D 円型で中心部にキーホールのある植え床
　a 通路脇の植栽。ネギなどの多年性のコンパニオンプランツが適している
　b 野菜類。主に多年草
　c 野菜類。主に一年草
E 防風や雑草を防ぐのに適したカンナ、コンフリー、レモングラスなどをキーホールガーデンの間に植える

注：①亜熱帯地方に適する植物を用いた例
　　②aのエッジにはニラやネギなどの多年草が適している
　　③出典「PERMACULTURE：A Designers' Manual」(TAGARI)

チキンドーム

チキンドームは移動式のニワトリ小屋であり、1年を通じて作物とのローテーションを組んで農地の中を移動させ、ニワトリによる除草と施肥および耕起を行う。軽量で移動しやすいことや、円形であるためにニワトリへのストレスが少ないことなどから、多くのパーマカルチャー農場で使われているパーマカルチャーの必須アイテムの一つである。

●ニワトリを飼う場合の注意事項

ニワトリはマレーシアの熱帯雨林が原産地で、森林の生き物であった。基本的に雄鳥1羽と複数の雌鳥により構成される集団を形成して生活するので、そのような飼い方をするのがよい。

また、一つのニワトリ小屋に入れるニワトリの数は30羽までにする。30羽までならお互いを認識できるが、それ以上になると認識できないために、会うたびに喧嘩になる。

餌は残飯、野菜くず、おから、米ぬかなど。他にも雑草、虫、地虫、ミミズ、落ちた果実や葉なども食べる。

外敵から身を守るために木の上で眠る習性があるので、とまり木を用意してやるとよい。

●チキンドームの特徴

・基本サイズでは2～3羽程度のニワトリを飼育することができる。
・換気がよく、また、適度の日当たり、そして日陰ができる。
・雨避けもあり、また天敵からニワトリを守ることもできる。
・敷地面積はおよそ3㎡で、ニワトリが自由に行動するのに十分な空間がある。

基本サイズのチキンドーム

・円形であるため、弱いニワトリが強いニワトリから身を守るのに適している。
・およそ1.5mの高さがあるため、高いところにとまり木をつけることができ、高いところにとまりたいというニワトリの本能的要求に応えることができる。
・ニワトリが逃げ出すことができないので、近くの菜園に被害を与えることがない。
・非常に移動が簡単で、一人でも5分ほどで移すことができる

●チキンドームのつくり方

必要な材料
・長さ3m、直径16mmのビニールパイプ6本
・ビニールパイプの接着剤
・ビニールパイプのジョイント6個
・針金
・幅1m、長さ15mの金網またはネット
・紫外線で劣化しないヒモ
・とまり木用の竹または木材
・産卵用の巣箱（廃材で木の箱をつくる）

大好物の野菜や青草をついばむ

あたりに注意を払う雄鳥

生命力ある産みたて卵

地面や土中の虫なども食べる

- 1.2m四方のビニールシート
- テント用のペグ
- 水入れ（ニワトリの飲用）

組み立て
▼枠
- 横軸（73頁の図参照）

①下軸—長さ３mのパイプ２本を、ジョイントを使ってつなぐ。ジョイント部分は接着剤でしっかり固める。次に１m置きに印をつけ、横に針金が通るくらいの大きさに穴をあける。

②中軸—パイプの一本を１mと２mに切断し、２mのほうを他の３mのパイプとつなぐ。次に0.833m置きにドリルで穴をあける。

③上軸—残った１mのパイプを３mのパイプとつなぐ。これに0.666m置きにドリルで穴をあける。

- 縦軸

①３mの長さのパイプ３本に、端と真ん中に針金を通すための穴をあける。

②この３本のパイプをしならせ、半円状にしてそれぞれの端を横—下軸の内側に針金で留める（先にあけておいた横軸の穴と縦軸の端の穴を針金で結ぶ）。

③３本の縦軸の真ん中を針金で結ぶ。これにより半球状のドームができあがる。

④縦軸の下から中軸を入れ、縦軸と重なるところにドリルで穴をあけ、この穴と横—中軸との穴とを合わせて針金で結ぶ。このとき横—中軸は縦軸の内側に入るようにする。

⑤横中軸と同様にして縦軸と横上軸を結ぶ。

▼筋交い

①縦軸と横下軸、および横中軸がつくる下層の８つの四角形のそれぞれに、対角をつなぐ筋交いを入れる。これは、それぞれの角を

ヒモでつなぐことを意味する。このときに八つの四角がすべて同じ形になっていることを確認しておく。

②各四角の上辺の角をヒモで結ぶ。これによりヒモとパイプが弓の形をなすようになる。

③縦軸に沿って横中軸と横上軸を結ぶ。

▼網張り

ニワトリを狙ってくる動物が何かによって、どのような網を使うかが決まってくる。

ドーム全体に網を張るが、出入口となる扉をつけるために横中軸と横上軸の間の四角の一つをあけておく。下層の部分はイヌやキツネなどの被害を避けるために金網にすることが望ましい。

中層と上層は、鳥避けのネットでもよい。キツネの被害が予想される場所では、下層の網を下に30cmほど余分に取り、埋め込むようにする。

▼扉

①扉は横中軸と横上軸の間に設ける。これにより、餌をやるときや卵を取るとき、ドーム内にマルチ材を入れるときなどに、ニワトリが逃げるのを避けることができる。

②ドアの材は何を使ってもよい。布やビニールシートを枠よりも大きめに切り、縦と横に数カ所ずつヒモをつけて、フレームに結びつけられるようにしておくのが一番簡単だろう。

▼とまり木

仮にネコやキツネが中に侵入しても、ニワトリがとまり木に逃げられるようにしておくことがポイントとなる。

①直径5cm、長さ80cmほどの竹を2本用意する。

②これを縦横2本ずつ組み合わせて正方形のとまり木を作製する。

③このとまり木を、横上軸から少し低いところに上から吊るして固定する。

完成したばかりのチキンドーム（直径2mだとニワトリ2〜3羽が適当）

▼巣箱

巣箱は地上に置くよりも、少し高い位置に置いてやるのがよいだろう。要らなくなった机の上に置くのでもよい。ただ、机が踏まれて汚れるので、移動時にそれが気になる場合は地上に置いたままでもよい。

巣箱とする木の箱は、産卵時にニワトリが隠れることができるように横壁を少し高くしてやるとよい。また、雨が多いところでは濡れないように屋根をつけるほうがいいだろう。ポリバケツを横倒しにして、中に木の板を敷いて代用することもできる。

中には藁を敷いてやるとよいが、箱にしておかないとニワトリはすぐに藁を引っかいて外に出してしまう。

▼屋根

屋根については、風が問題となる。風の強い地方では、大きな屋根をつけると風に飛ばされる可能性が高い。

比較的小さな防水性の布あるいはビニールシートを、風が通り抜けるように、できるだけ平たい形でとりつけられる大きさにして頂部に乗せ、四隅にヒモで結んで、それぞれを地面にペグでとりつける。

屋根をとりつけ、水飲み用の桶かバケツを入れればチキンドームは完成。あとはニワトリを入れるだけだ。

第2章　パーマカルチャーのデザインと実践のための基本

チキンドームの全体デザイン

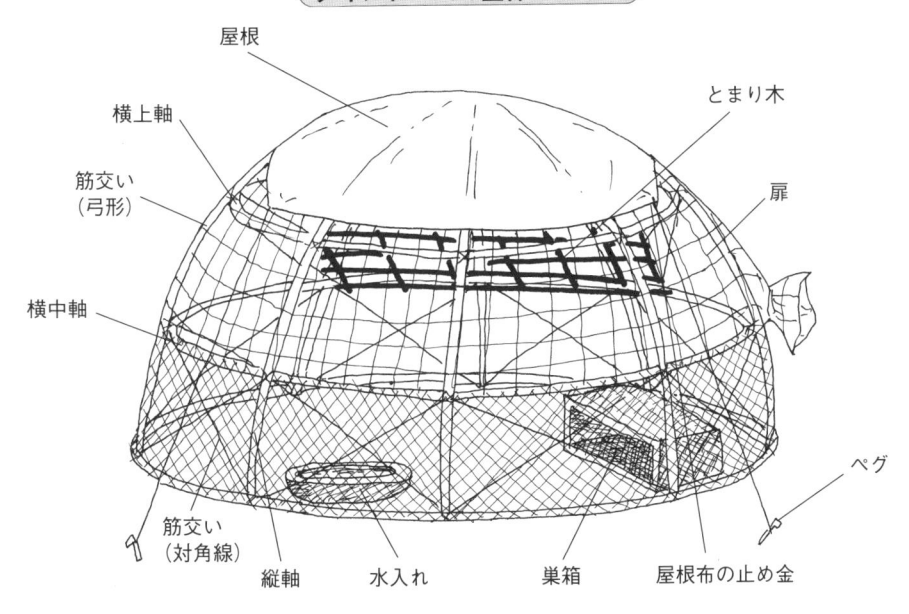

- 屋根
- 横上軸
- 筋交い（弓形）
- 横中軸
- 筋交い（対角線）
- 縦軸
- 水入れ
- とまり木
- 扉
- ペグ
- 巣箱
- 屋根布の止め金

チキンドームづくりのポイント

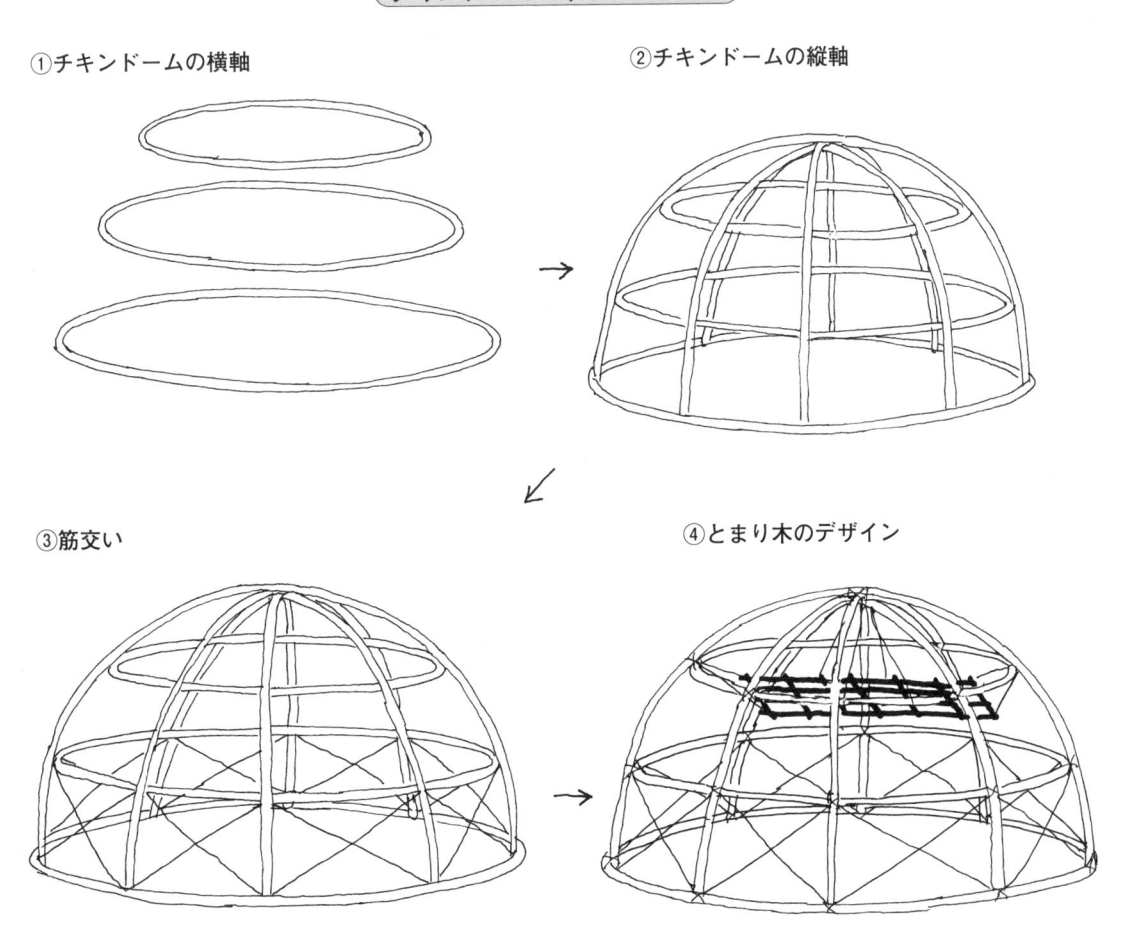

①チキンドームの横軸

②チキンドームの縦軸

③筋交い

④とまり木のデザイン

73

●チキンドームの使い方と飼い方

　一つのドームにつきニワトリ2～3羽を入れる。2～3羽のニワトリがドーム内の草を食べ、土を引っかいて耕し終わるまでの期間は3日ほど。ニワトリの除草力はヤギ以上だ。この期間、草や土中の虫が供給されることになるので、ニワトリはただ平飼いしているよりも元気になる。

　ただし、ニワトリは地面を引っかいてミミズを捕ることを本能的に知っているわけではなく、母鳥や仲間から学習する。初生雛を購入して育てるような場合は、他に経験のある成鶏を一緒にしてやるとよい。

　2週間程度でドームを移動する。できればドームを移動させておく場所を10カ所用意して、ローテーションさせていく。すると、ほぼ半年に一度ほどドームが回ってくるので、大抵の野菜は、収穫してしまうことができる。2週間以上同じ場所に置いておくと、今度はニワトリが土をかためてしまったり、湿気の多い土だと沼状にしてしまうので、ローテーションは守っておくほうがよい。

　餌は、基本的に残飯と緑餌で十分だろう。ただし、2週間程度でドームを移動して、新しいところで、虫や草が食べられることが条件となる。餌が足りないときには近くの米屋などで屑米をもらうか豆腐屋でおからをもらってきて、米ヌカ、および放線菌を混ぜて発酵飼料として与えるとよい。

　ニワトリは寒さには強い。よほど風通しがよくても大丈夫だ。
（参考文献「The Permaculture Home Garden」Penguin Books Australia）

コンポストトイレ

　パーマカルチャーの実践をしているところでは、必ずといっていいほどコンポスト（堆肥）トイレをつくっている。循環を考えると人間の排泄物を堆肥化し、また、植物の栄養分とするため、コンポストトイレは必需品といってもいいだろう。

　コンポストトイレのシステムや形などは、それをつくる場所の文化的背景や、手に入る素材、あるいは費用、そしてつくる人（使う人）の好みにより違ってくる。普段は余り考えることもなく使っているトイレも、いざ自分でつくって、それから出てくるものを使うとなると、あれこれ考えなければならないことが多いのに驚かされる。

　トイレから自分の生活全体を見直すことになるからなのだが、各人のライフスタイルに合わせて、無限のバリエーションがあると言っても過言ではないだろう。

●コンポストトイレの仕組み

　コンポストトイレとは、コンポストつまり、堆肥をつくるトイレのことである。人間の便や尿に含まれる有機物を微生物の力を用いて植物が利用できるように分解することを目的とする。そして、このときに力を借りる微生物の種類が、主に好気性菌である。

　好気性菌とは、その名称の通りにその活動にあたって酸素を必要とする。すなわちコンポストトイレでは、その内部が酸素が欠乏した状態にならないようにするにはどうしたらよいかを、まず考えなくてはならない。

　一般的な堆肥づくりでは、このために切り返しなどを行って酸素が入るような工夫をする。ここで問題となるのが、水分である。水が多く含まれていると酸素が入りにくくなって欠乏しがちになる。

　日本古来のボットン式トイレが臭い理由の一つは、水分が多くありすぎて嫌気性発酵に

なりがちで、アンモニアやメタンガスが発生してそれが人間の鼻孔を刺激するためだ。

● **コンポストトイレのつくり方**

嫌気性発酵を避けるため、できるだけ水と固形物を分離する工夫がコンポストトイレに求められる。まずは、大便と小水を分ける。もっとも手早く、また確実な方法は出るところで分けてしまうこと。すなわち、小水の受け口と大便の受け口を別にする。ユニセフが推奨するコンポストトイレもこの方式だ。

小水と大便が混じることがないので、小水をそのまま肥料に用いても大腸菌が入り込むことはない。衛生的にはすぐれていると言える。

この方式であっても、大便のほうに小水が混じってしまうことがあり、また、大便自体に水分が多く含まれているため、大便のほうからなんらかの方法で水分を取り除くことは必要となる。

大と小を一緒の槽に入れてしまう場合（PCCJのトイレはこの方式、図）には槽の底に穴を開けて、そこから水分が抜けるようにする。抜けた水分は一度洗面器のような平たい容器で受けてオーバーフローする形でタンクに溜める。

ただし、穴から固形物が漏れ出したり、あるいは固形物によって穴が詰まったりしないように、あらかじめ底から5cmほどの厚さにおがくずや籾殻などフィルターの役割を果たすものを敷いておく。

さらにコンポストトイレでもっとも大事なことだが、排泄を済ました後に必ずおがくずや紙など炭素分の多いものを一摑み投げ入れておく。炭素分の多いものは、排泄物に含まれる水分を吸収してくれる。また、微生物は炭素分を分解するときに窒素分を必要とするので窒素分の調節の役割も果たしてくれる。

コンポストトイレの例（断面図）

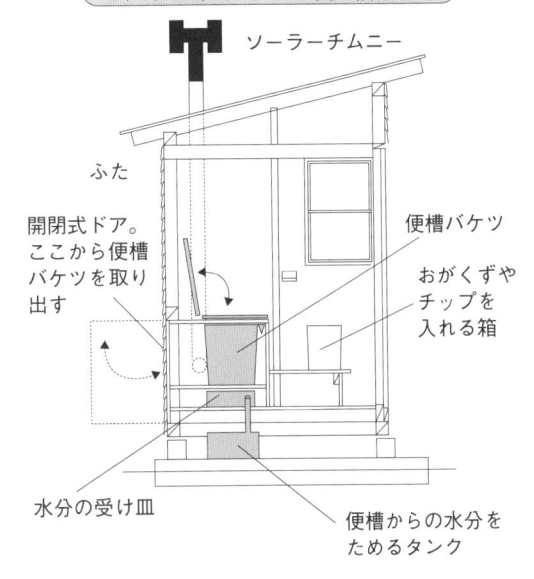

ソーラーチムニー
ふた
開閉式ドア。ここから便槽バケツを取り出す
便槽バケツ
おがくずやチップを入れる箱
水分の受け皿
便槽からの水分をためるタンク

注：参考「パーマカルチャー菜園入門」
　　設楽清和監修（家の光協会）

以上が水分量の調節を行う工夫だが、それと併せて、空気を送り込む工夫も必要である。PCCJが用いている方式だと、底に穴があるのでここから空気が入るという利点がある。少し大きめの木のチップなどを用いると、隙間に空気層ができる。これも空気の供給になる。

あとは堆肥をつくるときと同じように攪拌して空気を入れることもできるだろう。ただ、これは余り心地よい作業ではない。

これを自動的に行うため、世界最初のパーマカルチャーデザインによるエコビレッジ（オーストラリア）であるクリスタルウォーターズのマックスリンデガー氏のトイレでは、いくつかの部屋のある回転する円形の便槽（タイヤを大きくし、それを対角線でいくつかに分けたものを考えるとよい）を傾斜をつけて設置し、重くなった便槽の部屋が下に降りる（回る）ことで攪拌するようにしていた。このあたりは、様々な発想ができるところだろう。

温度管理のことも考えておくとよい。微生物は温かい環境のほうが活発に働くので、寒い地方では便槽を温かい温度に保っておく工夫をする。ミミズを入れるコンポストトイレもあるが、ミミズも同様に温かい環境を好む。便槽を断熱材で囲んだり、あるいは加熱する方法を考えるとよいだろう。ただし、ポリバケツを便槽として使う方式では保温、あるいは加熱は難しい。

　臭いについては、おがくずやチップを混ぜるだけでもほとんど消すことができる。便槽を入れておく部屋に、ソーラーチムニーといって日に当たる上の部分が黒く塗られていて上昇気流をつくることのできる煙突をつけ、臭いを吸い出すということも考えられる。

　あと問題となるのは、虫対策。蠅が一匹でも入れば大量のウジが湧くことになる。また、水アブが入るといくらおがくずを入れても悪臭がしてしまう。しかも、水アブを完全に退治することは難しい。

　いずれにしても虫対策には、便槽を入れる部屋の密閉性を確保することがもっとも有効な方法。特に使用し終わったあとに、ちゃんと蓋をすることを徹底する。保温も兼ね、部屋の壁や底を二重張りにするという手もあるだろう。

● **コンポストトイレの使い方**

　まず、便槽の底に5cmほどのおがくずなどの炭素分の多いものを入れてから、便槽室の中に入れる。このとき、穴の位置が便槽室の下につけられた水分の取り出しのための穴の位置と一致しているかに注意。便槽と便座の間に隙間がある場合には、ゴムを張って小水を受けるようにして、外に出ないようにしておく。そのゴムが、便槽の中側に入っているように便槽を入れること。

　使用にあたっては、便座が据え付け式だと

コンポストトイレの設置（長野県安曇野市・舎爐夢ヒュッテ）

隙間が空きやすいので便座は別にしておいて、使用時に置くようにしておくのも一つの方法だろう。床にそのまま座ることに抵抗のある人は、和式方式で座るところに土足で乗ってしまって汚してしまうこともある。そこで、便座を目につくところに置いて、説明文を張っておくとよい。

　ここで和式がよいか洋式がよいか、について触れておこう。最初から分離する方式をとる場合には、和式がつくりやすい。洋式で分離できる便器も市販されているが、日本では手に入りにくい。和式のほうが出すときにも分離させやすい。また、和式だと排泄時に腸に圧迫をかけることができる。大便を出し切ることができ、腸の内部に残らないので、大腸ガンなどになりにくいという説もある。

　洋式だと床を低くして、全体として小部屋を小さくできるという利点がある。便器の大きさの分だけ床を上げて、それに人が立ったときの高さ、などと考えていくと、小屋の屋根の高さが3mを超えてしまう。洋式だと便

座のところだけ高くすればよいので、その分、全体の高さを低くすることができる。どちらがよいかは、最終的には好みの問題になるだろう。

いずれにせよ使用したあとには、自分の排泄物が完全に隠れるくらいにおがくずなどをかけておく。トイレットペーパーは、使用したものをそのまま便槽に入れて差し支えない。ただし、トイレットペーパーは漂泊していないものを使うようにする。

漂泊には塩素が用いられている場合が多いので、微生物の活動を妨げるおそれがある。時に落ち葉を使えばなどという人がいるが、尻がふける落ち葉というのにこれまで私は出会ったことがない。あとは、蓋をしっかりはめて出るようにする。

コンポストトイレがいっぱいになったら、おがくずをやはり3cmほど入れて完全に覆う。水をおがくずが全体に湿るくらいの量をかけてから、日向の温かいところに、しばらく寝かせておく。夏の暑い間は2カ月くらい、秋冬の寒い時期だと6カ月くらいは、完全に堆肥化するまでかかる。

小水は、必要に応じてタンクから出して畑や果樹園で薄めたものを撒く。PCCJでは、田植えの2カ月ほど前に水田に撒いている。注意点としては大便のほうは堆肥化してもかなり肥効が強いので、果樹に使用するときでも根元から20cmほど離して撒くようにする。根元に触れると、そこから腐ることもある。

コンポストトイレは、人間の生活の中で循環をつくり出す道具としてもっとも手早くつくれて、しかも、効果の高いものである。また、このトイレを考えることで、日頃の生活の矛盾や、問題も見えてくる。ぜひとも取り組んでいただきたい一品である。

落ち葉集め

森の中の栄養分の多くは、落ちた葉から与えられる。落ち葉がミミズや微生物により分解され、再度植物に吸収されるのである。栄養分については、もちろん虫の死骸や鳥の糞などによって供給される量も馬鹿にはならないのだが、落ち葉でほとんどまかなえると考えてよいように思われる。

しかも現代では、農業を営む人が多い山村でさえも落ち葉は厄介者扱いされており、道路に積もった落ち葉は集められて燃やされてしまうことが多い。落ち葉集めは、畑にとっては栄養分を補給することになり、道路はきれいになり、エントロピーの生産量を減らすことができるという様々な効果を持つ。

落ち葉を集めるには、まず夏のうちに沿線に落葉樹が多く生えている道路を見つけておく。もちろん自分の農場から近いところにこしたことはない。そして、紅葉がほぼ終わって、木枯らしが吹いた翌日、できれば朝のまだ交通量の少ないうちにでかける。

最近はガーデンニングブームのためか、大量に落ち葉集めを行う園芸店の人とおぼしき人がいて奪い合いになることもあるので、できるだけ朝早いほうがよい。

●落ち葉集めの必須アイテム

・大中小三つほどの大きさのビニールシート（大きなシートの廃棄物を適当な大きさに切ったもの）……ビニールシートは、袋に比べて落ち葉を積みやすく、袋よりも多くの落ち葉を入れることができるし、持ち運びしやすい。

・熊手、および竹箒……熊手は、鉄製のものよりも竹製のものがいい。鉄製のものだと落ち葉がくっつきやすくて取るのに時間をとら

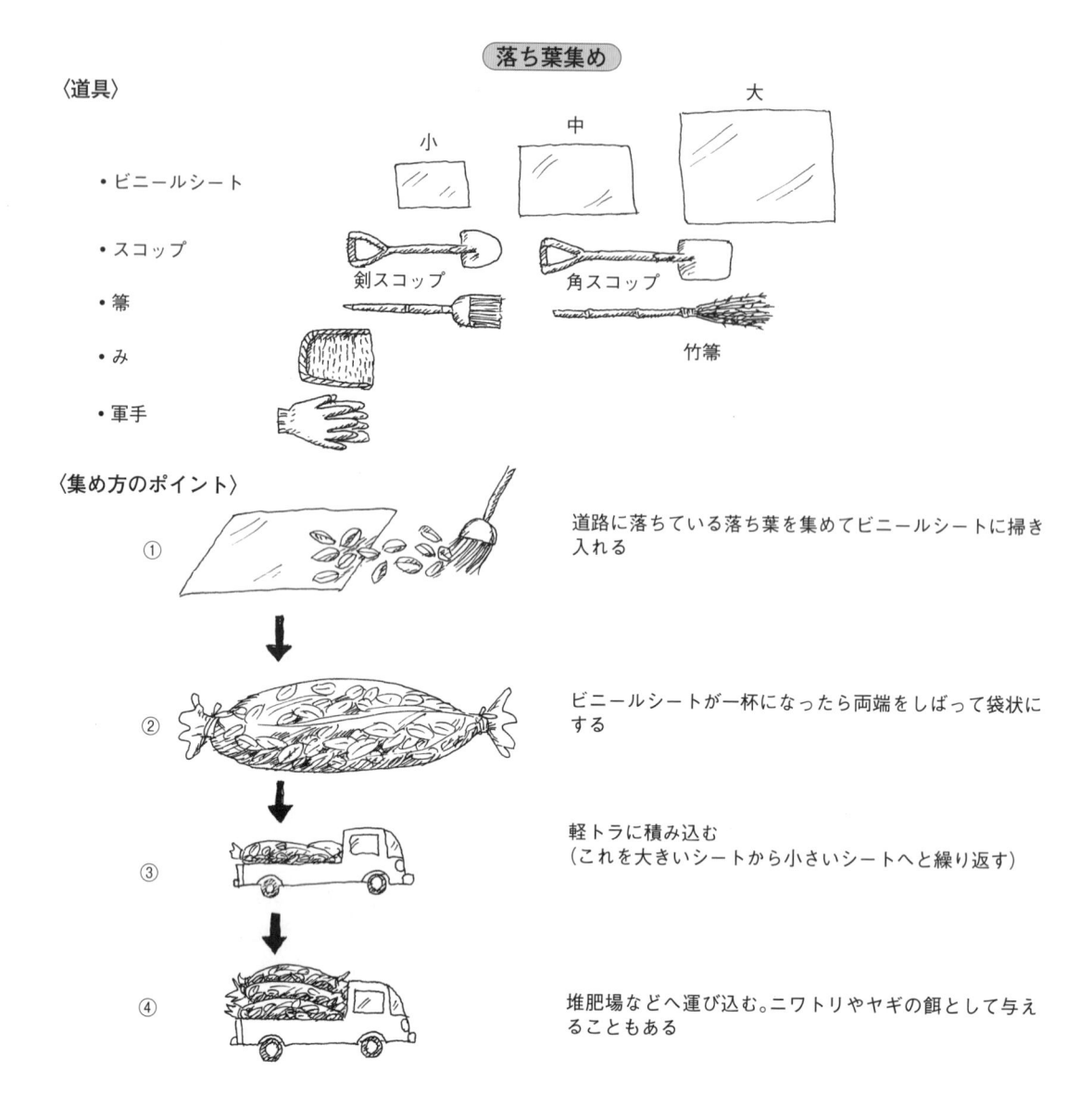

落ち葉集め

〈道具〉

- ビニールシート（小・中・大）
- スコップ（剣スコップ・角スコップ）
- 箒（竹箒）
- み
- 軍手

〈集め方のポイント〉

① 道路に落ちている落ち葉を集めてビニールシートに掃き入れる

② ビニールシートが一杯になったら両端をしばって袋状にする

③ 軽トラに積み込む
（これを大きいシートから小さいシートへと繰り返す）

④ 堆肥場などへ運び込む。ニワトリやヤギの餌として与えることもある

れてしまう。箒も、普通の箒では落ち葉の重さに負けてしまう（たいていの場合、落ち葉は湿っているので、結構重くなる）。
- 軍手、ちりとり
- ゴミ袋……残念なことに道路沿いには必ず、様々なゴミが落ちている。これらをそのままにせずに、拾って処理することが大切なマナーだ。
- パートナー……一人より二人のほうが1/4の労力で2倍のことができる。

●落ち葉集めの注意点

側溝の中の落ち葉は避ける

現場へ行くと道路と側壁の際に落ち葉が吹き集められている。道路と側壁の間に側溝が設けられているところがあり、側溝の中に落ち葉が溜まっていることが多いが、そういうところは避けたほうがよい。手間がかかるのと、側溝の中が排気ガスやゴミで汚れてしまっているところが多いからだ。道路沿いでも、特に風により多くの落ち葉が集められて

いるところがあるので、そういったところを選ぶ。

木のすぐ下は避ける

道路に木が覆いかぶさっているところでは、木の枝が落ち葉に混じってしまっている。落ち葉と枝では分解速度が違っており、堆肥化するにしてもマルチにするにしても邪魔になることが多いので、枝が多く混じるようなところは避けるのが賢明だ。

交通量の多いところは避ける

交通量の多いところは、タイヤ滓（かす）や車の廃棄物、ゴミなどが多く、畑には持ち込みたくないものが堆積していることが多い。また、集めているときの安全性などにも問題があるので、できるだけ避ける。

山の中の落ち葉は使わない

山の中で土の上に敷き詰められた落ち葉を集めるのは避ける。木の下に積もった落ち葉を取ることは、その木から、ひいては森から栄養分を奪うことになり、森林破壊になる。落ち葉集めの基本は、山の余った恵みをいただいてくることにある。

●落ち葉の集め方

①風溜まりの横にビニールシートを広げて敷く（最初は大きいシートを使い、一杯になったら小さいシートを使う）。

②風溜まりより少し上のほうから落ち葉を掃き集めていき、ビニールシートに掃き込む。

③落ち葉をすべて掃き入れるか、あるいはビニールシートの上が一杯になったら、ビニールシートの短いほうの辺の両端を結んで袋状にして袋の端に落ち葉を詰め込む。すると、かさがだいぶ減るので、次の落ち葉搔きの場所に移動し、さらに落ち葉を詰め込む。もうこれ以上入らない、あるいは持ち上げることが難しいと思われたら、車に積み込む。

④以上の作業を、シートを替えて車が満杯になるまで繰り返す。

●落ち葉の使い方

堆肥化

落ち葉の堆肥化は、今でも多くの農家が行っている。

トタンなどで囲った中に、落ち葉を1.5mほどの高さまで積み上げておく場合が多い。堆肥をつくる場合にはその量を最低1㎥にするのがよい。これより少ないと、温度が上がらなかったり、乾燥してしまって、発酵が進むのが遅れる。

積み上げたら、屋根をかけるか透明シートをかぶせるなどしておいたほうが発酵は早く進む。

ニワトリとヤギの餌

冬は緑餌が不足する。11月にはほとんどの一年草類が枯れてしまい、ニワトリには野菜屑を、ヤギにはアオキなどの木の葉か竹の葉を緑餌として与えることになるが、ヤギには毎日2回与えなければならないので、かなりの量となり探すのも苦労する。

落ち葉は、ニワトリもヤギも比較的好んで食べる。ニワトリは、乾燥している落ち葉は食べないので、飲み水の中に入れておいてやるとよい。

●踏み込み温床と簡易ミニ温床づくり

寒い地方では、夏野菜の苗をつくるのにどうしても温室か温床が必要になる。どちらも室内の温度をどう上げるかが一番のポイントだ。化石燃料などのエネルギーを使わないとなると、太陽熱と発酵熱が主な熱源となる

踏み込み温床のつくり方

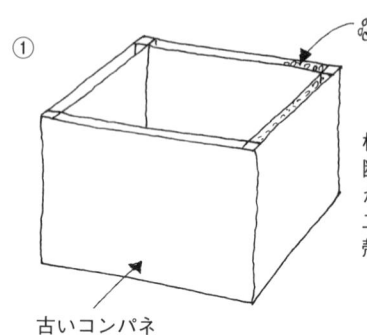

① 枠：1㎡ほどの体積。断熱性のあるものがよい。枠板などを二重にして、間に籾殻を詰める

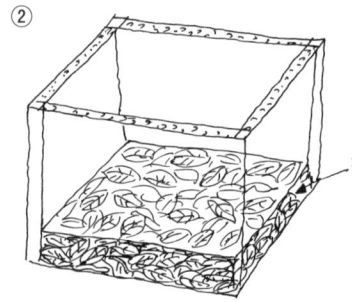

古いコンパネ

② 落ち葉を入れる（厚さ40cmくらい）

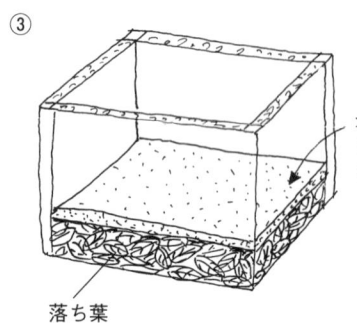

③ 米ぬかをふりまく（落ち葉が隠れるくらいに）

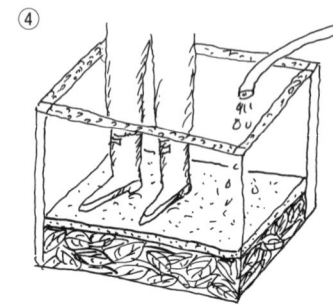

落ち葉

落ち葉＋ぬか＋水＋踏み込み
これを3、4回繰り返す。
2～3日で発酵が始まり2週間ほど続く

④ 水を入れて踏み込む（水を入れ過ぎないように注意）

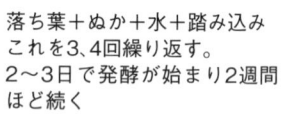

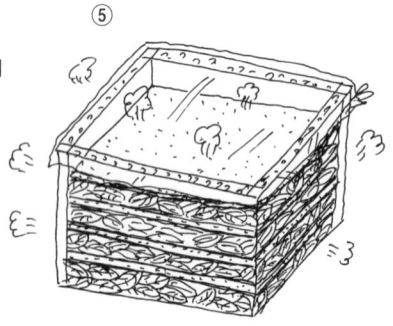

⑤ 温室やビニールハウスの中にこの温床を設けたり、上部を透明シートで覆ったりして、温床を暖める

踏み込み温床の完成例

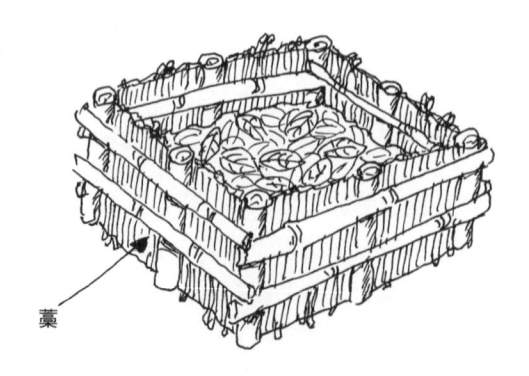

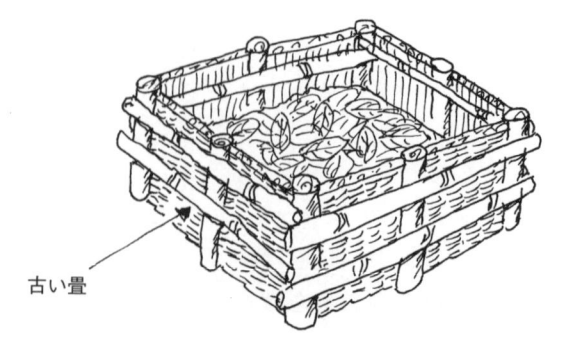

藁

古い畳

簡易ミニ温床の例

〈蓋つき温床〉　〈移動式温床〉　〈ビニール温床〉

苗床にかぶせる

育苗箱

注：①いずれも太陽光を透過させて内部の温度を上昇させる
　　②育苗の際は通気、換気を行う

温室内に設けた踏み込み温床

が、太陽熱は日中に限られるので、夜も含めてある程度の温度を確保するとなると発酵熱を用いることになる。

しかし、発酵とは微生物の働きであり、生き物を使うことになるので、実際に行ってみるとなかなか難しい。あまり温度が上がらず失敗することもある。

基本はマルチと同じで、窒素分と炭素分を交互に積み上げて発酵を促すことにある。

温床づくりは、まず、長さが1間、幅が半間、高さが2尺くらいの箱をつくる。材料は野地板でもよいが、もし廃棄された畳や藁があれば保温力が高いので、これをそのまま使う。野地板を使う場合は四隅に角材（3寸角のものがよい）を配して、それに30×40mmの角材を隣り合う面に打ちつけ、それらにそれぞれ古いコンパネ（厚めの板）や野地板を打ちつけて、間に籾殻を入れ込んで断熱材とする（図参照）。内側の板は発酵時に腐るので、取り替えられるようにビスでとめておく。

箱ができたら、底にネズミ防止のためのネット（目の細かいもの）を敷き、落ち葉を厚さ15cmほどに敷き詰め、水をかけ足でよく踏む。次に鶏糞と米ぬかやおからなどを、これも厚さ1cmになるくらいに敷き詰める。さらに落ち葉を入れて、やはり水を撒いて踏み込む。これを、厚さが50～60cmになるまで繰り返す。

箱の上には、家の解体現場などからもらってきたアルミサッシのガラス板など、透明の蓋をつくってかぶせておく。日中は蓋をしたままで温度を上げ、夜間は筵（むしろ）や要らなくなった毛布などをかぶせて保温しておくと、発酵が始まって3日ほどで25℃くらいまでになる。そうなったら落ち葉の上に種を蒔いた育苗箱を置き、できあがりである。

なお、育苗箱を入れたりすることができる簡易ミニ温床を設置すると、山間地などでは

何かと便利である。参考までに図で三つのタイプを示しておく。

野生動物との棲み分け

野生動物にしても家畜にしても、パーマカルチャーの目指すところが森（完成された生態系）である以上、動物を導入し、その生態系の中に位置づけることは必要である。動物それぞれの性質や特徴をよく理解し、人間の生活に利用しながら、かつ自然も豊かにしていくように、動物同士、あるいは動物と植物、そして人間と動物との関係を、自分がデザインし実践していく場において構築していく。

野生動物の多くは基本的に人間との共生が難しい。狩猟採集生活者にとって動物は主に食料であり、農耕生活者にとっては野生動物は多くの場合、畑を荒らす害獣となっている。このため、お互いに干渉しない棲み分けが人間と野生動物のもっとも望ましい姿であるが、人口の増加や農地の拡大などにより野生動物の棲息域は急速に破壊されており、人間と野生動物が同じ資源を求めて競合するような事態が生じている。

パーマカルチャーの考え方の基本は、棲み分けである。野生動物が棲息し、人間の干渉を極力抑えたゾーン（第5ゾーン）を設けて野生動物の生育環境を護り、人間生活圏への野生動物の侵入を避けることで、人間と野生動物の共存していける環境の整備を行う。

パーマカルチャー・センター・ジャパン農場周辺に棲息する野生動物と、それらとの共存を図るためにこれまでに行ってきた試みを以下に紹介する。

●イノシシ

イノシシはもっとも力が強く、また食欲も旺盛であるため、水田や畑に対し、もっとも大きな被害を与える。

ビル・モリソンに対してイノシシ対策を尋ねたときの答えは「捕って食え」だった。半生を狩猟者として生きたビルにとっては当然の答えであり、実際、近辺の農家では、これまでかなりの数のイノシシを捕獲し鍋などにして冬の食料源としてきている。しかし、実際に罠をかけても簡単につかまるものではない。罠は単純なもので針金の輪をつくって端を木などに結びつけてイノシシがそこに首や足を入れるとしまって逃げられなくなるという仕掛けなのだが、まずイノシシの通り道や畑への侵入路を見つけて、そこに掛ける。

しかし、警戒心の強いイノシシは人間の臭いがするとそこを避けて、別の道を通る。そこで今度はそちらの道に罠を仕掛ける。するとさらに別の道をつくるのでまた、罠を掛ける。これを何度か繰り返してイノシシが根負けしてもとの道を通るとやっと罠に掛かるというのが近くの老人から教えていただいたイノシシ捕獲方法である。

鉄砲で撃つとなるとイヌで追い込んでという話になるので、ハンターも数人必要となりかなり大がかりになる。費用もかかるので年に1回するのがせいぜいである。しかも、捕獲しても翌年には別のイノシシがやってくる。

もっとも確実にイノシシを防ぐことができて、しかも持ちがよいのがイノシシ垣である。これは杭を打って、それにトタンを打ちつけて畑を囲んだもので、当初は景観的にも美しいとは言えないので避けていたのだが、網（イノシシネットという名称でイノシシにも決して破れないとのことで購入した）は、設置した次の朝にはずたずたに破られた。

ヤナギなどで自然の柵をつくろうともしたが、なんの役にも立たなかったので、この土地の伝統に従って畑全体を囲うことにした。

身近な野生動物

イノシシ　　　　　　　　　　　　　　　ハクビシン

イタチ　　　　　　　　　　　　　　　　アナグマ

注：身近な野生動物は家畜を襲ったり、作物を荒らしたりする。棲み分けをしていくための手だてが必要

結果、確かにイノシシの被害はまったくなくなった。ちなみにイノシシの跳躍力は1.2mほどあるということだったので、トタンの幅が80cmほどしかないのでトタンの上にさらに針金を張ってイノシシが跳び越えられないようにしたのもよかったようだ。

別の方法としては、竹と空き缶を使った方法もある。これは、竹を一間置きに立てて畑や水田を囲い、その竹を横につなぐようにして針金を幅30cmくらいで120cmほどの高さまで4本ほどぐるっと回し、竹の頭に空き缶を載せておくという方式。藤野町（現、神奈川県相模原市）在住の有機農家の方の工夫をまねたのだが、これで水田を囲ってからはイノシシが入ってくることはなくなっている。

イノシシは作物を荒らしに来ると考えている人が多いようだが、実際には作物よりもミミズを食べに来ることのほうが多いようだ。有機栽培で、しかもマルチを多用するパーマカルチャー農法でつくった畑や水田はイノシシにとっての最高の餌場となる。

最近は、野生のイノシシよりも人間に開発されたイノブタ（イノシシとブタを掛け合わせたもの）が、森に放棄されて野生化したため人間を恐れることなく人里に来ることが多くなっているとも聞く。しかもイノブタはイノシシの倍以上の子供を生むので、それだけ被害が大きくなる。食味はいいようなので、いずれは「捕って食う」ようにしたいが、それまではイノシシ垣で防ぐことにするのがよいだろう。

●ハクビシン

ハクビシンは、ヒマラヤ、カシミールからインドシナ、中国東南部、マレー半島、アンダマン諸島、台湾、海南島、スマトラ、ボルネオの他、日本にも棲息し、山形、福島、神奈川、静岡、長野その他の地域で確認されて

いる。古来いたものか、今世紀になってから移入されたものかは判断されていない。

「体長は51～76cm、体重3.6～6kg。夜行性、樹上性、雑食性で果実を好み、昆虫、小動物を餌とする。交尾期は日本では5～6月から9～10月に多く、妊娠期間2ヶ月くらいで1～4頭出産する。中には年2回出産する個体もいる」と報告されている。

一般に動きは鈍く、夜、道ばたなどにいて、車のライトに照らされると鈍い動きで側溝などに入り込んで逃げるのを見かけることがある。顔かたちはタヌキとアナグマの中間くらいの感じで、鼻筋が白いのが特徴。木に登るために果樹などに対する被害が大きいほか、トウモロコシなども器用にもいで食べている。防ぐためには上まで完全に囲うことが必要。罠などには比較的掛かりやすい。

ちなみに囲いの金網に8cm四方の穴があったり、一辺の長さが顔の大きさより小さかったりする場合でも、間口の大きさに合わせて顔の向きを変え、体をくねらせて侵入する。わずかな隙間でも注意が必要である。

●アナグマ

アナグマは「イタチ科。丘陵部から低山帯の森林や灌木林に棲息する。果樹園など、人家の近くに現われることも多い。穴掘りが得意で、地中に巣穴を掘り、家族単位で生活する。ミミズやヤスデなどの土壌に棲む小動物や、昆虫、ときには小型の鳥類や哺乳類も食べる。顔つきや体つきがタヌキに似ていてよく間違えられる」とあり、体長は大きいもので60cmほどになる。

食肉目だが、残飯をあさるところを見ると雑食のように思われる。人間をあまり恐れず、ときに人家の中に入り込んで冷蔵庫を開けて中のものをあさっていったりもする。比較的人家の近くに棲むので、棲みかを見つけて壊すとどこかへ移動してしまう。あまり畑の作物を荒らすことはない。

●イタチ

イタチは「イタチ科、平地から山地まで棲み、人家の近くにも出没する。カエル・鳥類・昆虫などを食べ、水に入ってザリガニや魚類を捕食することも多い。九州の記録では年に2回繁殖し、平均3～5頭の子を産む。北海道にはもともとは分布しなかったが、1880年代に本州から侵入して定着した。本種は大陸に棲むチョウセンイタチの亜種であるという説もある」とあり、特にニワトリなどの家禽類を飼育する農家にとってはイノシシ以上の害獣である。

血を吸うといわれており、ニワトリ小屋などに入ると中にいるすべてのニワトリを殺してしまう。生き残ったのがいても、血を吸われていると、あとでそれがもとで死んでしまうことが多い。水辺に棲息するので川などの近くにある鶏舎は、特に侵入されることがないように対策を立てておく必要がある。直径5cmの穴があれば侵入するので、ちょっとした穴でも必ずふさいでおく。

穴を掘って侵入することもあるので、鶏舎のまわりに30cmほど掘り込んで石を埋めるか、トタンなどを差し込んでおくとよい。金網で囲う場合はかなり歯の力が強く、ガンタッカー（打ちつける工具）で留めただけでははいでしまう場合もあるので釘で留めておく。ビニールなどの網のほうが歯に引っかかるのか嫌がるようだ。

一度、トラバサミを仕掛けておいたところ、翌朝、挟まれた足が食いちぎられて残っていた。かなり気性が激しく、一番避けたい野生動物である。

PERMACULTURE

植物コミュニティのデザイン

設楽清和

　植物コミュニティのデザインとは、植物がお互いに助け合うか、あるいは育てようとする植物が他の植物に助けられるように植物同士の関係をデザインすることを意味する。

　デザインの際には、以下の点を考慮する。
- 生育に適した光の強さ
- 根の張り方
- 栄養分の供給
- 生長速度と大きさ
- 相性の良し悪し
- アレロパシーの注意

生育に適した光の強さ

　植物はそのほとんどが光合成を行っている。このため植物は光を求めて競争し、競争に敗れたものは生長することができずに絶えてしまうことも多い。一方、強い光の下では生活できない植物もあり、また、極相種の樹木の多くは日陰にもある程度耐えられる耐陰性を持っている。それぞれの植物には生育に適した光の強さがある。

　以下は、一部の野菜の光適応を示したものである。

〈強い光線を好む野菜〉
　スイカ、メロン、トマト、ナス、ピーマン、オクラ、トウモロコシ、サツマイモなど

〈弱い光線にも比較的耐える野菜〉
　レタス、セロリ、ネギ、パセリ、ミツバ、セリ、ミョウガ、ショウガ、フキ、インゲンマメ、サトイモなど

　強い光を必要とする植物をよく日の当たるところに配置し、その陰に弱い光を好むものを植えることなどにより光の強弱を調整することも可能である。上に記した以外の植物についても、どの程度の光を好むのかを知っておくことが、植物のデザインの基本となる。一般に葉の大きな植物は比較的弱い光にも耐えられると考えられる。

　樹木においては、耐陰性のないものを陽樹、耐陰性の強いものを陰樹と呼ぶが、それぞれの主なものは以下の通りである。

陽樹：ニセアカシア、カラ松類、多くのマツ類

陰樹：ブナ類、サトウカエデ、ツガ類、モ

ミ類

陽葉と陰葉

ほとんどの植物は陽葉と陰葉を持ち、陽の光が他の植物や自分の他の葉に遮られるような光の少ない状態に対処している。それぞれの特徴を述べる。

陰葉：大きく薄く、厚みのないクチクラ層で覆われ、濃い緑色で（単位量あたりの葉緑素が多い）、切れ込みが少なく、気孔の密度は1/2から1/4、開くための反応時間は短い。陽葉に比べて弱い光で効果的に働くが、長い時間、強い光に対処することができない。

陽葉：明るい光の中でよく機能する。呼吸速度が速いので、暗いところに置かれると生産できるよりも多くの炭水化物を消費し、重量を減らして枯れてしまう。

ただし、最初から陰葉と陽葉に分かれているのでなく、生育する条件に応じて発達する。芽生えの場合は全部が陰葉であり、陽葉が必要になるのはまわりの競争相手を出し抜いてからになる。また、陽葉も少しずつ日陰になっていくと形を変えて陰葉となる。

根の張り方

植物の根の張り方は種別ばかりでなく、土壌や水分の状態などにより変わる。一般に樹木の場合、根は樹幹半径の2〜3倍の広さにまで張る。深さはたいてい1〜2mくらいまでである。特に広葉樹は比較的浅いところに広く根を張る傾向がある。このため、草本類の中で浅根性の植物（イネ科の植物など）は果樹と混植すると栄養分を競争してしまう。深根性の植物は、土中の深いところから微量元素などの栄養分を吸収してくるので、緑肥として利用する。

浅根性：クローバー、イネ科の植物、アブラナ科の植物、トネリコ類、サクラ類、カンバ類
深根性：アルファルファ、アカザ、コンフリー、根菜類、針葉樹類

栄養分の供給

植物は、自らの生長と維持のために主養分であるN（窒素）、P（リン酸）、K（カリウム）を必要としている。植物のデザインにおいては、これらの栄養分を比較的容易に入手できる植物とそうでない植物を組み合わせることにより、人の手をできるだけかけずに栄養分を供給することを考える。

●窒素

窒素を固定して他の植物に供給する微生物には主に以下の3種がある。
- 根粒菌—マメ科植物の根粒に共生
- らん藻—アメリカウキクサの葉、地衣類、ソテツの根粒に共生
- 放線菌—ハンノキの根粒に共生するフラキア属の放線菌

これらの菌と共生する植物には主に以下のようなものがある。

ソラマメなどのマメ科植物は根粒菌と共生

第2章　パーマカルチャーのデザインと実践のための基本

パーマカルチャー農場で育つエンドウ。マメ科植物は土壌改良にも役立つ

マメ科の植物
〈草本類〉
- 一年草類
　インゲン、ラッカセイ、ササゲ、ダイズ、アズキ、エンドウ、ソラマメ、レンゲ、アルファルファ（ウマゴヤシ）、ルピナス、スイートピー
- 多年草類
　クローバー、ハブソウ、エビスグサ、センナ、ヌスビトハギ、クズ

〈木本類〉
- 低木類
　ムレスズメ、ハギ、エニシダ、ヤシャブシ、ヒメヤシャブシ
- 亜高木類
- 高木類
　エンジュ、イヌエンジュ、アカシア、ニセアカシア、ネムノキ、サイカチ
- 蔓植物
　フジ

カバノキ科の植物
〈木本類〉
- 高木類

田んぼで咲く咲くレンゲ（5月）
　ハンノキ

ヤマモモ科の植物
〈木本類〉
- 高木類
　ヤマモモ

グミ科の植物
〈木本類〉
- 低木類
　ナツグミ、ナワシログミ、アキグミ

●リン酸・カリウム

　リン酸やカリウムは、窒素と異なり空気中に存在するのではなく、岩石や堆積物、および有機物中に存在する。これらは多くの場合、地中深いところに存在しており、多くの野菜などの植物には手の届かないところにあるため、これらの欠乏が生長の阻害要因になることがある。これらを供給するためには主にコンフリーなどの深根性の植物を混植して、それらの葉や茎を緑肥として用いる。

生長速度と大きさ

　植物の生長速度は遺伝的傾向ばかりでなく、環境により大きく左右される。生長に適した条件下では早く生長するが、気候や光

量、栄養分などが制限要因として働くと生長は遅くなる。一般に陽樹（パイオニアプランツ＝先駆種や窒素固定菌共生植物）は生長が早く、陰樹（極相種）は生長がやや遅い傾向がある。

　先駆種：カラマツ、アカマツ、ドロノキ、ヤナギ類、シラカンバ、ヤシャブシ、ミズキなど

　極相種：モミ、トドマツ、オオシラビソ、ウラジロモミ、ツガ、コメツガ、ブナ、エゾイタヤ、ヤチダモ、アサダ、ミズナラ、クリ、ケヤキ、シナノキなど

　生長の早い木については、これの葉や枝を、緑肥として用いて土壌を豊かにしたり、あるいは霜よけなどに用いて育てようとする植物の環境条件を整えるのに用いる。

　また、植物、特に樹木を植えるときには、その生長したときの大きさを想定して、枝が重なり合ったり、日陰をつくることがないように配慮する。

相性の良し悪しとアレロパシー

●相性の良し悪し

　植物には、お互いに助け合ったり、あるいは嫌い合うといった相性がある。これを利用しようとする考え方がコンパニオンプランツである。基本的な科ごとの相性を表（57頁〜）、図（63頁）に示している。

●アレロパシーへの注意

　植物のデザインを考えるうえで、他の植物の生長を阻害するような植物の扱いには注意が必要となる。一般にクリやクルミなどの植物は、このような働きを持つとされており、アレロパシーと呼ばれている。

アレロパシーの定義

　アレロパシーとは以下のように定義される。

　「ある植物（微生物を含む）が生産した化学物質の環境への流出を通じて、他の植物に直接的、間接的に阻害的影響を与える現象」（Winttaker&Feeny 1971）

アレロパシーの経路

　①雨、霧、梅雨によって葉などから溶脱した成分が地中に入り、他の植物の発芽や生長を阻害する。

　②揮発性物質（エチレン、二酸化炭素、テレペン類など）が植物から放出され、周辺の植物に影響を与える。

　③葉、枝、樹皮などが地表に落ち、土壌微生物により分解され、いろいろな代謝物質が生産され、これが他の植物の発芽や生長を阻害する。

　④植物の根や地下茎から特定の代謝産物が周辺の土壌に分泌され、直接的あるいは土壌微生物により化学変化を受けたものが他の植物に影響を与える。

アレロパシーの影響

　①競争相手の異種植物の生育を主として強く阻害する。

　②物質を分泌する同種植物が特異的に阻害を受ける。

アレロパシー効果を持つ植物

・オニグルミ：トマトやアルァァルファなどを枯死させる。
・クリ
・ナギ
・ユーカリ
・セイタカアワダチソウ

第2章 パーマカルチャーのデザインと実践のための基本

PERMACULTURE

地域の植物を調べて生かす

池竹則夫

身近な植物に着目する理由

●生態系と人間生活の変遷

生態系は、大気、水、土、植物、動物からなるが、その中心となる動植物相互の関係模式図は91頁に示す。人間が生きていくうえで必要なものは、「空気（大気）」、「水」のほかに「衣」「食」「住」に必要な物資とエネルギーであろう。そのなかで、「空気」、「水」については、少なくとも日本国内では、おおむねどんな場所でも入手でき、大元をたどれば太陽エネルギーのおかげで循環している。

植物・動物の多くの種類は、誕生し、成長し、やがて死ぬという、世代交代を繰り返すなかで、ある意味では過剰な生産を行っている。例えば、直径50cmのスダジイやブナの大木は不作年にはまったく結実しないものの、数年に一度の豊作年には数万の実をつけるが、一生を終えるまでの間に、次世代の木が一本まともに育ってくれればよいはずだ。何十万、何百万という種子は次世代を担うことなく他の動物の餌になったりしているのである。

スダジイやブナが生産するものはもちろん種子だけではなく、幹、枝、葉、根を生長させ、様々な動植物の餌となり、さらに土に返って他の植物の栄養になるなどして恩恵を与え続けている。日々産みだされる過剰な生産物は、生態系の循環の仕組みの中でうまく使えば半永久的に使い続けることができるのである。

生態系は、どこへ行っても同じものがあるわけではない。場所が変われば土が違い、バクテリアが違い、植物が違い、動物が違う。地域の気象条件、地形・地質の特性に応じて、住んでいる生き物の種類が異なり、伝統的な人の暮らしもそれらによって様々であった。しかし地域の気候風土に応じた多種多様な自然・生活様式・文化が画一化の一途をたどっている。アメリカでも日本でも東南アジアでも、都市にはガソリンや軽油などで走る車があり、生活の様々な欲求を手軽に満たしてくれるコンビニエンスストアがある。「便利・快適」な生活があるのはまさに石油などのお

かげであった。その一方で人間の生活基盤である地域に応じた多様な自然、文化は相当失われてしまった。

● なぜ植物か

近代化によって壊されてしまった、人と自然のつながりのある持続性ある生態系を再構築していくには、その地域に今なお残されている生態系を構成する要素を把握すること、さらに可能なかぎり近代文明以前にどんな生態系が人間の暮らしとともに長く維持されてきたかを把握することが重要である。

幸いにして、日本では江戸時代に、世界にも誇れる持続可能で豊かな暮らしがあった。200年以上もの間大きな戦乱がなかったことによるところが大きく、これが自然と調和した持続可能な社会を維持するための伝統的な文化や技術を育んだのである。江戸時代に育まれてきた、伝統的な暮らしとこれを取り巻く生態系を一つのお手本として、将来の目標像を描くことが望まれる。

植物は、生態系を構成する要素のなかでもっとも重要であると考えられる。というのも、植物は生態系の基礎となる生産者であり、乾燥重量ベースでバイオマス（生物体量）全体の99.9％、そのうち緑色維管束植物(1)は90％を占めるといわれている。ここで気をつけたいのは、学校の教科書などよく用いられる生態系を模式的に表したピラミッドに占める面積を見ると、1次消費者から上位消費者までの動物もかなりの量がありそうな錯覚に陥るが、実際には動物のバイオマスはごくわずかである。

植物は、極めて豊富に存在する資源であり、賢く使えば半永久的に活用し続けられる。そのよい例の一つが主に江戸時代の里山の雑木林だ。15〜20年周期で伐採しエネルギー源（主に燃料）として繰り返し活用されてきた。植物を中心に持続的に活用できる資源に着目し、これをより有効に活用していくこと。これが、石油など化石資源がなくなっていく時代に人類が生き残っていくための必要条件ではないだろうか。

● 本来の「生きる力」を取り戻す

ところで、例えば喉が渇いたが「目の前に流れている川の水を飲んでも大丈夫だろうか？」とか、空腹時に「おいしそうな実がなっている木を見つけたけど食べられるのだろうか？」と思ったとき、口に入れていいかどうか、きちんと判断できる人がいるだろうか。

多くの動物の場合は、誰から教わるでもなく、口に入れてよいもの、体が必要としているものを迷わず適切に判断できるだろう。人間も動物の一種であるから、本来はそうした能力が備わっていたはずである。文明の発達過程で失った判断能力もあるだろうが、先祖代々積み重ねてきた経験による知識を伝承することで補えてきた。体が必要とする水や食料は、視覚、嗅覚、味覚など五感によって判断できた。すなわち、体が必要とするものを食べたいと思い、食べたらおいしいと感じてきたのではないだろうか？ また、そのままでは食べられないものを調理して食べる知恵（消化しやすくしたり、あくを抜いたりする方法など）は、両親、祖父母など年長者から教わってきたのである。

しかし、石油など化石資源を利用することで飛躍的な発達をとげた科学技術による生活の急速な近代化により、食べてよいものかどうかを判断する能力だけでなく、体の抵抗力（例えば多少の雑菌が混ざった水を飲んでも腹を下さない抵抗力）が低下し、また世代を超えて受け継がれてきた知恵もそれほど必要とされなくなった。さらには、自然界にかつ

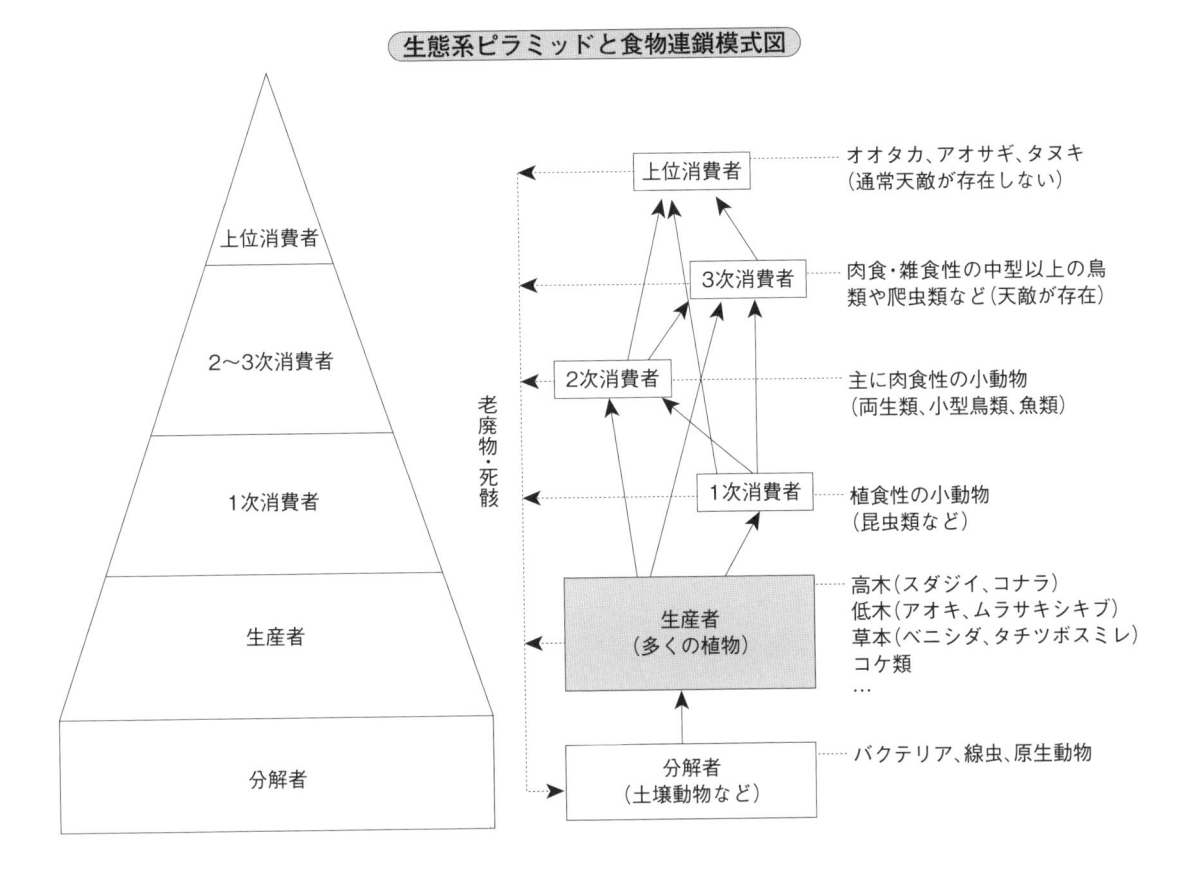

第2章　パーマカルチャーのデザインと実践のための基本

生態系ピラミッドと食物連鎖模式図

生態系ピラミッド（左）：
- 上位消費者
- 2〜3次消費者
- 1次消費者
- 生産者
- 分解者

食物連鎖模式図（右）：
- 上位消費者 …… オオタカ、アオサギ、タヌキ（通常天敵が存在しない）
- 3次消費者 …… 肉食・雑食性の中型以上の鳥類や爬虫類など（天敵が存在）
- 2次消費者 …… 主に肉食性の小動物（両生類、小型鳥類、魚類）
- 1次消費者 …… 植食性の小動物（昆虫類など）
- 生産者（多くの植物） …… 高木（スダジイ、コナラ）／低木（アオキ、ムラサキシキブ）／草本（ベニシダ、タチツボスミレ）／コケ類…
- 分解者（土壌動物など） …… バクテリア、線虫、原生動物

（左向き矢印：老廃物・死骸）

て存在し得なかった、野生動物のすぐれた判断能力をも超えた（高濃度の）毒物をも副産物として生み出してしまった。

科学技術・文明の発達は、一部の人には便利、豊か、快適な生活をもたらしてくれた一方で、人間の本来の生きる力をそぎ落とすだけでなく、人類の生存基盤である豊かな生態系を大きく劣化させてしまいつつあるという現実を認識しておく必要がある。

本来、生きていくうえで必要な、私たちの遺伝子に組み込まれている感性、長きにわたって受け継がれてきた知恵、抵抗力のあるしなやかな心と体を取り戻し、今後起こりうる様々な状況に対して柔軟に対応できる「生きる力」を取り戻していくことを目指していったその先に、人類とこれを取り巻く自然・生態系に明るい未来が開けるはずだ、と強く思うのである。

ここでは、感性や心と体の抵抗力を高めることの必要性も頭と心の片隅に置きつつ、身近な植物を生活に役立てる可能性を追求してみよう。

植物資源の利用価値

人間が使うことができる植物資源には、人工的に植栽した植物と、自生している植物に分けられる。ここでは一部人工的に植栽している植物も含め、地域に自生する様々な植物の利用可能性について言及する。

植物には多種多様な利用価値がある。地域に生育している植物の知識を深めるということは、地域の資源を把握することにつながる。もちろん、田畑、果樹園、人工林では、人間の生活に必要な資源を効率的に得られる

水質を指標する水生生物

水質階級	生　物　名
Ⅰ（きれいな水）	アミカ、ウズムシ、カワゲラ、サワガニ、ナガレトビケラ、ヒラタカゲロウ、ブユ、ヘビトンボ、ヤマトビケラ
Ⅱ（少し汚れた水）	イシマキガイ、オオシマトビケラ、カワニナ、ゲンジボタル、コオニヤンマ、コガタシマトビケラ、スジエビ、ヒラタドロムシ、ヤマトシジミ
Ⅲ（汚れた水）	ソコツブムシ、タイコウチ、タニシ、ニホンドロソコエビ、ヒル、ミズカマキリ、ミズムシ
Ⅳ（大変汚れた水）	アメリカザリガニ、エラミミズ、サカマキガイ、セスジユスリカ、チョウバエ

注：環境省全国水生生物調査のホームページを一部編集

ように、様々な工夫がなされているが、目的とする作物以外の植物にも着目し、換金作物を育てるのに「邪魔な雑草・雑木」としてではなく、資源という観点で再評価することから始めたい。

以下、植物を、環境を把握するための指標としての利用価値、および衣・食・住のための生活物資としての資源という観点で見てみよう。

植物は環境を把握するための指標

植物の存在そのものに着目し、その土地がどんな環境かを判定するという活用方法だ。植物にはその種類に応じて、もっとも生育に適した環境条件が必要である。

この生育条件の違いや、環境条件によって形成された植物の形態の違いや、ある特定の植物種の存在の有無を把握することにより、その土地の土壌（肥沃地か痩せ地か、酸性かアルカリ性か、湿性か乾性か）、日当たりや風の強弱、温度、人為的な攪乱の程度などを推し量ることができる。

一方、科学技術の目覚しい進歩により、すぐれた環境測定機器を用いれば、特殊技能がなくても誰もが正確に環境を測定することができるようになった。例えば川の汚れの度合いを知りたい場合、専用の器具を使って定められた手法で採水しBODを測定すれば、有機物による汚濁の程度を正確なデジタルデータとして得ることができる。しかし、測定値はあくまでも瞬間的で、かつ様々な側面を持つ水質の一面を把握したに過ぎない。また、現実には季節変化や水源地の降水といった気象条件の違いなどで常にBOD値は変化し続けている。魚の棲める水環境かどうかを、水質測定のみによって判断するには、BODのほかにpH、SS、有害物質など様々な項目を調べる必要があり、それらをすべて把握するには多大な労力、コスト、エネルギーを要する。

一方、生物指標を用いて環境を診断する方法もあり、そこに棲む植物や動物の情報は大いに利用できるのである。デジタル的な数値こそ得ることはできないが、生き物は一定期間その環境に生息し続けているため、総合的に環境を指標しているということができる。指標として活用できる生物をきちんと見分ける知識さえあれば、正確な測定値ではないものの、確実な情報が無料で得られるのである。

以下に、具体的な環境指標としての活用可能例を示す。

雑草の種類と肥沃度とこれに応じた栽培作物

肥沃度	指標雑草	作物
0	コケ、マツ（おそらくアカマツ、クロマツ）	クリ
1	ススキ、スイバ	ダイズ、ワラビ、タラノメ
2	ヨモギ、スギナ、フキ、ハルジオン、ヒメジオン	ダイズ、アズキ
3	エノコログサ、ヒエ（おそらくイヌビエ）	葉物、ダイコン、カブ、ジャガイモ、カボチャ、サツマイモ、サトイモ、キュウリ、インゲン
4	ツユクサ、スベリヒユ、アカザ、ヒルガオ、ギシギシ	トウモロコシ、ショウガ、ナス、トマト、シシトウ
5	ハコベ[注]	キャベツ、ハクサイ

注：（　）内は筆者加筆。ハコベは正確には数種類ある

●土地の状態

土地の肥沃度

　土地が肥沃かどうかと植物の生育には密接な関係がある。森林を例にとると、アカマツの生育地は概して痩せ地である。アカマツは土地が豊かな場所が嫌いなわけではなく、そのような場所ではやがてアカマツは他の植物に取って代わられてしまうためである。一方イタヤカエデ、アオキ、ニワトコなどが生育する樹林（スギ植林や広葉樹林）は土壌が深い肥沃地である。

　山形の自然農実践者から伝え聞いた話によると、畑の肥沃度に応じた雑草、適した作物の関係について、表のように整理される。自然農を行っている方々は、作物以外の植物をすべて雑草として邪魔者扱いしたりせず、自然の仕組みを理解するうえでの様々な意味を見出そうとしている。なお、肥沃度5に位置づけられた「ハコベ」は、正確には複数の種が含まれる（人里周辺でよく見かけるものはミドリハコベ、ウシハコベ、コハコベ、イヌコハコベ）ため注意が必要である。

　一般に「ハコベ」と呼ばれる植物のなかには、最近都市を中心に広がっている、コンクリートの隙間や土がカチカチに硬くなってしまった街路樹の根元など、とうてい肥沃とはいえない環境にも生育可能なイヌコハコベ（他のハコベ類と異なり花弁=花びらがなく萼（がく）の付け根がえんじ色）が多いことがわかってきた。土地の環境を正しく判定するには、種を正確に見分ける必要がある。また、コケ類やマツ類しか生えない土にも生育できるとはいえ、そんな土地でクリの実がたわわに実るとも考えにくい。以下、指標植物で物事を判断する場合は、おおよその目安として捉えていただきたい。

　土地の肥沃度については、生育する植物で判断する方法のほか、ミミズの存在の有無が多くの作物の育ちやすいことを的確に示している。ちょっと土をほじくってみて、ミミズが出てくるようならば、その土地は概して作物が育ちやすい肥沃な土地ということができる。

土壌pH

　植物の生育条件の一つに土壌pHがある。日本の森林土壌についての調査事例によれ

土壌pHと植物

pH	植物名（耕作地の雑草になりやすいもの）
4～5	スギナ、スイバ、ギシギシ[1]、ササ[2]
5.2～6.4	メヒシバ、カヤツリグサ、ザクロソウ、コニシキソウ、スベリヒユ、タデ[3]、スズメノヒエ、クローバー[4]、エノコログサ、ススキ、スズメノカタビラ
6.7～7	クワクサ、ヌカキビ、キク科[5]、イヌビユ、カラスビシャク
6.8～7.6	オナモミ[5]、キク科多年草（ヨモギ）

注：1 ギシギシ：ギシギシ類（タデ科ギシギシ属のすべての植物）が当てはまるかどうか不明
　　2 ササ：イネ科ササ類（メダケ属、ヤダケ属、スズタケ属、アズマザサ属、ササ属）のどこまでの範囲を示しているのか不明
　　3 タデ：タデ科イヌタデ属全般なのか不明。畑地ではイヌタデ、水田ではヤナギタデやサクラタデなどが生育する
　　4 クローバー：シロツメクサの別名
　　5 キク科：pH6.7～7に示されたキク科は一年草（越年草含む）を示すと思われる。pH 6.8～7.6に示されたオナモミはキク科一年草
出典：長野県専門技術員ホームページ（一部加筆）

ば、pH3.5～8.1、平均が5.1であった。火山列島でしかも多雨気候下にあるため、カルシウム、マグネシウムといった塩基類が乏しく全体として酸性に偏っている。日本に自生する森林植物の多くは大雑把にいってpH5.1前後の立地に適応しているということができる。

身近なところに生えている植物を見ると、そこの土壌pHをある程度推測できる（表）。例えば、畑の脇などによく蔓延って農家を悩ませているスギナは、酸性土壌の指標であるだけでなく、スギナ自体が根から強酸性物質を分泌するため、短期的な観測であろうと思われるものの、繁茂するとますます土壌は酸性化するという厄介な性質を持っている。しかし、逆にその土地の土壌のpHに適した作物を選んで栽培すれば、理にかなっているといえないだろうか。

なお、最近は酸性雨など酸性降下物の影響により、もともとの酸性土壌がさらに酸性化する傾向が強まる可能性がある。pHの変化に応じて選択する作物を変えざるを得ない面もあるかもしれないので、周辺に生育している作物以外の植物（雑草）の生育状況もきちんと観察することが望まれる。

地下水位

地下水位も植物の生育に大きく関係する。一般の植物は地下水位が高いと、根は十分な空気が得られずに根腐れを起こしてしまう。そうした立地には、水分過多な環境に強い水生植物が生育する。図は河川敷や池沼沿いの湿地に見られる高茎草本類が地下水位により棲み分けている例である。大雑把に言ってこれらの4種類が見分けられれば、優占種によっておおむねの地下水位が把握できる。

したがって、川や池の近くで、凹凸が少なくなだらかに傾斜している場所では、水面の最前線にガマ群落、次にヨシ群落、その内側にオギ群落というように帯状に群落が分布している例がしばしば見られる。

また、例えば、近くに川などなさそうな山道でヨシが群生する場所が見られるが、そこはやはり地下水位が高い場所である。付近で水が湧き出していたり、水が溜まりやすい地盤条件だったりして、ヨシの生育しているところに限って水浸しになっている。また、ススキはオギとよく似ているが、ススキは群生するオギとは株立ち状になる点などで異なり、河川敷や湿地のような湿った環境（地下

地下水位と植物の生育量の関係（淀川）

(矢野他、1975)

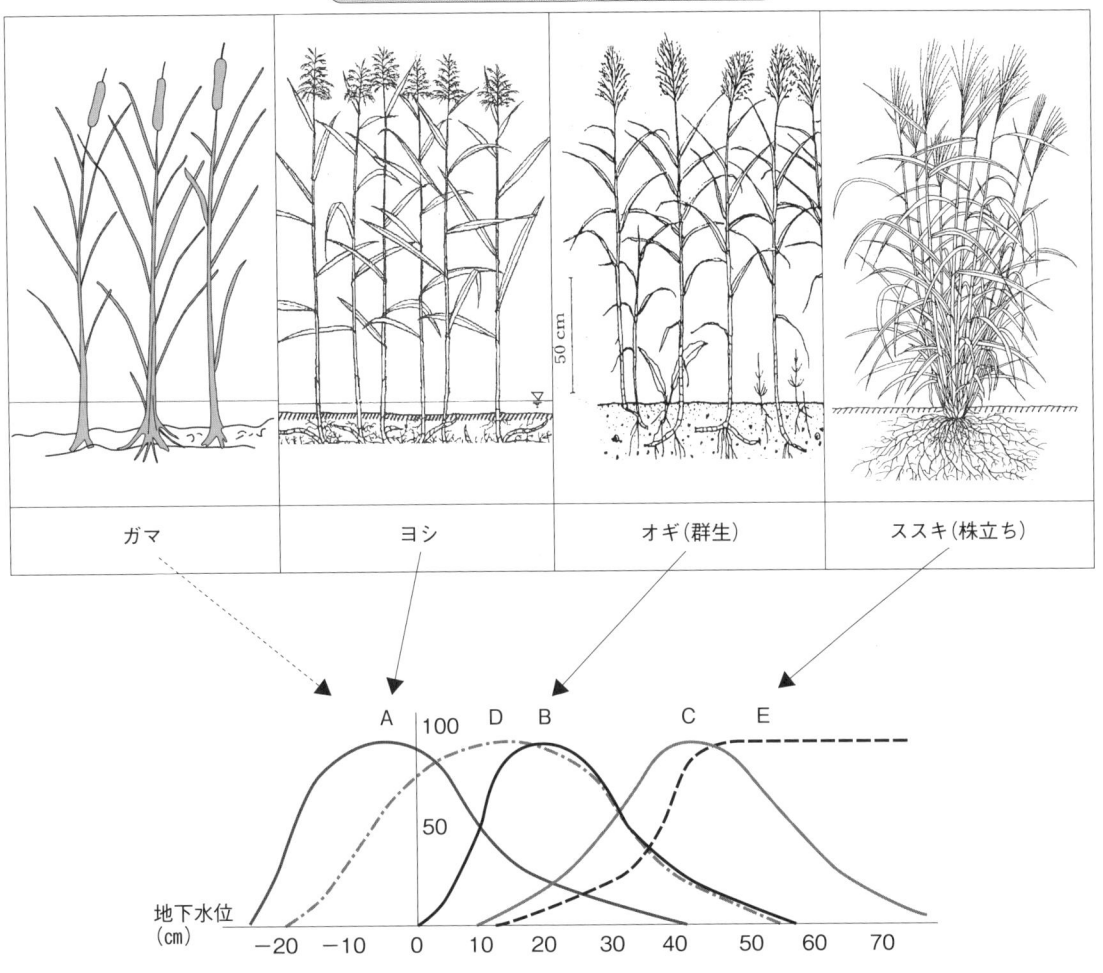

| ガマ | ヨシ | オギ（群生） | ススキ（株立ち） |

A：ヨシ　B：オギ　C：セイタカヨシ
D：カワヤナギ - ツルヨシ（砂礫土壌上）
E：セイタカアワダチソウ

注：①地下水位の数値の見方：地下水位 −10 cmというと、10 cmの水深がある水溜まりを、逆に地下水位 +10 cmなら、地下10 cmのところに水位があることを示す。
　　②出典：『淀川河川敷における原植生の保護と管理について』自然史研究〈公開シンポジウム「淀川の自然保護を考える」記録〉矢野悟道ほか（大阪市立自然史博物館）に加筆

水位が高い環境）には出現しない。

冠水頻度（定性）

　河川の場合：地下水位とともに、冠水頻度[6]も植物の生育に大きく関係する。水の流れの近くで、植物が生育していない場所は、植物の生育基盤が形成されるいとまがないほどの破壊的な冠水が頻繁に起こる場所である。逆に河川敷であっても、山に生える植物と同じような植物が見られる場所では、もはやそこでは冠水することがほとんどない環境であるということができる。例えば、河川敷の中で畑や水田があるのをよく見かけるが、その近くに冠水しない内陸部と同じタイプの樹林

（例えば、エノキ、ムクノキ、シラカシなどの広葉樹林、スギ・ヒノキの植林、モウソウチク林など）が存在していることが多く、そこはほとんど冠水することがない環境であるため、ある程度は安心して耕作を続けられるのである。このことは一方では、近年上流でダムなどによる流量管理がきちんと行われすぎたこと、またダムによって本来下流に流れるはずの土砂がダム底に溜まってしまったこと、本来自由だったはずの流路が固定化し土砂供給がないため河床が低下したこと、などから、川の増水により維持されてきた河辺特有の植物の生育環境が狭められつつあるという、皮肉な結果が各地の河川で生じていることにもつながっている。

ダムの場合：自然界には存在しない水位変化を示す場所がダムの湛水域にあり、そこでは植生の境界線がはっきりしている（写真）。境界線の下側は毎年冬の間はずっと水没しているため、冬も根づいている多年草や木本類は窒息して根腐れをしてしまい、たとえ種子が鳥の糞や上流からの流水により運ばれてきて運よく発芽しても、冬を越すことができない。このため種子の状態で越冬するアレチウリ、オオブタクサ、オオオナモミ、アキメヒシバ、イヌタデといった一年草くらいしか冬季に湛水する場所では生育できない。一方、冬でも湛水しない場所では、森林植生が見られる。湛水域とそうでない場所の植生変化が著しい点が河川の場合と大きく異なる。冬季のみ湛水する区域は、雨の多い夏季にほとんど植物に覆われることがないため、侵食が進みやすく土砂がダム底に流れ出し上流からの土砂流入と相まって、ダム底の土砂堆積を早めていると考えられる。

踏圧（定性）

踏圧とは人や車が踏みつける圧力のこと

ダム湖畔の裸地

で、踏圧が強い（頻繁に踏みつけを受ける）場所特有の植物が生育する。また、踏圧の強弱・頻度によりさらに異なる植物が生える。もっとも踏圧が大きい場所はクルマのタイヤの跡である。いかに踏みつけに強い植物であっても、クルマが頻繁に通行する場所では生育することが困難であり、多くの場合は裸地となっている。

裸地の両サイドには、クルマのタイヤは通らないものの、人が頻繁に踏みつけるような場所があり、そこにはオオバコやセイヨウタンポポなどの背の低い多年草が生育している。また、少し人の踏みつけ頻度が低い場所では、カゼクサやチカラシバといった、50cmを超える背丈の多年草が生えている。なお、オオバコはその成分がのど飴の原料などにも用いられる有用な薬草であり、セイヨウタンポポも含むタンポポ類はカフェインレスのタンポポコーヒーなどとして有用である。

耕耘・刈り取り・伐採

河川の堤防、芝地などに行くと、背の低い草がびっしりと生えているのをよく見かけるが、これは人が刈り取りをしているからである。刈り取りの結果、同じ植物の草丈が低くなるのではなく、刈り取り頻度が変わると植物の組成（種類の構成）も次第に変化する。刈り取り頻度が高くなるほど、草丈が低

く、生長点が低い位置にあり、かつ生長が早い種類に次第に置き換わっていく。ただし、刈り取りの場合は植物体の地上部の大部分が切り離されるだけであり、根こそぎの抜き取りや、耕耘のような土壌の天地返しとは違って、地下茎や根が土の構造とともに温存されることから、多年草が主体となる。たとえ新参者の一年草(9)の種子が飛んできても、そこにはすでに多年草の地下茎や根がひしめき合っており、つけいる余地がほとんどないのである。一方、年に1回以上の頻度で繰り返し土が耕される多くの水田や畑（自然農の田畑など不耕起の農地を除く）の場合は、多年草が腰を落ち着けて定着して徐々に勢力を拡大する時間的猶予が与えられないため、数多くの種子が風で運ばれるなど種子散布能力が高く、かつ1シーズンで発芽から結実までの全ライフサイクルを完結することができる一年草が主体となる。

また、人の関与の周期が長い、落葉広葉樹の雑木林（2次林）の場合は、15〜20年周期で伐採されてきたために、萌芽（伐株からの発芽）能力の高い落葉広葉樹によって構成された林として維持されたものである。しかしこの雑木林は近年利用されなくなったために、コナラ、クリ、クヌギ、シデ類などの落葉広葉樹の中に、アラカシやヒサカキなど極相林の構成種である常緑広葉樹が徐々に増加し始めている。

●気候条件

気候

マクロな視点で見ると、植物の生育に深く関与するのは気温と降水量であり、ドイツの気候学者ケッペンはこの二つの要素からの計算で、表に示す17気候区分（≒植生区分、日本では3区分が該当）を行っている。

年間を通じて十分な降水量がある日本の場合、富士山頂など一部の高山などを除き、すべての地域で森林が成立する気候的なポテンシャルを持つため、日本に分布する植生の違いには降水量よりも気温が深く関係している。気温は水平的には緯度が高いほど、垂直的には標高が高いほど低くなり、主に関東地方の低海抜地以南の温暖な地域は暖温帯に位置づけられ常緑広葉樹林が成立し、本州の1000m弱から1500m前後にかけてと北海道の低地では夏緑広葉樹林が、本州の1500mから2000mにかけてと北海道の1500m以下の山地には亜高山帯の針葉樹林が、さらに本州の2000m以上や北海道の山地では高山帯の高山草原やハイマツ群落が見られる。

吉良竜夫は、植物の生育には月平均気温で5℃以上が必要であることに着目し、植生の分布を決定づける温度要因から温量指数を考案した。平均気温が5℃より高い月の、5℃を超えた分の気温の積算が暖かさの指数、5℃より低い月の、5℃を下回った分の気温の積算が寒さの指数である。後者は、暖地に分布する植物の分布北限や寒冷地に分布する植物の分布南限の解析に有効である。

風向きと強さ（定性）

写真は、四国・石鎚山で撮影したもので、風が強い場所での針葉樹（シコクシラベなど）の樹形が旗状に変形したものである。左

シコクシラベの風衝木

ケッペンの気候区分

	ケッペンの気候区分	日本における分布
寒帯（E）	ツンドラ（ET）	－
	氷雪（EF）	－
冷帯（D）	冷帯湿潤（Dfa/Dfb/Dfc/Dfd）	北海道の大部分と本州の亜高山帯（Dfb）
	冷帯冬季少雨（Dwa/Dwb/Dwc/Dwd）	－
	高地地中海性（Dsa/Dsb/Dsc/Dsd）	－
	大陸性混合樹林（Dfa/Dwa/Dsa/Dfb/Dwb/Dsb）	－
	針葉樹林（Dfc/Dwc/Dsc/Dfd/Dwd/Dsd）	－
温帯（C）	温暖湿潤（Cfa）	本州の山地帯以下すべて
	西岸海洋性（Cfb/Cfc）	北海道渡島半島西部・南部から岩手県北部・東部にかけて（Cfb）
	温帯夏雨（Cwa/Cwb/Cwc）	－
	地中海性（Csa/Csb/Csc）	－
乾燥帯（B）	ステップ（BSh/BSk）	－
	砂漠（BWh/BWk）	－
熱帯（A）	熱帯雨林（Af）	－
	熱帯モンスーン（Am）	－
	サバナ（Aw）	－
	熱帯夏季少雨（As）	－

出典：①フリー百科事典『ウィキペディア（Wikipedia）』に一部加筆
　　　②地理学論集No.84（2009）　東北地方北部から北海道地方におけるケッペンの気候区分の再検討

から右方向に強い風が吹くことが多いことが、この樹形から判断できる。また、林の中にいても風の強弱の程度も分かる。風が強い場所ほど枝葉同士の擦れ合いの頻度が高くなって損傷するため、樹冠同士がお互いに離れているが、風が弱い場所では、樹冠同士が接し合っている。その土地に生えている植生と、樹木の形状によって、風力発電所の適地選定に利用できる可能性もある。

空中湿度（定性）

　コケ類やシダ類は乾燥に弱い胞子で繁殖するため、空中湿度が高い谷筋の森林などの場所に多く種類を見ることができる。ただしシダ植物にも例外があり、コシダや正月飾りに使われるウラジロはむしろ乾燥地に多い。また、大木の幹、古い石垣などに着生するノキシノブは、乾燥すると葉が縮れる（写真）ので、「生きた湿度計」として利用されることもあるという。

雪

　夏、日本海側の山の斜面にあるスギの植林地に行くと、根元付近がいったん斜面の下方向にグニャッと曲がってから立ち上がっている木がほとんどである。これは斜面に積もっ

第2章　パーマカルチャーのデザインと実践のための基本

乾燥状態で縮れたノキシノブ

多雪地の斜面における低木林

た雪が、重力に従って上部側から下部方向に向けて圧力（雪圧）をかけたため、まともにそのエネルギーを受け止めてしまうと、根返りや幹折れといった被害が生じる恐れがある。日本海側の多雪地に植えられたスギは幹が柔軟に曲がることで、雪圧エネルギーをまともに受けることなくしなやかに緩和しているためである。

写真は、多雪地の滋賀県朽木村（くつき）（現、高島市）のリョウブやツツジ類などが生育する低木林であり、冬季の雪圧に適応した樹形であることが分かる。

● 地歴

山火事

山や高原地帯（主に山地帯）を歩いていると、ときどき目にするのが、同じくらいの太さのシラカンバ（一般にはシラカバ）の純林だ（シラカンバ一斉林）。シラカンバ一斉林はかつて山火事があった可能性を示唆している。山火事は地上部を焼き尽くすものの、地中の土壌はそのまま温存される。樹木など背の高い植物の地上部が焼失した後、周辺に生育するシラカンバの母樹から、風で飛ばされてきた種子（風速があれば数百m飛ぶという）がいち早く発芽して生長したものであることが多い。なお山火事直後はヤマハギが多く見られるが、これはヤマハギの種子は寿命が長いこと（5〜10年）、また、火事に伴う温度上昇で発芽しやすくなる性質を持つためと考えられる。

過度の森林伐採

以前、西日本の里山の景色を列車の車窓などから眺めていると、山全体がアカマツ林に覆われているのを目にすることが多かった。朝鮮半島に近い西日本は古くから人の利用が盛んであり、林の伐採頻度も高かったのではないかと考えられる。そのため、痩せ地であっても日当たりさえ良ければ生育できるアカマツが優占するようになった。そのアカマツ林も松枯れの影響で大打撃を受けたが、特に土壌の貧相な場所では、松枯れ後の次世代の樹木もふたたびアカマツが生育している。

人の介入の程度

ある地域ないし地区において、その場所の植物相を把握（植物の種類をすべてリストアップして整理すること）したうえで、その中の帰化植物の種類数割合を算出したものを「帰化率」という。

帰化率 ＝（帰化植物の種数）／（ある地域に生育する植物の全種数）×100％

この帰化率が高いほど、人の介入の度合い

が大きく、生物の多様性が低い単調な生物相となる。豊かだった自然を人が壊してしまい、単調な環境をつくり出すと、帰化率は上がる。反対に帰化率が低いほどそこは自然度が高く豊かな自然環境が存在しているということになる。例えば、東京都内では自然度が高い高尾山での帰化率は5％未満、里山地域（山林、農地、人里、小河川を含む）で15％前後、市街地では50％近くに達する。

「帰化植物であっても種類に加算されれば、その分だけ多様性が高まるのではないか？」という質問を受けることがあるが、この認識は正しいようで正しくない。主に大規模な開発行為（農地整備、都市化、道路建設、水路の護岸）などにより、人と自然の調和した関係を乱して様々な植物が生えられない環境になると、特定の帰化植物などだけが増殖してしまうことになり、帰化植物の種数割合の増加分をはるかに超える在来植物の種数減少がもたらされるため、結果として生物多様性が低下するのである。

なお、この帰化率は、人の家の庭や一枚の田んぼという狭い範囲でも、市町村、都道府県という広範囲でも数字の算出・比較は可能である。

● 環境汚染の程度が分かる

大気汚染

アサガオの葉：アサガオは栽培が容易であり、葉の色の抜け具合から判断する手法は、身近な植物で調べられる有名な方法で、小学校の理科の授業などに取り入れられている。オゾンに汚染された場所ではアサガオの葉の葉脈間に白い斑点が現れ、オゾン濃度が高まるほど、葉の被害が大きくなる傾向がある。

ウメノキゴケ：ウメノキゴケは、菌類と藻類が共生している地衣類（光合成も行うがコケ類とは別系統のグループ）の一種で、大気

ウメノキゴケの発生

汚染に弱い性質、すなわち、二酸化硫黄（亜硫酸ガス）濃度が0.02ppm以上の場所では生育できない性質を持つといわれている。日本海側の多雪地を除く東北地方以南に広く分布し、季節が限定されないで調査が可能である（上記アサガオは一年草のため種子での休眠期にあたる冬季とその前後は不可）。この性質を利用して大気汚染の分布状況を把握しようというものである。静岡県清水市（現、静岡市）で行われた調査事例では、ウメノキゴケの分布量の多少と亜硫酸ガスの濃度分布の間に明確な関係が見出されている。

また、神奈川県における分布調査では、横浜、川崎、相模原、厚木、平塚、横須賀などの都市域では分布しないことが分かったが、いずれの地域も亜硫酸ガス濃度は極めて小さく、亜硫酸ガス以外の汚染物質も本種の分布に影響を与えている可能性が示唆されている。

スギの衰退度：スギは北海道の渡島半島南部以南の日本各地の山地帯下部以下の低海抜地で広く植林されている日本林業の主要樹種である。都市近郊のスギは大気汚染の影響で衰退しており、樹冠の形状による衰退の程度が分かりやすいことから、大気汚染の指標植物として以前から注目されている。図はスギ樹冠の衰退の程度を模式的に示したものである。このスギの被害の原因は、詳細なメカニ

スギの衰退度を示す模式図 (1→5, 健全→衰退)

1 梢端が尖る　　2 梢端が円い　　3 葉は枝先だけ　　4 梢端が枯れる　　5 枯れが進む

注：出典「京都のスギは衰退しているか」清野嘉之　林業試験場関西支場研究情報 No.9 (Aug. 1988)

ズムは分かっていないようであるが、衰退したスギの分布状況から酸性雨などの酸性降下物、一酸化炭素などの環境汚染が原因と思われる。東京湾岸の工業地帯や関東平野の主要道路網を発生源とする大気汚染物質が風に流されていく方向に被害が広がっているようである。

土壌汚染

ヘビノネゴザ（別名カナヤマシダ＝金山羊歯）という名のシダ植物をご存じだろうか。日本に数あるシダ植物のうち唯一重金属汚染に耐性を持つ変わり者であるばかりか、その毒性を緩和してくれるらしい。重金属の濃度が高い土地でも生育可能であり、鉱山地などに群生が見られる。鉱山跡地周辺などで、ヘビノネゴザ1種が群生しているところは、土壌汚染の疑いがある。ただし、ヘビノネゴザは汚染土壌地以外にも比較的広く分布しており、本種が生育しているからといって、即そこが汚染土壌地であることにはならない。

水質汚濁

水質汚濁の程度を生育する水生植物によって判断することができる。バイカモは、湧水の直下流などの清水にしか見られないことから、バイカモが確認された場所は、そこの水質が安定的に清浄であるということができる。

一方、ヨシやホテイアオイは富栄養化による汚濁が進んだところにも生育できる。両種は汚濁物質を吸収して栄養とすることから、水質浄化にも役に立つ種類である。

例えば、汚れた水域の水質浄化を図ろうとした場合、先端科学技術を用い高いコストとエネルギーを投入して水質浄化を図る方法も一法ではあるが、汚濁物質の吸収力の高い植物を用いて水質浄化を図り、ヨシならヨシズや屋根葺き材料として活用すれば、水質浄化、地域資源の有効活用など一石二鳥以上の効果が得られる。

ただし、ホテイアオイの場合は大繁殖すると取り返しがつかないことになる。富栄養化した静水域にいったん定着すると急速に水面に広がり、水の流れの遮断、船の航行や漁業にも悪影響を与えるなど「日本の侵略的外来種ワースト100」にあげられているばかりか、世界中で問題となっていて「青い悪魔」という異名を持つ恐ろしい植物である。

植物は衣食住の資源

●衣の資源

　我々が着用している衣服の原料は繊維であり、繊維は、綿・麻などの植物繊維や羊毛・シルク（生糸）、ダウンなどの動物繊維などがある天然繊維と、ポリエステル、アクリル、ナイロンなどの化学繊維とに分けられる。現在、衣類原料の繊維は石油由来の化学繊維が主流である。天然繊維は、安く入手できる石油から大量生産が可能な化学繊維に取って代わられてきた。かつては日本でも養蚕が盛んで、明治維新以降生糸生産量は世界一となり、養蚕業は外貨獲得のための主要産業とまでなったが、石油製品の普及と日本人の人件費高騰にともない、養蚕業は衰退の一途をたどり、現在生糸は中国からの輸入に頼っている。

　街の洋服店で、日本製の服を探すのには一苦労するが、たまたま見つかった「日本製」の衣服も加工を日本で行っただけであり原材料はほぼすべて外国産であろう。化学繊維の原料となる石油はほぼ100％輸入（自給率は0.3％）であることはよく知られているが、天然繊維について見ても、もっとも自給率が高い絹（生糸）さえも1％弱である。繊維は腐るものではないため、今、輸入が途絶えても明日から着るものに困ることはないが、衣類およびその原材料の自給率の低さは、問題視されることが多い食料の国内自給率（カロリーベースで約40％）よりも桁違いに低い。

　それでは、国内ではもはや衣を満たすことはまったく不可能になってしまったのだろうか。答えは「否」である、と信じたい。

　衣類の原材料となる繊維を国内で生産することは、現状では社会情勢にそぐわない法制度の存在や経済的な理由で極めて難しく、自給率を向上させるためには様々な社会システムの変革が必要には違いない。しかし国内には細々とではあるがその伝統技術を懸命に守り伝える努力をしている人々がいる。

　繊維を取り出すには数多くの複雑な工程を経なければならず、伝統的な機械とこれを使いこなす職人の技とが必要である。繊維原料となりうるカラムシ、クズ、フジなど山野に自生する植物そのものの資源は比較的豊富であるが、それを活用する技術を絶やさず、次世代に受け継いでいくことが急務であると考えられる。さらに、植物由来の繊維であっても、なぜ海外では安く原料が生産できているのかについても目を向ける必要がある。

　土地を疲弊させる農薬・化学肥料の多投による大量生産、地元の労働者の安い賃金など過酷な労働条件等、長期に持続不可能な条件の下で生産された原料が、今日の私たちの需要を満たしている。

●食の資源

　都会に住んでいなくとも、近くにコンビニやファストフード、およびそれらに類する店があれば、24時間いつでも好きなときに食べ物にありつけるほど、食べ物があふれている。最近は大型スーパーも深夜まで営業時間を延長する傾向があり、食品売り場だけは24時間営業している店舗も出始めている。

　しかし、毎日口にしている食べ物のことを私たちはどの程度理解しているだろうか。毎日の食事を自分で調理している人はどれだけいるだろうか。

　24時間様々な食べ物が入手できる「便利な」都会人の場合、むしろ自宅でまったく調理をしない人も珍しくない。外食をしない人だって、惣菜など調理済みのものを買ってきて食べることだってあるだろう。

私たちの食べ物が、どこで、どのように生産されて、どんな経路で流通し、どのような材料・調味料・添加物を用いて調理されて今目の前の料理に姿を変えて存在しているのか、十分に理解することはむしろ至難の技だ。

平成20年度の統計資料（農水省ホームページ　参考4「食料自給率の推移」より）による品目別食料自給率を見ると、主食用の米は100％、いも類は81％、野菜類は82％の自給率を確保している。しかし、うどん、パンなどの主原料である小麦は14％、伝統食材の醤油、味噌などの主原料となるダイズに至っては6％にとどまっている。

一方、肉類の自給率を見ると、牛44％、豚52％、鶏70％と、全食料自給率41％（カロリーベース）と比べれば「高い値」を示しているが、自給しているはずの肉類でもその飼料にまでさかのぼると、わずか26％にとどまっているため、厳密には計算していないが肉に関連した実質的な自給率も極めて低いといわざるをえない。また調理に欠かせない油脂類の自給率もわずか13％である。

主食を米やいも類にして、肉や油の摂取をできるだけ控えて全体の食事量を少なめにすること、重量ベースで20％は捨てられている食料を有効に活用することを目指すことで、過食による健康影響も回避できるし、食に関する多くの問題は解決の方向に向かうであろう。しかし、それではまだ十分とはいえない（これすらも至難の技かもしれないが）。

日本の農業には膨大なエネルギーや資材が使われており、その大元は石油など使えば涸渇する化石エネルギーである。食料生産段階における化学肥料、化学合成農薬、ハウスやマルチなどの資材の原料は主に石油であり、大小農業機械も軽油や電力などを動力源として稼動している。生産地から消費地までの輸送の際もトラックなどの大型貨物輸送のための燃料は欠かせないし、食品加工工場の稼動や食品包装にもやはり石油製品が使われ、食品添加物にも石油系のものが多い。

「衣の資源」の冒頭でも触れたが、遠い海外で持続不可能なモノカルチャー的な大量生産もしくは安い労働力によって生産された食材を船で長時間かけて輸送する際、その品質保持のための農薬（ポストハーベスト）が使われることもある。さらに外食でも自宅調理にしても、やはり一般にはガスや電気は欠かせない。石油の大量消費を前提とした現代的な生活様式は人の健康だけでなく、大気汚染、気候変動など地球環境に様々な悪影響を与えている。

日々欠かすことが難しい食とどのように向き合っていくことがより望ましい選択なのか、私たちの主食となるお米の生産現場である日本の標準的な水田を例にとって食料の生産・採取という観点で考えてみたい。

写真に示すような田んぼから日々食べているお米は生産されている。

多くの日本人はこの光景を見て、何を感じるであろうか？

イネと競合する雑草にも有用な植物が数多くあるが、ほとんどは除草剤の散布などによって駆除され、田植え機で整然と植えつけられたイネのみが順調に生育している。隣の用水路は水田に効率的に水を供給することを目

穂揃い期の田んぼ

指して3面護岸になっている。

　一般的な水田は様々なエネルギーや資材を駆使して、お米の生産に関わるコスト縮減、単位面積あたり、単位人件費あたり収量増という大きな目標に集約された生産システムであるということができそうである。昭和20年代の除草剤のなかった時代と比べ、現在では除草作業にあたる時間は1/30近くにまで短縮されたという。

　こうしたつらい除草作業から解放され多くの農民の兼業化が可能になった結果、日本が国をあげて高度経済成長に邁進することができた。米離れが進んできているとはいえ、現在わずか6%に満たない農家（兼業含む、生産品目差別なし）だけで、1億2000万人を越える日本人の主食の米をほぼ100%自給しているからくりがここにある。

　高度経済成長は間接的にではあるが農家の収入（人件費）も底上げし、高騰した日本の農家の高い人件費を少しでも切り詰めるために、大型機械や薬剤を集約的に投入し、省力化を余儀なくされた。それでもなお国産米を国際競争から守るためには100%の関税をかけてはいるものの、一般の農家の収入は他の業種と比較し決して高いとはいえない。

　雑草は生産者にとって確かにやっかいだ。目的作物をあらゆる工夫を凝らしてできるだけ安全に効率よく生産し、消費者の理解を得てなんとか経済的に成り立っている場合がほとんどではないだろうか。農家の多くは高齢化していることも重要な課題である。体力があったときは除草剤に頼らず機械や手作業で処理していたのが、その労力がかけられなくなり、つい薬剤散布に頼ってしまうこともあるだろう。

　個々の雑草の有用性[12]は理解していたとしても、いちいち利用している余裕はないのである。また、国家的な農業政策として、さらに国際競争力を高めるため、大型機械や農薬散布が効率的にできるように農地整備が進められ、農地環境の単純化、大規模化が促進されている。

　仮に「換金」「経済性」という縛りをはずしてみると、相当に「もったいない」ことをしているように思う。

　農地を、あらゆる手段を駆使して目的とする換金作物を極力効率的に生産する場という、ただ一つの目的・機能しか求められていない場としてではなく、換金作物の生産性はある程度低くても、そこで薬草や山菜が採取できたり、時に植物などの観察会をするに十分な様々な動植物が生息・生育し、安全に子供たちが遊び・学べたりする空間にすることができればいいなぁ……という思いは、絵空事に過ぎないのだろうか？

●住の資源

　衣食住の「住」に必要な資材には、住む場所の建材のほか、日々の暮らしに必要な照明、燃料、道具（家具、器具、農具、工具、文具などの日用品全般）がある。建材は素材別に見ると石材、土材、木材、植物繊維、紙などが伝統的に使われてきた。材料をそのまま、もしくは加工して暮らしに利用する場合と、エネルギー源として使う場合に分けて「住」に必要な資源を捉えてみよう。

原材料の加工利用

　伝統的に用いられてきた建築物や道具類の材料は、生活拠点の周辺に自生もしくは植林された草や木など再生産可能なものや、石、土など再生産できなくとも、どの地域でもふんだんに採取でき、たとえ家屋が廃屋化したり壊れたりしてもまたすぐに自然に戻る素材であった。

　近代建築ではこれらの天然素材よりもむ

しろ鉄鋼、非鉄金属、ガラス、プラスチック、合成ゴム、アスファルト、接着剤、セメント、コンクリートなどの割合が高まってきており、道具類も同様の傾向にある。セメント、コンクリートなどの鉱物資源やプラスチック、ビニールといった石油製品などは容易に再生利用することができず、また、製造するにしても再生するにしても相当のエネルギー消費を伴う。また現代では天然素材であっても、木材や植物繊維などについてはそのほとんどが海外からの輸入で、平成20年度の木材自給率は24％にとどまっており、「衣」や「食」の原材料同様、長距離の輸送に伴う大量の化石エネルギー消費などに支えられて成り立っている。

しかし日本の国土の66％は森林で覆われ、森林の約4割は主に建築材を得るために植林されたスギ、ヒノキ類、マツ類などの人工林である。また天然林にも建築材として有用な樹木は多数存在する。国内に豊富な木材資源があるにもかかわらず、自給率が低迷しているのは、グローバル化した経済システムの影響と、有効な国内林業政策がなかったことが主な原因と考えられる。

エネルギー利用

冷暖房、照明、調理、道具の製作など、暮らしに必要な熱、光、動力などのエネルギーは、現代ではそのほとんどが石油、ガス、あるいは火力や原子力からの電気に依存している。しかし、石油など安くて大量に存在する地下資源の利用が普及する以前は、地域を問わず基本的に自然エネルギーによっていた。

エネルギー源には動物の糞（モンゴルの遊牧民）、水力（日本の水車）、風力（オランダの風車）、家畜（牛車、馬）などもあるが、ほとんどの地域ではその大半は植物資源、特に木材、あるいは木材から炭素純度の高い炭に加工されたものを燃焼させて調理、暖房、道具の加工などの熱源を得てきた。特に日本の場合は、武蔵野の雑木林に代表されるクヌギやコナラ、シデ類などからなる2次林がその主要なエネルギー源であった。しかし石油などの安くて使い勝手がよいエネルギーの普及に伴い、2次林の利用はほとんどされなくなった。

放置された2次林・植林の問題点

利用されなくなった2次林は、傾斜が急なため土壌が薄い低山帯から山地帯の場合なら、自然林に近づいていく植生遷移をしていく場合が多いと考えられる。

しかしローム層の堆積により深い土壌が形成され植物の生産性の高く、しかも人里近くの台地や丘陵地などの場合は（例・関東平野周辺）むしろ森林が劣化していくことが多い。すなわち、定期的な落ち葉かきや十数年に一度の頻度で繰り返し伐採と、伐株からの萌芽の生長により利用されていた頃には様々な植物が生育していたが、放置された結果、林床にアズマネザサ（タケ類同様、土壁の下地となる小舞に活用できる）が繁茂したり、林縁部をクズ（根からデンプン、つるから繊維などがとれる）に覆われてしまったりして、美観的にも生物多様性の面でも著しく劣化してしまっている。

また、スギ、ヒノキ植林の場合についても、植林木が生長し間伐が必要となったものの放置された結果、やはり林床植生が衰退し、生物多様性の保全上および防災上も危険な場所が、特に低山帯から山地帯にかけて広く見られるようになった。

地域でこれまで活用されてきた森林資源を持続的に利用することは、生物多様性の保全、地域の安全な暮らし、エネルギーの有効利用などにつながり、さらには地に足の着い

移動手段による自然観察への影響

移動手段	自然への注意力・観察力のレベル	精神的疲労感	エネルギー消費・環境影響
飛行機	空中写真レベル	中	大
クルマの運転	新緑・紅葉、サクラの開花など色彩感覚レベル	大	中
電車・バス・クルマの相乗り	大きな木、植物群落レベル	小	小
自転車	中低木、目につきやすい草花レベル	小	微小
歩行	小さな一本一本の草レベル	小	ほぼゼロ

た健全な地域の循環型経済の活性化の鍵になるのではないだろうか。

植物の種類を見分けるために

　植物を知ることは、石油文明が終焉を迎えようとしており、石油などの地下資源に頼らなくても生きていく術を身につけるうえで極めて重要である。

　植物を知るにあたって、目の前の植物を見てそれがなんという名前の植物かを見分けること、平たく言えば名前を覚えることが何よりも大切だ。名前さえ間違いなく知ることができれば、その利用方法は書籍やネットなどでいくらでも調べることができる。そこで「どのようにしたら、植物を覚えることができるだろうか」ということについて、考えてみよう。

●野外観察の機会をもとう

身近な植物に目を向ける

　これまで、どれだけご自身の身のまわりの植物に目を向けてきただろうか？　植物を知らないのは、都会に住んでいて植物に触れ合う機会なんかないから、なんていう人は多い。確かに自然の豊かな森や川がある場所に比べれば、誰の目にも明らかなくらい都会には植物は少ない。それでは多くの人が思うほど、都会の植物は本当に少ないのだろうか。

　例えば、私は自宅から最寄り駅のＪＲ東小金井駅まで急いで歩くと15、6分かかるが、植物を見て季節を感じながら歩くと、1時間なんてアッという間に経過してしまう。植物の種類をリストアップしながら歩いてみると、庭木や街路樹など、明らかに人が植えたものを除いても、植物を見分ける知識があれば100種類の植物を数えることはさほど困難なことではない。

　この100種類は少ない数字だろうか。むしろ、えーそんなにたくさんの種類があるの！って驚かれる人のほうが多いと思う。人は興味がない対象にはあまり目が向かないし、たとえ目に入ってもどれもこれも同じに見えてしまうので、見過ごされているものが多いだけなのである。

　ぜひ、何気なく見過ごしていた、ご自宅のまわり、通勤・通学路、よく行く買い物道、職場やお得意さんの近くとか、足元の雑草、庭木、植え込み、生垣、街路樹などの植物に目を向けてほしい。身近な植物に目を向けることが、何をおいてもまず第一歩である。

いつも歩く道をちょっと工夫してみる

それでは、例えば自宅の最寄り駅までの通勤・通学コースは果たして植物観察に適当かというと、必ずしもそうでない場合が多い。

朝の忙しい時間帯に下を向いて植物を観察しながら歩いていれば、他の通勤者などの歩行の邪魔になるし、わき見して歩いていたら、車に轢かれてしまう危険もある。こんな道に限ってハナミズキの並木とオオムラサキツツジの植え込みだけしかないなど、植物を観察する者にとっては退屈な道が多いのだが（そうはいっても地面にはたいてい数種類の雑草は生育している）。

そこで提案したいのが、「早起き・回り道複数道草ルートの開発」である。人や車の邪魔になることが少ない道ほど、逆にたくさんの種類の植物が生えているものだ。そんな道を見つけて朝の通勤・通学時間のひと時、買い物の合間、あるいは、日が長い夏なら夕方の帰宅途中に植物を観察して歩くのである。その気にさえなれば毎日でも見ることができ、しかも季節変化を楽しめる。

小さな雑草にまで目を向けると春と秋では確認できる植物の種類が大きく違うし、季節を越えて長い年月そこで見られる樹木だって、落葉樹なら新緑期、開花期、結実期、紅葉期、落葉期と、姿形が大きく異なる。常緑樹でもきちんと観察すれば、季節によってその容姿はかなり異なる。

通勤・通学、あるいは毎日買い物に行く「楽しい道」を複数開発しておけば、飽きも来ないし、時間的・精神的な余裕の程度に応じて、適切なルートを選択することもできる。早起きできる時間が30分の場合と10分とでは、歩ける距離も異なる。

足腰が強かった昔の人に比べて、現代人がひ弱なのは、歩くことが少なくなったためでもあることから、多少なりとも体を動かすチ

泉水と名石の清澄庭園（東京都江東区）

ャンスが増えるし、あえて忙しい朝に早起きをすることで、夜型になってしまった現代人のバイオリズムを自然なものに近づけられ、さらに自分の街の思わぬ面白いお店や場所が発見できるかもしれない。早起き道草が継続し習慣化すれば、三文どころではない恩恵が得られること請け合いである。ただ、下を向いてばかりいると猫背気味になるので、その点だけはご注意を。

野外観察施設に出かけてみる

例えば、東京の例だが、葛西臨海公園（江戸川区）、自然教育園（港区）、新宿御苑（新宿区）、小石川植物園（文京区）、代々木公園（渋谷区）、神代植物公園（調布市）、府中郷土の森（府中市）、高尾山（八王子市）など、地域には様々な植物に触れ合うことができる野外施設が存在する。

そこに行けば、通常見られなかった植物にも出会える。高い電車賃を使ってわざわざ遠方に出かけなくても、植物を観察してやろうという気持ちさえあれば退屈することなく十分に楽しめ発見も多いし、むしろ移動にかかる時間と交通費の節約になる。数百円の電車賃と500円程度の入場料さえあれば、つくられたものとはいえ都会の中の様々な植物や半自然を十分に味わうことができる。普通の人なら名前の知らない植物がたくさんあるはずだ。

そこでまず、名札がついている樹木や植え込みの植物を探し出し、ここからスタートしよう。お手持ちの図鑑があり、運よくそこに記載されていれば、それと見比べてみるとよい。デジタルカメラがあれば写真を撮って、あるいはある程度の時間と紙と鉛筆があれば葉や花の形をスケッチしてみて、自宅に戻ってネット検索するという方法もある。ただし、ネットで植物名を入力してヒットしたサイトが素人のブログだったりした場合、往々にして間違った種名が記載されているため、注意を要する。園内の掲示板などを見れば自然観察ガイド付きのミニツアーの開催情報なども得られることだろう。

さらに、ビジターセンター（公園に設置されている博物館のような施設）が併設されていることもあり、そこで様々な情報を得ることもできる。一回行っただけで満足せず、たいていはホームページも整備されているので、ぜひ季節を変えて行ってほしい。

植物を知っている人と一緒に歩く

生活の工夫によって、植物と触れ合うチャンスを広げたとしても、一人きりでやっていると、どこかで飽きが来てしまったり、知識の増加が頭打ちになったりして挫折してしまいかねない。普段の自分が見過ごしていることや、異なる角度からの植物の見方、接し方を知ることができれば、そこでさらに興味、知識の幅が広がるだろう。

植物観察会に参加してみるなどして、植物を知っている人と一緒に歩いてみることをおすすめする。近くに観察施設がなくても、例えば毎月1～2回程度発行される自宅、職場、学校のある地域の区市町村報に目を通せば、催し物のところに自然観察会の開催告示がある。参加費は無料から、せいぜい1000円くらいである。

忙しい会社生活や学生生活を送っていて振り返ることが少なかったという人も多いと思われるが、時には地域の情報に目を向けるのもよいだろう。

移動手段と自然観察の関係

公共交通機関が発達している都市域の場合と違い、郊外での生活や出張などでの移動手段はたいていマイカーやレンタカーに頼ることがほとんどであろう。郊外生活者の多くは通勤・通学、買い物、レジャーなど、日常生活のあらゆる移動の際クルマは欠かせない。住環境、学校・職場・店と家を結ぶルートは、都会とは比べ物にならないくらい豊かな自然に包まれながらも、実際には身近な自然と接する機会は少ないかもしれない。

出発地と目的地の間には都会よりはるかに豊かな自然環境が存在するが、中景・遠景として山や川の緑や水が視界に入るものの、それらをじっくり観察する機会はあるだろうか。時間、体力、天候、公共交通機関や安全に歩ける道の存在といった厳しい条件のいくつかが整った場合に限られるだろうが、クルマを路線バスや電車に乗り換えてみたり、自転車を使ってみたり、歩いてみたりする工夫の余地を考えてみよう。

それらが無理であっても、いつも通り過ぎている道で気分転換がてら車を降りてミニ散策をする余裕を見出すことぐらいはできるだろう。移動速度が速いほど、連続移動距離が長いほど、まわりの自然環境に対する意識は希薄になると同時に危険が伴い、知らず知らずのうちに精神的な疲労が蓄積する。

自分に合った植物図鑑を探す

ところで、皆さんは植物図鑑をお持ちだろうか？　各家庭には、植物図鑑の一冊や二冊はあるかもしれないが、本棚に整然と並んで

いて、美しいインテリアとなっているに過ぎない場合はないだろうか。本当に役に立つ図鑑はどんなものなのだろうか？

図鑑にもいろいろあって、専門性の高いものになると、維管束植物を網羅するために分厚い図鑑がシダ1冊、樹木2冊、草本3冊というように分かれていて、すべてをそろえるには、古本を買うとしても数万円の予算が必要だ。植物の分類を勉強したことがない人が、いきなりそれらを買っても使いこなせないだろう。一方、お手ごろ価格で売られているハンディな図鑑もあり、たいていは樹木、草本、山菜、薬草といったジャンルに分かれている。初心者にはもちろん後者がおすすめだ。

まず、ご自身が植物図鑑を所有しているなら、これをもう一度パラパラッと目を通してみよう。果たしてそこには、あなたが求める情報があるだろうか。また、あなたの感性に合うデザイン、構成、文章形態だろうか。もし、そうでなかったら、思い切ってお気に入りの図鑑を買ってしまおう！

図鑑には様々なものがあり、どれが「絶対おススメ」というものはない。本屋、図書館、博物館などに行って、あなたの知識の程度、感性、直感に照らし合わせて、これだ！というものを見つけてほしい。ここでは図鑑を選ぶときの着眼点を、あくまでも参考として示す。

・パラパラめくってみて、なんとなくよさそうだなと思える、自分の感性に合う（前述のとおり）。

・この植物見たことある！　という植物写真が比較的多く、なるほど、と思える記述が多い。

・植物を見分けるうえでカギとなる植物形態上の専門用語が、イラストや写真付きで解説されている。

・きちんと解説された植物形態用語以外、読んでいて眠くなるような、難しい語句が多く使われていない。

・花だけでなく、葉や茎、果実など、様々な角度から解説されている。

もし、気に入ったものがなければ、あせって買わなくてもよいだろう。必要なものが目に入ってくるのを待とう。気に入った図鑑を購入したら、積極的に活用しよう。新品の図鑑を汚したくないと思って、持ち歩くのをためらったりするのは宝の持ち腐れだ。

植物図鑑のステップアップ

ある程度植物観察に慣れてきて、植物を見分けるための基本的な植物形態用語が理解できるようになったら、詳しい図鑑にステップアップをしよう。例えば、花もしくは実がついている目の前の植物が、キク科、シソ科、セリ科、ナデシコ科、バラ科、マメ科、カエデ科、イネ科、カヤツリグサ科、ユリ科、ブナ科などメジャーな科に属するものが、科名程度まで見当がつけられるようになったら、である。

詳しい図鑑は需要が少ないこともあって高価なため、なかなか購入は難しいかもしれない。そんな場合は近くの図書館に行こう。多くの図書館ではインターネットで蔵書検索もできるし、ネット環境があればご自宅からでも検索は可能だ。専門的な図鑑は館内閲覧専用で貸出ができない場合がほとんどであるが、だからこそ、いつでも図書館に行けば図鑑を読むことができる。どなたかが閲覧中である図鑑は少なく、たいていは労せずして手に取ることができる。野外で採取した植物をそのまま館内に持ち込んで調べることはエチケットとして慎むべきである（アブラムシや土がついていることが多い）が、デジカメで撮影した写真や、泥などがついていないきれいに整理された標本帳などとなら、十分館内

で見比べることが可能だ。

● **五感で植物に接してみる**

見る（視覚）

　植物とどのように接するか、その方法はいろいろである。まず、なんだろう、この草は？　と、じっと見つめる。葉の形は？　葉のつき方は？　花や実の時期なら、それらの色・形・光沢の有無は？　もし冬木立であれば、幹の模様や落ち葉を見て、それらの特徴をアタマにインプットする。これが植物観察の第一歩だ。日本に生育する何千種類もの植物から、正確に植物の名前を言い当てるには、しばしばさらに踏み込んだ観察をする必要がある。

　ルーペを用いて葉、枝、花や実の各部位に毛が生えているかどうか、さらにその毛の色、形、密生具合など、観察すればするほど、実に様々な特徴が見えてくる。ただ特徴を羅列するだけでは面白くない。遠く離れていて手が届かないような場所（高い木の先端部に咲いた花や、川の対岸の植物など）を見ようとすれば、双眼鏡が必要な場合もあるだろう。これまでと違った視点で植物を観察すると、そこには自然が生み出した芸術としか言いようのない、感動的な美しさを発見できるかもしれない。

　「木を見て森を見ず」という慣用表現は、細かいことばかりにとらわれていて、全体を見失ってしまっている例えであるが、植物観察においても同様な場面が多々ある。例えば樹木を観察する場合、木の全体の姿が視界に収まる位置まで後ずさりして俯瞰してみると、細部の観察でとうてい知ることができなかった樹形の特徴が分かる。

　また一面○○だらけ、というほど1種類だけが群生している植物の群落を見ることがあるが、遠くから見てみると、群生しているのはじつは山の稜線付近だけだったとか、川沿いの低い土地だけだったというように、地形との関係が見えてくる。そんなふうに観察してくると、長年生きてきた樹木がこれまでどんな暮らしをしてきたかとか、その植物群落が自然界のなかでどんな役割を演じてきたのか、ふっと理解できる瞬間があるかもしれない。

　そのまま肉眼で観察する、双眼鏡やルーペを使って拡大してみる、遠く離れて俯瞰してみる、適宜メリハリをつけて、心に落とし込む観察をする癖がつけば、あなたの植物観察の眼力は一歩も二歩も向上するに違いない。

触る（触覚）、嗅ぐ（嗅覚）、味わう（味覚）、聞く（聴覚）

　植物を見分けるにあたっては、前述のとおり視覚に頼るところが大きいことは言うまでもないが、もちろん人の感覚器官は目だけではない。植物調査の専門家は、まぎらわしい種を目の前にすると、視覚以外の五感も駆使してその特徴を見出そうとする。つまりパッと見て分からない種や近縁種との違いが視覚的に判断しにくい種と出会ったら、葉、茎、枝などをちぎってみて半ば無意識的に手触りの感触を味わったり、もみつぶして匂いを嗅いだり、場合によってはかじってみたりして特徴を感じとるのである。

　平面的な形の特徴だけではまぎらわしい葉でも、ざらつき具合や滑らかさの特徴は触ってみることで種を見分けられる場合もある。シダ植物など、質感・硬さに特徴が見出せることが多く、柔らかいときには草質、堅いときには革質、中間的なものは洋紙質といった表現が図鑑の記載にしばしば見られる。

　「蓼食う虫も好き好き」と呼ばれることでなじみがあり、辛味が特徴で刺身の付け合わせに用いられるヤナギタデは、近縁種のボントクタデと非常によく似ていて、視覚的な形態

ばかりでなく生育環境もかなり重複している。しかしほんの少し葉をかじってみれば、手っ取り早く両種を識別することができる。いうまでもなく数回噛んでみて激辛ならヤナギタデ、辛味を感じなければボントクタデである。このような特徴的な味や香りがする場合は、たいていはそのことが図鑑に記載されている。手触り、匂い、味によってその違いが印象に残ったら、記憶がより鮮明に残る。

五感を用いて植物を見分けるだけでなく、育ててみたり、ご飯のおかずにしたり、薬にしたりして、日常生活に役立てることができれば、それが楽しみにもなる。花、新緑、紅葉、冬枯れなどを視覚的に楽しんだり、小道で落ち葉を踏みしめる音を楽しんだりすることもあるだろう。

人が生まれながらに折角持ち合わせている五感を駆使して植物に接し賢く利用していくことで、自分と植物の関係がより太く密に結ばれていくことに気づくはずだ。お金はいつ紙切れとか意味をなさない電子情報と化すか分からないが、実生活に役立ち精神生活を豊かにしてくれる植物など自然に対する知識を蓄積していけば、その向こうに地に足の着いた本当の豊かさを実感できるのではないだろうか。

●思わぬ被害者・加害者にならないために

多くの植物は動物の餌となり、しかも動物に食べられないよう逃げ回ることができない。しかしだからといって、一方的に動物に食べられているばかりとはいえない。植物はたとえ動けなくても、自分を守るために様々な手段を講じている。そのまま食べたらあく（弱い毒）が強くってまずかったり、とげがあって触ると思わぬ傷を負ったり（イチゴ類、タラノキ、ススキなど）、触るとかぶれたりするものもある（ウルシ科植物など）。

ススキの群生（9月）

時には誤って食べたりすると有毒成分により死に至るものもある（トリカブト類、ドクゼリなど）。

参考までに松脂（まつやに）などの樹脂も材を食い荒らす虫から身を守る手段であるが、この場合は逆に人間がうまく活用している例である。また、かぶれの成分でもあるウルシ類の樹液は逆に食器類の艶出しや保存性を高めることに活用されている。

毒草やとげのある種類、触るとかぶれてしまうような種類は、ごく限られているので、そうした種類をあらかじめ十分に知ったうえで植物を利用するのが賢明だ。毒草をターゲットにした図鑑もあるが、山菜を扱った図鑑にはたいてい毒草やかぶれる植物も記載されている。やはり手っ取り早いのは地域の植物の知識のある人に気をつけなければならない種類の植物を聞いてみることであろう。野外における危険な生物は植物だけではなく、スズメバチ、毒ヘビ、繁殖期のカラス類、イノシシなどの動物もいる。これらをおおむね網羅している書籍として、

『野外における危険な生物』（フィールドガイドシリーズ）日本自然保護協会編集

がある。適宜こうした情報を参考にして安全に植物と付き合おう。

一方、植物とふれあい利用したりするうえで、自然環境に対してのマナーを心得ておく

ことも重要だ。野外にゴミを捨てない、食べられる植物を見つけたからといって採り尽くしてしまわない、オフロード車などで道路から外れて河辺や海辺に乗り入れない、といった一般常識プラスαの配慮が求められる。

例えば、主に4～7月は、ほとんどの鳥の繁殖のシーズンだ。この時期、道を外れて森の中に分け入ったり、川原に入ったりするとき、日ごろ聞いたことがない鳥の声がすることがある。巣にいる鳥のヒナの声や親鳥の警戒音の可能性がある。

違和感のある叫び、何かを訴えかけてくるように思えるような声を聞いたら、その場からそっと離れていくことで、思わぬ生態系への影響や、こちらへの被害が及ばないようにしたい。

野外ではあくまでも自分は訪問者であり、できるだけ自然に悪影響を与えないやさしさや心のゆとりを常に持ち合わせたいものである。

また、大都市圏以外では、電車・バスなどの公共交通機関が衰退していて、移動手段は好むと好まざると、クルマに頼らざるを得ない場面が多いが、日常生活の中でクルマの利用に伴う様々なマイナス影響の大きさ（交通事故の危険性、エネルギーの枯渇、子供の遊び場の減少、排ガスによる大気汚染物質の排出）に対して意識的である必要もあるだろう。

少しでもクルマの運転を公共交通機関に代替することが可能ならば、その分エネルギーの消費が削減でき、安全運転のために費やした時間・注意力を植物観察に充てることもできる。また移動のスピードがゆっくりであるほど、足元の小さな自然を発見するチャンスも広がる。

さらに輸入ダイズに混ざって日本に侵入したアレチクリは各地の河川敷に繁茂し、生態系に対して著しい影響を与えている。安い食材を買い求めることが、めぐりめぐって自然環境を悪化させていることに気づいている人は意外に少ない。

〈注釈〉
(1)維管束植物：植物体が根、茎、葉にはっきり分化している植物で、シダ植物と種子植物が維管束植物に相当する。
(2)ＢＯＤ（生物化学的酸素要求量）：水中の有機物が微生物の働きによって分解されるときに消費される酸素の量のことで、河川の有機汚濁を測る代表的な指標。
(3)日本の森林土壌のpH：酸的性質とその緩衝能による日本の森林土壌区分より。
http://ss.ffpri.affrc.go.jp/labs/ndl/acidrepo.htm
(4)高茎草本：草丈がおおむね50cm以上になる背の高い草本（草のこと⇔木本）。
(5)優占種：占有している面積がもっとも大きい植物のこと。
(6)冠水：河川の増水などで水をかぶること。
(7)河辺特有の植物：カワラノギクをはじめ、名前に「カワラ…」のつく河川敷特有の種は植物に限らず昆虫などでも軒並み減少傾向。川原の植物があまり生育しないはずの中洲に営巣する鳥類のコアジサシも、冠水頻度の低下により、中洲が植生に覆われることが多くなってしまったために、繁殖地が失われつつある。
(8)多年草：種が発芽後何年も枯れずに育つ草本。タンポポ類など冬でも地上部に葉を残すものや、カタクリなど地上部は枯れて根だけが残るものなどがある。
(9)一年草：種子から発芽して1年以内に生長して開花・結実して、種子を残して枯死する植物。
(10)樹冠：樹木の枝や葉の茂っている部分をいう。
(11)繊維原料の植物：日本にはマグワ（カイコの幼虫の餌）、カラムシ（茎）、アサ（茎）、クズ（つる茎）、シナノキ（樹皮）、バショウ（葉鞘）、オヒョウ（樹皮）、フジ（つる茎）、ワタ（種子）などがある。
(12)田畑に生育する主な有用雑草：スギナ（山菜、薬草）、セイタカアワダチソウ（若葉は食用、花は蜜源）、オモダカ（球茎を食用）、セリ（山菜）など多様。

PERMACULTURE

農業と土壌と土壌生物の世界

設楽清和　四井真治

作物栽培を支える七つの世界

作物栽培を行うには、作物（植物）に関連する様々な環境すべてを考慮し、デザインする必要がある。

それらには温度や湿度あるいは風向きといった気候的な環境条件ももちろん含まれるが、作物の生長に直接的な影響を持つ光、水、土といった無機的な条件とウィルス、微生物、植物、動物といった有機的な条件が特に重要である。これらは互いに関連しあいながら作物の生育を決定している。

●土壌の働き

土壌は、一般的に岩石が風化、細粒化してできた砂、シルト、粘土という物理的な素材と生物により生成された有機物が、気候や温度といった物理的な働きと生物による生化学的働きにより混ぜ合わされ合成されたものであり、また、常に多くの土中生物や微生物が生息している。英語ではearth worm（地球の虫）と呼ばれるミミズは一年で1ha当たり20〜30tの土壌をつくる。まさしく土壌は生物そのものであり、生物が生きるにあたって欠かすことのできないものである。

一方、現在様々な人間による土壌破壊のために人間は毎年一人当たり4tの土壌を失っている。土壌を知り、より豊かな土壌をつくることを農や生活の基礎に据えることは、農の発生以来人間が常に心がけてきたことであり、それはこれからも変わることはない。

①作物体の支持

土壌は根を進入させて、作物体が倒れないように支持する働きをしている。

②水と酸素の同時供給

根の必要とする酸素と水分の両者をほどよく供給する。

③物理・科学的緩衝機能

温度調節（土中の温度変化の幅は少ない）

pHの調節（土のpHは容易に変化せずにある幅の範囲で調節する機能を持つ）

④養分供給の調整

土壌分子や土壌有機物が養分を吸着したり、土壌微生物が一時的に身体の中に養分を貯蔵し条件により放出するので作物への養分

の供給を調節する機能を持つ。

⑤病原菌の抑制

多様な微生物の働きにより、病原菌の増殖を抑制する。

●土壌の生成過程

土壌は岩石、火山灰、植物残渣（ざんし）などから主に次のような過程を経てつくられる。

①太陽の熱、雨、風による風化を受けて岩石（母岩）が崩壊した石などの破片が、母岩の上に堆積する。

②母岩の破片は、傾斜面を滑り落ちたり、河川で運ばれたりして別の場所に移動するが、その過程で母岩の破片は細かくなり、石や砂となって堆積する。火山灰などの火山噴火物が堆積することも多い。

③堆積物の上にまず地衣類などの特殊な植物や微生物が棲みつく。

④植物や微生物の出す二酸化炭素を含んだ水が、砂をしだいに溶かして細かくする。

⑤植物の遺体は微生物により分解され、その一部が腐食物質と呼ばれる黒い有機土壌となって蓄積する。

⑥一方、砂から溶け出した無機物が反応しあって、微少な粘土鉱物と呼ばれる粒子が生成される。

⑦砂の粒子、粘土鉱物、溶け出た無機物、土壌有機物などの量が増え、植物が吸収できる養分が増加するとともに、これらの物質がお互いに反応しあって団粒構造が発達する。

⑧土壌の発達とともに生育できる植物の種類や量もかわり、供給される有機物も増加して、土壌の発達が加速される。

●よい土壌の条件

- 厚く柔らかな土壌が堆積している
- 天然の養分を多く含む
- 土壌pHが適切な範囲内にある
- 適度な排水性・保水性が保たれている
- 固相、液相、気相の割合が、2：1：1（畑土）
- 粘土と砂と腐植がバランスよく混じり合っている

●日本の土壌

土壌の特色

①種類が多く、いろいろな土壌が小面積ずつ接して分布している。

②火山噴出物から発達した黒ボク土が多い。

③降雨量が多く、土壌からカルシウム、マグネシウムなどの無機イオンが流れやすく、また黒ボク土も多いために、酸性の強い土壌が多い。

④低地の水田には灰色低地土、グライ土、多湿黒ボク土が多く、台地の畑、果樹園、草地には黒ボク土、森林褐色土が多い。

日本の主な土壌

- 黒ボク土（19％）：火山噴出物が排水良好な台地に堆積した土壌
- 多湿黒ボク土（7％）：火山噴出物が台地の排水不良なくぼ地などに堆積した土壌
- 褐色森林土（9％）：排水良好な森林の下に発達した黄褐色の土壌
- 黄色土（6％）：排水良好な台地に発達した腐植の少ない黄色の土壌
- 褐色低地土（8％）：水で運ばれた砂などが排水良好な低地で堆積した黄褐色の土壌
- 灰色低地土（22％）：水で運ばれた砂などが堆積し、水の影響で灰色化した土壌
- グライ土（18％）：砂などが排水不良な低地に堆積し、水の影響で青灰色の層を持つ土壌

農地土壌の種類と特徴

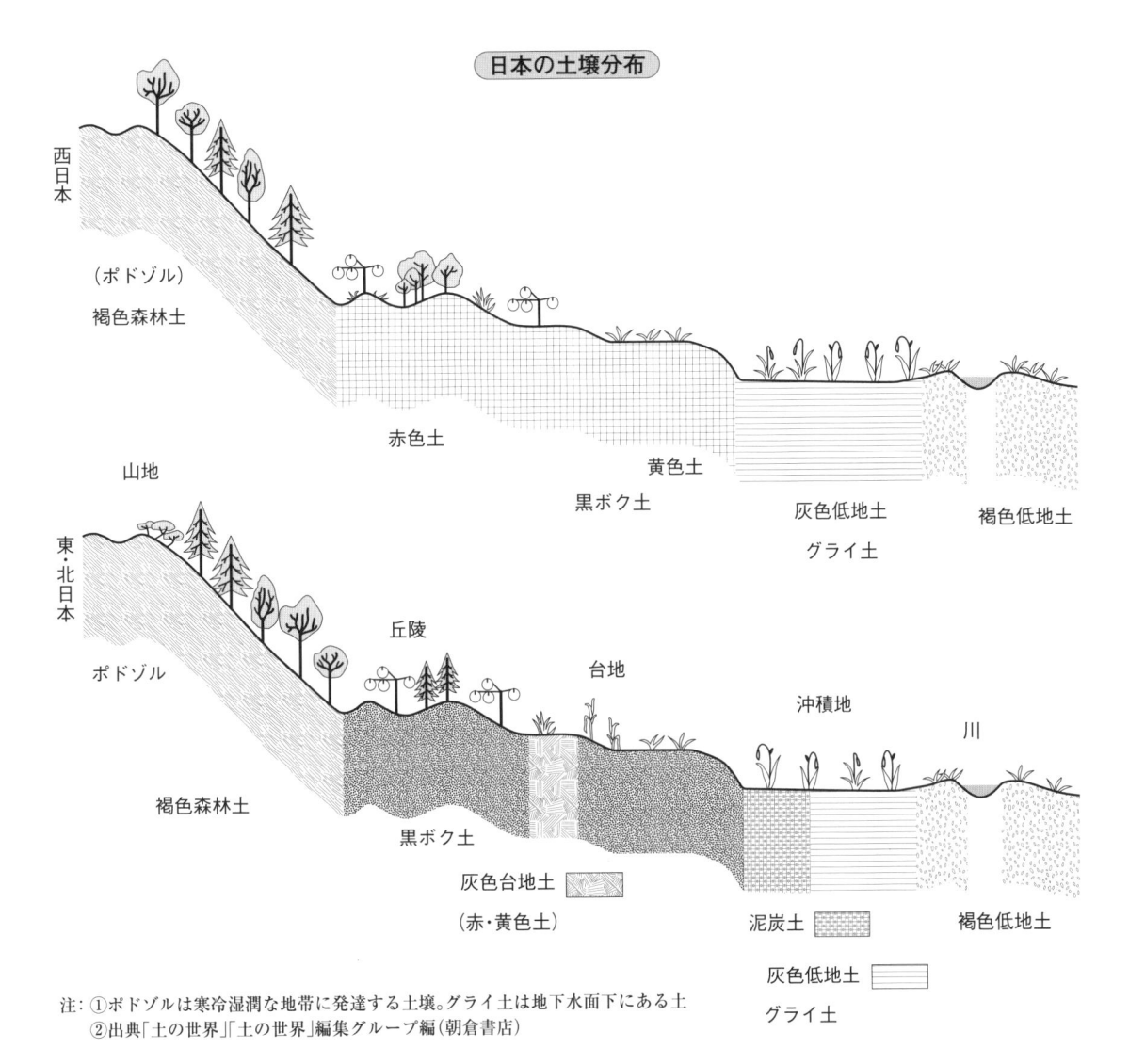

日本の土壌分布

西日本：（ポドゾル）褐色森林土 — 赤色土 — 黄色土 — 黒ボク土 — 灰色低地土／グライ土 — 褐色低地土

東・北日本：山地（ポドゾル／褐色森林土）— 丘陵（黒ボク土）— 台地（灰色台地土／(赤・黄色土)）— 沖積地（泥炭土／灰色低地土／グライ土）— 川（褐色低地土）

注：①ポドゾルは寒冷湿潤な地帯に発達する土壌。グライ土は地下水面下にある土
　②出典「土の世界」「土の世界」編集グループ編（朝倉書店）

①畑土壌

森林や草原に比べると植物から土壌に供給される有機物が少ない。

耕耘により土壌の酸素が豊富になるため有機物の分解が活発。

上の二つの特徴のために土中の養分が急速に分解され、有機物含有量が少ない。

植物によるグランドカバーが少ないので、雨により土壌の養分が流失しやすい。

②草地土壌

あまり耕されないために、土壌の酸素の流入が悪い。

地表から0〜5cmの層に牧草の根が集中的に伸びてからみ合うルートマットが形成される。

上記二つの特徴から、土壌中の酸素が不足となり微生物活動があまり活発でないので有機物分解が抑えられて、しだいに有機物が堆積していく。

③果樹園の土壌

傾斜地が多いために土層が浅い。

樹木の栽植密度が低いので落ち葉などの有機物量が不足ぎみ。

グランドカバーが少ないので雨による土壌養分の流失が起こりやすい。

④施設土壌

畑土壌と同様に活発な有機分解が生じる。

雨による土壌養分の流失がないため、塩類集積によって作物に障害が起きやすい。

⑤水田土壌

土壌表面から数mmのところにだけ酸素があり、赤い色をしている（酸化層）。

酸化層のすぐ下は還元層。

酸素不足のために有機物分解が抑えられる。

土壌に棲息する光合成を営む藻類や微生物によって有機物が供給されるだけでなく、一部の微生物によって空気中の窒素ガスがアンモニアに固定されて、土壌に供給される。

天然養分供給力は他の土壌に比べてはるかに高く、土壌の生産力を長期にわたって持続できる。

●土壌生物

普通の畑には10a当たりバイオマスとして700kgの土壌生物が棲息している。このうち20～25％がバクテリアで70～75％が菌類（主に糸状菌類）、5％以下が土壌動物である。約700kgの土壌生物には成分にして炭素70kg、窒素8kg、リン酸8kgが含まれている。

土壌動物

大型動物：モグラ、ミミズ

小型動物（体長0.2～2mm）：トビムシ、ダニ、センチュウ

多くは植物遺体を食べて増殖する

土壌微生物

①細菌（バクテリア）類

細胞壁を持つ1μm（マイクロメートル）前後の球ないし短い棒状の微生物。

脱窒作用や窒素固定作用を行う。

水田の水面に棲息するらん藻や畑に多く棲息し、細く長い糸状の細胞の形をした放線菌もこの仲間。

②菌類

細胞壁を持つ細長い細胞が長い糸状につながった菌糸からつくられ、光合成を行わない直径3μm前後の微生物。茸やカビがこの仲間。

セルロースやリグニンなどの植物体に存在する高分子の糖類の分解にすぐれ、土壌有機物の分解で重要な働きをする。

③原生動物

アメーバなどの細胞壁のない単細胞生物。量は少ない。

④微小藻類

細胞壁を持ち光合成を行う、細菌よりも大形の単細胞生物。

主に水田の水面に棲息。

●有機物の働き

団粒構造の生成

・土中には隙間が多くなり、空気や水の通りがよくなるので、作物根の生長がよくなり、雨が多い場合などにも湿害が少なくなる。

土壌生物の活性化

・有機分の分解の昂進により植物に対する栄養分の供給が多くなり、生長を促進する。

・過剰栄養分の微生物による吸収と貯蔵

土の緩衝機能の向上

・pHや肥料分の調節

土のリン酸固定を防ぎ、植物によるリン酸吸収を向上させる

植物の生育の促進

・腐植酸や有機酸、ビタミンなどを排出して植物の生育を促進する

土壌のpH作物

・一般に多くの作物は弱酸性から中性の土壌

第2章 パーマカルチャーのデザインと実践のための基本

1枚の葉を始まりとする土壌の連鎖

葉の分解過程に関する土壌動物（藤川1979）

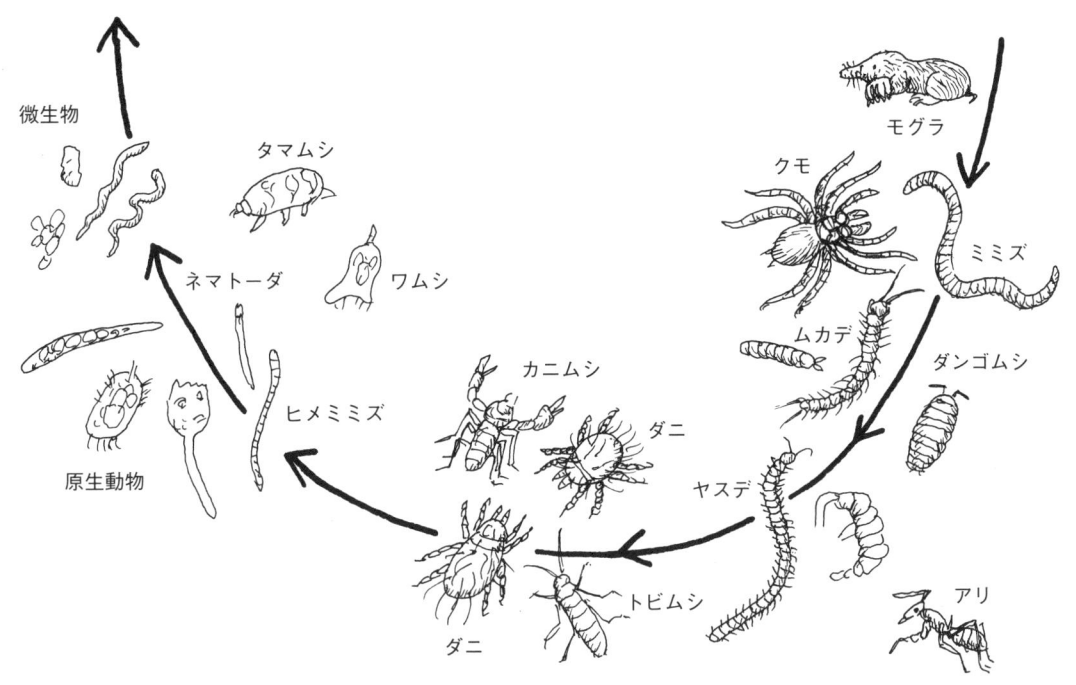

注：出典「土の生きものと農業」中村好男著（創森社）をもとに作成

を好むが、作物によって生育に適したpHは異なっている。特に日本においては雨が多く土壌が酸性化しやすいため、pHが制限条件になることが多く、石灰などによる中和を行っている。堆肥や厩肥（きゅうひ）はこういった酸性化を緩和する機能を持っている。

土壌の生産力

われわれは、健全な土がどのように機能するかを理解する必要がある。それによって土壌の生産力を損なうことなくそれを使うことができ、また表土を修復することもできる。

土壌は有機物と無機物の混合体であり、その中には非常にたくさんの種類の大きな生物すなわちマクロオルガニズム（ミミズ、アリ、ハサミムシ、シロアリ、モグラ、ジネズミなど）と、小さな生物すなわちマイクロオルガニズム（バクテリア、キノコ、藻、酵母菌など）が含まれる。

土壌は植物を固定し支持するという役割を持ち、植物は土壌から水と栄養分を得ている。それらの栄養分は、土中生物の働きにより植物あるいは動物の死骸が分解され、土中にふたたび戻される。

●土壌栄養分と気候

生産力とは、この再生メカニズムの効率的な働きのことである。バイオマス、あるいは土壌中に存在する栄養分（有機化合物）の比率は気候の影響を受ける。

土壌生物は低い温度の状態では不活発になり、気温が高くなるにつれて活性化する（しかし、非常に高い温度では、ふたたび活動を停止する）。したがって、真夏と真冬の気温差のある温帯地域では、土中生物の活動は冬に低下もしくは停止してしまう。このため、

温帯地帯では、深い腐葉土層が形成される。

また、一年を通じて気温の高い、亜熱帯地方や熱帯地方では、土中生物は一年を通じて活動をしている。このために腐葉土層が薄くなり、栄養分の循環も比較的早く、また、連続的に行われる。温帯地域においては、栄養分の循環は比較的遅く継続的になり、その大部分（90〜95％）が土壌中に存在している。

熱帯地域においてほとんどの栄養分（75〜80％）はバイオマスの中に存在する。したがって温帯地域において、生産力を維持していくためには、土中の栄養分を豊かにすることが必要となる。

一方、熱帯地域においては、バイオマスをつくり上げることが大切になる。すなわち、異なった気候においては異なった農業技術を適用する必要があるということだ（温帯地域の農業技術を熱帯地域で用いることは、生態系にダメージを与えることになる）。温帯地域へ移るにつれて栄養分の循環の早さと割合は変化していくが、これが、成長率の増加や種の多様性の増加を促している。

● 土中生物の働き

気候により土中生物の活動の度合いは異なるが、分解を行うという機能は同じである。土中生物の栄養循環の働きとその土地が持つ生産力は非常に関係性が深いので、われわれはこの栄養循環のプロセスを知る必要がある。これを知ることによってその土地に最適なデザインをすることが可能になる。

土中生物を、パーマカルチャーシステムの中で十分に機能させるためのデザインである。具体的にいうと、土中生物の理想的な個体数を維持するための棲息環境と食料となる栄養の量や時期などをデザインすることである。

健全な土壌とは土壌間隙が大きく、崩れやすく、通気性を持った土壌のことである。こ

増殖率抜群のシマミミズ

うした健全な土壌の中には、有機物が非常に多く含まれており、亜熱帯地方では5％、温帯地域ではさらに多く含まれている。健全な表土（深さ15cm）には、1ha当たり20tほどの生物が、含まれている（1エーカー当たり9t）。

こういった生産力の高い土壌がどのように維持されているかを知るには、森や草原といったような人の手の入らない自然のシステムを観察するとよい。さらにそこに棲む動物の個体数を、多くの国において、観察する必要がある（これは原野を保存するためにもよい）。

大きな生物（ミミズ、ハサミムシ、アリ、その他の穴を掘る生き物）は土の中において、腐葉土を食べ、そして排泄する。そうした虫たちは穴を掘って、通路をつくるが、それが土壌の通気性を確保するのに役立つ。土壌生産力が向上するにつれて、大きな生物、特にオーストラリアにおいてはミミズとアリの活動が活発になるのが見られる。

ちなみにミミズについては、哲学者アリストテレスは「大地の腸」と呼んでその働きをたたえ、チャールズ・ダーウィンは40年を費やし、著書「種の起源」の中でその分解能力の高さを実証している。

また、ミミズは土の中の生き物の中で体が大きく重量もあり、アースワーム（地球の虫）という名前を持っている。農業の担い手としての代表的な土壌動物として、アメリカ

日本の主なミミズの生態型による分類

	堆肥生息型	枯葉生息型	表層土生息型	下層土生息型
孔道	無	無	地表に開く	地下深くつながる
糞	小さい	不鮮明	表層や土壌の隙間	孔道や土壌の隙間
体色	中間	濃色	中間	淡色
餌	分解中の堆肥	分解中の枯れ葉	分解中の枯れ葉や土	土や枯れた根
主な機能	腐植化	腐植化	運搬混合	攪拌・構造形成
主な種類	シマミミズ	キタフクロナシツリミミズ ムラサキツリミミズ	サクラミミズ カッショクツリミミズ ニオイ(クソ)ミミズ	バライロツリミミズ ヒトツモンミミズ リュウキュウミミズ ハタケミミズ

注：出典「土の生きものと農業」中村好男著（創森社）

では「土壌の質の指標者」、オーストラリアでは「土の健康の生物指標者」、さらに熱帯では「土壌生態系の技術者」として評価され、さらなる有効性が検討されている。

●好気性菌と嫌気性菌

小さな生物は、健康な土壌中には、たくさん棲息している。例えば健康な表土1g中には、およそ10億のバクテリアがいる。それらは有機物を分解し、栄養を再生産する。好気性のバクテリアとは酸素のあるところでのみ活動できるバクテリアのことである。植物の病気を引き起こすすべての病原菌もまた、好気性の生物である。

通気の非常によい土壌中でさえも、好気性の生物は酸素が土中に拡散するよりも早くその酸素を使い果たしてしまう。これにより常にすべての土中において、わずかではあるが酸素のない部分が生じることになる。酸素の欠乏しているところでのみ活動する嫌気性のバクテリアは、こうした酸素のないところで成長し、増加する。

嫌気性のバクテリアはエチレンを発生させる。このエチレンは好気性の微生物の活動を低下させる。しかし、殺すわけではない。土壌全体に散在するこのような酸素の欠乏したところでは、好気性バクテリアと嫌気性バクテリアのそれぞれが機能するのに適した環境が交互に出現することになる。

これは、1970年になって初めて確認されたのだが、すべての土壌中で起きている。植物の病原体は、一般的には他の土中の生物（これには有機物を分解する微生物も含まれる）よりも、エチレンに対して敏感である。したがって、この微妙なサイクルがうまく進行しているときには、植物の病原体は活動を停止しており、有機物を分解する微生物は活動を続けている。

有機物が分解されるにつれ、植物にとって必須の栄養が放出される。植物によって必要とする栄養は異なるが、植物はすべて生きていくためには、なんらかの栄養を必要とする。

〈主要栄養素〉

N（窒素）：植物の生長を促す。タンパク質に合成される（タンパク質重量の15％を窒

素が占めている）。遺伝子を構成する主要な要素。窒素が欠乏すると、下葉や古い葉から葉全体が淡緑色になり、生育が衰える。土壌中にアンモニア態窒素が多いとカルシウムの吸収が阻害されて、カルシウム欠乏症が起こる

　P（リン）：核酸の主成分となっている他、植物の代謝調節に関与するとともに、呼吸で生産されたエネルギーを貯蔵して、必要とする酵素に伝達するATP（アデノシン三リン酸）の成分である。太陽の光をエネルギーに変換する手助けをする。

　K（カリウム）：植物体中ではタンパク質や核酸などの有機成分に組み込まれることなく、水溶性の無機成分と電気的に結合したりイオンとして存在し、細胞質構造の維持やそのpH浸透圧の調節の活性化などを行う。

〈二次的栄養素〉

　Ca（カルシウム）：細胞壁や細胞膜の形成と機能の維持、過剰な有機酸の中和、酵素の活性化などに必要。欠乏するとトマトやナスでは尻腐れ、タマネギなどでは心腐れなどが起きる

　Mg（マグネシウム）：クロロフィル（葉緑素）の構成成分であると同時に、タンパク質に結合してその構造の維持に働いたり、イオンの形でリン酸化合物の代謝や体内でのリン酸の移行に関与したりする。

　S（硫黄）：数種のアミノ酸の成分でタンパク質の0.5～1.6%を占める。酵素の働きにとって不可欠である。

〈微量必須要素〉

　Fe（鉄）、Zn（亜鉛）、モリブデン：酵素の成分で、酵素の働きにとって不可欠

　塩素、B（ほう素）、M（マンガン）：酵素の活性化、タンパクの構造の安定化を行う

　その他40種の元素

●有機物の分解と窒素

硝化作用で硝酸態窒素に変換

　タンパク質などの有機物が微生物により分解されると、アンモニウム態窒素が生成される。アンモニア態窒素はそのままでは脱窒素化されないので、水に流されたり、空気中に放出されることがなく、土中に固定される。一方アンモニア態窒素は、植物にとっては容易に利用できる形である（15頁の窒素循環の図）。

　もしも土中のアンモニウム窒素の生成スピードが、植物に取り込まれるスピードよりも速い場合には、硝化菌と呼ばれる細菌がアンモニア態窒素を硝酸態窒素（NO_3-N）に変換する。この過程を硝化作用という。

　畑状態の土壌ではふつう硝化作用により生じた硝酸態窒素が植物に吸収されるが、この態の窒素は非常に浸水性が高いため、雨に溶け出しやすく、また、脱窒素化によりガス化して空中に放出されやすい。

　このガスは、酸素のようにエチレンの生成を抑制するとともに、嫌気性微生物が活性化する環境の形成を妨げる。嫌気性微生物が活動しないとエチレンが発生せず、好気性バクテリアが無制限に活動を行う。

　これにより、有機物は、無制限に分解される。これは、同時に植物の病原体の無制限の成長と増殖を意味する。頻繁に耕耘される畑や、老化した木々の多い森に見られる現象である。

　病気の木のある場所では、硝酸態窒素の存在がエチレンの生成を止める。したがって有機物の分解が無制限に続けられ、植物の病原体が、活性化するのに適した状態となる。このため、古い木や病気の木は、非常に早く倒れてしまい再生することができない。

　そして、古い木が倒れた後には新しい生産

有機態窒素の土壌中での変化

作物

硝酸態窒素
硝安

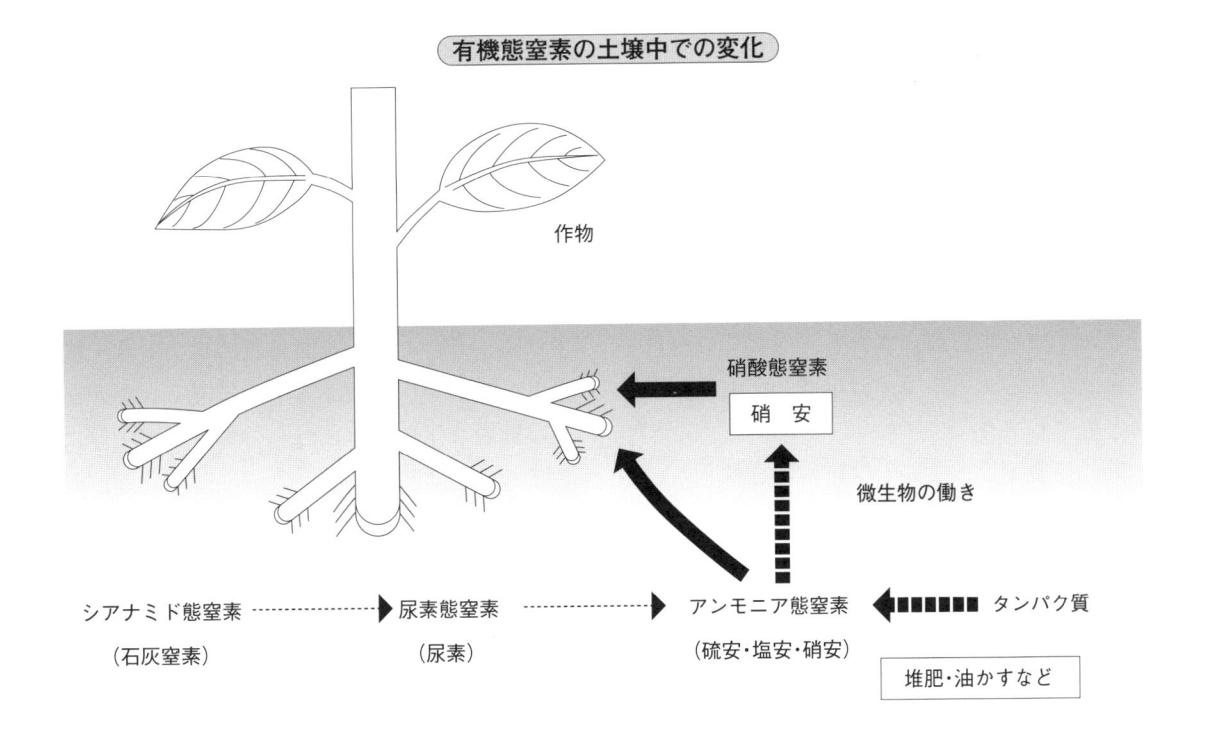

微生物の働き

シアナミド態窒素 → 尿素態窒素 → アンモニア態窒素 ← タンパク質
（石灰窒素）　　　（尿素）　　　（硫安・塩安・硝安）

堆肥・油かすなど

注：①有機態窒素は堆肥、藻、雑草、落ち葉、さらに油かす、魚かす、魚料などの有機質肥料にタンパク質で含まれている
　　②土壌中ではアンモニア態窒素は微生物によって分解され、硝酸態窒素を経て作物に吸収される
　　③尿素や硝安などを加えたりして硝化作用が行われないときには、土壌中にアンモニア態窒素が多量に蓄積し、窒素過剰症の原因になる
　　④参考「栽培環境」角田公正ほか著（実教出版）をもとに加工作成

的な木が生長する空間が現れて、様々な若木が繁茂する（自然界では完璧であるか、取り替えられるかである。―スミスによる）。木が分解されることによって生じる養分は、新しく生まれた木によって使われ、必要とされるところにまで運ばれる。

同じ現象が、人手の入っていない草地においても見られる。木が病気になったり土中に過度の硝酸態窒素があるのは、分解されるべき病気の植物があるという、自然のバランスが崩れた状態を告げる警告サインである。人手の入っていない土では、アンモニウム態窒素は約15～20ppm、そして硝酸態窒素は2ppm以下の濃度である。

過剰な硝酸態窒素が土壌、水中などに滞留

一方、人の手の入った土壌（例、耕された農耕地）では、アンモニウム窒素はほとんど存在せず、20～200ppmの濃度で硝酸態窒素が存在する。したがって、耕された土中では自然のバランスが崩れており、作物は不健全で、それらは病気の危険性にさらされている。近代農業では、土は一般に耕される。このやり方は土を非常に早くほぐして空気にさらす。

このためエチレンが生成されていた嫌気性菌が活動する場は、酸素で一杯に満たされる。この結果エチレンが生成されなくなり無制限な有機物の分解過程が始まる。非常に多くのアンモニウム態窒素がつくられるが、耕された土中にはそれを利用する植物が存在しない。したがって硝酸菌はアンモニウム態窒

素を硝酸態窒素に変化させる。硝酸態窒素は水に解けるか、あるいはガス化して植物がいるところまで移動する。

　この過程において土壌は、より酸性になり、その他の養分（例、カルシウム、カリウムマグネシウム）は、溶液中に移動し漏れ出す。有機体中のほとんどの炭素は二酸化炭素となって空気中に放出される。有機体の分解により生じるエネルギーは拡散し、無駄に浪費されてしまう。

　近代農業では、この土壌に作物を植えるのである。作物は残留している窒素を利用する。土壌はバランスを取り戻そうとするが、有機物から発生する多大なエネルギーはすでに失われており、それによって従来ならばうまく運んでいた生物のプロセスさえも維持することができなくなる。こうして病気にかかった森の木のようにシステムはバランスを崩していく。

生産効率優先の過剰施肥による窒素蓄積

　収穫を得るために農民は作物に病気を治すための農薬をかけ、耕したために失われた窒素の代わりに肥料を与える。耕耘しない土壌においてもマメ科の植物の過度の使用によってこれと同じ状態をつくり出すことができる。

　こうした農地では、常に硝酸態窒素が多量にあり、アンモニウム態窒素がまったくないという状態が見られる。このため耕すことを研究してきた科学者は耕耘が必要なのであるという誤った推定をしてしまったのである。したがって、ほとんどの市販されている肥料は、硫化窒素の形での窒素を中に含んでいる。肥料を与えることは、土壌のバランスを常に崩す方向へともっていくことになる。

　アンモニア態窒素の形で常に窒素と有機物とを混ぜ合わせた状態で肥料として与える有機農法の実践者は、こうした見地から見れば、土壌のバランスを取り戻そうとしているとみなすことができる。しかし、ここでもアンモニア態窒素の形での肥料の使用は、システムのバランスを崩し続けることになる。

●植物による栄養分の吸収

　窒素以外の栄養素がどのように植物に吸収されるようになるかを見るために、もう一度壊されていない土壌システムに戻る必要がある。健康な土壌にはこれらの栄養素が十分に含まれている。しかし、それらの栄養素は漏れ出さないように水に溶けない状態になっている。植物は水に溶けてイオン化した栄養素しか吸収することができない。

　植物は周囲の環境を栄養素の吸収が可能になる状態に変えてしまう。根が土中に張るにつれて、水の膜（リゾスフェアー：植物の根が張る部分の土壌層。根圏）は、根の先端部に集まってくる。根は、光合成により生産される炭素化合物の2〜10%をリゾスフェアーに放出する。

　微生物による有機物の分解は、最初に大きなエネルギーを必要とする。このエネルギーは植物の根からリゾスフェアーに放出された炭素化合物から得られる。鉄分は小さな鉄の結晶という形であらゆる健康な土壌の中に存在する（2〜12%）。植物の栄養素（例、リン酸、硫黄、他の微量元素など）は、鉄の結晶の電気を帯びた比較的広い表面に付着している。この形では栄養素は動くことがなく、漏れることもないが植物にも吸収されない。

　酸素のない土壌中ではこの結晶は第二鉄から第一鉄へ変化する。この変化の過程で、栄養素は放出され、植物に吸収されるようになる。非常に動きやすくなった第一鉄のイオンは土壌中で溶けた形になっている。他の植物の必須栄養素（カルシウム、カリウム、マグネシウム、アンモニウム）は土の粒子か有機

土中に含まれる元素

元素	含量	元素	含量
酸素（O）	490t	リン（P）	800kg
ケイ素（Si）	330	イオウ（S）	700
アルミニウム（Al）	70	バリウム（Ba）	500
鉄（Fe）	40	ジルコニウム（Zr）	400
炭素（C）	20	フッ素（F）	200
カルシウム（Ca）	15	塩素（Cl）	100
カリウム（K）	14	亜鉛（Zn）	90
ナトリウム（Na）	5	ニッケル（Ni）	50
マグネシウム（Mg）	5	銅（Cu）	30
チタン（Ti）	5	コバルト（Co）	3
窒素（N）	2	銀（Ag）	50g
マンガン（Mn）	1	金（Au）	1

注：①面積10a、深さ1m当たり（約1000tの土）
　　②土中の金属は植物によって吸収される
　　③出典「土の100の不思議」日本林業技術協会編（東京書籍）

物の粒子の表面に付着している。

第一鉄の密度が高い場合には、これらの栄養素は土中にとけ込んで植物の根に吸い上げられる。こういった栄養素を流動化するにはエチレンの生産に必要な環境条件を整えることが必要である。条件とは酸素と硝酸態窒素がないことである。

微生物の密度はリゾスフェアーでもっとも高いので、ここで嫌気性の環境が形成されやすい。このため、栄養分は植物が必要とする場所で吸収されやすい形に変えられる。栄養素はこの場所から漏れることがない。

というのは、リゾスフェアーの境界までくると第一鉄は第二鉄にふたたび酸化され、栄養素は鉄の結晶や土の粒子、あるいは有機物の粒子にふたたび結びつけられるからである。このため、エチレンが生産されないところではこれらの栄養素は植物に吸収されない形のままになっている。

第一鉄があるとエチレンが形成される。落ち葉の分解により土中に形成されたエチレンの素になる物質が第一鉄に反応してエチレンを放出するのである。人の手の入っていない植物のコミュニティでは、落ち葉は土の上に層をなしている。

近代農業ではこういった落ち葉は収穫や放牧のためにどかされるか、あるいは燃やされてしまう。そのため農地ではエチレンの素になる物質が不足してしまう。落ち葉に含まれるエチレンの素になる物質の量は植物の種類によって様々である。

例えば、稲や菊、アボカドやブルラッシュなどは含有量が多く、アルファルファやワラビでは少ない。植物を選択する際にはこういったことも考慮する必要がある。

●近代農業の間違い

近代農業は将来にわたる長い間の安定した生産を犠牲にして、一時的な生産の増大を行う。窒素肥料の過度の使用、耕起や草刈り、過度の除草、過放牧、そしてマメ科の植物の使いすぎは短期間の間であれば生産の増大につながる。しかし、長い間には次のような結果をもたらす。

・生産のためのエネルギーコストの増大
　土につぎ込まれるエネルギー量は、そこから取れるエネルギーの5～50倍に達する。
・土壌の養分の減少
　栄養分や有機物が失われるため、酸度やアルカリ度が上がり、塩化や汚染、浸食そして砂漠化が起こる。
・収穫物の栄養価の減少
・作物の病気に対する抵抗力の減少
・土壌、収穫物、農民そして消費者に堆積される毒性の強い化学物質の増大
・健康と病気への抵抗力の悪化
・種の存続の危機

「自然の状態では、完璧でないものは淘汰される」というのが現在の農業の状態であり、これは持続可能ではない。

農業の目的とは植物を通じて太陽のエネル

有機物のゆくえと腐植のはたらき

〈有機物のゆくえ〉

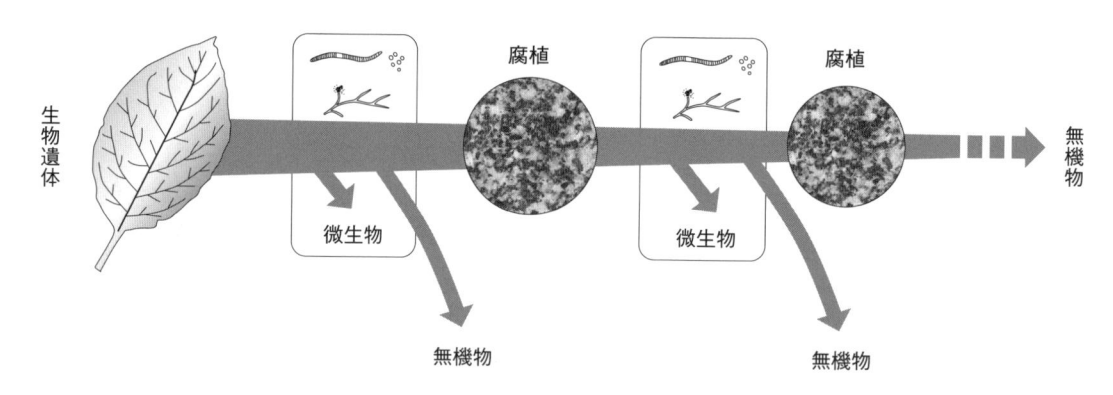

生物遺体 → 微生物 → 腐植 → 微生物 → 腐植 → 無機物
微生物 → 無機物
微生物 → 無機物

〈腐植のはたらき〉

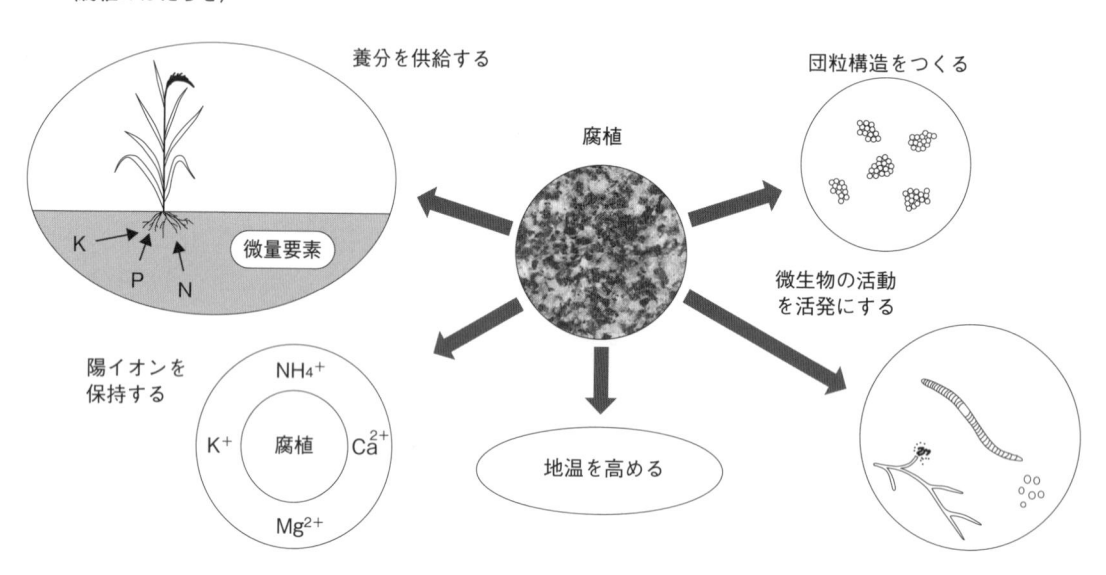

- 養分を供給する（微量要素 K, P, N）
- 団粒構造をつくる
- 微生物の活動を活発にする
- 地温を高める
- 陽イオンを保持する（NH₄⁺, K⁺, Ca²⁺, Mg²⁺ が腐植に）

注：①腐植には、養分を供給する効果と土を改良する効果がある
　　②出典「栽培環境」角田公正ほか著（実教出版）

ギーを捉え、これを食料や燃料として私たち自身と家畜のために使用することにある。

● **永続可能な農業へ**

植物により生成された糖分やでんぷんに含まれる炭素の結びつきが壊れることにより、エネルギーは私たちにとって利用可能となる。

食べ物を生産するためには、耕起し、肥料を撒き、そして防除することが必要だと言われているが、実際には植物に必要なものはすべて空気と土に含まれている。さじ一杯の土には何百万という微生物が含まれており、植物に必要な栄養分を生産している。肥沃な土地を護り、劣化してしまった土を元に戻すにはどうしたらよいのだろう。

まず第一に、有機物が継続的に土に戻されることが大切である。もっともよい有機物は

生長した植物そのもので、これを土中ではなく土の上に戻してやるとよい。生ゴミを燃やしてはいけない。牧草地については、過放牧を避け周期的に休閑期間を設ける。耕作地の植物については、マルチで覆うか、覆土性の植物をまわりに植える。覆土性の植物は、エチレンの原料となる物質を多く含むものを選ぶようにする。

このようにすると栄養分は循環し、微生物の活動は活発となって、エチレンの生成に十分な原料が供給される。耕起が必要なところでは、圧縮された土壌中に空気を入れるだけで、土壌環境に影響の少ない手法を用いる。掘ったり耕したりせずに、草も抜くのではなく刈るようにする。こうすれば、植物はいつでも土の上で育ち、土地が傷むことも少ない。

痩せた土地に養分を供給するため、あるいは若木を育てるために肥料を使う場合は、アンモニウムになった窒素を使う。窒素過多による土壌の硝化を防ぐには、撒かれた窒素がすぐに植物の根により吸収されるようにするか、微生物によって窒素が固定され、それらが死ぬことにより、徐々に供給されるようにするしかない。

肥料を与えるときには、落ち葉などの植物も材料として用いる。干し草や藁などは炭素が多く窒素分は少ない。微生物は炭素を用いて窒素を固定し、体内に取り込んでゆっくりと放出していく。マメ科の植物は使いすぎないようにする。その地域でのマメ科の植物のバランスに見習う。

亜熱帯地方であれば、一年草類にはマメ科の植物は少なく、先駆種期になると非常に増えるが、極相になるとほとんどなくなる。土壌を健康に保つために導入した種の間に必ず原生種を植えるようにすることも忘れてはならない。

コンポストづくりの基本

●コンポストづくりは循環づくり

循環の仕組みは、分解者→生産者→消費者→分解者を繰り返す。これを具体的な場所で考えると、台所→畑・庭・菜園→コンポスト（堆肥）→台所を繰り返すことになる。

循環システムをつくるには、これらすべての機能を行う場所が必要である。しかし、利用できる以上の堆肥をつくってもその処分に困ってしまう。コンポストづくりはまず、そこでできた堆肥を使う場探しから始まる。

具体的な場所には、畑、ベランダ菜園、公園、学校などが考えられる。ゴミを運ぶのも手間がかかるし、それなりに手をかける必要があるので、できるだけ近い場所を選ぶようにする。

もっともコンポストづくりは、肥料づくりではない。堆肥は土壌改良材と考えてよい。校庭や公園、あるいは個人の庭でも堆肥を撒くと、土壌が改良され、湿気の調節や空気の浄化にも役立つ。

・コンポストは生ゴミを処理することではなく、土中生物（ミミズなど）や土壌微生物を飼育していると考える。

・人間に食べることができないものはコンポストでの処理も難しい

生ゴミと残飯をしっかり分別する。生ゴミはコンポストへ、残飯は動物の餌にする。新鮮な生ゴミを適切に処理する。できるだけ水気を取り、小さく切ってからコンポストへ入れる。

・毎日の世話が必要

常に適度の湿り気を保つ。湿気が強すぎると虫がわくので結構難しい。餌＝生ゴミを適切な量、毎日与える。世話をしないと病気に

〈木製コンポストボックスの例〉

①3個で1セットの木製コンポストボックス（曳地義治製作）

②一つめの箱に生ゴミを入れ、ブリキ缶に入れてある乾いた土をまぶす

③生ゴミを入れる箱がいっぱいになったら、角形スコップで切り返す

④夏場であれば、切り返した箱は2〜3カ月で完熟する
注：ひきちガーデンサービス製作

なる。ひどい場合には死んでしまう。

コンポストづくりに必要なものは炭素、窒素、水、空気、温度、はんぺん（放線菌の白い固まり）など。

コンポストづくりには、様々な方法がある。まず、コンポストづくりとはどのような仕組みなのかを理解することが大切である。

● 動物や微生物の力を借りて
　有機物を分解する仕組み

コンポストづくりは、最初に地球上で生命が発生したときから行われてきた、生物による有機物のエネルギー化とその有機物を再度つくり出すという生命の営みそのものの重要な一過程ともいえる。この過程は、その素材を見れば炭素と窒素の循環であり、コンポストの仕組みはこの二つの物質の移り変わりを見ていくことで理解できる。

炭素と窒素
〈炭素〉

炭素は主に二酸化炭素として空中に存在しており、植物の行う光合成により水素および酸素と結びつけられて、糖を合成し、また、根から吸収された窒素と結びついてタンパク質を合成する。糖となった炭素は、炭素骨格となって他の無機物質と結びついて細胞成分を合成するか、呼吸などにより蓄えられていたエネルギーが分離され、再度空気中に二酸化炭素として放出される。細胞を構成する炭素も従属栄養生物により摂取変換され、これらの生物の細胞内に蓄えられるか、エネルギーを放出して大気中に放出される。このように炭素は、その循環の過程の中で主に細胞の構成成分となる他、エネルギーを蓄える役割も果たしているが、コンポストづくりにおい

あると便利なコンポストボックス

ては以下の主な働きを行っている。
　①空気と水分量の調節
　炭素により構成される物質は固く、このために水や空気が入り込む隙間をつくる役割を果たしている。これにより、コンポスト中に含まれる水分を拡散させる働きをするとともに空気を蓄え供給する役割も果たしている。
　②糖分の供給を行うことで菌の増殖を促進する
〈窒素〉
　窒素は大気の成分のおよそ78％を占めている。しかし、この空気中の窒素は、そのままでは植物に吸収されることはない。これを植物が吸収することができるようにしているのが根粒菌やラン藻などの窒素固定を行う微生物である。これらの働きにより、植物の根から吸収された窒素は植物の細胞内において炭素骨格と結びついてアミノ酸を構成し、これらが結びついてタンパク質が合成されることになる。そしてこのタンパク質は再度、微生物の働きにより植物が吸収できる窒素に分解される。堆肥づくりは、この窒素をつくり出すことともいえる。
〈炭素と窒素〉
　コンポストをつくるうえで、炭素と窒素の割合を知ることが大切になる。一般に、土壌の主要成分であるカビが有機体炭素100ｇを分解するときに、4.5〜7.5ｇの窒素を必要と

する。これは炭素と窒素の比率が20：1以上であれば、窒素がカビの体内に取り込まれて窒素が消費されてしまうこと、一方、それ以下であれば、窒素が放出され増えることを意味している。また、炭素が多くあることで水分量が調節され好気性菌の活動が活発となって、タンパク質の分解過程で植物に吸収されやすい窒素がより多く排出されることも考えられる。コンポストを構成する様々な素材の炭素窒素比率を意識しておくことで、状況に応じたコンポストづくりが可能になる。

水、空気、温度

　コンポストをつくるうえで常に必要なのが、水と空気、そして温度である。
〈水〉
　適度な水分量を保つこと。多すぎるとタンパク質のアンモニア化が進んで臭くなり、少ないと微生物の働きが不活発になる。一般に、手で握って水がにじみ出ないくらいの水分がよい。
〈空気〉
　コンポストづくりで主に働く微生物は好気性菌が多いので、切り返しなどを行って空気を送り込んでやることで堆肥化が早まる。しかし、好気性菌による窒素の硝化は窒素の気化や流失ともなるので適度に行うことが大切。
〈温度〉
　温度は一般に暖かいほうがよい。微生物の種類によって異なるが、もっとも微生物が活発に活動するのは20℃から40℃くらいまでと考えられる。40℃を超えると活動が不活発になる微生物が多く、65度を超えると、ほとんどの微生物が活動を停止するか死んでしまう。ボカシ肥（130頁参照）をつくるときには60℃を超えることがないように温度管理をすることが大切である。

竹林の土着菌

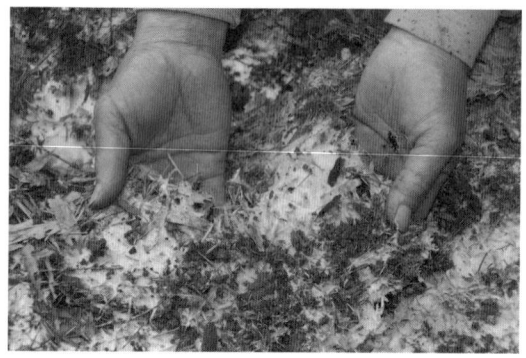

土着菌を採取する

はんぺん（放線菌の白い固まり）

はんぺんとは放線菌の白い固まりで、落ち葉の積もったところや倒木が腐り始めたところなどに多く見られる。EM菌と呼ばれる菌の集合体の多くを占めるのもこの放線菌で、グミやヤマモモの根に共生して窒素固定も行う。コンポストを始めるときのスターターとして分解の役割を担う菌としても大切な役割を果たしてくれる。

●ミミズコンポスト

ミミズを飼うには飼育箱が必要

飼育箱の大きさは処理する生ゴミの量により異なる。基本は1週間に出る生ゴミを計り、500gに対して30×30cmの大きさとし、箱の深さは15〜18cmがよい。箱はなんであってもよいが、重ねやすいものがよい。よって、同じ大きさの木箱やトロ箱、プラスチック箱、いらなくなった洗面器、壊れた机の引き出しなどが適している。箱はできれば3段がよい。一番上が生ゴミを入れるところ。2段目が主にミミズの棲むところ。3段目がミミズの糞をためるところ。1段目と2段目の箱の底は網張りとして、ミミズが移動でき、また、糞が下に落ちるようにしておく。

各飼育箱の中には、おがくずや切った藁、それに堆肥などをできるだけ多く入れておく。ミミズの巣となると同時に生ゴミをこの中に埋めることでにおいを防ぐ効果もある。また少量の砂を入れておくとミネラルの供給にもなる。一番下の箱には水抜きの穴をあけておく。ここからウォームティーと呼ばれる良質の液肥を取ることができる。もちろんこの液を取るために容器を置いておくこと。

どのくらいのミミズが必要か

まず、自分が1週間に出す生ゴミの量を計る。それを7で割って1日に出す生ゴミの平均量を把握する。1日平均500gに対して2000匹のミミズが必要。

どのミミズがコンポストに適しているか

シマミミズなどが適している。これらの小型のミミズは堆肥化していない生ものを分解して食べる。堆肥場に見られるフトミミズは生ものを食べる習性はなく、また、飼育にも適していない。

ミミズを飼育する場所は？

一年を通じて温度が一定しており、暗く、湿ったところがよい。地下室などがもっとも適している。屋外でも飼うことは可能だが、寒い時期などは移動が必要。

ミミズの入手方法

友人の堆肥場などからもらってくる。まだ

第2章 パーマカルチャーのデザインと実践のための基本

ミミズコンポストの仕組み

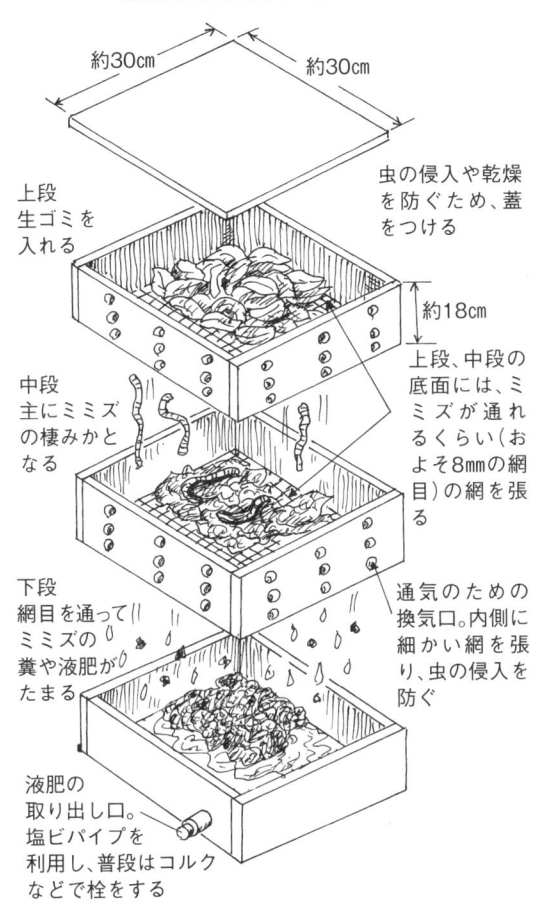

約30cm × 約30cm

上段 生ゴミを入れる

中段 主にミミズの棲みかとなる

下段 網目を通ってミミズの糞や液肥がたまる

虫の侵入や乾燥を防ぐため、蓋をつける

約18cm

上段、中段の底面には、ミミズが通れるくらい（およそ8mmの網目）の網を張る

通気のための換気口。内側に細かい網を張り、虫の侵入を防ぐ

液肥の取り出し口。塩ビパイプを利用し、普段はコルクなどで栓をする

注：出典「パーマカルチャー菜園入門」設楽清和監修（家の光協会）

手づくりのミミズコンポスト

増殖するミミズコンポスト内のミミズ

完全に堆肥化していない生ゴミと土が接するところに多くのミミズが棲息しているので、そこを掘ってミミズを集めてくる。牛糞が積んであるところもよい。購入する場合は以下のところなどに問い合わせを。

相模浄化サービス
〒259-1103　神奈川県伊勢原市三ノ宮116
tel.0463-90-1332
e-mail ij9t-skn@asahi-net.or.jp

飼育上の注意

常に新鮮な生ゴミを与える。湿気を保つために一番上には新聞紙を切ったものを適度に敷いておく。また、土の湿気を見ながら適度の霧吹きも必要。ネギやニンニクなどのユリ科の植物や柑橘類の皮は与えない。肉、魚や乳製品、油物も避けたほうがよい。もちろんプラスチックやガラスは禁物。

糞はためておかないで、適時取り出して畑などに肥料として撒く。糞がたまりすぎると、ミミズが死んでしまう場合もある。生ゴミが多すぎたり、湿気が強すぎるとミズアブが発生することがある。これが発生すると生ゴミが腐敗し、ミミズは消えてしまう。ミズアブが出た場合にはこれらをすべて取り除いて、再度堆肥やおがくずを入れて水分の調整を行う。

●微生物コンポスト

一般的にコンポストと呼ばれているのは、ほとんどがこの微生物による有機物の分解を利用したコンポストである。基本的には先に

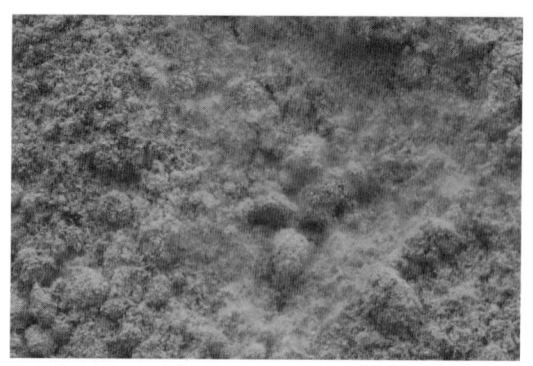

土着微生物（土着菌）

こもや藁をかけ、土着微生物を培養

米ぬか、油かすなどを混ぜ、水分を調節して発酵させる

ボカシ肥

見たように微生物の分解作用が起きやすい環境を整えてやることで、自然状態よりも早く有機物の分解を行う。

●ボカシ肥のつくり方

ボカシ肥とは

魚粉や油かす、米ぬかなどを用いてつくる有機発酵肥料。近年は土着菌やEM菌などを用いて米ぬか骨粉なども混ぜて独自につくるものが多い。

ボカシ肥づくり

・材料

米ぬか—全体の1/3、油かす—全体の1/3、腐葉土—全体の1/5、骨粉—全体の1/15、放線菌——つかみ（ちょっと多めくらいがよい）、水—握ったときに全体が崩れないくらい

・手順

①上の米ぬかから放線菌までを容器に入れてよく混ぜる。

②それに水を加える（握ったときに崩れないくらい）。

③ビニールなどの蓋をして保存。

④発酵が始まったら温度が60℃以上にならないように管理。熱くなったらかき混ぜる。

ボカシ肥を用いた生ゴミの堆肥化

①よく水を切った生ゴミにボカシをかけて、それを重ねていく（かける量は、生ゴミが隠れるくらい）。

②生ゴミとボカシをボウルなどでよく混ぜて牛乳パックにぎゅうぎゅう詰めにして、口をクリップなどで塞いで1週間置く。液肥は肥料として用い、発酵した生ゴミは畑でマルチに用いる。

PERMACULTURE

水系のデザイン

神谷 博

大きな水循環・小さな水循環

　パーマカルチャーにとって水との関わりは極めて重要である。自然界の水循環の流れを読み取り、これを損なうことなくうまく活用することにより作物の生産力を上げることができる。

　土地が湿潤なのか乾燥地なのか、川からの導水ができるのか、洪水の危険性はあるのか、井戸を掘って水が出るのか、水質はどうか、等々、現実的な問題である。

　それは場所ごとにすべて異なっており、これを正確に把握したうえで、水の条件を変えるべくコントロールする。そのためには水循環全般の条件を読み取り、そのうえで農地の特性を把握する必要がある。水を捉えるうえで、大きく水量と水質の条件があり、その特性を踏まえた作付けが必要となるが、水質については土壌との関係のほうが大きく影響がある。したがって、ここでは主に水量と水循環に絞って話を進める。

●地球水循環

　「水はめぐる」ということは誰でも分かっている。しかし、どのようにめぐっているかとなると、必ずしも明確に把握しているわけではない。農業において、その土地の水の循環がどのようになっているのかを把握することは重要かつ基本的なことがらである。

　水循環と一口に言っても、それは極めて小さな循環から、地球規模の大きな循環まで、いくつものレベルでの循環がある。川の流れは目で見ることができ、水が一カ所にとどまらずに常に流れていることは容易に理解できるが、その川の水がどこから来てどこに至るのか、正確に把握しているとは限らない。

　一方、目に見えない地下水や大気中の水蒸気などは分かりにくい。川の水が山から来て、いずれ海に至り、海から蒸発した水が雨になって戻ってきていることは、観念として皆承知している。

　問題はその雨がどのような降り方で、どのように大地を潤し、地下水となり、川に流れていくのか、ということである。これを把握

するには、まず一番大きな地球水循環から理解しておく必要がある。

水は空気とともに、地球の表面のすべてを覆いめぐっているだけでなく、地下や宇宙との循環も行っている。地球上にある水の由来は宇宙からの隕石であるとされている。

地球の長い歴史の中で、隕石中にある水が積もり積もって現在の海や氷河や地下水となっている。地球自体も隕石と同様の物質の組成であり、もともと水を含んでいた。太陽系のほかの惑星に比べて、地球にだけ水がたくさんあるように見えるのは、液体としての水が表面に存在できる温度条件があるからである。そして、それが生命のゆりかごとなったのである。

地球表層の水の中で、もっとも存在量が多いのは海であり全体の約95％を占める。次が氷雪で3％弱、続いて地下水で1％弱、地表水や大気、植物をすべて合わせても0.25％弱である。このうち、農業や生活に用いることのできる水は、地表水と地下水の一部である。

この大きな水循環が、近年の地球温暖化により変化してきている。温暖化に伴う気候変動は多雨、小雨が一体となって現れ、その変動幅も大きくなってきている。気候の変化がヒステリックな挙動になり、豪雨や渇水が頻繁に起きるようになっている。都市部では、ゲリラ豪雨と呼ばれる局地的な集中豪雨も増えてきている。

こうした「大気系」の変動は、これまでの人類の経験が通用しないだけに対応が難しい面があるが、予測されていたことが現実になってきていることも事実である。パーマカルチャーが持続可能な農業を目指す際に、この地球レベルの水の変化に対して、経験に加えて科学的な予測をもって対応しなければならない。

●地域水循環

直接関わりの深い水循環は地域レベルのものであり、これが実質的に生産にとって大事な水となる。日常的な水の流れや洪水など、季節変動や年変動がある中で経験的にも把握しているレベルの水循環である。これに温暖化に伴う影響を加味しつつ対応することとなる。

地域水循環についても、断面的、立体的に捉える必要がある。ここでは地形地質レベルの捉え方が必要となる。地形区分は、大きく低地、台地、丘陵地、山地に分かれる。平らな低地や台地では、その中での微低地、微高地の読み取りが大事である。丘陵地では谷戸と斜面地、谷頭平地によって条件が異なる。また、地層の傾きによっても水の条件が異なる。山地、山林については、地形の保全と保水のノウハウが必要となる。

●水系の種類と水系区分

水環境や水循環を捉える際には、流域や水系という概念が役に立つ。「流域」は表流水の集水域のことであり、河川を主として捉える際に役に立つ。自分の生まれた場所や生活している場所が、○○川流域支流○○川流域と答えられるかどうか。地域を広く視野に入れ、自分の流域の住所を答えられるようにしておこう。

一方、「水系」は流域にかかわらず流れる水のシステムであり、地下水や上下水道のように流域をまたがる場合もある。自分の飲んでいる水道水がどの給水系なのか、下水道はどの処理区なのか、地下水はどこから流れてきているのか、水系の構造も流域と同様に知っておく必要がある。水系には他に、大気水系、生態水系などがあり、森林は生態水系の一つである。

流域も水系もその単位は大きなスケールか

地域水循環と再生課題

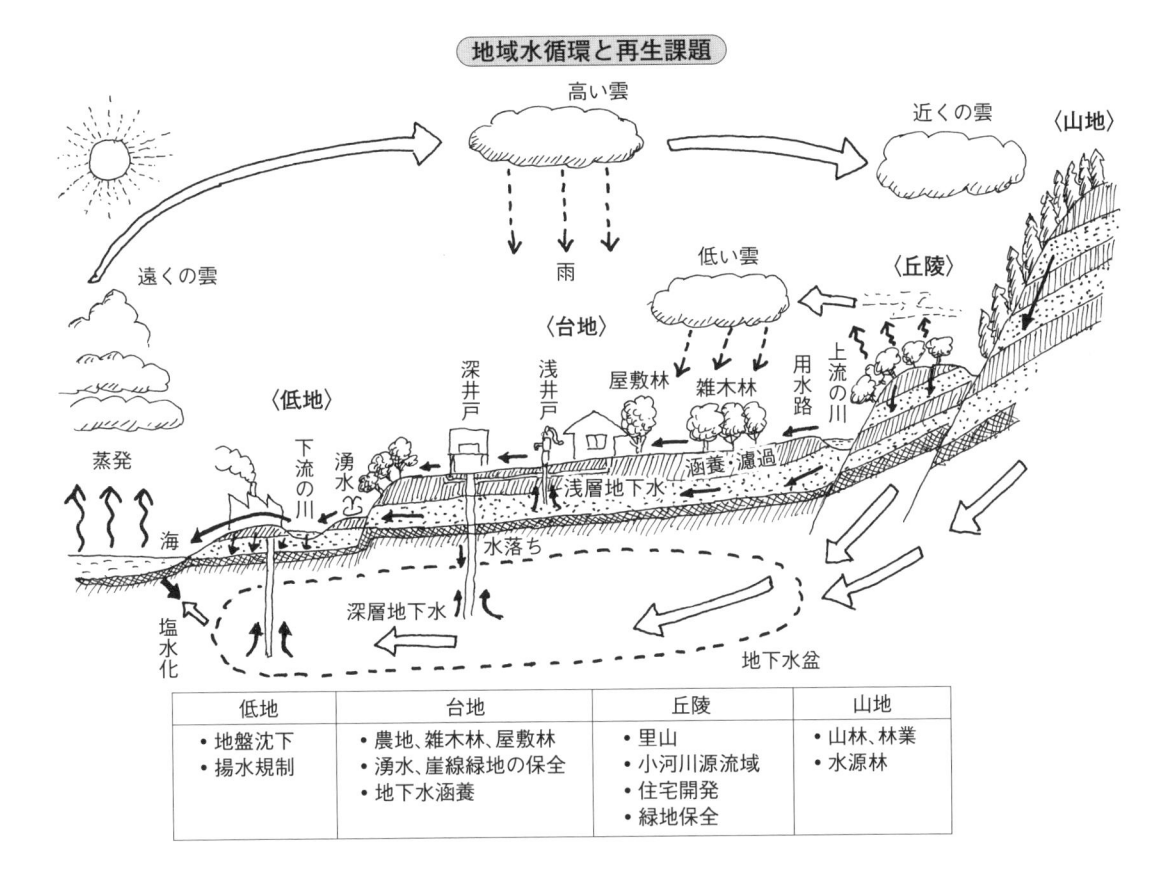

低地	台地	丘陵	山地
・地盤沈下 ・揚水規制	・農地、雑木林、屋敷林 ・湧水、崖線緑地の保全 ・地下水涵養	・里山 ・小河川源流域 ・住宅開発 ・緑地保全	・山林、林業 ・水源林

ら小さなスケールまで分割することができ、大小流域や大小水系がある。水系はツリー状のシステムであり、位置エネルギーによる流れだけとは限らない。建築内の給水系、排水系、給湯水系などのように、小さな水系単位のとり方もある。

● **生きものの水循環**

人間に限らず、生きものは皆水なしに生きていくことはできない。生きものの体そのものが小さな水循環系となっている。木一本を取り上げてみても、根から地下水を吸い上げ、幹から枝を通って葉まで送られ、大気へと蒸散される。その過程で木は常に水を含み、重量の90％ほどが水分で構成されている。木は水の塊と言ってよい。

人間の体も同様に、水を飲み、食物から水分を吸収し、皮膚から汗として水分を放出し、尿などの排泄物としても水分を放出している。人間の場合は約70％が水分である。他の生きものも皆同様であり、木や草があるところには地下にも大気にも水があり、生きものが集まるところにも水がある。

こうした生態水のようなミクロの水循環系についても、地球水循環との相関があり、気候変動と無縁ではいられない。それは当然のことで、人間も地球水循環の一環となっているからである。

雨・大気の水系

次に水系ごとに詳しくその性質を見てみよう。水循環は一連のものだが、位置エネルギーと水質の面から言うと雨から始まると言ってもよい。エントロピーがもっとも高い状態

樹木はその周囲に様々な形で水を蓄える

〈土壌粒子に密着した根毛〉

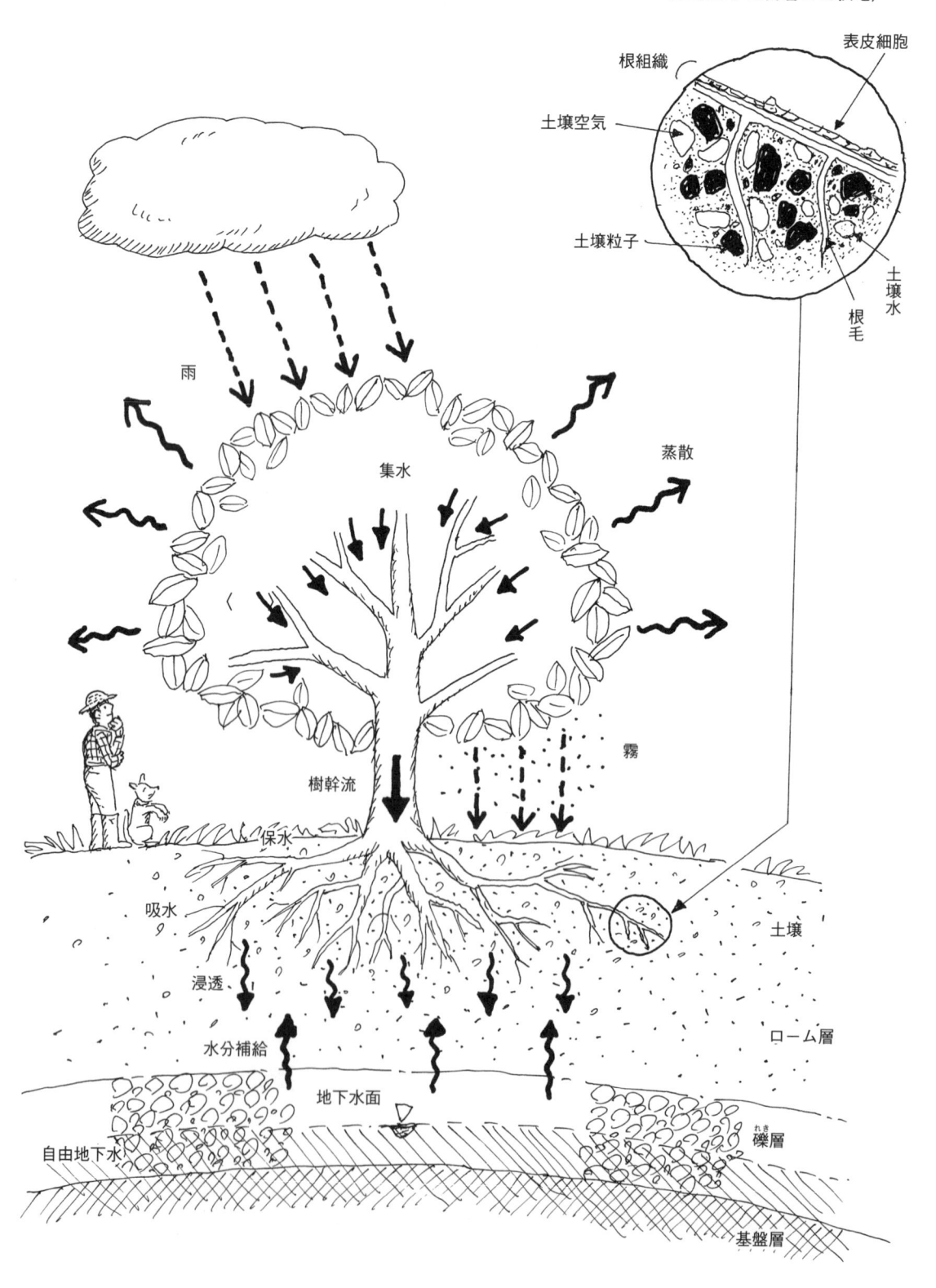

- 表皮細胞
- 根組織
- 土壌空気
- 土壌粒子
- 土壌水
- 根毛

雨

集水

蒸散

樹幹流

霧

保水

吸水

浸透

水分補給

地下水面

自由地下水

土壌

ローム層

礫層

基盤層

134

で様々な利用に供することができる。

川も地下水の多くの部分も皆、雨循環の一部である。その雨は、地域によって、季節や年によって降り方が異なっている。また、地球温暖化による小雨、多雨の傾向も見られる。

● 雨の降り方と地域差

雨の降り方は地域により異なり、それぞれに季節変動がある。日本の多くは温帯モンスーン地帯であり雨季と乾季があるが、南北の差が大きく、亜熱帯や亜寒帯もある。また、日本列島の脊梁（せきりょう）山脈の東西でも表日本、裏日本の違いがある。瀬戸内地域のように全国平均に対して降水量の少ないところもある。

また、海岸部か内陸か、盆地か台地かなどによっても異なり、さらに微気候、微気象がある。したがって、個々の敷地ごとにまずその土地の降雨条件を見定める必要がある。

● 雨の活用

雨水利用という言葉は人間の生活に使うという意味であるが、英語でこれに対応する言葉は rainwater utilization となる。しかし、近年の雨水の国際会議で使われる言葉は rainwater harvesting であり、直訳すれば雨水収穫となる。雨が天の恵みであるという意味も含まれているので、これに対応する言葉として、日本語では天水が近いと思われる。また、㈳日本建築学会では harvesting に対して活用という言葉を与えて、利用にとどまらず浸透や蒸発散まで含めた雨との付き合い方のガイドラインをつくっている。

パーマカルチャーではまさに雨水収穫そのままでよいと思われる。雨を収穫し、雨を取り込んだ作物を収穫するわけである。水循環という言葉は客観的、科学的な用語であるが、雨水循環と言うと同じ水循環でもローカルな流れが意識しやすくなってくる。建築学会でも建築の屋根から始まる水循環系としての雨水循環を規準の中で位置づけている。雨は敷地に降ったところから始まり、その敷地が収穫できる資源である。

それと同時に、雨は人間のためだけではなく、多くの動植物が利用する不可欠な環境の要素でもある。一方的に人間本位にのみ利用するのではなく、雨を浸透させ、蒸発散させ、流出抑制をすることにより、健全な雨水循環系を保たなければならない。パーマカルチャーは持続可能な生産を行うためにも雨水をコントロールし、水を使い尽くすことなく水循環をつくりだす役割を担う必要がある。

● 雨の水質

雨は蒸留水とほぼ同等の水質を有しており、上質の水源である。酸性雨や黄砂の影響により水質が悪化している場合もあるが、それでも河川水や地下水に比べてはるかに水質がよい。特にパーマカルチャーで農業的な利用に供する場合には雨そのものの水質が問題になることは稀である。場所により、酸性雨や黄砂を含んだ雨が大地に落ちることは避け得ないが、それも程度により対策が異なる。大気汚染という人為的に引き起こされた原因であり、根本的に対処するには社会的な仕組みが変わる必要がある。中長期的には改善傾向にあり、将来にわたり雨は安心して使える水質になっていくと思われる。

現状では、雨水を利用する場合には、初期雨水カットや沈澱、濾過などの方法により、用途に応じて水質を適切に整えることが望ましい。都市部では水道が普及しており、水道事業者に対して水道法に定められた水質基準が定められているが、雨水においては公的な規準がなく、井戸水と同様に自己責任で使うことになる。ただし、雨水であっても不特定多数に供給する場合には水道法の規定に従

い、また、3000㎡以上の規模の建物の場合にはビル管法（建築物における衛生的環境の確保に関する法律）の規定に従って、その定める水質を確保する必要がある。

水質を浄化する方法は、古今東西様々な方法がとられてきたが、今日では近代技術を用いた上水道の供給が行われている。しかし、農村部で農的な水利用を行う際には古来行われてきた浄化の方法が現代でも有効である。

● 雨の集め方と溜め方

雨を利用するには、まず雨を集めなければならない。一般的に雨水利用というと、良好な水質を集めるために屋根雨水を集めることが多い。生活に用いる雨はそのほうがよく、取水装置として、汚れの多い初期雨水をカットしてからタンクや貯留槽に導くとよい。

生き物を飼う池や植物に対しては、銅や亜鉛の屋根は好ましくない。これを逆に殺藻剤としての効果を期待する使い方もある。パーマカルチャーでは、屋根以外の敷地の雨を集めることが必要な場合が出てくる。その場合にはため池の技術が参考になる。

雨を溜めるには様々な方法があるが、その目的、用途によって方法が異なる。農業的な雨水利用は、ため池と水田および用水路の技術が主体となっている。早くからある技術であり、自然の湧水を用いた池や沼地を整備してつくったため池などがある。

湧水池の場合には、水温が年間を通して安定しており、夏冷たく冬温かい性質があり、周辺の微気候も緩和される。しかし、水田用には稲の生育期の水温が低いので、少し離れたところでいったん溜めて温めてから水田に回す例が見られる。

沼沢地の多くは干拓されて水面が失われているところが多いが、掘り下げて周囲に土手を築いて容易にため池にできる。沼地は地下水により水位が保たれているものの、湧水のため池に比べると水が滞留するため、水温は高めで水質も藻類が発生しやすく透明にならないものが多い。

湧水や地下水による供給がないため、池は雨のみが給水源となる。雨池の場合、池の容量に対して集水域を十分に広くとる必要があり、導水路を用いて遠くから水を引いてくる場合もある。ため池の底や堤体は、漏水量を極力少なくするような土質、材質とする必要がある。

事例として、九州の白石平野でかつて見られた「ユドネ」と「ウラボリ」という方法がある。ユドネは一度使った廃水を溜める池で、栄養分が多いため蓮池などとして水生の作物生産に用いる。ウラボリは雨池であり、水質がよいため多用途に使える。ユドネに流してから水田に回すなど、水質に応じて多段階に利用する知恵の産物である。こうした水質面でのカスケード型の利用方法は、水の乏しいところでの有効利用の方法としてすぐれている。

川・地表の水系

川は農業的な水利用にとって大きな役割を持っている。雨は降るときにしか現れず、小雨や多雨があり、安定しない。川には常に水が流れていて、安定的な水利用ができる。その際の技術として、堰や用水路があり、古来その方法は進化し続けてきた。

● 川の性格と種類

川といってもその性状は大きく異なり、大河川から中小河川、本流と支流、上・中・下流、水量、水質、平水時と増水時など極めて多様である。川には常に水があるが、降雨時

白石平野のユドネとウラボリ

にしか見えない水みちもあり、それも含めて地表水として捉えておく必要がある。

まず、川の基本的性格として地形をつくるという作用に注意を払うことが大事である。川の流路は常に変わり、浸食、堆積を繰り返し、少しずつ変化する。蛇行しながら、河道内に淵や瀬を形成する。淵には、横断方向にできるものや縦断方向に落差があるところにできるもの、大きな岩などの障害物の後ろにできるものなどがある。淵のうち、トロ場は流速が遅く、大きな魚が棲息できる空間となる。瀬には、浅瀬、早瀬、平瀬などがあり、流速は速くなる。堆積の進んだところには、中洲やワンドが形成される。

近年では、こうした自然の性質を読み取って、川を無理に押し込めるのではなく、共生型の河川計画を行うようになってきている。スイスで発達した「近自然河川工法」が日本に導入されて、「多自然川づくり」と呼ばれている。材料もできるだけコンクリートに頼らず、石や木などを用いた伝統工法を再評価してこれを現代流に用いることが多くなってきている。蛇籠（じゃかご）やふとん籠、粗朶（そだ）沈床、柳枝（りゅうし）工などの工法には、パーマカルチャーにも応用できる多くの知恵がある。

川の平常水は主に地下水から供給される。源流部の森林地帯では森林土壌から浸み出た湧水が沢水となり、これを集めて川となる。丘陵部や台地部でも湧水から川が始まる。ちなみに、川と呼ばれるのは、河川法の規定で幅1mを超えるものであり、それ以下は水路となる。

●水路と堰・水車などの活用

水路の多くは農業用水路となっているが、湧水路として環境的な位置づけで管理され

ているものもある。パーマカルチャーで扱う表流水はこうした水路の利用が多い。農業用水にも大きなものから小さなものまであるが、ほぼすべての水路に水利権が設定されていて、簡単には使用できない。既存の水路を利用する際には水利組合との調整が必要となる。

敷地内で水路を引きまわす際には、土地の高低差を読み取って、位置エネルギーだけで水を配れるように計画する。堰上げしながら、位置エネルギーを一気に損じないようにできるだけゆっくりと水を回すことにより、有効利用ができる。

逆に落差を利用して水車により揚水したり、動力エネルギーに変換することもできる。土地の中に高低差がある場合には、この位置エネルギーをうまく取り出す工夫をすることが大事である。水車だけでなく、風車や太陽光などの自然エネルギーも併用しながら計画することでパーマカルチャーらしい生産地の整備ができる。

●丘陵地や傾斜地の水制御

丘陵地は大きな位置エネルギーを取り出しやすい場所であるが、逆に水の逃がし方もよく考えておかないと、豪雨時に損壊する危険性もある。丘陵地は谷戸地形となっており、平地部分が狭い谷となっている。これを先人は棚田として整備してきた。棚田は水を蓄え、保ち、災害を軽減するなど多くの役割を持っている。

緩い傾斜地では雨天時に水みちをよく読みとり、これをどう導くかを計画し、整備するとよい。

多くの場合はすでにその場所の水条件が形成されていて、それなりに安定しているはずであるが、利用されていない場所では問題のある土地の場合もある。そうした場所では、水の集め方、逃がし方の対策を講じながら

まく生産に利用できるような誘導を行うことが必要となる。丘陵地の場合には、山側の整備も不可欠であり、一体的に整備、管理する必要がある。緩い傾斜地の場合には、崩落地である場合もあり、地質をよく踏まえて利用計画を立てる必要がある。

●砂防と森林の水

森林になると、日常は見えていない水の流れが大事になる。日本の山は急峻なところが多く、土砂崩れも頻繁に起きる。また、地震による山崩れもしばしば起きる。山間に生産地がある場合には、めったにないことであっても大きな崩壊が起きる可能性がある場所を事前に知っておく必要がある。

近年になって、山崩れの形態として、表層崩壊だけでなく、深層崩壊が起きる場合の研究も進んできている。木が土を抱えて土砂崩れを防いでいるというわけではなく、崩れるときには木もろとも崩壊する。こうした危険性を察知するには、地質や土地の履歴を確認しておくと同時に、日頃から山の状態をよく観察しておく必要がある。地盤に見られる縦方向の亀裂やずれなどには危険な兆候を示しているものもあり、その際には地盤関係の機関に確認するなどの予備的な対処が必要である。

森林の管理には、樹木の間伐や下草刈りなどがあるが、水の面から大事なのは道のつけ方である。現状では林道のつくり方自体が水の面からは必ずしもよい方法とは言えず、むしろ公的規格ではない「大橋式作業道」の方法が参考になる。この方法による道のつけ方は、「拡水法」と呼ばれる水の制御に注意を払った方法であり、表流水を集中させない手法である。

この考え方は、基本的に水田や棚田のつくり方や水路の引き方などに共通するもので、

いかに水をゆっくりと暴れないように流すかという技術である。パーマカルチャーで利用する小さな山林の場合でも、考え方の基本は同じである。

●洪水・浸水への対処

水の制御の方法は、低地でも山地でも基本は同じである。低地の場合には、もともと水が集まる場所であり、洪水や浸水の被害が起きやすい。そうした場所では微地形の読み取りが大事である。

低地は水田耕作に適していて、古来人が水辺に寄り添うように住んできた。古い住居ほど、低地であっても洪水の被害を受けにくい低地の微高地に住んできた。

しかし、時代が下るに従い、また堤防の整備が進むに従い、もともとの浸水地帯にも住むようになってきた。こうした場所では、破堤や内水氾濫など、前提条件が崩れてしまうと当然浸水する。したがって、浸水する可能性を踏まえた住まい方や生産の方法をとることが基本姿勢である。

洪水対策は、洪水を抑え込むこと自体が難しいことを前提としたうえで、浸水が起きたときにどう対処するかが課題となる。かつては洪水常習地域では、土地をかさ上げしたり、2階に舟を用意しておくなどの対策を取っていた。考え方は現代でも同じであり、どういう状況のときにどこまで水位が上がるかというシミュレーションを日頃から行っておく必要がある。

洪水水位の表示を行っているケースも多く、そうした日常的に意識しておくという心構えが大事である。水防という地域組織のあり方が崩れてしまった地域も多いが、近年あらためてその必要性が再評価されている。日頃から地域とよく付き合い、水防意識を高めることが大事である。

湖沼・地表の水系

湖に面した場所や沼沢地の場合には、水の条件は豊かであるが、湿潤すぎることがマイナスになる場合もある。基本的には場所の豊かさをいかに引き出すかがパーマカルチャーのノウハウになる。伝統的な方法も多くあるが、水が豊かであれば新たな可能性を引き出せる場所でもある。

●池と沼

池と沼の違いは必ずしも明確ではないが、おおむね水深5m程度までの浅いものを沼と呼ぶことが多く、水質面でも透明ではなく、アシやガマなどの水生植物が多く見られるなどの特徴がある。地下水位面がそのまま表に出て水面になっていると考えてよい。池の場合には、人工的につくるものも含まれるが、沼をつくることは難しい。沼は生産性が低い場所として多くは埋め立てられて今日では少なくなっている。

しかし、自然の生態系としては豊かであり、多くの生物の棲息の場となっている。生産としても、イグサやマコモなど、利用価値の高いものが多い。他にも菱、蓮、ジュンサイなど珍しくなった食用になる水生植物もあり、魚も含めて様々に活かすことができる。地方ごとに棲息する生き物や植生も異なり、それぞれに特徴を出すことができる。

池の大きいものは自然の湖であり、主に魚や貝類などの漁ができる。しかし、多くは既存の漁業権があり、その場合には漁業組合に参加するなどの手続きが必要になる。またダム湖など人工的につくられた湖も多い。ダム湖の場合にはエコトーンとしての水際線の形成が難しく、貧困な生態系となっているケースが多い。また、一般的な利用もほとんどで

きない。池を人工的につくる場合は、せき止めるなどして簡単に池ができる場合と、もともと水の乏しいところで池をつくる場合がある。

新たにつくる池の場合には、漏水対策と水源対策が必要となる。漏水対策は、コンクリートや防水シートで完全に止める場合と、水田のように粘土を用いて一部浸透させる場合がある。土地の条件によりその方法は異なるので、水源の条件と合わせてその方法を決める。

●湿地

湿地は常に水面があるとは限らないがじめじめした場所、ということで使いにくい土地として多くが埋め立てられている。しかし、湿地にはそれなりの水のエネルギーが潜んでおり、これを引き出すこともできる。すべて埋め立ててしまうのではなく、水路を開削し、池をつくるなど、容易に水面をつくりだすことができる。京都にしても江戸にしても、かつては湿地帯であったが、京都では神泉苑という大きな湖をつくりだし、貴族の遊興の場となった。江戸の下町や大坂もかつては豊かな水路網がめぐっていた。

パーマカルチャーによる低湿地の利用は、水条件の段階的なヒエラルキーをつくりだしていくうえで整備しやすい土地条件を持っている。通常は使いにくく、住宅地としては安価な土地であるが、生産地には適している。また、生態池としても景観池としても整備しやすく、様々な活用法がある。

●ため池と遊水池

ため池は全国いたるところで見ることができる。雨が少ないところで特に多いが、もともと日本はモンスーンアジアの国であり、雨季と乾季がある。熱帯ほど極端ではないが、年間を通して雨量の偏りがあるために雨季のうちに雨を溜めておこうという施設である。一方、遊水池もまた雨季の大雨対策であり、洪水はモンスーン地域の宿命でもある。しかし、これを水田によって上手にコントロールしてきたのもモンスーンアジアの地域の特性となっている。

ため池といってもいろいろなタイプのものがあり、低地にいたるところに広がっている地域もあれば、丘陵地の谷戸の多くに池があるものなど様々で、歴史も稲の伝来以来とともにある。古代では祭事の場にもなっていたことが発掘により分かってきている。また、森林の乏しい平地で水源涵養機能を持たせるために森とセットにしてつくられている例などもある。

ため池はまた遊水池としての機能を持たせることもできる。今日ではこうした一時貯留機能を再評価して、社会的な役割をアピールしていく必要もある。ため池を単なるため池だけに用いるのではなく、新しいアイデアを持ち込んで様々に活かしていくことが求められる。

水みち・地下の水系

地下水は目に見えないだけに捉えにくい。地下水はどこにでもあるようでいて偏りもある。溜まっているだけではなく、ゆっくりと流れており、その流れにも速いところと遅いところがある。流れの向きも複雑でなかなか分かりにくい。しかし、かつて井戸を日常的に使っていた頃は、人々が経験的に地下の水みちを把握していた。こうした知恵を今日にも生かしていく必要がある。

●湧水と地下水

水みちとは何かを把握するときに分かりや

武蔵野台地の水みちモデル

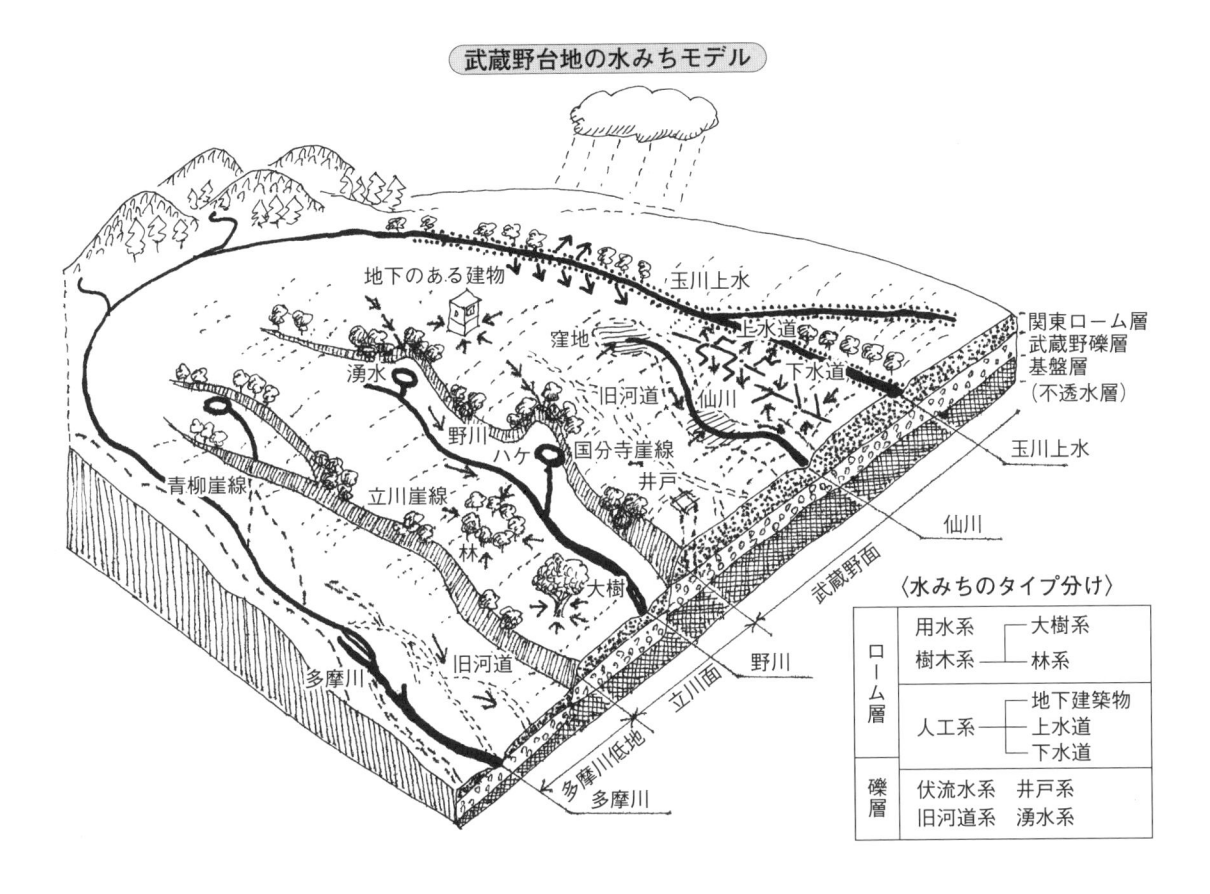

〈水みちのタイプ分け〉

ロ	用水系	大樹系
ー	樹木系	林系
ム		
層	人工系	地下建築物
		上水道
		下水道
礫層	伏流水系	井戸系
	旧河道系	湧水系

すいのは湧水である。湧水は常に同じ場所から湧いており、毎年場所を変えたりはしない。つまりその湧き口の先には何かしら水みちがあるはずである。

実際、湧水のある場所は、地形が形成されてきた歴史をひもとくことで、そこにある理由が見えてくる。

東京の武蔵野台地などのような扇状地台地であれば、扇状地特有の性状として、扇頂部で伏流し扇端部で湧水となって湧き出す。「水みち」とは、地下水のゆっくりとした流れの中で、部分的に形成される速い流れのことである。この水みちを把握することにより、地下水の性状をより正確に知ることができる。

●湧水のタイプ

湧水にも様々なタイプのものがある。典型的なものは台地部に見られるが、丘陵地や山地にも多く、低地にも見ることができる。水量や水質も様々で、富士山のふもとの柿田川湧水のように極めて多量のものから、わずかな水量でも名水となっているものもある。水質も硬水から軟水まで幅が広く、地域により、その流れの経路の地質により異なってくる。

湧水のタイプ分けは図のように、地形的なタイプ分けと地質的なタイプ分けの考え方がある。

●地下水の種類と分布

地下水は浅いところと深いところで性質が異なる。浅層地下水は、自由地下水とも呼ばれ、流れが比較的速く、圧力も持っていないので不圧地下水とも呼ばれる。浅層地下水の中には、東京武蔵野台地の関東ローム層中に見られる中間水としての宙水が見られる場所

湧水の様々な湧出機構

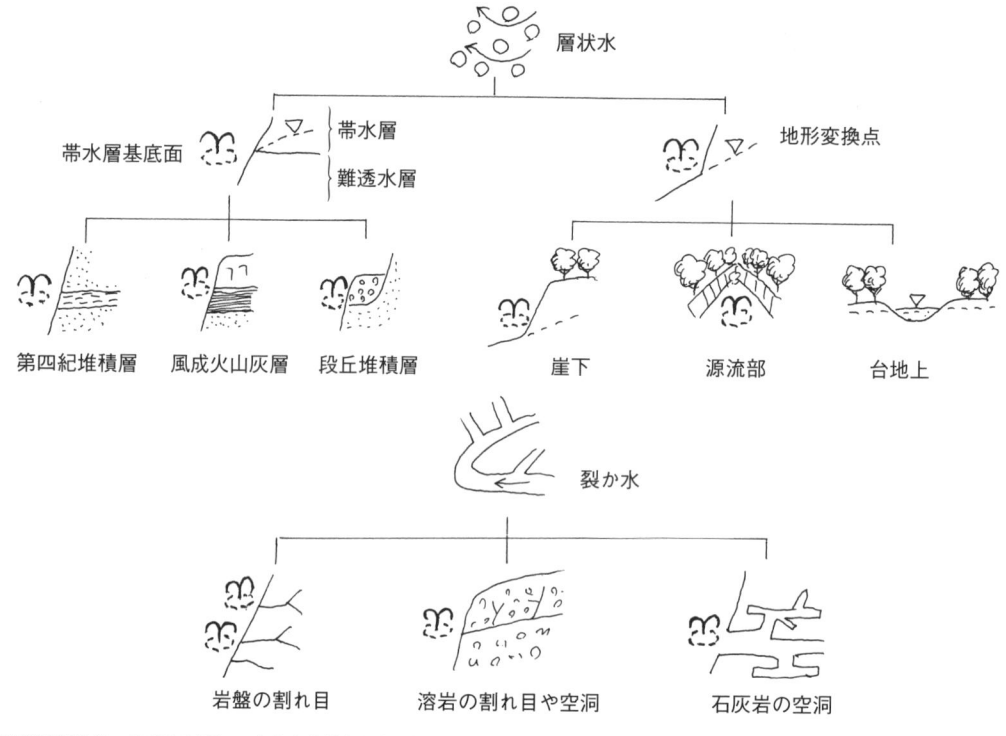

- 層状水
  - 帯水層基底面
    - 第四紀堆積層
    - 風成火山灰層
    - 段丘堆積層
  - 地形変換点
    - 崖下
    - 源流部
    - 台地上
- 裂か水
  - 岩盤の割れ目
  - 溶岩の割れ目や空洞
  - 石灰岩の空洞

注：出典「湧泉調査の手びき」高橋一・末永和幸著（地学団体研究会）

もある。

　一方、深層地下水は、古い時代の地下水であることが多く、圧力も高いことから被圧地下水とも呼ばれる。東京や大阪などの沖積平野に発達した多くの大都市では、深層地下水の揚水により大規模な地盤沈下が起きたが、揚水を止め、地盤沈下がようやくおさまり地下水位も回復してきたものの、地盤が元に戻ることはない。膨大な負の遺産をつくり、回復不能な環境影響を与えた。

　地下水を利用するにあたってはこうした教訓をもとに、適切な関わり方をする必要がある。基本的には循環資源である浅層地下水を利用し、利用分に見合った地下水涵養を行うのが作法である。浅層地下水のある地層は、扇状地の砂礫層、丘陵地の砂礫層や石灰岩地帯、低地の砂層などである。石灰岩地帯の地下水は硬水であり、扇状地は軟水が多い。灘の宮水は貝殻層を通過した地下水の影響で硬水に、京の伏見は扇状地の伏流水で軟水である。お酒に仕込むと、灘の男酒、伏見の女酒の差となる。

●水みちの種類

　水みちには先に述べた湧水の水みちだけでなく、様々なタイプがある。河川の旧河道や伏流水などのような自然の水みちだけでなく、井戸や建物の地下、上下水道などの工作物のまわりにも人工の水みちが形成される。また、木の根のまわりには小さな水みちが形成され、林などでは地下水位を保つ役割も果たしている。ミクロには木の根だけでなく、虫の穴なども小さな水みちをつくっている。

●水みちの捉え方

　ではそうした水みちをどのように捉えるこ

とができるのか。弘法大師は地面に杖をつくとそこから水が湧き出したという。全国にそうした弘法の井が多く伝わっている。おそらくは地質や自然環境への造詣がかなり深かったのであろう。また、世界中に伝わる方法として、ダウジング（棒や振り子などで水脈、鉱脈などを探り当てる）がある。日本では水道関係や建設関係の現場で埋設配管を探すなど、かつてはごくふつうに使われていた。

今日では非科学的なものとして占いの一種にされているが、実際にやってみると誰でも反応する。理由は定かではないが、地形や地質、植物などの情報と重ねてみると、そこにあってもおかしくない場所を示すことが多い。パーマカルチャー講座でも体験として実施しているが、毎年、人は変わっても同じ場所でほとんど皆が反応することも事実である。

実際に井戸を掘るなどの場合には、他の科学的な方法を主として、補足的な手段として可能性のありそうな場所を探るのにはよいかもしれない。

現代的な方法として水みち探査は多くの方法が実施されている。浅いところの場合には、水分計を用いる方法やソナーで音を拾う方法もある。立体解析できる方法としては、音波探査や起振機を用いた振動探査などが実施されている。とはいえ、これらの方法は費用もかかり、パーマカルチャーの実践にはあまり向かないかもしれない。もう少し昔ながらの知恵を駆使して探すほうが向いているように思われる。

それには、地形地質をよく調べ、微妙な高低差をよく観察するとよい。平らなところでも水は必ず低きに流れ、地下水もおおむね地表の地形にトレースされることが多い。植生も水を好むものと乾燥地に生えるものを見分けるなどにより、かなりの程度まで把握できる。冬場の畑を航空写真で撮影した写真に水の湿った筋が写っていた例もある。

農業を長く行っていると、どこにどの作物を植えればよいかが分かって実践している人もいる。昔の話をよく聞くことも大事な作業である。

●水みちの制御

地下を掘ったり、地下水を汲み上げたりする場合には、自然の水みちを損なわないようにしなければならない。水が大量に湧いたときには、これを殺すことなく自然に誘導する必要がある。水みちのバイパスを設けたり、積極的に活用するなどの対応方法がある。用水路は素掘りであれば地下水涵養にも役立つ。窪地や湿地にも水みちがあり、こうした場所を農地に整備する際には、窪地の水みちの性質をよく理解して水をコントロールする必要がある。

普段水がないところでも、地下水位が高くなると野水が走るということが起きる場所もある。そうした場所は水みちを阻害するような地下工作物をつくることに適していない。その逆が地下ダムである。地下水の流れに対して壁をつくり地下水をダムアップして利用する方法であり、沖縄では宮古島や本島南部などで実施されている。パーマカルチャーではそこまでのことはできないにしても、考え方は応用できる。

●井戸のつくり方

農業を行う際に、水の乏しいところでは井戸が欲しくなる。しかし、井戸を掘って浅いところで水が出るとは限らない。

東京では台地の上でも井戸が使える地域があり、都区部の多くにはそうした手押しポンプで水が汲める浅井戸があった。数は少なくなったものの、今でも使われている井戸も多

い。震災時の水源としても価値が高く、自治体から震災時提供井戸として登録されているものもある。

　井戸を掘るにはいくつかの方法があるが、近年は打ち込み井戸というタイプが主流である。ドリルで穴を掘り、そこにパイプを打ち込むという方法である。かつては人が中に入って掘るのが一般的で、掘り抜き井戸もしくは掘り井戸と呼ばれている。この井戸を掘るには特殊な道具と経験が必要であり、現在では井戸掘り職人が極めて少なくなっている。パーマカルチャーでは、こうした先人の技と知恵を継承することが大事である。

　井戸をどこに掘るかはなかなか難しく、ほんの１ｍ離れただけでも出るか出ないかの差が生じる場合もある。地下の地形は均一ではなく、当たり外れが出ることもある。一つの敷地の中でも場所により水質が異なる場合もある。

　秋田県の造り酒屋の敷地で、7本の井戸すべてが異なる水質を持っているという例もある。食品に使う場合に鉄分は味を損なうので、鉄分が多いと金気があるといって雑用水として使われる。酒の仕込み水として地下水は適度な栄養分となるミネラルを含んでおり、水が味の生命線となっている。

　井戸から水を汲む方法として、かつてはつるべ井戸であったが、現在ではほとんどの場合、井戸ポンプを設置する。井戸ポンプには圧力タンクがついていて、水栓を開けると圧力低下を感知して自動的に給水される。手押しポンプも通常は５ｍ程度までしか汲めないが、中間シリンダーをつけることで、15m近くまで汲みあげることができる。また、農地の灌漑用に風車ポンプを用いる例もある。

　以上述べてきたように、水の存在状態は極めて多様であり、これをきめ細かく読み解いていく必要がある。作物の生産にとって微気候、微気象の読み取りが大事であるが、水についても微細な条件の読み取りが必要であり、「微水」を読み取り、うまく生かしていく工夫が大事である。

パーマカルチャーのデザインに生かすための自然観察

田畑伊織

はじめに 〜土地の声に耳を傾ける〜

　パーマカルチャーの実践に自然観察は欠かせない。自らの暮らしやその場をデザインするうえでも、いよいよそれらを形にしながら生活していくうえでも、長期にわたる思慮深い観察が必要である。その目的としては、「気候（降水・太陽・温度・湿度・風）」や「地理（地形・地勢・地質）」、「資源（生物・土壌・水・インフラストラクチャー）」の確認・活用のための状況把握や、デザインに生かすための自然のシステムやパターンの観察・把握があげられる。

　筆者がオーストラリアやニュージーランドの実践地を見学したとき、多くの実践者がまずは生活をデザインする場で、トレーラーハウスや仮小屋に暮らしながら、数カ月から数年にわたり土地を観察することから始めていたことが印象に残っている。その土地を知るために情報収集をするだけではなく、まずはその土地の気候風土を身をもって体験し、観察することを重要視していることの現れだろ

う。これはきっと彼らが土地の声に耳を傾けて、それに寄り添おうとしているということなのだと自分流に理解した。

　この章では、ある土地の自然の全体像をマクロに捉えるヒントを紹介したい。具体的には、自然の様子を自分の目で確かめることにより、風景として目の前に見えている自然環境が現在どうなっているのかを「把握」し、将来どのようになっていくのかを「想像」するということである。これらは具体的な観察やデザインに入る準備作業とも言えるだろう。

　かつて地域では、その土地の自然と人との付き合いの過程の中から伝統文化が生まれ、その土地特有の風土を醸し出していた。言い換えると、人の暮らしも生態学的に比較的健全な形で、地域の生態系、つまりある一定の環境条件の下で、生物・非生物それぞれが相互の関係性を保つことにより安定して機能する仕組みと共存していたと言える。しかし、21世紀を迎えた現在、人が環境を大きく変化させる技術を手に入れ、グローバル化とともに日本中で人の暮らしが画一化される中で、

地域の生態系との関わりが薄れ、かつてないスピードで風土の質も変化しつつあり、持続可能性への危機が訪れている。

パーマカルチャリストにとって、まずは地域の自然の全体像を捉え、そのプロセスを確認することは、あえて擬人化をするならば、その場所の風景・自然が何をしたがっているのかに耳を傾けるということになろう。その声に寄り添うことこそが、自然のシステムに倣い、生態学的にも健全で経済的にも成り立つ永続可能なシステムをデザインすることを目指す、つまりパーマカルチャーを実践する第一歩だと思う。

場所の感覚をみがく
～ Think planetary ～

皆さんは、現在自分が住んでいるところがどこかと聞かれたら、どのように答え、説明するだろうか。

通常は住所を答えるだろう。今の住みかに引っ越して来たばかりの人でなければ、ほとんどの人は自分の住所を覚えているだろうし、日本で育った人ならば、都道府県名を聞けば、国内での地理的な大まかな位置や、大体の気候風土が想像できる。その人の経験や知識によっては、国外の住所を聞いても同様なことが想像できるだろう。

ところが、今自分が住んでいるところの緯度・経度・標高を聞かれたらどうだろうか。標高はまだしも、緯度・経度を覚えていて答えられる人はほとんどいないだろう。調べたことがあるという人も少ないのではないだろうか。もちろん、日常生活で緯度・経度が必要な機会はほとんどないし、覚えておく必要もないのであるが、住所と違って、緯度・経度・標高が分かれば、世界中どこであっても、地球上での自分の位置が三次元的にピンポイントで分かるのである。地図を使えば調べられるし、現在はハイテク機器が発達し、ちょっと本格的に山登りをする人は時計やハンディGPSを使って、そうでなくともインターネットや携帯電話で簡単に調べることができるので、ぜひ一度自分の住んでいる場所の緯度・経度・標高を調べてみてほしい。

もし、自分の住んでいる場所の緯度・経度・標高が調べられたら、特に緯度・経度を使ってちょっと遊んでみよう。世界地図もしくは中学・高校時代に使った地図帳を引っ張りだしてきて、調べた緯度とほぼ同じ緯度上にある世界の都市・国を見てみよう。大まかには大陸の中央・西・東どの位置にあるかによるのだが、大きく風土の違う土地が横並びになっていることが分かるだろう。余裕があれば次の場所もみつけ、まわりの都市や国を見てほしい。

- 同緯度で、反対の経度（東経を西経に変える）の場所をみつける。
- 反対の緯度（北緯を南緯に変える）で同じ経度の場所をみつける。
- 緯度も経度も反対の場所をみつける。

さらに、自分が住んでいる場所について、月別や年間の平均気温や降水量はどのくらいか気にしたことがあるだろうか。それらは世界的に見てどうなのだろうか。これらの情報は、旅行ガイドや毎年更新して発刊されている『理科年表』（国立天文台編、丸善）で、国内は都道府県ごとに、世界的には代表的な都市ごとに大まかに調べることができる。上記の活動でみつけた場所の近くの都市や国と比べてみよう。

このような活動は、もしかしたら、学生時代に地理の時間でやったことがあるかもしれないが、これらを見ていくことで、地球的に見た自分の場所に対する意識がある程度はっきりしてくるのではないだろうか。

大まかに言えば、北半球の中緯度かつ大陸の東側に位置する日本列島は、四季がはっきりしており、海流と季節風の影響で、比較的暖かく降水量の多い温暖湿潤な気候帯に属している。降水量はほぼ夏場が多いが、日本海側の地方のみ豪雪のため冬場が多くなる。南北に長い特徴から、沖縄など南の地方では夏が高温多雨で冬も温暖湿潤な亜熱帯の気候に属し、北海道など北の地方では冬が非常に寒く夏は涼しい亜寒帯（冷帯）の気候に属している。

ここまでは、ある場所に関しての基本的なデータを見ていくことで、言うなればプラネタリーな感覚で自分の場所を捉えてみた。次はいよいよ野外に出て、自分の足で歩きながら地域の自然を把握するための手がかりを探してみたい。

風景を見る 〜地域の全体像を捉える〜

全体像を把握するためには、俯瞰するのが一番である。ここからは何がどこにあるのか、自分を取り巻く地域の自然の空間的な配置を確かめる作業となる。

まずは自分の住んでいる場所を、高いところに行って見渡してみよう。見晴らしのよい小高い丘などがあればよいのだが、平坦な土地であれば、屋根の上やアパート、マンションの屋上や踊り場、ビルの窓からでもよい。視点が変われば見えるものも変わってくることが分かるだろう。

自分の住んでいる場所を取り巻く地域を見渡すには、眺望のある山、高層ビルの上階の窓辺など、もう少し高いところに行かなければならないかもしれない。この際にはぜひ地図を持って行こう。おすすめの地図は、国土地理院が発行している「2万5000分の1地形図」だ。これは国土の基本図として、全国を約4000枚の地図でカバーしており、全国整備されている中でもっとも縮尺が大きいものである。ちょっと大きな書店へ行けば1枚数百円でだれでも入手が可能であるし、国土地理院のウェブサイトでは閲覧もできる。この地図には地図記号という形で、道路、鉄道、建物、土地の高低や起伏、水系、植生、土地利用などが実測に基づき正確に描写されているので、風景を地図と見比べながら確認してみてほしい。

この地図1枚に表されている範囲は、約10km四方になる。地域の大きさを何によって決めるかは一概には言えないが、せめて自分の住んでいる場所が記載されているこの地図1枚の範囲は、何カ所かに分けてもかまわないので俯瞰する体験を持ってみたい。なぜなら、10km四方と言うと、いろいろ観察しながら歩いても、平坦なところなら1日で、地形の多少複雑なところでも2〜3日あれば歩いて横断できる、つまり自分が住んでいるところから自らの足を使って、すぐに確認できる範囲が、この地図1枚に記載されているからだ。

地図を見ながらの俯瞰では、ほぼ正確な方位や地勢（地形や起伏の角度や向き）に注意しながら観察してみよう。これらはしばしば日当たりや風向きと密接に関連し、その土地ならではの微気象を生み出し、地域の自然の様子に影響を与える。

また、土地に変化をつける具体的な原因に、土地の隆起や沈降などの地学的な作用と、特に降水が豊富な日本では水の作用があげられる。今、目の前にしている土地の起伏も、重力と水の流れの作用によって土地が削られてできたものが少なくないだろう。その点では河川の流れにも注目したい。水は生物にとって必要不可欠なものであり、私たち人

間の暮らしの中にも自然環境の中から日常的に直接的に取り入れている要素である。水系を通して私たちの場所、地域も上流・下流とつながりをもち、広がっていることが分かる。

　自然環境の中では、葉緑素をもち光合成を行う緑色植物が唯一、生産者としてエネルギー生産の基礎を担っている。そこで、今度は風景の中の緑色植物に注目してみよう。

　春〜秋にかけての暖かい時期には、風景の中になんらかの緑色植物が見られるだろう。地球上の陸地は、極端に降水量が少なかったり気温が低かったりしない限りは、年月を経て植物に覆われる。また、植物は基本的には自ら動くことができないため、その地域の気候や土地条件の違い、あるいは人為的な作用が直接的に反映された、特有の景観をつくり出す。前にあげたように温暖湿潤な日本の気候では、現在でも森林率がほぼ70％もあることからも分かるように、人為的な影響がなければ、土がないところや湿地以外は樹木に覆われるはずである。

　皆さんの目の前に広がる風景には、どれくらい樹木があるだろうか。比較的緑に囲まれていると思っていても、それが並木のように「ついたて効果」を発揮していて、高いところから見下ろすと緑の線や帯になっており、緑のまとまりになっていないこともあるだろう。また、樹木が密生していて緑のまとまりに見えるところも、そこに生えている樹木はその場所の自然条件に適合して自然に生えたものだろうか。ぜひ、その場所を歩いて訪ね、植生の様子を観察してみたい。

　もちろん、先史時代から人が暮らしている日本列島では、人の手が加わっていない風景、原生の自然というものはほとんどない。また、その風景に戻すというのがパーマカルチャーの直接的な目的でもない。しかし、よ

り原生の自然に近い場所というのは、その場所の自然条件の中で、自然のシステムがもっとも発揮されている場所と言えるであろうし、そうであるならばそこにはパーマカルチャリストが参考にする仕組みや対象が多く存在するはずである。

　そこで、次からは植生、特に樹木がまとまって生えている森を観察する視点を紹介していきたい。

森を外から見る
〜木の種類を見る〜

　日本列島は南北に約2000kmに及び、その広がりだけであれば、アメリカや中国などの国々に匹敵する。かつ海に囲まれ、国土に砂漠がないという降雨量に恵まれた土地に、中緯度に位置するため亜熱帯から温帯、亜寒帯（冷帯）までの気候帯があり、多種多様な樹木が自生している。それらの樹木は大まかにいうと、葉の形と冬の過ごし方で大きく四つのタイプに分けられる。

　まずは、葉の形で二つのタイプに分けられる。葉が手のひらのように平たい、いわゆる私たちがイメージする葉っぱの形をしている樹木は「広葉樹」、葉が針のように尖っていたり、細長い形や鱗（うろこ）のような形をしている樹木は「針葉樹」と呼ばれている。木のシルエットも、広葉樹はテニスのラケットのような、枝の広がり全体が丸みを帯びた感じになるし、針葉樹はクリスマスツリーのような円錐形に近い感じになる。

　加えて、広葉樹・針葉樹それぞれに冬に葉が枯れて落ちてしまう樹木は「落葉樹」、冬も緑色の葉を茂らせている樹木は「常緑樹」と呼ばれている。よって、落葉樹の森なのか常緑樹の森なのかは、冬場の積雪がない時期に見れば、前者は山肌が茶色に、後者は濃い

健全な常緑広葉樹の断面

（「日本の植生」より改変）

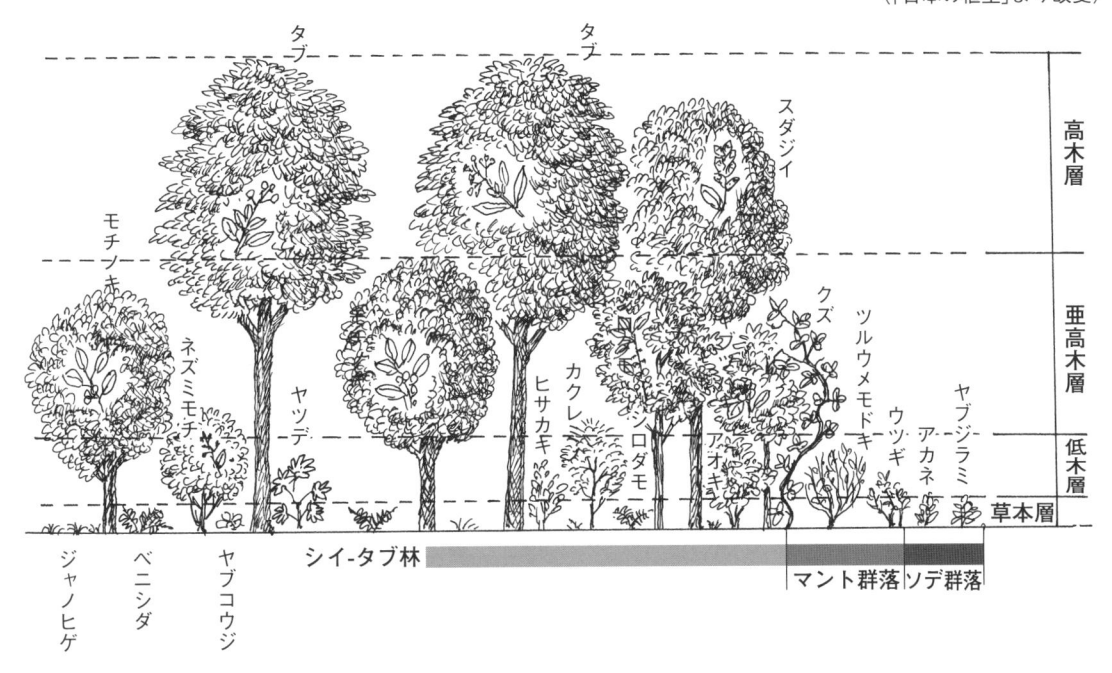

高木層：タブ、タブ、スダジイ
亜高木層：モチノキ、ヤツデ、ヒサカキ、カクレミノ、クズ
低木層：ネズミモチ、シロダモ、アオキ、ツルウメモドキ、ウツギ、ヤブジラミ、アカネ
草本層：ジャノヒゲ、ベニシダ、ヤブコウジ

シイ-タブ林／マント群落／ソデ群落

注：出典「NHK 知るを楽しむ この人この世界」2005年6月号（NHK出版）

緑色に見えるので一目瞭然である。皆さんの地域にある森はどちらの森だろうか。

これらは、樹木の生存の厳しい時期にどのように過ごすかによる違いだと言える。具体的には乾燥と極端な暑さ・寒さに影響される。寒さや乾燥には葉を落として休眠したほうが都合がよいし、その時期が長すぎると、葉を落としてしまうと光合成ができず栄養がつくれないので、針葉にしてなんとか寒さや乾燥に耐え、一年中光合成を行うという具合である。よって、気温と降水量により、その土地でどのような樹木が森をつくるのかということが大まかに決まってくるのである。また、それにより森の外観もそれぞれの森で特徴的なものとなる。

まとめると、「常緑広葉樹」「落葉広葉樹」「常緑針葉樹」「落葉針葉樹」の四つのタイプの樹木があることになる。しかし、「落葉針葉樹」で日本に自生しているのはカラマツ1種類のみであり、カラマツが自然分布しているところは国内では大変少なく、局地的である。したがって、大きく分けると「常緑広葉樹」「落葉広葉樹」「常緑針葉樹」の三つのタイプの樹木、それらがまとまっている森があることになる。温暖湿潤な日本では、主に冬の寒さをどう乗り切るか、つまりその地域の気温によってどのタイプの森になるか（森の外観）が大まかに決まってくる。

日本列島全体でいうと、おおまかに年間平均気温が13℃以上（かつ一番寒い月の平均気温が−1℃より高い）地域には常緑広葉樹、年間平均気温が13℃〜6℃の間の地域には落葉広葉樹、年間平均気温が6℃以下の地域には常緑針葉樹が分布している。

気温は、日本では緯度が高くなるほど、つまり南から北に行くほど寒くなるし、標高によっても変化する。基本的には標高が高くなるほど気温は低くなり、約100m標高が上が

日本の森林タイプの分布

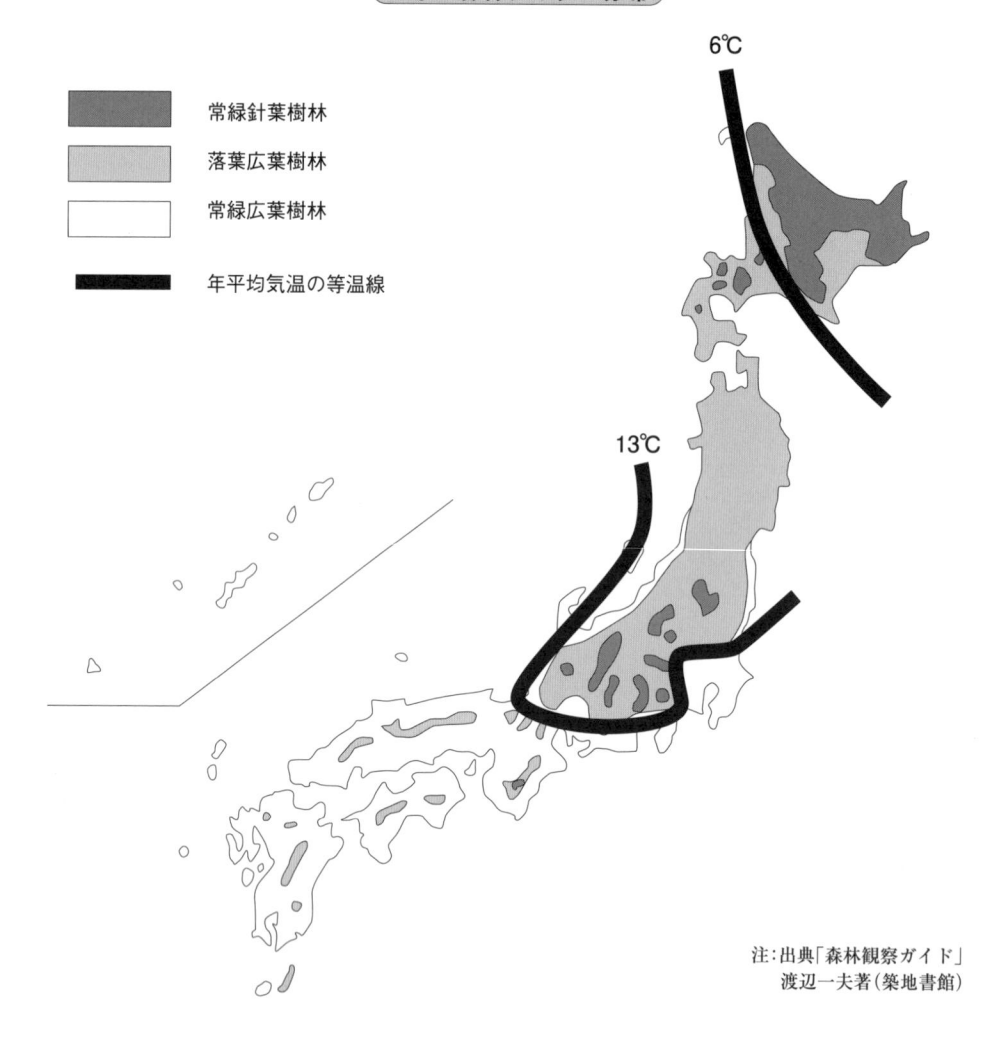

凡例：
- 常緑針葉樹林
- 落葉広葉樹林
- 常緑広葉樹林
- 年平均気温の等温線

6℃
13℃

注：出典「森林観察ガイド」
渡辺一夫著（築地書館）

るごとに気温は0.6℃下がると言われている。よって、沖縄から本州中部くらいまでは、外観が一年中濃い緑色で丸みを帯びた樹木が集まり、モコモコとした感じの常緑広葉樹の森、本州中部から北海道南西部までは夏は様々な緑色、冬は茶色で枯れ木がまとまって生えているように見える落葉広葉樹の森、北海道東部は一年中濃い緑色で木々の三角頭が並んで見える常緑針葉樹の森が分布していることになる。それぞれの地域で標高が高いところは気温も低くなるので、少し北にあるはずの森が分布している。

ただし、これは大まかな話で、植物の分布は気温以外にも地形や地質にも影響されるので、北斜面と南斜面で森のタイプが違ったり、土地がやせていて乾燥しているところや、逆に沢沿いで湿っているところ、斜面で地面が崩れやすかったり、人が木を伐ったりして手を加えているところは局地的に周辺とは違うタイプの森になっていることがしばしばある。

さらに、同じタイプの森を構成する樹木にも、それぞれの種類での好みの条件があるため、例えば同じ常緑広葉樹の森でも、湿気の多いところにはタブノキが、乾燥したところにはアラカシが、気温が低いところにはアカ

植生垂直分布模式図

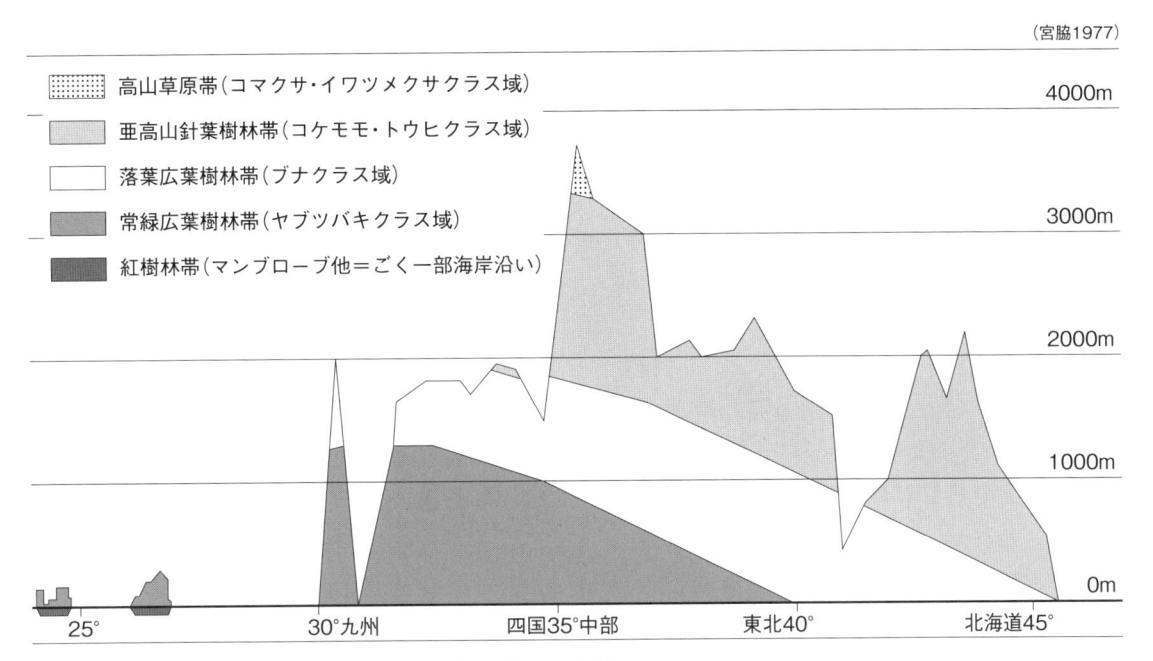

(宮脇1977)

- ▦ 高山草原帯（コマクサ・イワツメクサクラス域）
- ▢ 亜高山針葉樹林帯（コケモモ・トウヒクラス域）
- □ 落葉広葉樹林帯（ブナクラス域）
- ▨ 常緑広葉樹林帯（ヤブツバキクラス域）
- ■ 紅樹林帯（マングローブ他＝ごく一部海岸沿い）

注：出典「NHK 知るを楽しむ この人この世界」2005年6月号（NHK出版）

ガシが、土壌・水分条件の悪い山地の尾根沿いには常緑針葉樹のモミが見られるといったように、細かく見ていくと植生は、よりその場所特有の気候・土地条件を反映したものになっている。

森を中から見る　～森のつくりを見る～

次に、森の中から森を観察してみよう。

森は単に樹木がまとまって生えているだけではない。それぞれのタイプの森で、森を構成する木の形（枝張り）と高さに注目してみる。

基本的に、はっきりした1本の幹をもち、人の背丈よりずいぶん高くなり、その上部で枝を広げている木を高木という。これに対し、地面のあたりから枝分かれし、幹がどれかはっきりせず、人の背丈より少し高いかそれよりも低い木を低木という。

森の外観を決めるのは、高木の存在である。しかし、森の中に入ると、高木に隠れて外からは見えなかった低木や、地面近くに生えている草の様子が見えてくる。これらの植物がそれぞれに層をなし、森の内部に高木層・亜高木層（高木層と低木層の間を埋める層）・低木層・草本層（低木より低い地面に一番近い層）という階層に分かれている。

森の中には高木の稚樹や幼樹もあるなど、各層は完全に分離しているわけではなく、かなりの連続性をもっている。しかし基本的には、森に降り注ぐ太陽の光を、それぞれの植物が無駄なく利用しようとするためにこのような階層をつくる。よって、層が地面に近くなるほど、木漏れ日などの弱い光で光合成ができる耐陰性の強い植物が多くなる。これらの植物は、高木が倒れて日が射すようになったりして光が強すぎると枯れてしまう。

さらに、森の周囲を観察すると、森の外周は、つる性の植物に覆われている。これらは

「マント群落」と呼ばれる植物のまとまりである。それらのつる植物より低い場所のさらに一段外側には「ソデ群落」という植物のまとまりがある。これらは強い日光を好む植物で、光の弱い森の中にはないが、光の強い森の外周に生えて外側をマントや袖で覆うことで、森の中に強い風が吹き込むことを防ぎ、湿度や明るさを一定に保つ安定した環境を維持するために一役買っている。

このように、その土地の条件に従って成立した森では、中に入って観察すると立体的な空間構造をもっていることが分かる。前述のような階層構造をもち、外周をマント・ソデ群落で覆われている姿こそ本来の森の姿であり、そこに生活する多種多様な生き物たちと環境要素とのつながりの中で比較的安定を保ち続ける基礎となる仕組みである。

このような森が出現するためには長い年月が必要で、何もない裸地にいきなり木が生えてきて森ができあがるわけではない。

次には、森ができあがっていく植生の変遷を見ていきたい。

時間を追って見る 〜森の成長を見る〜

森ができあがっていく過程を見るということは、その場所の土地条件に合った安定した環境ができあがっていく時間的な自然のプロセスを見るということである。

なんらかの理由で植生がなくなった場所、つまり植物が生えていない裸地には、まず草が生えてくる。草の中でも、まずは1年で枯れて世代交代してしまう寿命の短い一年草が生える。そのうちに地上部は枯れてしまうが、地下部は生き残りまた翌年に芽を出すという形で、数年間生き残る多年草が侵入してくる。そうしてさらに時間が経ってようやく樹木が生え、草原から疎林そして森を形成していく。

この段階までは、日当たりを好み比較的土地がやせていても生育できる植物が多いのが特徴で、特に樹木に関しては「陽樹」と呼ばれる、強い光を好み生長の早い特徴をもつ樹種が森をつくる。陽樹の芽生えは、日当たりの悪い森の中では生長することができないため、陽樹の森はそれほど長続きせず、次第に少ない光でも生長することのできる「陰樹」と呼ばれる樹種が森の中で生長を始め、さらに時間の経過を経て、森を構成する木々が陽樹から陰樹に取って代わられ、最終的に陰樹の森となって更新が続く形で安定する。この最終的に安定した状態を「極相」と呼び、極相に至る推移を「遷移」と言う。

前述した階層構造をもち、気候・土地的条件に伴って常緑広葉樹・落葉広葉樹・常緑針葉樹それぞれが構成する森が、大まかに言う日本列島におけるその地方の極相ということになる。まったく何もない土地から極相に至る遷移には少なくとも数百年の時間を要すると言われており、そのために極相の森では長い年月を経て蓄積された豊かな土壌も有している。

遷移は一つの方向、つまりその地域の気候・土地条件に合った極相に向けて進行していく。気候・土地的条件により、極相が必ずしも陰樹の森になるわけではなく、陽樹の森や草原的環境が土地的極相をなす場合もある。また、面積にもよるが、極相の森も全体が完全に安定しているわけではなく、強い雨風や急激な地形の変化などの物理的な力、または人為的な影響によって植生が破壊され、局所的に遷移の早期の段階に退行してしまい、様々な遷移の段階がパッチ状に含まれるのが通常である。

その土地本体の極相林、つまり、人の影響

遷移の過程

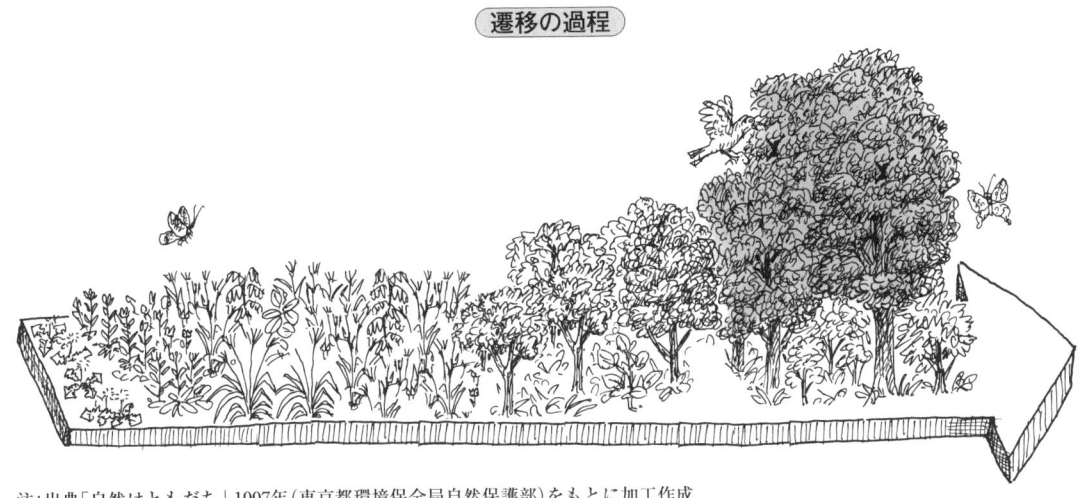

注：出典「自然はともだち」1997年（東京都環境保全局自然保護部）をもとに加工作成

をまったく受けていない原生林は、日本はおろか世界中にもほとんど残っていない。現在残されている森林でも、森の構造を無視し、広範囲に植林することで人間の利用に都合のよいスギやヒノキなどに樹木をすべて置き換えてしまった人工林や、木々を伐採し、ふたたび森に戻る過程の二次的な森の樹木を利用する、薪炭林などの二次林であることがほとんどである。

自然林、つまり人の影響が少なく、その土地に本来ある植物が構成し、遷移の段階で極相に近い本物の森はどこにあるのだろうか。地域における本来の植生をもとにした本物の森づくりを先駆的に提唱・実践する植物生態学者の宮脇昭氏によると、そのヒントは地域の社寺林などの鎮守の森、急斜面林、古い屋敷林などにあるという。地域にそのような場所があれば、ぜひ訪ねて行き、外観やその構造、森をつくっている植物の種類やその様子を、四季を通じて観察をしてほしい。

今までに述べてきたように、気候・土地的条件が分かれば、長い時間の遷移の過程を経て、極相として本来そこにあるべき森のタイプがある程度想像できることになる。ただし、現在私たちが自分たちの地域で実際に目にする風景は、人間の活動の影響を強く受けており、その土地の極相の風景とはかけ離れたものになっていることがほとんどである。

しかし、遷移の過程と極相がある程度想定できていれば、その場所で過去にどのようなことが行われたか、また、その場所では自然のプロセスに従うとどのような段階を踏んでどうなっていくのかもまた、想像できるはずである。

どのような場所でも自然のプロセス、遷移は極相へと段階を踏んで進んでいる。そうであれば、今、目の前に見える風景は、遷移の段階に当てはめると、どの段階にあるのだろうか。

例えば野菜畑は、ようやく一年草が生え始めたところ、遷移の段階で見ると初期の段階であるということが言えるだろう。極相に向かって勢いづいて進む遷移の次の段階は多年草の繁茂、そして陽樹の森へと進んでいく。それゆえ、当然畑には、日当たりのよい場所を好む一年草や多年草が畑の雑草としてはびこり、しかもそれらは、本来その場所の気候風土に適した植物であるため、やせた土地でも強い。

しかし、野菜畑では遷移とは逆の方向、つ

カシ（常緑広葉樹）林域に対する人間活動の影響と代償植生との相互関係

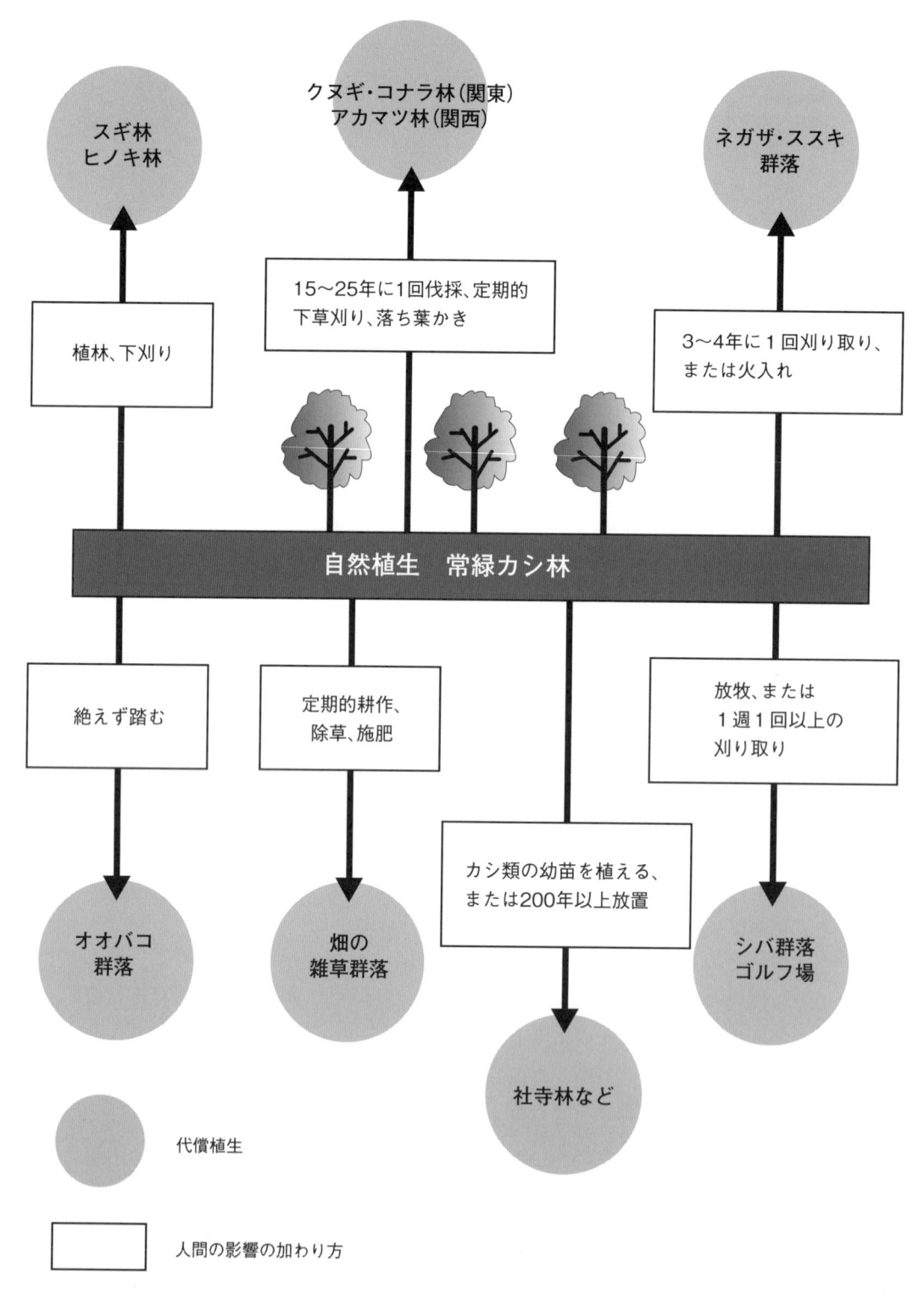

- スギ林 ヒノキ林 ← 植林、下刈り
- クヌギ・コナラ林(関東) アカマツ林(関西) ← 15〜25年に1回伐採、定期的下草刈り、落ち葉かき
- ネガザ・ススキ群落 ← 3〜4年に1回刈り取り、または火入れ

自然植生　常緑カシ林

- 絶えず踏む → オオバコ群落
- 定期的耕作、除草、施肥 → 畑の雑草群落
- カシ類の幼苗を植える、または200年以上放置 → 社寺林など
- 放牧、または1週1回以上の刈り取り → シバ群落 ゴルフ場

○ 代償植生

□ 人間の影響の加わり方

注：出典「NHK 知るを楽しむ この人この世界」（「日本の植生」より改変）2005年6月号（NHK出版）

まり無理に一年草の段階でとどめておこうとするために、草刈り・施肥など多大なエネルギーを注ぎ込むことになる。

自然の森を観察すると、森の中には畑の雑草がほとんどないことが分かる。光条件が悪いためである。畑では強い植物も、本来の自然の中、特に遷移の最終段階に近い森の中では、弱い存在となっている。

また、森の土壌も、まるで森の階層構造の続きのように何層にも積み重なって微生物の棲みかをつくり、彼らの働きによって保水力のある豊かな土になっていることが分かる。そこで、野菜畑に施す工夫の一つとして、マルチを積み重ねてしっかり地面を覆い、草を抑えつつ畑を肥やすという方法が出てくる。

同じように、人間活動に特化した都市や住宅地という環境を遷移の段階に当てはめると、どのようなことが言えるだろうか。また、高台から俯瞰した自分の住む地域についてはどうだろうか。

その場所において土地のもつ力、その土地の気候風土と生物が織りなす生態系が秘めている無限の可能性を引き出すために、どのような将来像を描き、今何をすべきなのか、そのヒントはきっと地域の本物に近い森の中に隠されているはずである。

まとめに代えて 〜 Act locally 〜

エコロジカル・リテラシーともいうべき自然の見方を身につけることとは、まず観察を通して自然のプロセスと、それに伴うこの場所の変化を知る手がかりをつかむことであろう。それをもとに、時間と空間に対する想像力を駆使して過去と未来を見つめることこそまさに、その土地の声に耳を傾けるということではなかろうか。

そして、その声に寄り添うということは、生活を通してその土地に責任をもつということ、つまり地域における生態系というコミュニティに参加することであり、自分が生活する土地を自らのアイデンティティとして、生態系の中での人間の位置を具体的に模索し、多様性の中における一つの生物種「ヒト」であることの意味を問い直すことであると思う。そのための実践の手段を、土地の気候風土を踏まえたパーマカルチャーが担うものだと考えている。

なお、本稿に関しては紙面の都合や本書の性質もあり、できるだけ専門用語を用いず分かりやすく伝えることに努めたつもりである。その反面、細部をはしょり概要のみを紹介するにとどめてしまった部分が多い。具体的には、本書の他の項や巻末の参考文献などを参照して、より正確な知見の習得に努めてもらえれば幸いである。

PERMACULTURE

自然エネルギーのデザイン

今井雅晴

パーマカルチャーの自然エネルギーデザイン

　化石燃料の利用は高度な科学技術を生み出し、人口の増加とともに大量生産と大量消費によって我々の生活を豊かなものへと変えてくれた。しかしその反面、あらゆるところでゆがみが生じてきている。現代は、一部の富裕層のみがエネルギーと金融を支配し、大多数の持てない者たちの生活と生命を脅かす(おびや)ことでバランスがとられている。

　しかし、そんな人間たちの行いを自然界が長く放っておくわけがない。人間社会のマネーバランスがとれたとしても、人間が宇宙、そして太陽を含めた地球という自然界に反抗を続けていくならば、そこには災害と混乱が生じてくるのである。まさに我々は、薄氷の上で浮かれ騒ぎ生活しているのと同じであり、いつ崩壊するのか分からないのである。

　また、現代の社会にずっぽり浸っている現代人は、スイッチ一つで何もかも手に入れることができる。そのスイッチの数を増やすために、額に汗してお金を稼ぎ、暑さも寒さも自由にコントロールする快適さを得ようとする。権力を得れば、権力というスイッチで人も国をも動かすことができる。その魔法にかかってしまうと、もはや人間は地球にとって害虫と同じである。

　パーマカルチャーシステムにおける自然エネルギー循環の考え方は、化石燃料による支配からの影響を最小限に食い止め、代替エネルギー（再生可能エネルギー）を見つけ出し、小さな単位での無駄のない循環をつくり出すことにある。

　当然、一般的な自然エネルギーとなるのは、地球上に生きるすべてのものが平等に恩恵を受けている太陽であろう。その他にも水、風、地熱、バイオマスなどがある。そして、何気なく日々の暮らしをする中で、いつも当然のごとく身のまわりに存在し、見過ごしているものがないのか、見直しが始まる。ここがパーマカルチャーのアイデアの見せどころとなる。もう一度、けがれのない子どもの目を取り戻しながら、好奇心の目で我々の前から通り過ぎて失われてしまうエネルギーを捉え、貯え、活用する。これがパーマカル

チャーのデザインなのだ。

　例えば太陽エネルギーは、大きく光と熱に分けることができる。太陽熱は色素の濃いものに収集されやすく、質量の大きいものに貯めるほうがよい。太陽光はガラスを透過し、鏡に反射するので、巧みに光の帯をつくり出し、室内に明るさを提供することもできる。曲面を用いることにより集光、集熱させ、エネルギーを数倍に変化させることもできる。また太陽エネルギーは、半導体シリコン（太陽電池）によって電気エネルギーに姿を変え、我々の生活の中での可能性を広げてくれる。

　水の場合、普通は生活水といわれる上水、雨水などの中水、生活水を使用した後の下水と分かれ、それぞれから巧みにエネルギーを取り出すことができる。自分の所有地の中に川でもあれば利用はもっと楽しくなる。雨水や川の水は、位置エネルギーをうまく利用してみるとよい。

　高いところから低いところへ、1/100の高低差でも水を自由に導くことができ、その高低差によって小型水力発電の利用も考えられる。排水や雨水も、自分の敷地から流れ出る前に植物生命を潤してくれるようにすれば、新しいエネルギーの源となりうる。

　パーマカルチャーの自然エネルギーのデザインは、外から流入してくるエネルギーを最大限に循環させ活用することにある。多様なシステムの中で、いかに自然との調和を築き、創造的なアイデアでどう利用していくか、ここにパーマカルチャーのすばらしさがある。

エネルギー供給の現状

　ここで、世界と日本のエネルギー事情を調べておこう。

自然エネルギーの活用

〈水力〉

水源
流れてくるエネルギー

位置エネルギーの吸収（発電）

貯えて生命を育てるエネルギー（生活水）

農業用水

すべてのエネルギーを吸収し排水

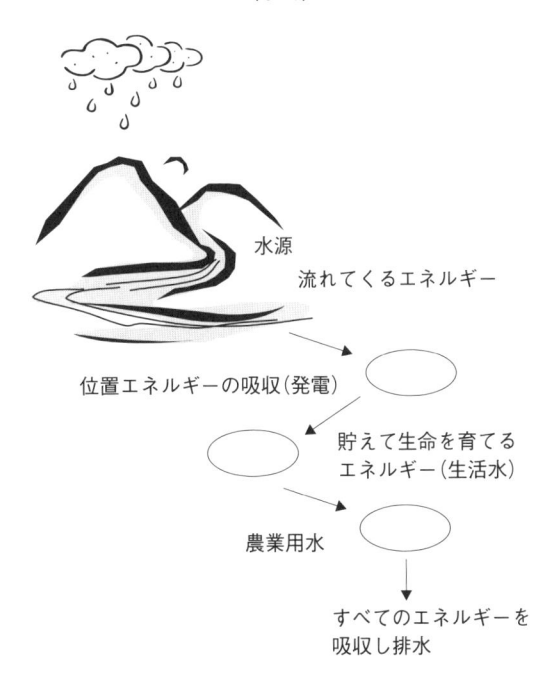

〈太陽光と太陽熱〉

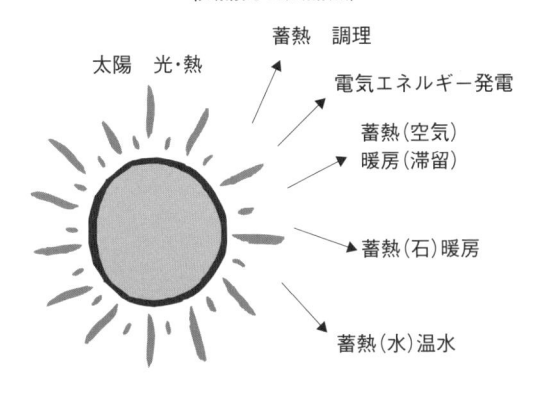

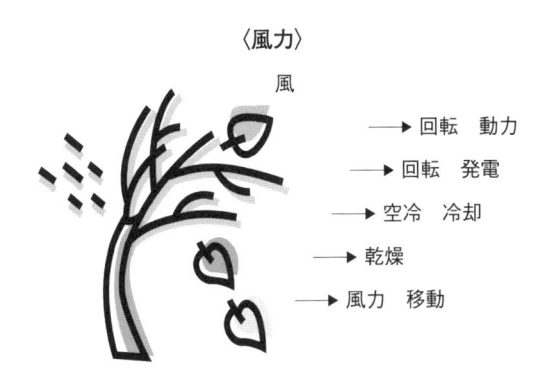

太陽　光・熱
→ 蓄熱　調理
→ 電気エネルギー発電
→ 蓄熱（空気）暖房（滞留）
→ 蓄熱（石）暖房
→ 蓄熱（水）温水

〈風力〉

風
→ 回転　動力
→ 回転　発電
→ 空冷　冷却
→ 乾燥
→ 風力　移動

主要国のエネルギー自給率（2005年）

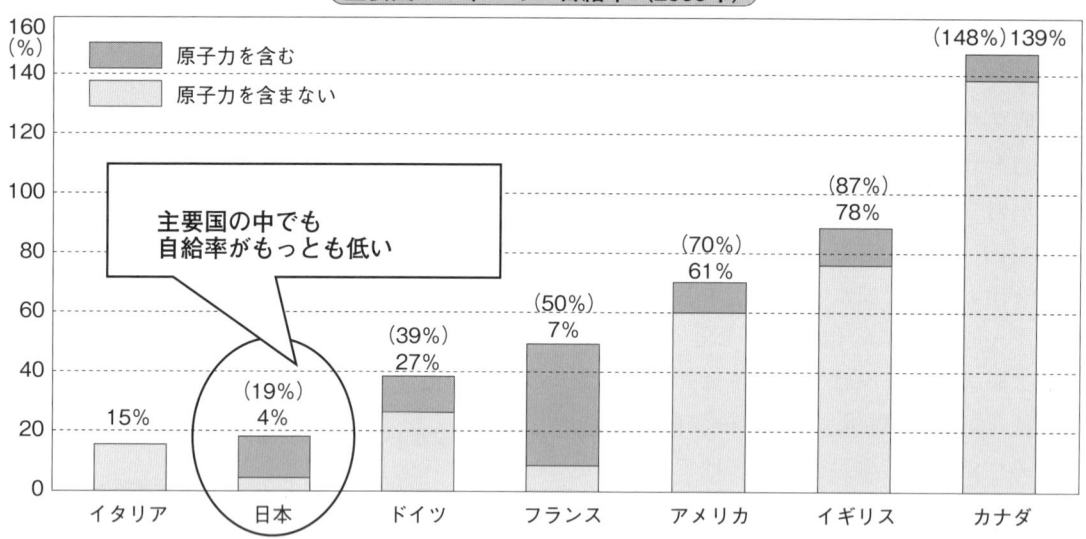

- 原子力を含む
- 原子力を含まない

- イタリア: 15%
- 日本: (19%) 4% ← 主要国の中でも自給率がもっとも低い
- ドイツ: (39%) 27%
- フランス: (50%) 7%
- アメリカ: (70%) 61%
- イギリス: (87%) 78%
- カナダ: (148%) 139%

※自給率は原子力を輸入とした場合（カッコ内は原子力を国産とした場合）

出典：「Energy Balances of OECD Countries 2004-2005」（OECD/IEA）

　表に示されている悲惨な数値に驚いてほしい。日本のエネルギー自給率は4％であり、先進国の中で一番低い数値である。石油にいたっては、そのほとんどを中東地域からの輸入に頼り、海賊の恐怖におびえながら大型タンカーで日本人の文明生活を支えるために往復している。しかし、次の表を見れば、この行為もあと40年もしないうちに諦めなければならない現状が分かるであろう。

　我々がお金を出せば当然のように使うことができた化石燃料も、限りがあることを知らなければならない。また世界の今後のエネルギー需要は中国を含むアジア諸国の成長により2030年には1990年比で2倍に膨れあがる見通しである。

　洞爺湖サミットで日本は、世界全体の温室効果ガス排出量を2050年までに50％に半減という長期目標を掲げた。しかし各国の首脳たちは少し引き気味であったのを覚えておられるだろうか。日本は「クールアース・エネルギー技術革新計画」という題目を掲げ、誘い水を投げかけたにもかかわらず、日本だけの

エネルギー資源の可採年数

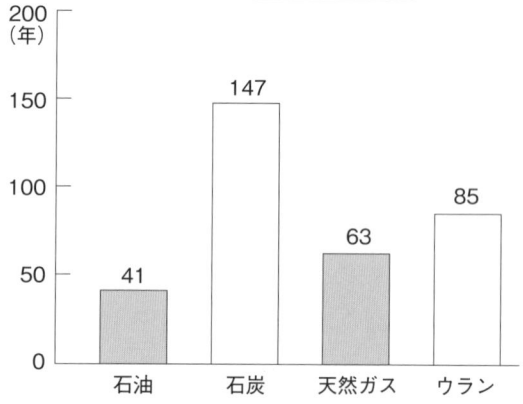

- 石油: 41
- 石炭: 147
- 天然ガス: 63
- ウラン: 85

出典：BP統計2007、URANIUM2005

空回りに終わってしまったような気がする。それもそのはず、京都議定書の目標数値すら達成できていない国の話を、まともに捉えてもらえるわけがないのである。

　人類は今、まだ化石燃料に替わるエネルギーの目途がついていない。しかし、そこで嘆いていても未来は暗くなるばかりだ。新しい代替エネルギーの開発技術は政府の偉い科学者にまかせて、我々は自分たちのできることを始めてみよう。

　多くの人にとって、新しいエネルギーを自

第2章　パーマカルチャーのデザインと実践のための基本

風通しのよい食器棚

分の手でつくり出すことは難しいことかもしれない。しかし、パーマカルチャーのアイデアを使い、自分たちの日頃の生活を見直せば、温室効果ガスの20〜30％削減、いや50％削減はできるはずだ。それは代替エネルギーを見つけ出すことに等しく、化石燃料に頼ることのない持続可能な生活スタイルであり、パーマカルチャーを実践するうえでの楽しい作業となるのだ。

自然エネルギーのデザイン

●生活スタイルに合わせた工夫

　自然エネルギーの利用を考える前に、自分が快適に過ごすことができる最小限の生活必需エネルギーの量を見出すために、現状に無駄がないかを見直してみよう。それが、自分がこれから捉えようとする様々なエネルギーの目安となる。
　例えば、日常の移動で使用していた車を燃費のいいエコカーに乗り換えること、さらに公共の交通機関に替えてみること、または近郊の移動手段は自転車に替えてみるなどを考えてみてはどうであろう。
　また、大型の冷蔵庫は大きなエネルギーを消費するので、その日に必要な食材はその日に購入するということも考えられる。都会では24時間営業のスーパーやコンビニもある。買いだめの必要はないのではないだろうか。また、デビット・ホルムグレンの家庭では、写真のような工夫がされていた。
　本当に冷蔵が必要なものは、肉とか魚とかのタンパク質のものだけ。そうなると小さな冷蔵庫でも十分だ。野菜などは風通しのいい食料棚に入れておくと、下からの冷たい風でほどよく保存ができる。また、洗った食器はシンクの上の食器棚で自然乾燥させ、洗い物のしずくはシンクの中へ。次に使うときも取り出しが簡単だ。
　また、宅配荷づくりで使われていたエアチューブをガラス窓に貼りつけると、室内の暖房効果は2℃も違う。

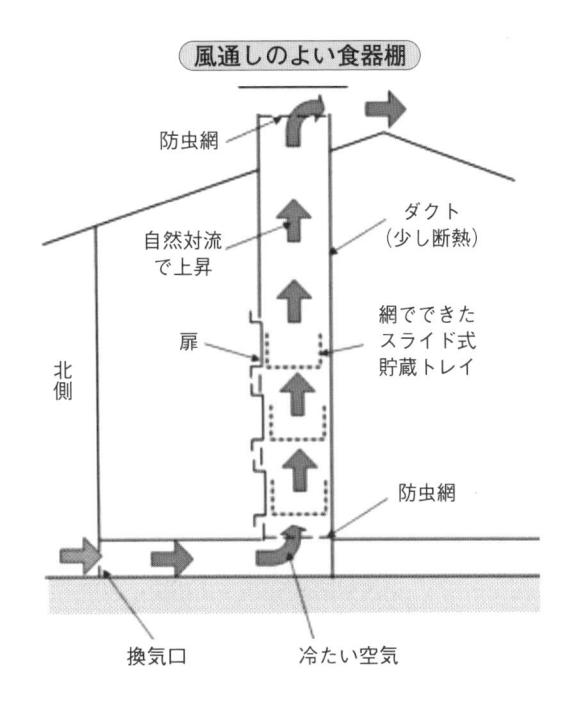

実用可能な新エネルギーの種類

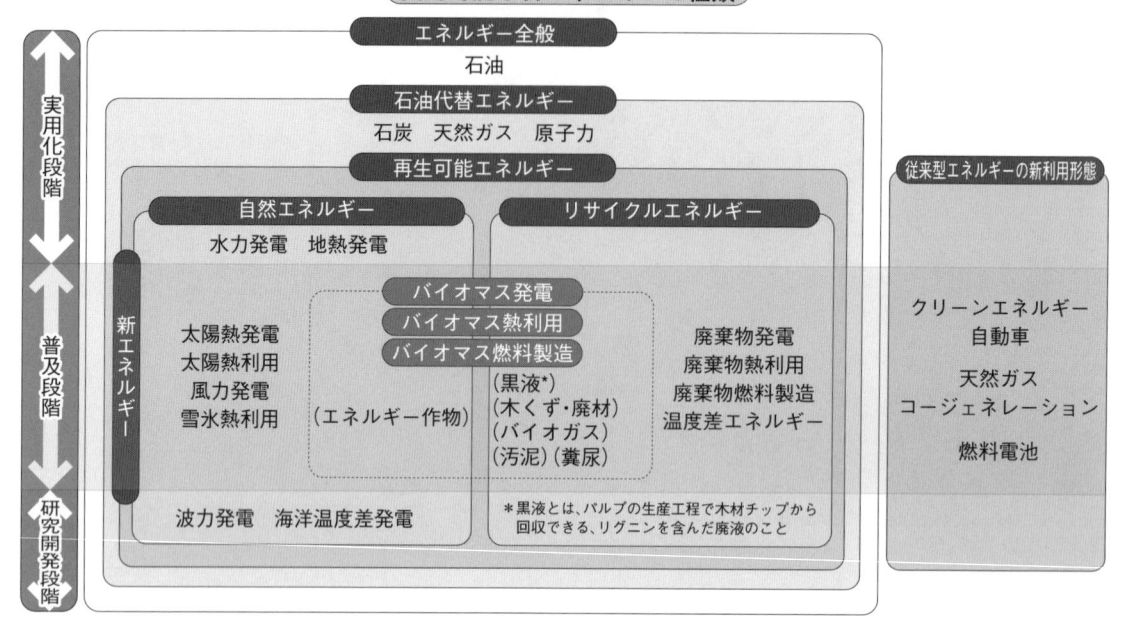

エネルギー全般
石油

石油代替エネルギー
石炭　天然ガス　原子力

再生可能エネルギー

自然エネルギー
水力発電　地熱発電

リサイクルエネルギー

新エネルギー
太陽熱発電
太陽熱利用
風力発電
雪氷熱利用

バイオマス発電
バイオマス熱利用
バイオマス燃料製造
（黒液*）
（木くず・廃材）
（バイオガス）
（汚泥）（糞尿）
（エネルギー作物）

廃棄物発電
廃棄物熱利用
廃棄物燃料製造
温度差エネルギー

波力発電　海洋温度差発電

*黒液とは、パルプの生産工程で木材チップから回収できる、リグニンを含んだ廃液のこと

実用化段階 ↕ 普及段階 ↕ 研究開発段階

従来型エネルギーの新利用形態
クリーンエネルギー自動車
天然ガスコージェネレーション
燃料電池

さらには、週に一度はキャンドルデーとして、幻想的にろうそくの明かりで夜を過ごしてみるのはどうだろう。そのキャンドルも手づくりだったらもっといいので、使用済みの食用油を利用して手づくりしてみてはどうだろう。

ここに紹介したのはほんの一部。自分の生活スタイルに合わせて様々な工夫をするのは楽しいものだ。

●エネルギーを捉える工夫

次にエネルギーを捉える工夫を楽しもう。その前に自然エネルギーとはどういうものがあるのかを知っておく必要がある。

有限で枯渇の危険性を有する石油、石炭などの化石燃料や原子力と対比して、自然環境の中で繰り返し起こる現象から取り出すエネルギーを総称して再生可能エネルギーという。

その中で自然エネルギーは、太陽光や太陽熱、水力（ダム式発電以外の小規模なもの）、風力、バイオマス、地熱、波力、温度差などを利用したものを指し、廃棄物の焼却熱利用・発電などのリサイクルエネルギーを含めると新エネルギーと分類される。

我々の生活環境の中に流入してくる自然エネルギーを、小さな単位でいいから捉え、形を変化させて利用していくことを考えよう。エネルギーの地産地消を試みるところに、パーマカルチャーの面白さと醍醐味がある。

●太陽光発電

太陽光のもっとも身近な利用法は、なんといっても太陽光のエネルギーを直接利用する日向ぼっこだろう。地球上のすべての生物が行っている。

地球に吸収される太陽光エネルギーの量は、現在、人類が消費している一次エネルギー量の約1万倍であると言われている。このうち緑色植物の光合成に使用されるエネルギーは約0.04％である。人類は、この太陽光エネルギーをうまく利用できていないのが現実だ。また、地表に到達する太陽光エネルギーは季節と緯度によって異なるが、日本の中心

付近で晴れた夏至の正中時で1kW/㎡ほどである。これは1m四方の面積に100wの電球が10個ついているエネルギーといえば分かりやすいであろうか。

この光エネルギーを電力に変換するのが太陽電池である。太陽電池は一般的にP型とN型のシリコン系の半導体を接合させた構造を持っており、それに光が当たることによって電気エネルギーを取り出すものをいう。この接合された半導体にはアモルファス型、多結晶型、単結晶型とがあり、電気エネルギーへの変換効率の違い、価格の違いもある。

太陽電池を使った発電には、次のような特徴がある。

- 発電量は太陽の光の量に比例する。
- 太陽電池の表面温度が上昇すると発電効率が下がる。
- 規模と大小に関係なく、日射条件と面積により期待する発電量が確保できる。
- 太陽電池には駆動部分がなく、機械的な故障を起こすことがないので、メンテナンスが楽である。
- 騒音、排気ガスがない。

これらのような特徴から、自然エネルギーの中で太陽光発電は、これから有望な代替エネルギーとなり得ると見られている。

また、太陽電池を利用するときに気になるのは、寿命がくるまでの間に、それをつくるために使ったエネルギー以上の電力が得られるかどうかである。これをエネルギーペイバックタイムと呼んでいる。言い換えると、生産時に発生したCO_2の量を太陽電池自らが発電することによる電力量と、公共の電源を使用した場合のCO_2発生量で相殺する時間である。このエネルギーペイバックタイムは、型式の違いによって1.1年から2.6年の間であることが分かる。太陽電池の寿命は25〜30年、いやメンテナンスにより50年は使用可能であ

ろう。いずれにしても製造エネルギーは寿命に比べ、十分に短い期間に回収ができる。

太陽光発電には、さらに今後の開発と発展が期待される。

●太陽熱エネルギー

太陽のもう一つのエネルギー、太陽熱は、給湯や暖房などのエネルギーとして利用できる。化石燃料や電力から取り出すのではなく、膨大なエネルギーを持つ太陽からの熱エネルギーを捉えるのが、太陽熱温水器である。

この太陽熱温水器を利用した場合の環境貢献度は意外と高く、日本の標準的な家庭が1年間に消費するエネルギー総量の約1/4を削減することができる。図の月別平均湯温を見ると分かるように、太陽熱温水器は冬場で40℃、夏には70℃の温水をつくることができる。太陽熱温水器には、一般的に集熱器と貯湯槽が一体型になっているものと、集熱器が屋根の上にあり地上に貯湯槽を置き強制循環させる分離型とがある。

また、この太陽熱は、パーマカルチャーの遊び心を掻き立ててもくれる。太陽の光を集めて熱を調理器へ利用するのが、ソーラークッカーやソーラーオーブンである。その型は様々で、エコロジー派の仲間たちによりいろいろと考案されている。その中でも、パラボラ型のソーラークッカーは威力があり、実用性を感じる。

私はよく蛍光灯のシーリングの傘やビーチパラソルなどを利用して、このソーラークッカーをつくる。卵焼きはもちろん、肉を焼いたり、ご飯を炊くこともできるので驚きである。晴れた日は、この太陽の恩恵にあずかり、スローな1日を過ごしてみるのもよいものである。

太陽熱温水器の月別平均湯温

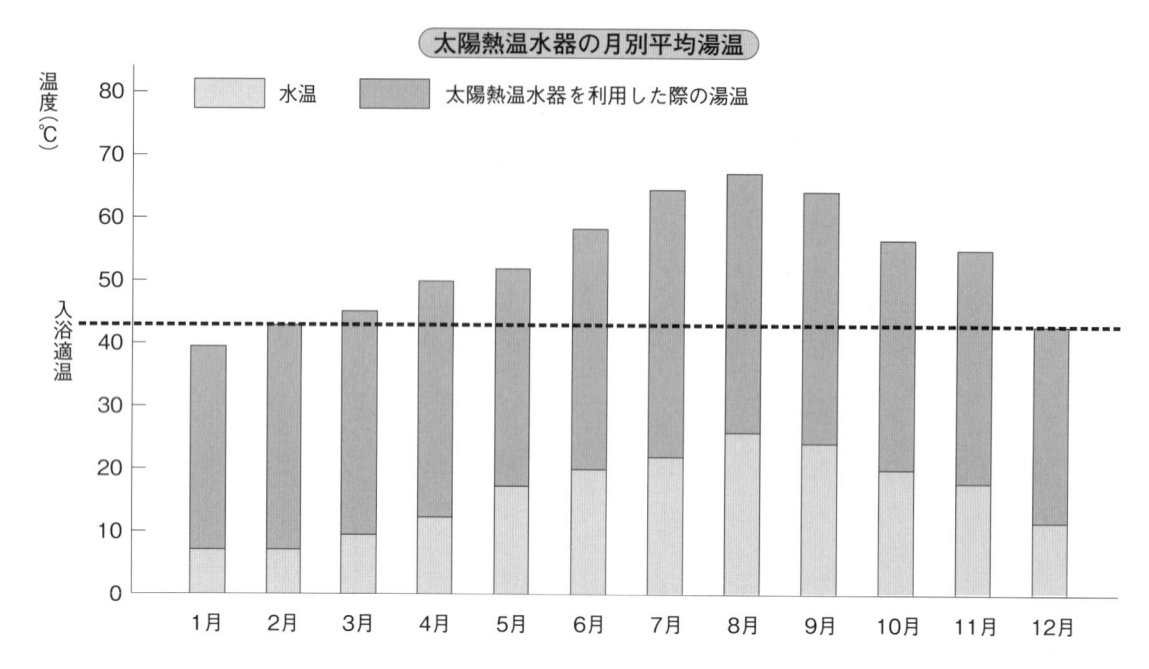

注：条件　真南30度傾斜設置（東京）・快晴日

● 風力

　風の力を大きな羽で受け止めて、回転力に変える。それを発電機に接続すると風力発電になる。

　通常、物体に空気が当たるときの抵抗力は、その速度の2乗に比例する。その抵抗力にさらに速度を掛けるとパワーとなり、電力でいうワットの単位となる。このことから風力発電で得られる電力量は、風速の3乗に比例する。

　このため風の強いところに風力発電機を設置すると効率よく発電が行われる。地上付近より上空のほうが風速があるため、地上に高い塔を立てその先に風車を取りつけるのだが、町中では大型の風車は危険を伴い、どうしても小型（100W〜1kW）の風車となり、せいぜい高さ15m以内の設置となる。郊外においては、海辺や山中に大型の風車が設置されているのをよく目にする。

　ここで、一般向けの風力発電機を設置する場合の注意をしておこう。よくカタログなどで記載されている定格表示に誤解のないようにしていただきたい。例えば、定格500Wと記された風力発電機は、風速12m/秒のときの出力表示をしている。先ほど述べたように風のパワーは風速の3乗に比例するのだが、通常、風速12m/秒の風は台風でも接近してこない限り、あまりない。「今日は風が強いなあ」と女性のスカートが気にかかるというときでも、約5〜6m/秒である。このときの出力は、定格出力時風速の1/2であるので、2の3乗分の1となって1/8の出力であり、定格500Wの風力では62.5Wしか発電していないことになる。よって、風の不安定な町中ではほとんど発電していないことが多いことを知っておいてほしい。

　風力発電機は、太陽光発電と組み合わせて設置し、天気が悪く日射がないとき、荒天以外で風が強く太陽光の効果が期待できないときの保障としての利用方法がよいであろう。とはいえ、今後は低騒音、低振動、低回転高

トルク、高効率の風力発電機が多く開発されていくことを期待したい。

●小水力発電

自分の敷地の中に、小川などの水の流れがあれば最高だ。水の流れは人を癒し、植物の命の源となり、あるときはエネルギーを生んでくれる。

水の利用は、位置エネルギーの利用から始まる。高いところから低いところに流れ落ちる水のエネルギーは、大きな流れをつくり出すととてつもない力を出し、大きな水車を回転させて電力へとエネルギーの形を変えることができる。小型マイクロ水力発電の場合には環境へのダメージが少なく、クリーンな電力を得ることができる。しかも、太陽光や風力発電に比べて天候などにも左右されず、安定していてエネルギーの効率がよい。使用可能な自分の敷地や身近にある沢より取水し、水車までの高低差を利用することによってエネルギーを回収するとよい。

水力発電の発電出力は、発電出力（kW）＝9.8×流量（ℓ/秒）÷1000×落差（m）×効率（0.4）で導き出せる。例えば、沢の高低差55m、利用可能な水量14ℓ/秒の場合、その発電出力は、9.8×14（ℓ/秒）÷1000×55（m）×0.4で、約3kWとなる。

●雨水利用

敷地内では、水を集めて貯える装置はなるべく高いところにつくり、最後に自分の敷地外に流れ出るまでの途中に、池や小さな水槽などいろいろな工夫を凝らしていくことで、エネルギー利用を考えていくとよい。例えば、農作物の灌水に利用したり、家畜の水飲み場となったり、様々な植物、動物、昆虫たちが成育するビオトープ池をつくり出すことができるだろう。

大切なことは、降る雨の量ではなく、降った雨を最大限に利用するための循環をいくつつくり出せるかだ。ここにパーマカルチャーのシステムの面白さがある。外から入ってくるエネルギーをうまく循環させ、どれだけ有効なエネルギーに変えていくことができるかが、パーマカルチャーデザインの神髄である。

最近では様々な雨水貯水タンクが売り出されていて、都市部ではそれを利用しているところも多くなっている。

ここで紹介したいのは、毎年水不足で苦しんでいるオーストラリアのシドニーで雨水を飲み水にまで浄化する、とてもユニークなシステムである。

まずは面白い形をした雨どいを見ていただきたい（次頁の写真）。日本の雨どいとは、ずいぶん形が違うことに気づくであろう。カーブが滑らかで、大きなゴミや木の葉などがたまりにくい構造になっている。そこで引っかかったものは風で飛ばされてしまう。屋根から落ちた雨水は雨どいに落ちると、所々にある穴の開いたスレート状のところから雨どいの中に入り込む。次に、雨どいよりパイプを伝わり、リーフイーターと呼ばれるメッシュの受け皿の上で大きなゴミが濾されていく。ここを過ぎた雨水は垂直から水平に曲がり、T字に分岐する。このT字に分岐されたパイプにはポリエチレンのボールが入っていて、雨水がいっぱいになると上部をふさいでしまう。これは、最初の雨の降り始めの6～10ℓは屋根のほこりなどで汚れた雨水なので、これを取り除くシステムなのである。ここを通り過ぎた雨水は、次にサンプというたまり水の槽に入る。ここでは、雨水に混じった微小なゴミが沈殿し、上澄みのきれいな水のみ流れ出て雨水タンクへと入ることになる。こうして幾多の方法で浄化された雨水は

滑らかなカーブの雨どいの断面

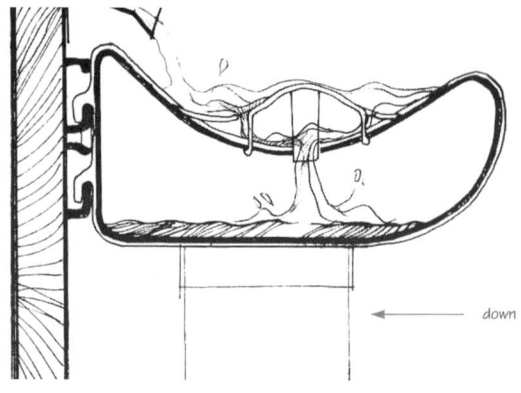

← down

カーブが滑かな雨どい

飲用可能となる。ときどき、シドニー大学のチェックを受け、安全が確認されるそうだ。さすが、ここまでのシステムは日本では見つけることができない。オーストラリアならではのアイデアだと思う。

●バイオマス利用

バイオマスは広く生物由来の資源全体を表し、再生可能エネルギー源として注目されている。

バイオマスは有機物であるため、燃焼させると二酸化炭素が排出される。しかし、これらに含まれる炭素は、そのバイオマスが成長過程で光合成によって大気中から吸収した二酸化炭素であるため、全体として見れば大気中の二酸化炭素の量を増加させていないと考えられる。

化石燃料が発見される以前の地球上では、食料、衣服、明かり、燃料などのすべてがバイオマスエネルギーの循環で営まれていた。すべての生き物と自然界との調和が取れ、持続可能な社会を築いていたのである。しかし、化石燃料を利用するようになると、人間の生活様式は馬から車へ、化学合成繊維や化学肥料などへと展開され、それらによる利潤を追い求めるようになってしまった。ここにきて化石燃料の枯渇、地球温暖化の問題が問いただされるようになり、ふたたびバイオマスが、地球にやさしい未来資源として見直されてきている。

利用方法としては次のような方法がある。
・廃棄物系バイオマス（家畜糞尿、下水汚泥など）→メタンガス
・木質バイオマス（木屑、木材など）→発電・熱エネルギー
・食物系バイオマス（トウモロコシ、麦など）→エタノール（微生物による発酵）
・非食物系バイオマス（草、木など）→メタノール（化学合成・微生物による発酵）
・廃食用油→燃料化

パーマカルチャー愛好家においては、このバイオマス利用は得意中の得意であり、図のように数多くの実例がある。

富士エコパークビレッヂの事例

富士エコパークビレッヂは1999年、持続可能なライフスタイルを構築すべくスタートした施設である。パーマカルチャーのアイデアを取り入れ、一つ一つを手づくりで製作しており、農地においては土づくりから、建物においては材料探しから始まっている。

持続可能なライフスタイルの基本理念として、食の循環、水の循環、さらに自然エネルギーの有効利用を巧みに組み合わせていくこ

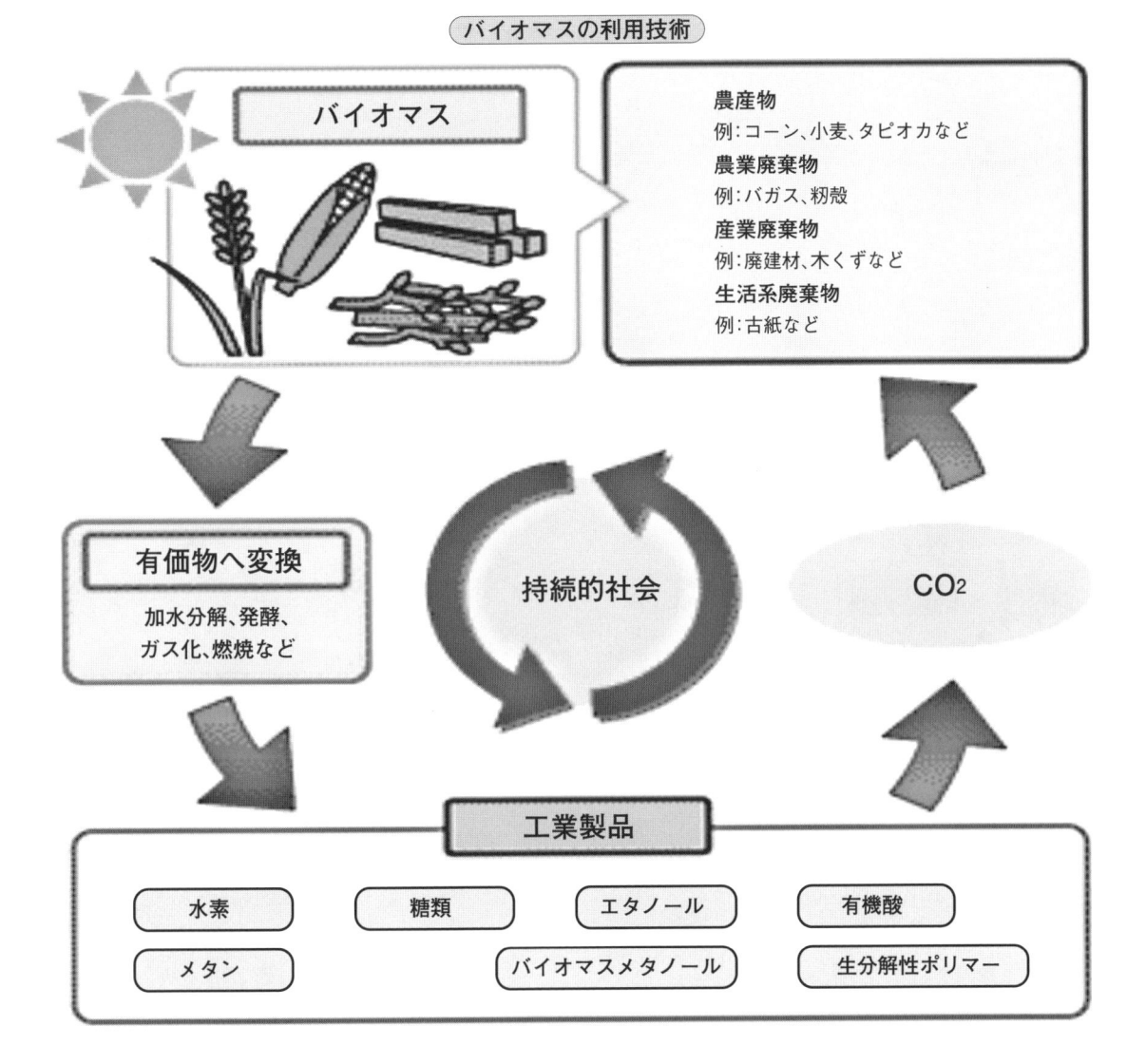

バイオマスの利用技術

バイオマス

農産物
例：コーン、小麦、タピオカなど
農業廃棄物
例：バガス、籾殻
産業廃棄物
例：廃建材、木くずなど
生活系廃棄物
例：古紙など

有価物へ変換
加水分解、発酵、
ガス化、燃焼など

持続的社会

CO_2

工業製品

水素　糖類　エタノール　有機酸
メタン　バイオマスメタノール　生分解性ポリマー

とになる。

食の循環

　食の循環においては、台所を中心として、発生した生ゴミや食べ残しを小動物の飼料としたり、ミミズによるコンポスト化とする。そこでつくられる堆肥は有機農場へ運ばれ、野菜たちのよい肥料となり、豊かで安全な野菜が収穫できることになる。

　この野菜が台所へ運ばれることで一つの循環の形ができあがる。またもう一つ、それを食する人間の排泄物も、コンポストトイレを使用することで堆肥化し、この循環の環の中に入れている。

水の循環

　水の循環では、飲み水として井戸水がスタートとなり、台所や浴室の排水は建物の南側にあるビオトープ池へ流れ込み、そこで植物やバクテリアなどにより浄化され、多数の命をはぐくみ、大気に蒸発していく。これはやがて雨となってふたたび大地に舞い降りてくる。

　この雨水を建物の屋根で捉え、雨水タンク

富士エコパークビレッヂの地球にやさしい暮らし

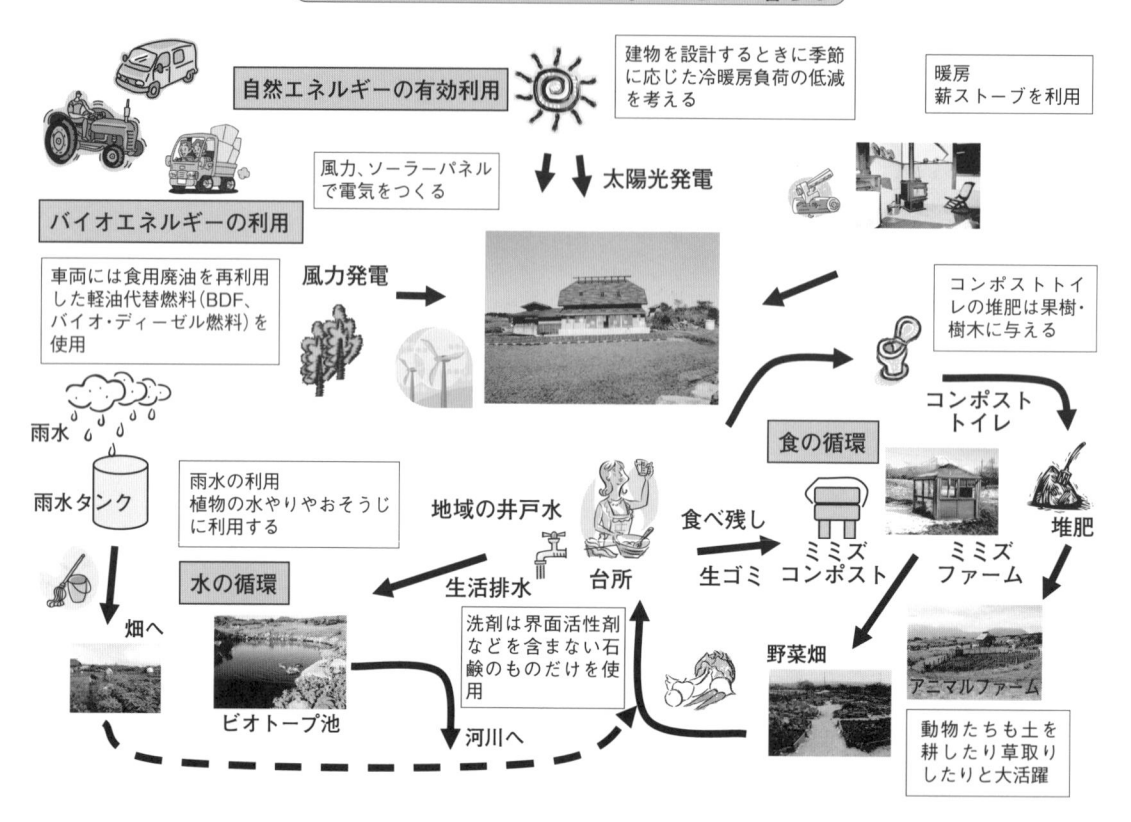

自然エネルギーの有効利用
- 建物を設計するときに季節に応じた冷暖房負荷の低減を考える
- 風力、ソーラーパネルで電気をつくる
- 太陽光発電
- 風力発電

バイオエネルギーの利用
- 車両には食用廃油を再利用した軽油代替燃料（BDF、バイオ・ディーゼル燃料）を使用

暖房
- 薪ストーブを利用

水の循環
- 雨水タンク
- 雨水の利用　植物の水やりやおそうじに利用する
- 畑へ
- ビオトープ池
- 地域の井戸水
- 生活排水
- 河川へ
- 洗剤は界面活性剤などを含まない石鹸のものだけを使用

食の循環
- 台所 → 食べ残し・生ゴミ → ミミズコンポスト → ミミズファーム → 堆肥 → 野菜畑
- コンポストトイレの堆肥は果樹・樹木に与える
- コンポストトイレ
- アニマルファーム　動物たちも土を耕したり草取りしたりと大活躍

に貯蔵し、農業用水としている。また大地にしみこんだ雨水は、長い時間を経て清らかな地下水となり、また台所へやってくる。大きな循環ができあがるわけである。

センターハウスでの自然エネルギー利用

富士エコパークビレッヂセンターハウスは、自然エネルギーの無駄のない利用法により設計されている。太陽の光、熱、風の取り入れ、空気の流れ、雨水の利用と排水の仕組み、これらを130年前の古民家を移築し現代と古きよき知恵とをうまく合流させ、モダンな建物へと生まれ変わっている。

エネルギー設計をする前に、まずは先に述べたように自分たちの生活消費エネルギーをスリム化することが必要となる。そこで、太陽の光と熱を利用して冬の暖房効率を上げ、空気の流れを取り入れ夏の冷房効果を図っている。

南側デッキには、温室効果を高めるために建物と一体化した温室を設けている。デッキは質量の大きいコンクリートデッキとし、これに蓄熱させる。このことで冬でも床が暖かく暖房効率がよくなっている。夏は南側の窓を開けることで、風が部屋の中を通って天窓へと抜け、冷房なしでも生活ができるほど涼しい。

また壁の断熱材には籾殻、藁、麻繊維、かんな屑、パルプ、木質繊維、羊の毛この7種類の天然素材を使用している。こうすることによって、室内の暖房と冷房の効率を上げ、必要とするエネルギーの削減ができた。

また室内照明に関しては、すべて蛍光ランプを用いることで、エネルギーの80％削減を

第2章　パーマカルチャーのデザインと実践のための基本

自然エネルギー自給システム

電気エネルギー（独立方式）

風力発電

400W×3機＝1.2kW

バッテリーシステム
65AH×100個＝6500AH

電圧コントローラー

太陽電池

75W×40枚＝3kW

インバータ
（直流→交流）

分電盤

電灯回路・コンセント回路

センターハウス

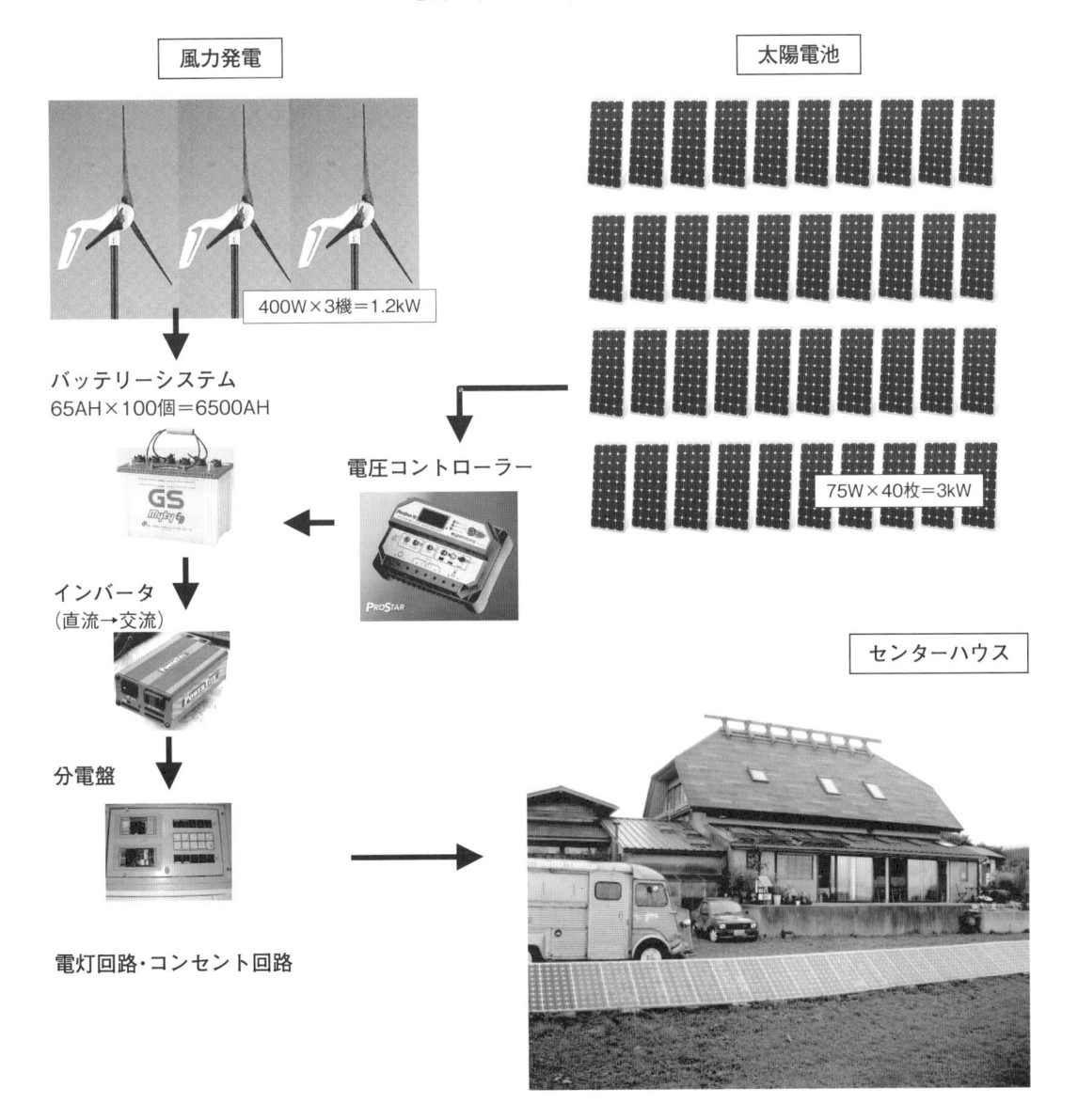

図っている。

　これらによって、センターハウスでの電気エネルギーは2002年のオープン以来、3kWの太陽電池と1.2kWの風力発電だけで自給できている。また、手づくりの電気自動車も太陽電池で充電されている。

　このように、我々の身のまわりにある、ともすれば見過ごして、無駄にしてしまっている自然エネルギーをいかに捉え、貯え、活用するかに醍醐味を感じ、持続可能なライフスタイルを満喫してほしい。

PERMACULTURE

パーマカルチャーによる家づくり

山田貴宏

足し算からかけ算の建築へ

「パーマカルチャー建築をつくりたいのだけれど、どうしたらいいですか」という質問を最近、受けるようになってきた。

そういうジャンルはないのだが、我々、建築を担ってきた身とすると、近代の建築や家づくりが辿ってきた方向に対する拒否感と反省感があるのではないか、といつも感じる。

本来建築物とは、そのまわりの環境との応答のなかで、その位置づけがなされていた。しかしながら、「全世界が平等に建築の豊かさを享受すべき」というユニバーサルな思想と、それをバックアップする空調技術の進歩によって、特に家という建築はその風土とのつながりを失い、結果「箱」としての「製品」をわずか数十年程度という短い寿命のまま、ゴミとなるようなものばかりを我々はつくり続けてきてしまった。現代の建築物はあまりにも「閉じた」存在になってしまったのである。

建築の原点を辿れば、建築は「住まい」であり、人間という生物が外界の環境の脅威に対してどう身を守り、そこでどう安全な生活を育むか、というシェルターであり、「巣」である。環境を制御する術を知らなかった時代、そこには住まいの外部の環境についてよく把握し、その特性を十分活かしながら建物をつくる、というまさにパーマカルチャーが教えるところの関係性と知恵の集積が「家」という建築物だった。環境とのつながりを無視していては、家という建築が成立しなかったのである。

近代文明は豊富な化石資源に支えられて発展し、その結果、人間が環境をも「制御」できる、という技術を獲得するに至る。その結果、建築物という箱の中の環境も、大量のエネルギーを使用することで維持しながら、人間にとっての快適性を確保する、ということになった。しかし、「内部の人間の快適性は同時に外部の環境の悪化を生んでいる」ということは、生態学のようなシステム論的視点からすれば、当たり前のことである。

このわずか200年ばかりの近代文明という出来事が、少なくともこれ以上このペースで

続かないことは、世界の石油採掘量が頂点に達しており産出可能な原油が減少していく状態であるという「ピークオイル論」を待たずして、自明のようである。

そうした背景のなか、我々はあらためて建築の原点としての「住まい」というものを確認する作業が必要である。人間は環境とのつながりのなかで生かされてきた、というのが日本的な自然環境の認識方法だが、わずかここ半世紀ほど前の暮らしには、まだまだ身近な自然環境と応答しながら成立する「家づくり」とその仕組みがあったのである。家が「住まい」という存在から「〜ハウス」といわれるようなものに成り下がったのは、わずかここ数十年のことである。

この家づくりをめぐる状況が、人間と自然との関係性の長い歴史のなかで、一時的な「風邪」みたいなものだとしたら、我々は今一度大地に根ざして生活していた健康的な状態を取り戻し、ふたたび風邪をひかないようにこれまでの体調を見直し、現代に合った形での「体力」を回復、獲得しなければならない。

現在、いかに二酸化炭素の排出量を少なくするか、というエコ建築論議が盛んになっていて、それを支える「エコな」要素技術が注目されている。

そうした技術の「足し算」の建築は、それはそれで大事なことであるが、ここで目先の技術ばかりに着目してしまうと、「木を見て森を見ず」ということになる。

その背景には機械的効率論があり、いつかは袋小路につきあたるのではないか、と心配になる。我々は「快適で省エネな『カプセル』」を目指すのであろうか？

そこをブレークスルーするためには、パーマカルチャーが教えるところの「より少ないことでより豊かに生きる」という、人間が生活することを中心に据えた多様な発想と目線が必要である。家は本来「生活と労働とコミュニケーション」という多面的な三位一体の場であった。そこに現代の知見と技術をクロスオーバーさせ、足し算の建築ではなく、かけ算の建築として捉え直したい。

血の通った住まい

家というのは、そこの住まい手がどう生き生きとリアリティをもって生活を営んでいくか、という場であるから、「人間力」を基本に、自立的、自律的な住まい方を模索するのがよい。「家」に血の通った人間が生活して初めて、家は「住まい」となる。

現代の我々の生活は、非常に多くのことを「外注」に頼っている。これは、よく言えば「社会的な役割分担」で一見便利であるが、この分業システムは近代の産業文明を支えるために構築されてきたものであり、必ずしも人間的な幸せを保証してくれるものではない。自らの手足で何かを生み出す、ということが根源的な人間の喜びだとすると、もう少し、我々は住まいの中で「生産」と「労働」をしてもよいはずである。

であるならば、まずはそんな暮らし方が環境とつながる手がかりであり、なんでもかんでも「エコ技術」に頼ることが必ずしも「エコな暮らし」ではないはずである。

むしろ、気をつけていないと「エコ技術」という耳当たりのよい言葉にのっかってしまい、お金さえ払えば、新手の「商品」としての家を「買って」しまう、という相変わらずの事態から抜け出せないのではないか。

そうした観点から私が推薦したいのが、『消費する家から働く家へ』（長谷川敬他共著・建築資料研究社）という本である。まさに現代の家は「消費の場」であり、そうであ

り続ける限り、家という箱はそれ以上のものにならない。「格好いいもの」はできるかもしれないが、「生命力」をもったものにはなり得ない。ただ、すり切れていくだけではないか。そこに「働く」人がいて、粘り強い底力を備えた人間力、というものに期待したいのである。このような現代の「住まい方」に対する俯瞰から、パーマカルチャー的な住まいのつくり方の視点を示してみたい。

家という建物そのものでできること

建物はその土地から動けないものであるから、必然的にその建物が建つ場所の風土や気候の制約と影響を受ける。近代の建築は、機能主義をもって世界の国境を超えていったが、それはふんだんな化石エネルギーに支えられているという前提のもとである。パーマカルチャー的な視点からすると、「土着性」というものこそが建築の本質である、とさえ言える。

建築物は、それが置かれる風土の中で数百年あるいは何千年という時間で研磨され、自然環境との応答のなかで、その仕組みとスタイルを獲得してきた。すなわち数十世代が積み上げてきたデザインの集大成である。もちろん現代生活には必ずしも合わないこともあるが、そこにはその土地での洗練された建築デザインの本質がある。そうした知恵にどう現代的な知見を＋αしていくか、という姿勢が望まれる。

●「地産地消」の家づくり

地産地消という言葉は、食べ物のことではすっかり定着しつつあるが、これは家づくりにおいても当てはまることであり、材料やつくり方をその土地の風土性や気候との関係に

地産地消の材料を使い、自然素材で仕上げた内装空間

おいて考えてゆくことが、パーマカルチャー的な態度といえる。

①地元の自然素材でつくる、土に還る家

日本の風土は北海道から沖縄まで多彩なので、一般論としての共通解はなかなか難しいが、その特徴を大雑把にくくると、「多雨、多湿で夏は暑く、冬はそれなりに寒い。豊富な森林資源国である」ということである。

これらの前提に立ったとき、まず日本の家づくりでできることは、「木とその他の地元の自然素材でつくる、土に還る家」ということが大前提になる。

すぐ近くで採れる再生可能な資源で家をつくることが、環境に対する負荷的にも、エネルギー効率的にも非常に有利である。

いまだに日本の面積の7割近くが森林に覆われているので、すぐそこに生えている木で家をつくる、ということはごく当たり前な自然な選択である。そして、自然素材はそれ自体、人間にとって気持ちのよい安心感を提供

してくれる。また、自然素材であるがゆえに、その生長と素材提供の過程においてはそのほとんどを太陽のエネルギーがまかなってくれる。近くの山で採れた素材を運べば、運搬や製材に多少その他のエネルギーが必要だが、運搬面においても最小の運搬エネルギーで済むこととなる（このような考え方をフードマイレージになぞらえて、ウッドマイレージと呼ぶ）。

それに加えて、その地で生えた木材は、その環境で育ってきたがゆえに、その家の構造材や内外装材となってもその環境になじむと言われている。海外から輸入された木材は環境の違いからか、日本においては腐りやすい傾向があることが報告されており、そのために防腐剤などの処置を施すことが必要になったりする。それがまた、シックハウスの原因になったりするのだ。

また、その家が将来解体されることがあっても、その地の環境に戻すことができ、土に還るのである。日本の家屋の構造材などは何回も使い回し（リユース）、その役目が終わったら板材や薪として使い（リサイクル）、最後には灰として畑へ還元し作物を再生産し（リプロデュース）、その循環の輪がつながることとなる。

②自然素材は身近に手に入る機能材

木材は多孔質な材料なので、柱1本につき季節間で数リットルの調湿作用があると言われている。結果、室内の温熱環境の調整に役立っている。

また古来、日本の家の壁は下地に割った竹を編み、そこに藁を混ぜた土を塗ってできていた。昔は「新建材」などないので、別にエコと言わなくても、すぐそこにある材料を使わざるを得なかったわけである。しかも土は重たいので、ウマやウシしか運搬の手段がな

昔ながらの土壁とその下地になる竹小舞。すべてが自然に還る仕組み

かった時代は、できるだけ近くの土を採る必要があった。

土という資源を昔の人が選択的に使ったということを現代的な科学の目で見てみると、実に室内環境の制御方法として理にかなっていることが分かる。土も多孔質なので、調湿作用が認められるし、また熱容量が高い材料なので蓄熱性が高い。この「土が冷えればひんやりするし、暖まれば冷めにくい」という性質を利用すると、冬場は昼間の太陽熱を、逆に夏は夜の冷気を蓄えてくれるので、室内の冷暖房負荷の低減につながるとともに、居住する人間にとっては、やわらかい室内環境を提供してくれる。

土には人間にとって有用な微生物が棲みついているのではないか、といった報告もある。美味しい味噌や酒、醤油などを造る蔵には、「かくありなん」という風情が漂っている。

③その土地の気候への対応

日本の多雨への対処としては、屋根の軒を大きく出し、建物になるべく直接雨風がかからないようにして、建物が痛むのを防ぐのが一般的なデザインであった。それはまた、夏の熱い日差しも建物のなかに招き入れない工夫でもあった。

そして漆喰などの材料は、古来の自然素材

であるが、これは白の美しさを表現するとともに、固まると石灰岩に戻る性質を利用して土壁を風雨から守るコーティングの役目も果たしていた。

外壁や屋根材などには、昔からよく板材が使用されたりしてきた。これは風雨にさらされるがゆえに、ある期間を過ぎると朽ちて劣化するが、これも見方によっては、前述のように腐って土に還るからよいのである。これが朽ちずに薄汚れていくだけの素材であるならば、それは産業廃棄物を生むだけとなってしまう。腐るということは、それはそれで重要な機能なのである。

気候はその土地によって、それぞれ違うものなので、その特性をよく読み、それに見合ったしつらいとデザインを施すべきである。伝統的な町並みには、そうした配慮が昔から備わっている例が多いので、そうしたデザインに学ぶと大きな収穫があるはずだ。

例えば、沖縄では、暑さへの対処がデザインを決めている。できるだけ風通しがいいように閉じた壁が少ない。また、独特の赤い素焼きの瓦は水が蒸発潜熱を奪ってくれるので、それで屋根面は冷える、といった具合である。逆に北海道では昔は地面を掘って、地中熱を利用した住まいに暮らしていた。地中は年間を通じて15℃程度なので、厳冬にはむしろその温度は温かいわけである。

④自然素材による断熱

こうした技術の蓄積の結果としての家づくりが、日本の風土に合致したデザインになっていることは言うまでもないが、「家は夏を旨（むね）とすべし」という言葉があるように、どういうわけか昔ながらの日本の民家は、寒さへの対処があまりできていない。かつて日本の家屋にも、生産の余剰物である「籾殻」という自然素材を断熱材として使用している例

長い庇や植栽による日射コントロール

や、冬になると人間がコートを羽織るように家が「藁束」をまとう、といったことがあった。しかし、ほとんどの家がいわゆる断熱とは無縁だったわけである。

かつては寒さに対しては我慢強かったのかもしれないが、現代人にはこの寒さは堪え難い。ここに現代の知見を生かす意味が発生する。そうした観点からすると、自然素材による断熱という視点は、現代においてはポイントとなる。

現代の科学によって、いわゆる「断熱」ということを数値的に定量化できるようになってきた。それに伴い、どれだけのどんな素材の断熱材をどう設置したらよいか、ということが分かってきている。

性能のよい断熱材は工業系の材料にもあるが、羊毛や新聞紙をリサイクルしたもの、木材を原料にしたものなど、多様な自然素材をベースとしたものが次々と登場している。断熱により暖房エネルギーを抑えようとしているのに、断熱材に石油系のものを使用していては本末転倒の感があるので、できるだけ自然素材系、しかも近くの環境から調達できるものを選びたい。

⑤シンプルな間取り

その他に建物本体でできることとして、シンプルな間取りの中にいかに生活をうまくコ

建物、菜園と環境との関係性を重視。栄養循環、水循環の仕組みになっている

ンパクトにまとめるか、ということがあげられる。これは、住まい手の意識をどう転換していくかによるところが大きい。

日本の木組みの架構は、構造材を縦横に組むことによってその強さを発揮した。それゆえ、建物の構造としては長方形を基本としたいわゆる「田の字型」の間取りが一般的である。他の部屋を通って次の部屋に移動しなければならない部分もあるので、これは一見不便のように見えて、部屋の仕切りを構造にそって融通無碍に可変にできるというメリットもある。

現代の生活は多様化したと言われているが、生活をよくよく整理してみると、四角形の空間の連続の伸び縮みのなかで、ほとんど用が足りるのではないだろうか。こうした空間構成は、余分な部屋をつくることなく、コンパクトに暮らすことが可能となるし、人生の流れのなかで、家族構成が変化するとともに、必要な間取りを工夫できる。またコンパクトな空間は、かつては「ウサギ小屋」などと揶揄されたこともあったが、それを逆手にとり、それだけ冷暖房のエネルギーや建物の

メンテナンスにかける手間やコストも減ることが考えられる。

● 家のまわりの環境との関係性を
どう築くか

室内環境に求められる基本的な機能や性能は、例えば「室内空間として冬は暖かく、夏は涼しい」「あまりエネルギーを必要としないでそうした性能を維持できる」などであろう。近代建築が空調技術というものに頼って成立してきたこととは反対に、パーマカルチャー的な視点としては極力装置や機械に頼らずに室内の環境をどう築いていくかを考えたい。こうした手法は「パッシブデザイン」と呼び、建築のつくり方の工夫において、室内環境のコントロールをしていこう、という発想である。

パッシブデザインの手法は、「熱のコントロール」「風のコントロール」「湿度のコントロール」の三つに分けられる。

⑥熱のコントロール

夏と冬とではまったく正反対の所作が必要

となる。すなわち、夏場はできるだけ外部から侵入してくる熱を遮り、建物を暖めない、あるいはできるだけ早く熱を逃がす、ことになる。逆に冬場は建物の外側にある自然のエネルギー、すなわち太陽のエネルギーをできるだけ多くキャッチし、それを建物内に蓄えることである。

そのために、夏にはできるだけ開放的とし、冬場には閉じた空間に「モード変更」する、あるいは「着替える」家のしつらいが必要となる。

その可変の仕掛けとしては、次のようなものが考えられる。

- 外部空間に設置されたブドウ棚や簾（すだれ）／よしず
- しっかりと断熱された建具、サッシ類
- 季節により日射を取り入れたり、遮断する庇（ひさし）
- 冬場の昼間、家の中まで入ってきた日差しを蓄える蓄熱の仕組み

ブドウ棚などは、遮熱と同時に受けた太陽エネルギーはその植物を育てるエネルギーとして転換される。あるいは、昨今ではよく行われているが、外壁や屋根を植物で覆うことで、遮熱や断熱の役割を果たすことが効果としてある。そうした植物がハーブや食べられる植物であれば、食べられる空間として多機能な働きをする。

また北側にしつらえられた樹木は、冬には北風から建物を守り、夏場はそこに冷涼な微気象を構成する。それを室内に取り入れることで、建物を少しでも冷やすことができる。

現代では、どの地域で、南側にどれだけの開口部を設けたらどれだけの日射の取得ができるか、を定量的にシミュレートすることが可能となった。そうしたツールも活用しながら、適切な熱のコントロールを行いたい。

⑦風のコントロール

夏に湿気の多い日本の風土においては、通風をしっかりととり、かつ熱気をいかに速やかに取り除くか、という風のコントロールは大切な事柄である。

夏には南風が卓越風になることが一般的だが、その風を北側に通すような間取りを考えるとよい。

また、暖かい空気は上昇するので、空間の上部に空気の逃げ道をつくり、そこから熱気を追い出すことで、北側のフレッシュで多少冷涼な空気を室内に導くことができる。こうした換気手法を重力換気と呼ぶ。

⑧湿度のコントロール

湿度のコントロールは、主に材料によるところが大きい。

前述のように、例えば土、珪藻土（けいそうど）、木、炭など多孔質な自然素材は、湿気を吸ったり吐いたりすることが知られていて、木と土壁の家などは湿気の多い土地柄でも室内はからっと乾燥していることがある。

蓄熱性、という観点からも、多めにそうした素材を内装材として活用することは、十分効果があり、なおかつ、冬の結露対策にも十分なる。

⑨エネルギーをつくる・使う

建物のまわりは、太陽をはじめとしてエネルギーにあふれている。こうした外部環境に賦存するエネルギーを、建物が受容装置となってうまくキャッチして生活に活かすということには、多様な工夫の仕方がある。もちろん太陽電池や太陽熱温水器といった装置型の機器に頼ることもできる。

しかしながら、建物の工夫によって熱をどう捕まえるか、という発想のほうが工夫のしがいがあり、よりパーマカルチャー的である

といえよう。

また、エネルギー源を太陽に頼ることの他に、再生可能なエネルギー、すなわちバイオマス資源（薪、ペレットなど）にシフトしていくことも大切なポイントである。住まいにおいて、暖房、給湯に使用されるエネルギーは、全使用エネルギーの約5割となっており、これをいかに化石資源以外にシフトしていくかが課題である。

我々の生活のなかでのエネルギーの利用は何も、暖房と給湯だけではない。ものを乾かしたり、干したり、といったことにもエネルギーが必要であるから、そういったことは極力自然にまかせる、といった工夫が必要であろう。

⑩水の循環

水の循環は、建物に降った雨水を捨てずに、一度建物がそれを受け、使ったうえで大地に返す仕組みである。その使い道はトイレの洗浄水や畑や庭への灌水など、必ずしもきれいな上水でなくてもよいものがあげられる。

また、家からの排水も、浄化槽やバイオジオフィルターなどの植物浄化の仕組みを使えば、環境に過度のインパクトを与えることなく、水質をきれいにすることができ、環境中に戻すことができる。特にバイオジオフィルターのような仕組みは、家から排出された栄養分を植物が吸収・循環してくれる仕組みである。

また、排水もそれほど汚いものでなければ、再度別の用途で使うことは可能である。例えば、昔の水路では、上流で食べ物である野菜を洗い、下流では食器や服を洗う、そして最後は鯉が流れてきた米粒を食らう、といった段階的な利用をすることが一般的だった。これはある一定量の水を何度も使う、という知恵であり、こうした利用方法をカスケード利用という。

⑪物質循環・栄養循環

物質循環・栄養循環の仕組みも、建物とそのまわりの環境で構築できる。家から排出される多様な有機物の受け皿として庭が機能することで、環境の汚染とならず、かえって物質、栄養の循環の起点となるような仕組みが考えられる。

このようにして、建物だけで閉じるのではなく、建物の外部環境との多様な関係性を形づくっていくことで、エネルギー、水、栄養、物質循環の仕組みができ、それにより建物がよりいきいきと活躍してくれる。

●住まいのなかで住まい手が 積極的にできること

住まいのハードとしての工夫に加えて、住まいの主役である住まい手ができることもある。建築空間を、単に寝る空間としての機能だけではなく、もっと生産的な働く空間として機能させることである。

そのための建築的工夫としては、例えば「土間」や「縁側」のような働くことができる空間を用意することが考えられる。そこで住まい手が農的な営みや手仕事で何かを生み出す活動をするなら、建物は単に消費するだけの場とならずにすむ。

また、建物のまわりに食べられる空間を多様に用意することで、循環の仕組みを構築するとともに、これもまた住まいがまさに生産的な場となるのである。

得られた生産物、あるいは農産物は、加工されてその価値が高まる。そのためには多少エネルギーをかけ、そのプロセスを経ることが必要である。

住まいのなかで、「干す」「乾かす」「煮る」「発酵させる」などは化石資源に頼らずとも

里山長屋暮らし。4世帯のエコロジカルなハウジングプロジェクト

可能な所作であり、そうした作業に、建物とその住まい手が積極的に関与できる余地は十分あるのである。

このように、農的暮らしと自然エネルギーを住まいのなかでどうマッチングさせるかということは、今後の重要なテーマである。

●家という建築物をつくる
　　プロセスでの配慮

家は、現場に調達された部材を組み立てればできる、ということだけではなく、その背景には大きな物語があり、そのつくるプロセスについても配慮がなされないと、自然素材でできた建築物だからといって、環境に対する負荷が低いということには必ずしもならない。

日本の国土の約7割が森林に覆われているのにもかかわらず、国産の木材の利用される割合はわずか2割である。約8割の木材は輸送エネルギーをかけて海外から輸入されている。安価な外国産材のため、国内の林業は立ち行かなくなり、製材業も廃業に追い込まれている。その結果、山は荒れ、一部は産業廃棄物の処理場となり、結局そのつけは我々住まい手にブーメランのようにふりかかっている。

現代の家づくりはご多分にもれず、「やすい、うまい、はやい」という市場経済の原則に従って、売られ、そして消費されていく。しかも日本の場合、その寿命が約30年と、欧米の100年前後の寿命に比べれば、非常に短命である。

しかし、そうした家づくりは、一見合理的に見えるその背後で大きな代償を払わされていて、決して「やすく」はない。化学物質多用の新建材はシックハウスを引き起こし、海外の山を収奪した補償として海外援助の資金などの形でお金が環流しているのではない

第2章　パーマカルチャーのデザインと実践のための基本

温室が併設されたコモンハウス。エコロジカルなコミュニティの創造へ

完成間近のコモンハウス

スペースを多目的に使える

か。産業廃棄物処理場の建設費は誰が払っているのか。

　こうした悪循環を断ち切るための「自然素材で、地産地消の、地元の職人さんとつくる家づくり」なのである。そうした小さな循環の輪のなかで家づくりをすることで、技術やお金がその地域にとどまり、地域経済が循環する。そうした家こそ「価値」が生まれ、100年住み続けられる家としての礎となる。

　家は多様な風土との関係性のなかで成立し、多様な人々の生活を包むものだから、家電製品のような大量生産型のシステムとは相容れないのである。

　今一度家づくりの原点に立ち戻り、「商品」としての家ではなく「つくる」住まいとして捉え直したい。

住環境づくりから発展するコミュニティ

　これまで述べてきた住まい像は、もちろん独立した住環境としても成立するものであるが、パーマカルチャーは「関係性のデザイン」なので、そこに住まう多様な住まい手同士もまた結びつき合うことで、健全で健康的な社会の礎となることが期待される。

　建物と建物のまわりの環境の連続性は、その度合いを増すごとに、よりその効果が相乗的に生きてくる。1戸より複数戸でできるエコロジカルな仕組みのほうが、より効果的である。

　例えば水の再利用は、複数戸のものを集積することで池や小さな川などが形成される可能性があるかもしれない。分断された緑地は、統合されることでまとまった菜園になったり、堆肥場として機能したりするかもしれない。

　こうした物理的なつながりに加えて、そこで活動する住まい手同士もそうした環境を通

じてつながり合い、やがてコミュニティとして発展していく可能性がある。

　今や、我々は「環境」のことだけを考えてエコロジカルな住環境をつくっていればよいわけではない。高齢者の問題、無縁社会問題、育児問題などなど、問題は山積しており、その根っこはすべてつながっているのである。健全な社会を取り戻すためパーマカルチャーの考え方が示す建築や家が、そうした問題に対処できることはたくさんあるのではないか。

　まずは健康的な住まいをつくること。そしてその連続性を形成していくこと。そうして初めてエコロジカルかつ健康的な社会もまた育ってくるのである。

PERMACULTURE

第3章

パーマカルチャー的暮らしの考え方・取り組み方

田植え作業（パーマカルチャー・センター・ジャパンの田んぼで）

PERMACULTURE

パーマカルチャーにおける「食」のデザイン

村松知子

「食」をデザインする

　最初に読者にお断りしなければならないのは、本稿は「料理レシピ」を紹介したものではないということだ。

　というのも、パーマカルチャーの「食」については、パーマカルチャーの三つの倫理（地球への配慮、人々への配慮、余剰物の分配）というような大きな枠組みに添う形で、個々の理解の中で実践され表現されているのが実情で、玄米菜食や精進料理、薬膳料理のように、ある一定の理論に基づいた「料理レシピ」が確立されているわけではないからである。

　パーマカルチャーの「食」は、食べものがどこから来てどこに行くのかといったことを、丸ごとすべてを含めたうえでの「食」であり、個人がより健康になるための食材の組み合わせやつくり方のレシピだけが切り離されて存在するというより、地球環境も視野に入れた暮らし全体の中に「食」をどう位置づけるかということのほうに、むしろ力点が置かれていると思われる。

　ビル・モリソンは「パーマカルチャーの核心はデザイン（設計）である。デザインとは物と物との間の関連のことである」としているが、ここでは「食」を暮らしのなかにどうデザインするか、「食べもの」と「私」との間の関係性をどうつくり上げていくかということに焦点をあてたい。

　そしてもう一つ、大事にしたいことがある。それは、そうした関係性をデザインする源となる「私の欲求や願い」である。こうした「種」があるからこそ、デザインが生まれてくると筆者は考えるからだ。

　以下、筆者が取材者としての立場から見聞きした体験などをもとに、パーマカルチャーの先達の方々がどのように「食」と関わっているのか、その「あり方」も含めて紹介したい。

　また「食」のパーマカルチャーデザインを通して見えてくる世界観についても言及を試みたい。

3分の1いただく
〜生命とのつながりを実感する食〜

●パーマカルチャーガーデンの営み

「ほら見て。このカボチャ、誰かに食べられているでしょう」

ここはオーストラリアのデジャーデン由香理さんのパーマカルチャーガーデン。ガーデンといっても約6000坪の広大な敷地で、由香理さんはそこで雨水のリサイクル、コンポストによる土づくりなど循環型の暮らしをデザインし、野菜に関してはほぼ自給自足を実現している生粋のパーマカルチャリストだ。

自宅から少し離れた、いわゆるゾーン2エリアの一角には、カボチャに覆われた斜面があり、足元をよく見ると、あちらこちらに丸い緑の実が顔を覗かせている。由香理さんが手招きする場所に行くと、明らかに何ものかにかじられた形跡のカボチャがあり、瑞々しい黄色の実が一部分だけあらわになっている。

「ブッシュターキー（体長70cmほどのシチメンチョウの一種）の仕業ね」

通常なら腹立たしいか、がっかりするかの状況だが、麦わら帽子から覗く由香理さんの瞳は穏やかだ。

「私は3分の1食べることができたらいいと思っているの。あとの3分の1は、鳥や動物に、そして残りの3分の1は大地に返すことで、またたくさんの恵みが大地から還ってくるでしょう」

かくして、かじられたカボチャは収穫され、畑からそのまま台所に運ばれた。こうなればカボチャの行く末を見届けたい。

由香理さんが、まだ固さの残るカボチャに包丁を入れる。かじられた実の周辺部分は細かく刻まれてミミズコンポストへ、皮や種は

由香理さん宅のいのちの源、パーマカルチャーガーデン

生ゴミコンポストへと手際よく分けられた。あとの残りのすべては、私たち人間のいただく温かなスープに様変わりして、その日の夕食に彩りを添えた。食卓に集まった子どもたちと、ウーファー（ウーフをする人。184頁参照）も含めた大人たち全員で手をつないで食前の祈りを捧げる。

「太陽と大地の恵みに感謝して、いただきます」

スプーンにすくって、一口一口を味わうようにいただく。カボチャの粒々が口いっぱいに広がる。美味しい。

●生命が支えられるスープ

由香理さんの「3分の1……」という言葉が反芻される。口にしているのは、「カボチャのスープ」だが、ブッシュターキーやミミズ、カボチャの実だけでなく大きな葉っぱやツル、太陽の光、大地の感触、台所での手作業も含めてそのすべてが入り交じった「何か」が一緒におなかの中に入り、身体の中で一つに解け合ったような感覚だった。

このスープをなんと名づけたらよいだろう。自宅の畑で採れた「自家製無農薬野菜のスープ」には違いないが、それだけではない、とにかくたくさんの生命がその中には凝縮されていて、そうした「生命の集合体」によって自分の生命が支えられ、生かされてい

るという事実に直面させられるスープとでも言おうか。

　由香理さん宅の冷蔵庫に貼られていた一枚の絵（長男ステファン君が7歳のときに描いたものだが）には、左上に太陽、右上には月、そして真ん中に大きく虹がかかり、虹の中にニワトリやミミズ、様々な虫たち、動物たち、種々の野菜や花々や果物の木と一緒に両手を広げた男の子が、人間以外の生きものたちとまったく同じ大きさで描かれている。少年は自分の生命が他の生命と同等に地球という大地に生きているということを、日々の暮らしのなかで体感していたのではないだろうか。「すべての生命体と手をつないで」と由香理さんはよく語っていたが、まさに日々の営みを通して、「私」が宇宙の中の地球という大地で様々な生命とのつながりを実感できる「食」がそこにあった。

地域経済によって支えられる暮らし

●篠原の里カフェ

　「里カフェ」は、神奈川県相模原市緑区牧野在住の市川真理さんが、地元のNPO法人が運営する「篠原の里」のダイニングスペースを借りて2007年から毎週金曜日に始めたカフェだ。ボランティアベースで運営され続け、今では昼どきになるとこの小さな集落に地元の主婦やアーティスト、パーマカルチャーやシュタイナー教育、自然農、代替療法などオルタナティブ（既存のものととって替わる新しいもの）なことに関心のある人まで、様々な人々が集う場になっている。

　篠原の里は、集落の中心施設であった小学校が廃校になったのを機に、パーマカルチャー・センター・ジャパン理事の糸長浩司さん

里カフェに並ぶ種々の石窯スイーツ

が、地元と協働して環境に配慮した施設に改築。育児支援や住民の憩いの場、都市農村交流のための宿泊・研修センターとして再生させた。パーマカルチャー・センター・ジャパンのすぐそばということもあり、多くの塾生も週末はこの施設を利用している。

　市川さんは日本でパーマカルチャーのコースが始まった初期のころの卒業生で、「里カフェ」を始める前から、パーマカルチャー・センター内にある石窯で天然酵母のパンやお菓子づくりを行っていた。石窯パンづくりを始めたきっかけは「センターに石窯があったから」というシンプルなものだったが、パンを焼くために必要な燃料としてガスを使用せずに済み、薪は地元産の材などをお裾分けしてもらっている。

　石窯の場合、手間はかかるが温度によって焼き上がるものが異なるので、高温のものから余熱で火が通るものまで、パン→スコーン→ビスコッティ→プリン→ドライトマトというように、一度窯に火を入れた後は、最後までエネルギーを無駄なく活用でき、かつ多種類のものが焼ける醍醐味がある。市川さんの焼くパンやケーキは、またたくまに地元主婦や塾生の間でも人気となった。

　そんな中、できたものをただ販売し、食べてもらうというだけでなく、「地域経済によって支えられる暮らし」を模索したいという

第3章　パーマカルチャー的暮らしの考え方・取り組み方

想いで、仲間の主婦らとともに石窯パンとスープ、サラダといったシンプルなランチを提供する「里カフェ」をオープンした。

「地域経済」を重視したのは、例えば安心、安全な食ということを誰もが望むが、食材一つにしても農作物のつくり手である農家が経済のグローバル化の影響によって、大量生産を余儀なくされ農薬や化学肥料を使用せざるをえなくなるという現状があり、「すべては今の経済のグローバル化から端を発しているのではないか」という思いがあったからだ。「永続可能ということを考えたら、根本的なところから変えないと」と、一児の母でもある市川さんは、子供たちが生きる未来に向けて、自分自身がその根本的な変化を起こしていく起点になることを選択した。

●パンとランチで人々の交流

「地元でパンを売り、ランチを提供することで人が集まり、そこで何かが生まれていけばいいな、と。自己表現の場として藤野に可能性を感じ、移住してくる人たちが大勢いる。また、もともとこの地に代々暮らす人々の技や知恵もたくさんある。それら様々な能力が集まったら、素晴らしいマーケットが実現するのでは……」

目下の目標は「暮らしに必要なものが少しずつ地元産のものに代替されていくこと」だ。2009年には地元住民らとともに、毎月第1土曜日に「里の市」を企画、パントマイムショーや地域のお父さんバンド、ダンスなどのパフォーマンスを織り交ぜながら、フリーマーケットをはじめ近隣住民なら誰でも自分の得意の品や技を「出店」できる市を開始した。

「それぞれが得意分野で役割分担できるような場づくりを進めていきたい」と市川さん。「食」と「地域社会」との間に「カフェ／市」の活動を置くことによって、地域経済を生み出し、住民らが個を活かしつつ交流できる場をデザインしていると言えよう。

「自然の恵み」をお裾分けする

●一緒に有機農業を支える仕組み

「野菜を選んで買うのではなく、農家さんを選んで野菜を買う」。そんなコンセプトで、インターネット上での「農家産直」の仕組みをつくったのが「やさい暮らし」代表の伊藤志歩さん。

伊藤さんは、農家に1年間住み込んだ際、高齢化が進み、若い世代の担い手がごく少ないという日本の未来に、強い危機感を抱いた。しかし問題は、後継者不足だけではなかった。グローバル化によって安価な野菜が市場に出回るようになったが、消費者や流通者の「もっと安く」「見た目もよく」という期待に応えようと農家が無理をするほど、野菜本来の持つ味覚よりも、効率よく管理でき見た目や流通で不利にならない点を優先した品種に頼らざるを得なくなる。こうした現状を目の当たりにした伊藤さんは「食べる側、つくる側がつながり、一緒になって有機農業を支えていく仕組み」をつくろうと決心する。

「やさい暮らし」が提携している農家は、農業を生業にはしているが「まずは自分たち自身が小規模循環型の自給自足的な暮らしを実践し、その延長線上で農作物を販売している人たち」というほうが正確であろう。いや「農作物を販売」という表現も間違いではないが十分ではない。伊藤さんは「彼らは〝商品〟を売るというよりも、手塩にかけて育てた〝自然の恵み〟をお裾分けする、という感じなのです」と語っていたが、確かに「やさ

い暮らし」のホームページには、「商品」という言葉はみあたらない。

●「信頼に基づく経済」の構築

そこには、「私たちの生命の糧である食べものを私たちに代わってつくってくれている人たち」への感謝の気持ちが込められているように思う。

また近年、欧米では、CSA（Community Supported Agriculture）という「コミュニティで農業を支える」取り組みが普及しつつある。CSAには様々な方法があるが、例えば消費者が1年分の野菜の代金を先払いし、生産者は定期的に収穫物を分配するなどのやり方がある。それにより、生産者はすでに顧客が確保されているので生産活動に集中でき、農地や資材を事前に手に入れることができる。一方、消費者は安全な野菜を得ることができ、持続可能な農を支えることで、地元の環境保全にも貢献できる。この仕組みは、両者の信頼関係に基づく経済システムでもある。

「やさい暮らし」でも、伊藤さんは生産者と消費者の交流の場を設けているが、生産者と消費者の間に直接「顔の見える関係」がどれだけあるかということも、こうした「信頼に基づく経済」の構築に大きく関わってくる要因であろう。伊藤さんは有機農家で作業体験ができるウーフ（WWOOF＝World Wide Opportunities On Organic Farms　世界に広がる有機農場での機会）や農家民宿などを利用することもすすめているが、こうした「農」の現場を実際に体験することで生命の源である「食べもの」と「農」、そして「大地」とが不可分につながりあっているという感性が育まれるのであろう。

伊藤さんやCSAの取り組みは、「食」と「大地」の間にある「農」を要と捉え、行き

パーマカルチャー・センター・ジャパンの農場では調理時に出る生ゴミやミミズ堆肥を活用している

収穫したばかりのトマト。多様な品種を手がけている

過ぎた商業主義により隔てられていた生産者と消費者が、ふたたび信頼関係の中で出会える仕組みをデザインしたものともいえる。

パーマカルチャーデザインの奥にあるもの

●食を軸に環境負荷を減らす

以上、パーマカルチャーの先達の実践例を通して、彼らがどのような想いのなかで「食」を暮らしのなかにデザインしているかについて概観した。

もちろん彼らの他にもたくさんの方々が、思い思いの「食」をデザインされていると思うが、表現の形は様々だ。今回は紙面の都合もあり詳細について紹介はしなかったが、食べものの入手先を見直して、地産地消やフー

第3章　パーマカルチャー的暮らしの考え方・取り組み方

みんなでいただきます〜 PCCJ農場の収穫野菜は塾生たちの〝今晩のおかず〟

ドマイレージ（食料の輸送量と輸送距離を総合的・定量的に把握することを目的とした指標、ないし考え方）の低さを意識した消費行動をとる人や、少しでも食べものを生産できるよう市民農園やベランダ菜園を始める人もいる。

　調理面では、自然エネルギーを効率よく利用した天日干しや、旬の食材を保存食として加工したり、発酵食品づくり、木の実や野草を使った料理、生ゴミとして通常処理される野菜の皮を出汁として利用したり、コンポストにするなどの工夫も、塾生の間でよく見られる風景である。

　調理の仕方ばかりではない。マイ箸、マイコップの持参、食後の片付けについても洗剤の使用を極力なくすなど、環境への負荷をできるだけ減らす配慮を心がけている人たちも多い。

　最近では、それぞれが何か手づくりの一品を持ち寄ってコモンミール（共食）を行う機会も増えてきた。そこでは、どのバイキングレストランよりもユニークで多様性に富んだ食卓空間が見事に「出現」する。みんながもてなす人でありながら、同時にもてなされる人となり、食べものと人、人と人の間でエネルギーが交換される場として機能している。

　いずれにしても、共通しているのは目の前にある「食」をただ近視眼的に捉えるのではなく、長期的・円環的視野に立って、「私」がどのように地球全体と関わりあっているか、他の生命と関わりあいを持っているかを意識し、想像力をめぐらしている点であろう。

　さらに想像力を深めるとすれば、実践例として紹介した人たちは、いずれのケースも「つながり」や「支え合う」という関係性の基盤を世界の中に「再構築」しようとしている。「再構築」としたのは、そうした相互依存性に目を向けたとき、近代化以前は比較的そのような関係性が世界の内に濃厚に息づいていたと思われるからだ。

●**生命への感謝と畏怖**

　それは、日本の食卓で連綿と引き継がれてきた「いただきます」の精神文化の内にも見てとれよう。歴史哲学者の内山節は「日本の伝統的な考え方では、食事をとることはミをとることであった。ミとは魂と書いてもよいし、霊と書いてもよい。つまり、生命の根本的なものをいただく、ということである」と述べている。私たちの存在基盤が他の「生命（いのち）」を摂取することによって成り立っているという絶対的事実に人間が対峙したとき、「生命」への感謝や畏怖がおのずから湧き上がって生まれた言葉が「いただきます」だったのではないか。由香理さんのスープを口にしたときに感じた生命の集合体としての「何か」も、暮らしの中に「農」を入れはじめてから「胃袋と別のところも満足する」と語っていた塾生も、この「ミ」をいただいて

185

いたのではないか。

　また古来、アイヌの人々は「熊送り（イオマンテ）」の儀式で、ていねいにクマを解体し、食したが、その際にクマの頭蓋骨に化粧や装飾を施すなどして、クマを霊の世界に送った。「そこでは、クマのからだは、人間への大切な〝贈りもの〟として扱われていた」と文化人類学者の中沢新一はいう。そこには貨幣経済で自明となっている「商品」としての食べものという概念は一切差し挟む余地がない。ただ「贈与」の関係だけがあった。

　自然界と私たちの間も、本来はそのような関係性の上に成り立っているのではないだろうか。伊藤さんが、「やさい暮らし」の農家の方は野菜を「〝商品〟としてというよりも〝自然の恵み〟としてお裾分けするという感覚に近い」と語っていたのが想起される。

　近代化とともに、食べものはいつしか栄養素として物質的なものに還元され、また、ダイエットや健康志向が流行するにつれて、食べものを「カロリー」という数値に換算して捉える傾向が強くなった。けれども私たち人間は、栄養素やカロリーの寄せ集めだけでできているのではない。パーマカルチャーは、関係性の網の目のなかで、人間の存在が物質だけでなく「ミ」としての「生命の根本」をいただくことで成り立っているという感覚を呼び覚ます「ツール」でもあるように思う。

自分の本当の欲求を知る

　私たちが普段、何気なく繰り返している「食」。まずは自分がどんなものをどれだけ食べたいと思っているのか、自分の欲求に気づくことから「食」のデザインは始まるのであろう。

　「足るを知る」という言葉があるが、資本主義経済のもとでは、広告やマスコミの影響でいつの間にか自分の本当の欲求がなんなのか見えにくくなっている可能性がある。他国に行って初めて自国の文化が相対的なものであることに気づくのと同様に、私たちはいつの間にか自国の文化のなかで一種のトランス状態に陥ってしまっているとも言える。また心理学的には、食べるということが何かの代償行為になっていることもあるし、体調や意識の状態の違いによっても食べたいものが異なってくる。安珠さんは本書の「こころとからだづくりの考え方」のなかで「自分の体の声を聴くこと」の大切さについて指摘しているが、自身の感受性と認識力を高めることで「本当の自分の欲求や願望」に気づくことができるであろう。

　心理学者のカール・ロジャーズは「もっとも個人的なものはもっとも普遍的である」としている。パーマカルチャーの原理原則も一つの「ツール」としながら、真の自分の欲求や願望という「種」から「食」をデザインし、あなたの世界を創造してみてはどうだろうか。そして、あなたの「生命」がもっとも喜ぶ「食」をデザインしよう。感性を開き、シンプルに「美味しい！」を究極まで追求していったとき、それはすべての「生命」や世界と響き合う「食」であると思うのは果たして筆者だけであろうか。

追悼
本稿で紹介したデジャーデン由香理さんは2009年夏、日本のパーマカルチャーサイト富士エコパークでワークショップ中に急逝された。筆者も彼女から計り知れない多くのものをいただいた内のひとりである。由香理さんのご冥福を心よりお祈りいたします。

PERMACULTURE

こころとからだづくりの考え方

安珠

混乱の時代の心得

現代、持続可能な暮らしを目指すには、根底にあるパラダイムを変える必要がある。価値観が変わるということは、ストレスが多くかかることになり心身の混乱を招く。今は、そういう時代であることを認識し、自分自身のヘルスケアを行う必要がある。

「自然は人間が利用してよいもの」という考えのもと、現代の資本主義は発展してきた。それが、地球環境を破壊し、気候に影響しようとしている。自然環境も社会環境も、人間にとってストレスフルな状況になってしまった。それだけではなく人類の存続も危ぶまれる状況だ。しかも、人類は「自分自身で自分を破壊しようとしている」という自己矛盾を引き起こしている。ホリスティック（後述）な視点から見れば、自分の体・心・魂・環境はつながった一つのものだから、ここで起きている自己矛盾が人間の健康に影響しないわけがない。生き方の不調和の歪みは、どこかに形となって現れる。

また、人間は自分に都合のよい環境をつくった結果、自分がコントロールし難いものを排除してきた。仏教で四苦とされる「生老病死」、そして「自然」や「身体」を外に追いやった。それらを排除したまま健康について考えることはできない。

どのようにセルフケアしていくのかは、健康観や人間観だけではなく、死生観が重要になってくる。現代の生老病死は、おおむね「お金を稼ぐために生き、老いには抗い（アンチエイジング）、病を敵として戦うか排除し（西洋医学的治療、薬や手術）、死を忌み嫌い恐れる」という捉え方になっているのではないだろうか。「自分は生老病死をどう捉えているか」に気づくことが重要だ。気づいたうえで、変えたいかどうかを選択すればよい。初めから結論を出す必要はない。問いを持ち続けることが大切なのだ。

ここでは、持続可能な暮らしづくりの中で、持続可能な生き方、自分を面倒見る方法（セルフケア）を考えるときに、鍵となるものを二つ提示したいと思う。一つ目は、大地とともに生きてきた先人の知恵、すなわち伝

統文化から学ぶこと。二つ目は、今まで排除されていた「身体」と「自然」にどう向き合うか、ということだ。この二つを踏まえて、これからの世代が伝統文化を越える「知恵」をいかにつくっていくかが今、問われていると思う。科学や物事のグローバル化は様々な弊害を引き起こしてきたが、それにより我々の認識が広がったとも言える。そこで得た「知識」を「知恵」に変えていくこと、それが今の時代に必要なことではないだろうか。

この項では、これから新たな方法を生み出していくためのヒントになる考え方や実践方法を紹介していく。

ホリスティック・パラダイムと代替療法

私の世代が受けてきた教育は、17世紀デカルトの心身二元論を起点とする「機械論的パラダイム」に基づいたもので、「全体は分解可能な基本的要素からなる」という要素還元主義が基礎にある。現在、主流の西洋医学もそうである。

この機械論的パラダイムを絶対視するあまり、抜け落ちたものの間を埋めようと、1970年代に「全体は部分の総和以上のものであり相互依存している」と世界を捉える「ホリスティック・パラダイム」が登場した。

ホリスティックとは、ギリシャ語のHolosを語源とし、whole、heal、healthは、その派生語となる。日本語にすると「包括的な」という意味だ。「ホリスティック医学」は、病気を症状だけではなく、患者の体、心、魂、気、社会環境、自然環境とつながるものと捉えて治療する。症状だけを診て病名をつけて薬を出すという方法ではなく、症状を観察し、心の持ちよう、人間関係、住んでいる環境、その人はどのような生きがいを持つの

自然療法などの体系

分類	説明	セラピー、療法名
伝統医学	古来ある医学体系	中国医学、アーユルヴェーダ、ユナニ医学、チベット医学
西洋医学以外の医学体系	近代にできた医学体系	ホメオパシー、シュタイナー医学、カイロプラクティック、オステオパシー、ナチュロパシー
食事療法	食事を通した療法	食事療法、マクロビオティック、健康食品、サプリメント
自然療法	植物、鉱物など自然界のものを使った療法	ハーブ（薬草）、アロマテラピー、フラワーエッセンス、ホメオパシー
手技療法	手技を使った身体治療	あん摩指圧マッサージ、リフレクソロジー、整体、カイロプラクティック、オステオパシー、クラニオセイクラル
ボディワーク	ソマティクスと呼ばれ身体を通しての学習、気づきを促す	アレクサンダーテクニーク、フェルデンクライスメソッド、ロルフィング、操体法
心理療法、心身相関的アプローチ	対話などを通して、心に働きかける療法	心理療法、園芸療法、イメージ療法、バイオフィードバック、絵画療法、音楽療法、催眠療法、ダンス療法
エネルギー療法	気、エネルギーに働きかける療法	レイキ、セラピューティックタッチ、エネルギーワーク、クリスタルヒーリング

かなど、患者を肉体に閉じ込められたものとしてではなく、様々な要素もその人の一部と捉え、全体を診ていく医学である。

病気や不快な症状は、バランスの崩れである。治癒とは悪いものを排除し攻撃するのではなく、ばらばらだったもののつながりを取り戻し、全体性を取り戻すことがheal（癒える）の本来の意味なのだ。

ホリスティック医学の現場では、西洋医学を排除するのではなく、それも含めて患者に必要なものを選択、統合して利用することになる。日本では保険制度の問題などもあり、一部の漢方薬などを除いて代替療法は正式な医療としては認められていない。ドイツではハイルプラクティカー、オーストラリアではナチュロパスなどが自然療法を行う医師として国家資格が与えられている。西洋医学以外

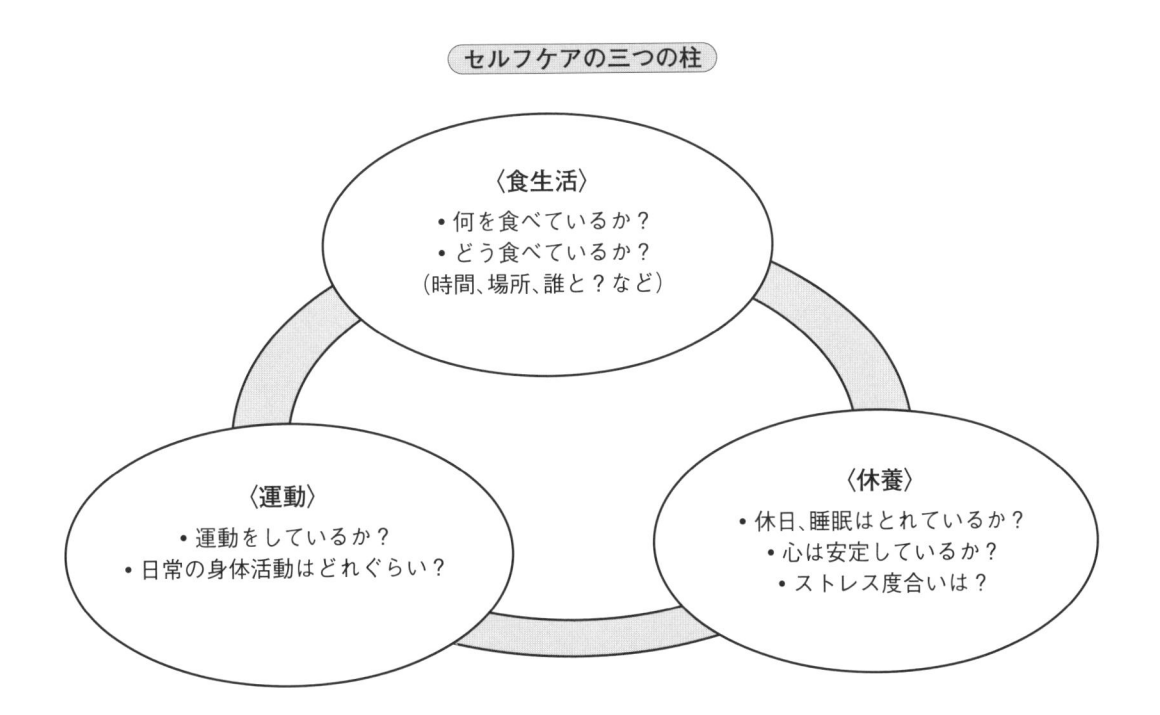

セルフケアの三つの柱

〈食生活〉
・何を食べているか？
・どう食べているか？
（時間、場所、誰と？など）

〈運動〉
・運動をしているか？
・日常の身体活動はどれぐらい？

〈休養〉
・休日、睡眠はとれているか？
・心は安定しているか？
・ストレス度合いは？

の医療体系を保険の適用される医療と認めている国も多い。また、中国は中国医学、インドはアーユルヴェーダといった伝統医学が現在でも脈々と正式な医療として続いている。

自然療法体系のほとんどには、体質論、そして体質に合った食事、薬草、手技療法による治療が含まれており、予防方法に関しても体系的に提示されている。そして予防に重点が置かれ、医師の仕事は病人を出さないことである。日本では、予防的にヘルスケアに投資するよりは、病気になったときに薬をもらったほうが安くつくという矛盾した状況を生み出すことすらあるので、「予防意識」や自分の健康は自分で守る「セルフケア意識」が低くなっている。健康すら、自分の暮らしからアウトソーシング（外部の資源、サービスを活用）している。

パーマカルチャーが「暮らしづくりを自分の手に取り戻すこと」だとしたら、自分の健康づくりを自分の手に取り戻すためのヒントが、伝統医学の知恵や、シュタイナーなどが提唱する新たな人間観に基づく療法（医療）にある。

セルフケアの三本柱

ここでは、生活習慣の「食生活」「運動」「休養」に沿ってセルフケアを説明する。

●食生活

「食生活」の基本は、その季節・その土地にできる作物を食すことだ。近くで採れたものは新鮮で、フードマイレージもほとんどなく環境負荷が少ない。また旬のものは栄養価が高い。

ホリスティックに見れば、人間は身体レベルだけの存在ではなく、サトルエネルギー（微細で目に見えない気のようなもの）も活力として必要なので、食物や薬草などは、単に物質レベルが満たされればよいわけではない。シュタイナーが提唱するバイオダイナミ

ック農法は、作物のサトルエネルギーにも配慮して栽培される。栄養学的な力強さだけはなく、サトルエネルギーが充実しているかどうかも大事だ。

また、「何を食べるか」だけではなく、「どう食べるか」も重要である。調理方法はもちろんだが、一人で食べるのか、仲間と一緒なのか、職場のパソコンの前なのか、家でゆったりしながらなのかなど、食べる状況や環境も留意したいポイントだ。

食については、様々な食事療法が提唱されているが、一つの理論ですべてがまかなえることはない。原理原則に執着せず、自分の体の声を聴くことが大切だ。

●運動

「運動」には、日常の「身体活動」も含まれる。

パーマカルチャー的な暮らしでは、畑仕事やその他の生活づくりのための作業があり、身体活動が増えると思われる。「運動不足」とは縁遠くなるかもしれない。ただ、作業の場合、局所的な筋肉を使うことも多く部分的な負荷がかかりやすいので、腰痛や腱鞘炎などにならない注意が必要だ。筋肉は、緊張が続くとそれをなかなか解除できなくなる。入浴の機会を利用してリラックスしたり、セルフマッサージやストレッチなどで硬直した筋肉をほぐすことを心がけるとよい。

身体の使い方自体は、毎日体を動かしていれば体が自然と工夫をするようになるが、よりパフォーマンスを上げたかったら、動きを改善するようなボディワーク（身体を通して自分のあり方に気づくようなワーク。ヨガ、フェルデンクライスメソッド、アレクサンダーテクニークなどが代表的）をやってみるのもよい。ここでも自分に対する観察力と身体感覚が重要となってくる。

●休養

「休養」には、「心のケア、ストレスのケア」も含まれる。

ストレスとは、ストレッサー（ストレスの原因）と自分自身の中のストレスに耐えうるリソース（資源、供給源）の度合いから導き出されるものである。例えば、「仕事で上司に叱られた」というストレッサーに対して、「もともと楽観的」「友人に話して解消」「運動して発散」など柔軟に対処できるリソースを持っているかどうかがストレス耐性につながり、ストレス反応が違ってくる。悲観的な人は落ち込んで食欲がなくなったりするが、柔軟に対応できるものを持っている人は次の日からもケロッとして仕事に行けたりと、同じストレッサーでも結果が違ってくる。

ストレスに対処する方法としては、①ストレッサーを取り除く、②リソースを増やす、③ストレス反応をケアする、の順番で対処していく。①がすぐにできないのなら②、③のケアを行う。

②のリソースを増やすは、「体質気質を改善する」「自分をサポートしてくれる仲間や専門家を持つ」「価値観を見直す」といったことが助けになる。具体的な方法としては、食事・運動・休養のとり方、生活習慣を改善すること、仕事だけではなく趣味の仲間など様々な世界を自分の中に持つこと、カウンセリングやボディワークなどで自分自身への気づきを高めることなどがすすめられる。

ストレス反応とは、体も心も緊張することである。③のストレス反応をケアするについては、緊張を解くために五感を使ったリラクセーション法（音楽、アロマテラピー、マッサージなど）、呼吸法やゆったりと体を動かすボディワークなどが効果的である。

ストレスに対処する方法

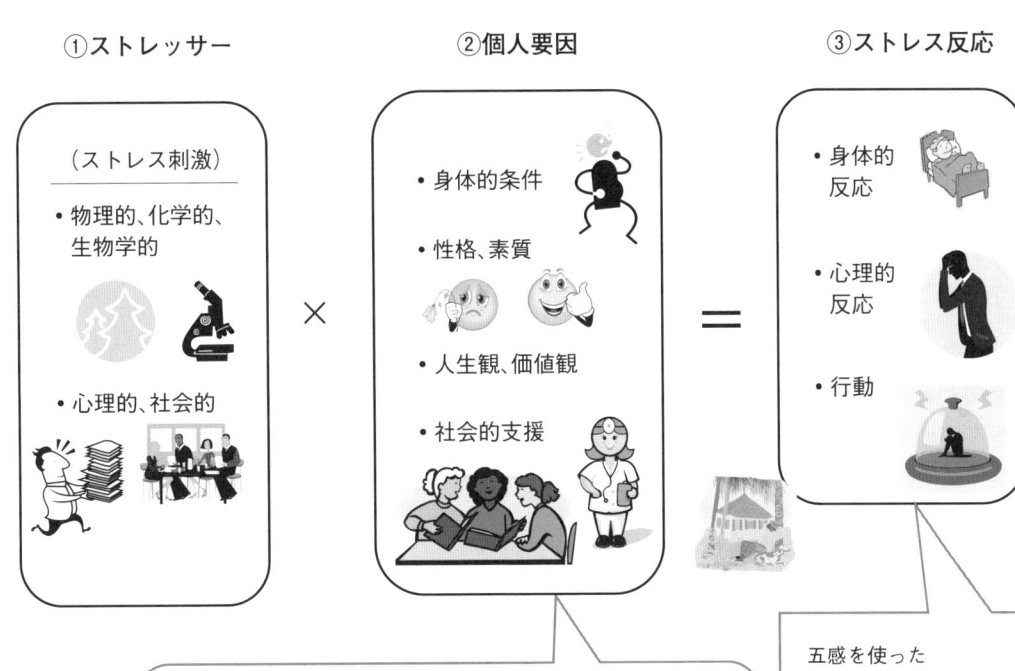

①ストレッサー　②個人要因　③ストレス反応

（ストレス刺激）
- 物理的、化学的、生物学的
- 心理的、社会的

×

- 身体的条件
- 性格、素質
- 人生観、価値観
- 社会的支援

＝

- 身体的反応
- 心理的反応
- 行動

身体的条件／体質に合わせた食、運動などで体力アップ
性質、素質／気づきを高めるワーク、カウンセリングなど
人生観、価値観／自然のものに触れる、旅をするなど
社会的支援／家族や友人によるサポート

五感を使ったリラクセーション法

呼吸法、ゆったりしたボディワークなど

メディスンホイールに見るホリスティックケアの知恵

人間を「身体のみではない」と見る考え方は、世界各地にある。ここではセルフケアの指針として参考になる伝統の知恵として、ネイティブアメリカンのメディスンホイール（聖なる輪／ネイティブアメリカンの世界観）に基づいた人間観を紹介したい。

メディスンホイールとは、調和や魂、完全なる物を示す「円」の中に「十字」が描かれたものだ。四つのポイントは、東西南北という方向を示すと同時に、火土水風という自然界のエレメントや、季節、人間などを象徴している。

メディスンホイールの人間観

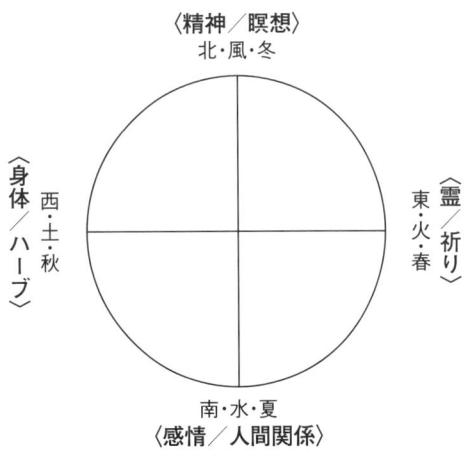

〈精神／瞑想〉
北・風・冬

〈身体／ハーブ〉
西・土・秋

〈霊／祈り〉
東・火・春

〈感情／人間関係〉
南・水・夏

メディスンホイールを「人間」と考えたときの四つのポイントは、それぞれ霊（spirit）、精神（mind）、身体（physical body）、感情

（emotion）となる。霊とは自分自身の身体を越えた「聖なるもの」に属する部分、身体は物質として存在する部分、精神と感情はその間に位置する。精神は明晰な認識力や創造力、感情は刺激によって引き起こされる制御不能な感覚である。シュタイナーも人間を「霊」「魂」「体」の存在として、魂は霊と体を結びつけるものと述べている。言葉の使い方はそれぞれであるが、「霊」と「体」を結びつけるものとして、私たちは精神、感情、魂、心などといった言葉を使い、そこにあるものを表現しているのであろう。

それぞれのケアをするには、霊には「祈り」が、精神には「瞑想」が、身体には「薬草」が、感情には「関係性」が必要となる。ネイティブアメリカンの知恵では、この四つのバランスが大事で、円のバランスが崩れることが不調や病につながると考える。

現代の日本においては、物質的な部分が偏重され、それ以外は軽視する傾向がある。特に霊については排除されがちなので、反動でスピリチュアルなものがブームになってしまうのかもしれない。しかし、人間の一部を構成するものが、「ブーム」であるとしたら、おかしなものだ。人間として真っ当に生きるためにも、人間観・健康観の見直しは必要ではないかと思う。

代替療法の項で紹介したように、世の中には様々な癒しの方法、人間観・健康観・世界観がある。なかでも、メディスンホイールから導き出された4方向のアプローチは、必ずしもお金や、専門的な知識が必要ではなく、やろうという意志と基本的なやり方が分かれば毎日続けられる持続可能なものである。

●身体のケア～薬草(ハーブ)～

身体のバランスを保つのに、もっとも基本になるのは食事であるが、それに付随して薬草が病を予防し、不調を癒す役割を担う。

中国医学では薬は「上薬」「中薬」「下薬」という分け方があり、上薬とは日常的に摂取しても副作用はなく身体を強めてくれる薬を言う。逆に下薬とは即効性はあるが副作用もある効果の強い薬のことであり、西洋医学で使われる新薬は下薬に入ることが分かる。

日常的にも安全で健康を保ってくれる薬草は、意識的にお茶として摂取したり、料理に使うことで日常にとり入れる。今や世界中のハーブの情報や物が日本で手に入れることができるが、身近で手に入る薬草を見直し、そのうえで手に入らないものはいかにして調達するかを考えるべきだろう。

身近な植物を観察すると「雑草と思っていた植物が実は薬草だった」ということがよくある。身近にある薬草であれば、地産地消ができ、フードマイレージならぬ薬草のマイレージもかからず、新鮮なものが手に入り、再生可能な資源でもある。

薬草の利用方法にはいくつかの方法があるが、それを身につければ、自分で応用が利くようになり、様々なセルフケア用の薬草レメディ（薬草を使った常備薬的なもの）をつくることができる。

採取の基本

一般的には、植物の地上部を使うものであれば、花が咲く直前が薬効がもっとも高い。根など地下部を使う場合には、上部が枯れた頃（秋～冬）に掘り上げるのがよい。

時期が来たら採取し、乾燥・保存しておけば、必要なときに様々な形で利用することができる。

製剤の基本

植物に含まれる植物化学成分は、脂溶性のものと水溶性のものがある。有効成分を取り

薬草レメディとつくり方

薬草レメディ	採取時期	作り方
ハコベの歯磨き粉	春先	ハコベを採取し、十分に乾燥させた後、粉にして粗塩と半々の割合で混ぜる。出血や歯槽膿漏を予防する。ハコベは浄血作用があるといわれており、お茶にしても食べても癖がない。湯がいておひたし、生でサラダなどにもできる。
ヨモギやドクダミの化粧水	ドクダミの採取は梅雨前、ヨモギは8月中旬以降	乾燥させた薬草をお茶をいれる方法でお湯に浸して10分程度置き、液体だけ濾して冷ます。ビンなどに入れて冷暗所に置き、7～10日以内に使い切る。量が多い場合には、製氷器に入れて、一つずつ解凍して使う方法もある。
ヘビイチゴのかゆみ止め	5～6月	ヘビイチゴの実を採取し、ガラスの保存ビンに入れて、焼酎を浸るぐらい注ぐ。最低1カ月経過後から使用可能。実を濾してビンに保存し、適宜使用する。
シソ酒	葉のある時期ならいつでも。最適時は開花直前	葉、もしくは花穂と葉を焼酎に漬ける。1カ月以上経過後から使用。食欲不振、消化不良、車酔いなどで胃の不快感を感じたときに、そのまま、もしくはお湯で割って飲用する。

出すためには、どの方法がよいかを工夫する必要があるが、アルコールはいずれの成分も溶かすことができる。

大概は熱湯で抽出したり煎じることで有効な成分を引き出せるが、精油成分があるものなどは、アルコールか油脂で抽出する。

製剤の形

薬草を使う場合、飲んだり、皮膚に塗るというのが主な方法である。実際に使いやすく効果的な形にすることを製剤という。

常備したい薬草レメディとつくり方

日常のケアに有用なものをいくつか紹介する。それぞれ、つくり方は何通りかあるが、もっとも簡単で基本的な方法を記す。採取時期は場所により異なるが、参考までに記載する。

保存期間はアルコールを使ったものは長く、水やお湯のみの場合は劣化が早いので使いきれる分だけ作製する。

●精神のケア～瞑想～

メディスンホイールでは、精神のバランスをとるためには、瞑想をすることをすすめている。『ホリスティック医学』（日本ホリスティック医学協会編、東京堂出版）によれば、瞑想は「瞑目、または半眼で想念を落ち着いた状態にすること。一般的には精神統一という座禅のイメージが強いが、多種多様なスタイルがある」と説明されている。瞑想の目的も、心を静めることでストレスを緩和するなどの日常的な目的から、悟りを開くといったことまで様々なものがあるが、ここでは、健

シンプルな瞑想

〈自分の身体を観察する静かな時間〉

　自分の呼吸を観察したり、自分の体を観察することは実態として分かりやすく、ヘルスケアにも直接的に有効だ。やり方を一つ紹介する。
1. 自分の心地よい方法で座る（椅子でも床でもよい）。
2. 自分の坐骨を感じる。分かりにくかったら手で触れてみる。
3. 坐骨を土台として自分の上半身がどのように乗っているかを感じる。
4. 呼吸を感じる。吸う息、吐く息が、自分の鼻腔を通る感覚を感じる。
5. 呼吸が自分の身体にどう伝わっているか、背中、おなか、首、肩にどんな影響を与えているかを感じる。
6. そのほか、身体の各部位に目を向け、左右の違いを感じてみたり、どんな感覚を感じているかを探ってみる。
7. しばらく静かに座ってみる。
8. 浮かんでくる考えなどは、そのまま受け取り、ただ眺める。
9. ある程度の時間が来たら、呼吸に意識を戻し、一度ゆっくり深呼吸をする。
10. ゆっくりと目を開けて、現実の世界に戻る。

康に過ごすための瞑想ということで話を進めたい。

　現代の日常生活は情報にあふれており、しかも変化が早い。その刺激に感情が乱されたり、思考が混乱させられたり、身体がそのペースについていけないなど、健康にとってはマイナスな事態が起こっている。怒濤のように情報の波が押し寄せてくるので、意識的に静かな時間をつくるということが現代人にとってはとても重要なことになる。自分の心や体で何が起きているのか？　さらに自分の外に目を向けたときに自分の周囲では何が起こっているのか？　そうしたことを客観的に認識していくことがまず大切だ。

　メディスンホイールでいえば、認識するのは「精神」の仕事で、それを邪魔するのが「感情」ということになる。一方で「感情」は、行動や創造のきっかけや力にもなると考える。「感情」の力をクリエイティブな方向に働かせるためにも瞑想の時間は必要だ。

　忙しくストレスフルに生きていると、自分が疲れていることにすら気づけないときがある。また、自分の感情を押し込めてしまって、自分が怒っていたことや悲しんでいたことすら感じなくなることもある。そのときの心身の様子に気づけないということは、あとから大きな歪みとなって現れる。

　1日5分でもよいので、静かに自分に向き合う時間を確保することを積み重ねていけば、自分の心身の健康を保つ大きな力になるのである。

「今、ここ」にいる感覚を養う

　昨今は「自分探し」が盛んであるが、自分とは探すものではなく、「今、ここにあるもの」である。そして、「今、ここ」には様々なものが存在する。外に情報を求めるのではなく、自分のありようを感じる、または観察する静かな時間を持つことを始めればよいし、それも瞑想の一種である。それにより、

内的な豊かさを取り戻すことが可能だ。

では、今、自分自身を観察してみよう。どこか静かな場所に座って、以下に従ってやってみてほしい。抽象的で分かりにくい問いかけに関しては、自分が思いついたやり方でかまわない。全部やる必要はないので、静かに必要なところに意識を向けて、ゆっくりとできるところまでやってみよう。

- 自分の体があるのを感じる
- 自分の身体は何をしているだろうか
- どんなふうに呼吸をしているのか
- どんなふうに座っているのか
- 坐骨は意識できるか
- 今何を感じているか
- 今何を考えているか
- 部屋には何があるのか
- 自分に影響を与えているものが何か部屋の中にあるか
  - どんな影響か
  - 天気はどうなのか
  - 何か聞こえているか

このように並べていけば、無限に、様々な要素を観察することができる。

「今、ここ」にいる感覚は、「眺めている自分」をつくり出す。自分の感情に飲み込まれない「自分を眺める自分」。それは、気づく力、認識力、観察力を高め、自分の心や身体、地球の声を聴く力をも高める。静かな時間と空間を用意し、短時間でもよいので自分を観察する機会をもち、それを継続することだ。

毎日行えば、感じ取れるものが多くなっていく。続けることが大切である。続けることで、繊細なものを感じ、気づくことができる自分が自分の中に育っていくのである。

善悪を超える真理を見る目

普段のものの見方では、自分に染みついた思考パターンにより、好き嫌い、善悪などの判断を自動的にしがちである。例えば、静かに座って自分を観察しようとしたときに、今日体験した嫌なことを思い出し、自分が怒りを感じたということに気づいたとしよう。その怒りに対して「感じてはいけない」「悪い感情だ」という判断は加えない。精神の仕事として、徹底的に事実を認識するにとどめるのがよい。

額の眉間のところに、「第3の目」があるという話を聞いたことがあるだろうか？ これは真理を見通す目といわれている。真理は、実際の目で見るのではなく、第3の目、すなわち自分の内的な目を通して見るものという考えだ。「肉体の目が二つあるのは、陰と陽、善と悪、好き嫌いといった二元論的なものの見方を象徴しており、第3の目が一つであるのは、善悪や二元論を超えた真理を見る目だから」と、ヨガの哲学では考えられている。

瞑想中は、徹底した観察とともに、判断をしないということも重要なポイントである。怒りを感じて、「怒るのは悪いこと」と善悪の判断をする自分が出てきてしまったときにも、「今、判断しようとする自分が出てきた」ということを認識さえすればよい。それをやり続けることで、善悪を超えたときに、見えるものが違ってくるだろう。

●霊性のケア〜祈り〜

自分の中の「霊」的な存在は、感情や思考という目に見えないもの以上に、確認のしようがないものである。

霊性を考える場合の「人間には肉体は滅びても残るものがある」「人間は輪廻転生する」という前提が来る。日本人は無宗教といわれ

るように、「霊」の分野はあまり語られない非日常のものになってしまっている。しかし、霊的なものをどう扱うかは、この項の冒頭に述べた死生観とも関連があり、自分がいかに生きるべきかという指針にも大きく影響を与えるものなのである。

メディスンホイールの考え方の中では、霊的な健全性を保つには「祈り」が大切であると言っている。ネイティブアメリカンの人々は、地球も自分自身もグレートスピリットからの贈り物であり、自分は自然界の一部として生かされているという世界観から、見えざる大いなるものや自然に対して日々感謝の祈りを捧げていた。また、狩りや種まき、薬草採取のときなど特別なことを行う場合にも祈りを捧げた。祈りにも、感謝を捧げるもの、助けや救いを求めるものなど様々なものがある。

シュタイナーは、「霊的世界ではすべてのものが調和し統一して存在するがゆえに、人間の宗教性はそれに対する畏敬の念であり、霊的世界の残照である」と言っている。私たちの中のどこかに、調和や統合の感覚が存在していて、それに対する憧れ、そして畏敬の心が「祈り」という行為に向かわせるのかもしれない。

また祈りは、「言葉に出すことで力を持つ」と言われるが、つまり、言語化することによって自分の内側にあるものを明確化するのである。何か人生の難しい場面にぶつかったときに、誰に向かうともなく祈りに似た気持ちを体験したことがある人は多いのではと思う。それは困難の中にあっても「自分はこうありたい、こうしたいから助けてほしい」といった思いではなかっただろうか。

それがどこから出てきた思いなのかによって、通じる祈りと通じない祈りがある。自分のエゴや私利私欲、他力本願の祈りは通じないが、自分の深いところ（それが霊的な部分なのかもしれないが）から湧き出てきた祈り、真の祈りであれば、どこかに響いていくものである。

生活の中で、自分のバランスを保つために「祈り」を取り入れるというと、ちょっと宗教的な匂いがしたり、大げさすぎてしっくりこないという人も多いかと思う。だから、「自ずから畏敬の念や感謝の気持ちが湧き出てくるような体験」を持つことをするのがよい。

例えば、大自然に触れる、自分で食べるものを育てる、自分の身体を観察する（健康な身体は完璧なシステムを持っている）など、自分に合う方法を見つけるのがよいし、日常生活の中にそれが組み込まれていればもっとよい。日本人がよくやる「いただきます」という行為も、本来は感謝の祈りでもあり、「これからもこうして美味しいご飯が食べられますように」という祈りがこめられていたものであろう。

最後に、祈りの本質を表していると思うプエブロインディアンの老人の言葉を紹介する。

「わしが子供だった頃を振り返ると、やることなすことのすべてがことごとく宗教に繋がっていた。両親はいつだって朝早く起き、聖なるコーンミールを食べる時には、必ずそれに息を吹きかけて、自分たちがそこにいることを神様に教え、うやうやしくそれを神様に捧げてから、どうか天気にしてくださいとか、雨を降らせてくださいとか、みんなによいことがありますようにと、声を出して祈ったものだった。祈る時にはけして自分たちのためではなく、いつだってこの世界に住んでいるみんなのために祈っていた。あれは美しいものだったよ。(Beck,peggy V.,1977)」『ネイティブ・マインド』（北山耕平著、地湧社）

●感情のケア
〜支えあう関係性、コミュニティ〜

メディスンホイールの四つの方向の最後、「感情」は、人との関係性によってバランスを保つと考える。感情とは外からの刺激により引き起こされる内的な感覚である。喜びや感動などは行動や創造の原動力となりうるし、不安や嫌悪などは認識の鏡を曇らせる。

このメディスンホイールでもそうであるが、伝統の知恵では、感情を自然界の「水」にたとえる様子がよく見られる。様々な「水」の様子を想像してみよう。小さな川もあれば大きな川もある。ゆっくり流れる大河もあれば、台風の後のような怒濤の流れもある。静かな湖面もあれば、風で波打つ水面もある。そして、小さな石を静かな水面に投げ込めば、波紋が広がる。石の投げ方により、それは美しく広がったり、乱れるように広がったりする。

それぞれ「水」を「感情」として置き換えてみれば、イメージできるのではないだろうか。人の言葉によって自分の怒りが引き起こされたり、その怒りがどっと押し寄せて飲み込まれて溺れそうになってしまったり、穏やかな気持ちのときに美しい音楽を聴いたら、心にゆっくりと響いてきたり……。古来の人々は、感情に自然界の「水」の性質を重ね合わせてきた。

水は、淀まず常に流れているのがあるべき状態と考えられた。喜怒哀楽、他にも言葉では言い尽くせないたくさんの感情があるが、それらに良い悪いという評価はなく、水のように常に流れているのがあるべき状態と考えてみよう。悟りの境地に達しない限りは、怒りも悲しみも感じて生きるのが人間ではないかと思う。その感情に蓋をすることなく、湧いてきたものを認めて流していくことが大切だ。喜びや嬉しさも、ずっとそれを取っておくことはできない。興味深いことに、中国医学の陰陽五行説では、プラスの感情と解釈される喜びや楽しさも、過剰となれば身体を痛めると考える。

メディスンホイールの考え方で、この感情のバランスをとる方法は、日常生活での人との関係性であるとしている。現代ではストレス性の病が増えており、感情のアンバランスに悩む人々が跡を絶たない。それは、家族、地域といった身近なところでお互いに支えあうコミュニティが力を失っていることの現れでもある。そこに、様々なセラピーが入り込んできているが、それだけでは対症療法にもなりかねない。本当に必要なことは、人とのつながり、関係性、コミュニティの回復が、感情や心の問題解決の基盤につながると思われる。

忘れ去られた「身体と自然」を取り戻す

都市においては、例えば、食べるものはスーパーで買い、身体を動かすのはフィットネスクラブに通うというライフスタイルは普通だが、先に紹介したネイティブアメリカンの世界観とともにあった暮らしは、季節ごとの大地の恵みをいただき、日々の暮らしの中で身体を使ってきただろうことは想像に難くない。暮らしの中で自然のリズムを感じ、暮らしの中で自分の身体とも自ずと対話することがあっただろう。

そうした前提のうえでのセルフケアが、先に述べた「薬草」「瞑想」「祈り」「コミュニティ」なのである。

現代は人間にとってストレスフルな時代になってしまった。その一番大きな要因は、自然界から離れてしまったことだろう。都市と

いう人工的な空間に住んだ結果、季節の移り変わり、自然界の動きを肌で感じられなくなり、結果的に身体が本来持っているリズムではなく、人間の頭脳が考え出したリズムが生活のリズムになってしまった。

しかし、どんなに人工物に囲まれた空間で生活しようと、私たちの身体は自然界の法則に従って動いている。季節感もなく、夜でも賑やかで明るい場所であっても、身体は自然との調和を保とうとする。身体が持つホメオスタシス（生命の諸器官や外部環境、体内の変化に対して常に安定な状態を保とうとする作用）の力は、ある程度の環境適応を可能にするが、度を越してしまうと、自律神経の失調、免疫力の低下、ホルモンバランスの乱れとなり様々な疾患を引き起こしてしまう。

また、私たちは即効性がある新薬の恩恵にあずかっているので、薬草をはじめとした自然療法を使いこなすには、ちょっとした心構えが必要だ。私たちの中には、先人たちが自然界や薬草との間にもっていたであろう「信頼関係」は、すでに途絶えてしまっている。薬草の効果はゆっくりであり緩和的である。時間がかかったり体質によって作用の出方が違うことも多々ある。

だから、妄信せずに、感謝と信頼の気持ちをもって付き合えるかどうかが重要であるし、そのためには日ごろから自然界が発するメッセージやリズムを感じ、自分が自然界の一部であり、生かされているという感覚を育んでおきたい。

人間だって、普段はコミュニケーションがないのに、困ったときだけ「何とかしてほしい」と言われても困るだろう。薬草だってそれと同じだ。日ごろから自然とちゃんと付き合うことが大切だ。そしてそれは、自分自身の中にある「身体という自然」に向かい合う場合も同様である。

身体〜気づきを深める媒体〜

●心と体を一つとして扱う

身体はもっとも身近な「自然」であることは前述したが、それ以上に、多くのことを物語っている。身体を単に、健康や美容などの視点からのみしか見ることができないのは、そこに眠る多くの知恵を見逃していると言ってもよいだろう。

身体を通して自分自身のあり方に気づいていくことを目的にした教育の方法を、ソマティック・エデュケーションという。代表的なメソッドとして、フェルデンクライス・メソッド、アレクサンダー・テクニークがある。自分が常日頃、どのように身体を使っているかに注目をすることは、痛みのある人は痛みのないような、より楽で無駄なエネルギーを使わない動き方に気づく機会となる。

人間の体の構造というものは、自分が思っている以上に、地球上の重力に対して自由に動けるように設計されている。その動きを鈍くしたり重くしたりしているのも、それまでに身についた習慣、思い込み、刷り込みである。自分を邪魔しているのは他ならぬ自分自身であるが、それは身体のみならず、心や生き方にも関わってくる。

F・M・アレクサンダーは、俳優であった当時、突然声が出ないという事態に襲われた。一方、モーシェ・フェルデンクライスはサッカーで膝を痛め、医者からは完治不可能と見離された。両者とも、そこから自分で自分を治す方法を研究した。それが前述のそれぞれのメソッドである。共通して言えることは、心と体を別物として扱うのではなく、体を通して意識にも働きかける、心と体を一つとして扱っているというところである。

身体のスキャニング

> 畳や床の上にタオルやヨガマットなどあまり厚くないものを敷く。服装はジーンズなど硬いものはさけます
>
> 1. 仰向けに寝てください。自分の後ろ側に絵の具を塗って紙の上に寝たとすると、どんな形になるかを想像してみましょう。色は好きな色でかまいません。右と左のかかとはどのようについていますか？　同じですか？　どちらかが少し外側がついている感じがしますか？　同じようにふくらはぎ、太もものつき方も観察してください。次にお尻の部分はどうですか？　腰の辺りは床から浮いていますか？　どれぐらい浮いているか想像してみてください。想像したら、そっと手のひらを入れてみて想像したものと比べてみましょう。次に、肩甲骨はどのように床に接していますか？
> 2. こうして身体の部分を見ている間、どのように呼吸していますか？　呼吸をしたときに、肩甲骨には何かが起きていますか？　どんな小さなことでもかまいません。何かに気づいたら、自分の心に書き留めておきましょう。
> 3. では、頭を左右にゆっくりと、床の上を転がすように動かしてください。軽く何の努力もしないで楽にできる範囲で動かしてみましょう。そして、左右の違い、どこかで引っかかる感じのところがあったら、それにも気づいておきます。
> 4. 動きを止めてください。顎の力、目の力は抜けていますか。
> 5. 右足の親指、左足の親指を同時に意識することはできますか？　できたら、鼻の頭も加えてみましょう。3カ所いっぺんに意識することはできますか？　それぞれ、どれぐらいの距離があるのかも想像してみましょう。
> 6. 最後にもう一度、背面に塗られた絵の具は、どのように紙に色をつけていますか？　一番最初と比べて、何か変化はありましたか？
> 7. ゆっくりと起きて、立ち上がってみましょう。いつもとの違いを感じとってみましょう。最後に部屋の中を歩いて自分を調整しましょう。

体を伸ばすと気持ちがいい。視線を落として歩くと暗い気持ちになる。しっかりと前を見て歩けば心の視野も広くなる。そんなことを体験的に感じたことのある人は少なくないだろう。心のありようと体のありようは同じものなのである。

赤ちゃんはハイハイから立ち上がるまで、試行錯誤をしながらバランスのとり方を学んだり、転んでも大丈夫という自信を培っていく。しかし、私たちの多くは成長過程において、なんらかの不安感や恐怖感を緊張として身体に少しずつ溜め込んでいく。股関節、腹部、背中、胸部、首、頭部など、様々な場所に緊張として感情は刻み込まれていく。ソマティック・エデュケーションは、そうして無意識に身につけてきたパターンを再学習するワークを行う。大人に依存しなければ生きてこられなかった子供の自分ではなく、大人になった自分として地球の重力の中で自分の体をどう扱うかを再学習するのである。言い換えれば、自分が無意識に学んできて習慣化、パターン化している体の使い方をもう一度見直すことであり、身体のある部位と部位とのよりよい関係性をつくることである。自分の内部の関係性の感覚は、自分と外部との関係性の感覚に延長され、他者との関係性のとり方につながっていく。

●短時間で微妙な変化を観察

仰向けになって、まず自分自身が床にどんなふうに寝ているかをチェックしてみる。かかと、両足、お尻、背中、頭。左右の違い、ついている面の大きさなどを感じてみる。そのときに呼吸はどのようにしているかも感じてみる。次に、ゆっくりと頭を左右に転がしてみたり、足を立ててゆっくりと左右に動かしてみたりする。微細でゆっくりした動きをすることで、自分自身の緊張を感じることができる。そして、人間というものは面白いもので、感じたり、気づくことができれば、よけいなものは、いつか手放すことができるのである。

ホリスティックの概念を示すマトリックス

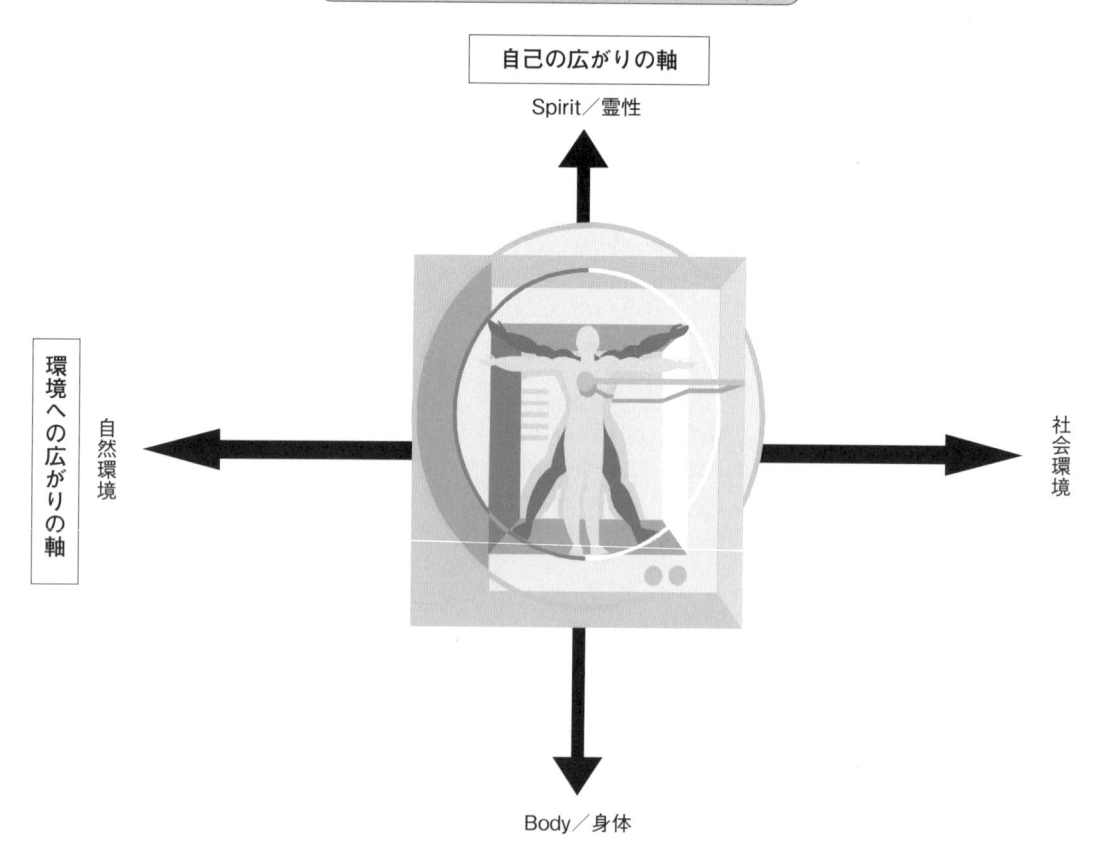

自己の広がりの軸
Spirit／霊性

環境への広がりの軸

自然環境

社会環境

Body／身体

　フェルデンクライス・メソッドの、50分程度のワークの一番最初に行う身体のスキャニングがある。自分の今の身体の状態を観察し、緊張している場所などに気づくことができれば、自ずと力が抜けることもある。ただ、観察するだけのワークであるが、毎日やってみれば、いつも同じではないことが分かるだろう。

　瞑想と同様、ていねいに続けていくことが、何か変化を生み出す。短時間で、自分の状態の微妙な変化を観察できるので、単純なことと思わず、ぜひ、毎日やってみてほしい。

「人間らしく」生きるための ライフスタイルデザイン

　地球にも身体にも負荷をかけているライフスタイルは、「健康」「癒し」「セラピー」すら消費文化に変容させ、病んでいる根本原因はなんなのかもうやむやにしようとする。

　これまで紹介したケアの方法である「薬草」「瞑想」「祈り」「コミュニティ」、そして、最後に紹介した「自然とのつながりを取り戻すこと」や「身体を観察すること」は、お金を出せばできるというものではない。しかし、真摯に人間らしく生きようとする決意があれば、そして、時間と空間を確保しようという気持ちさえあればできるものばかりだ。人間らしく生きるために必要なものは、消費文化に巻き込まれることなく、誰もが手に入れることが可能な場所にある。

　では、「人間らしく生きる」とはどういうことだろう。自分の中でも模索している途中であるが、今の段階で意識化されていること

を述べると、身体だけに偏ったり、霊性に偏ることなく、人間存在の全部で生きる、もしくは全部つながっているものとして生きる、すなわちホリスティックに生きるということだろうと考える。そして、ホリスティックの概念を示すマトリックス（配列、基になるもの）の図は、縦軸が自分自身の広がり、横軸が環境への広がりとして描かれている。自分自身の健康や生き方を考えたときに、ともすれば、縦軸に終始してしまうときがあるが、自分につながる自然環境（自然界）と社会環境（人間関係など）も視野に入れて、やっとホリスティックな視点ということになる。

人間らしく生きようとしたときに、パーマカルチャーの哲学や倫理に基づくライフスタイルデザインは、具体的な指針と方法論、実践方法を与えてくれる。図においては、パーマカルチャーは横軸を扱う体系であると言える。パーマカルチャーデザインの倫理と原則を満たした形で暮らしの場をデザインすることができれば、地球や身体に負荷がより少なく、環境と健康を配慮したライフスタイルになるだろう。

そこに加えて縦軸の身体、精神、霊性のバランスを取るための時間と空間を生活の中に取り入れていけば、パーマカルチャー＋αのホリスティックなライフスタイルデザインができる。

前述したように、人間らしく生きるための自分のケアは、お金をかければできるものではない。ただ、時間と空間を日常の中でいかに確保するかが大きな鍵でもあり、それは、各人の意志による。しかし、デザインにより暮らしの中にそれらが自然な形で組み込まれるようにすることは可能ではないだろうか。少なくとも敷居を低くすることはできるだろう。

パーマカルチャーには「地球への配慮」「人への配慮」「余剰物の分配」という三つの倫理がある（260頁〜「パーマカルチャーの倫理」参照）。そこにもう一つ「自己への配慮」加えることで、より人間らしく生きるための場のデザインができたらよいと考える。

自分への配慮を考えたデザインとアイテムの例としては、次のようなものが考えられる。

- 敷地内に薬草ガーデン
- ボディワーク、ヨガなどができるスペース
- 静かに自分を見つめる場（瞑想室、自然に近いサンクチュアリ）
- 薬草を乾燥し、製剤し、保存しやすい場所のデザイン
- 家族、友人、地域の人々などが交流しやすい場のデザイン

ここでは、ネイティブアメリカンの人間観をホリスティックケアの考え方の一つとして紹介したが、自分自身をホリスティックに俯瞰したときに、自分の中にどんな要素を見出し、何を重視した生活を送りたいだろうか？

それは生活の場にどのような形として表現したらよいだろうか？　自分のための場をつくることなら、畑をつくる大きな敷地がなくても始めることはできる。自分を変えていくことは、結果として自分の環境を変えることにつながる。すぐに暮らしの場全体を変えることが難しい場合でも、自分の中身から取り組むことは決意さえあればできることなのだ。

自分がより健やかでありたい、よりよくしたいという欲求が、もし、自分自身のどこか深いところから湧き出てきていると感じたならば、それは、単なる自己中心的な欲望ではない。

世界をよくしたいと思うなら、自分自身を

よりよくしていくこと、というよりも「あるべき姿に戻していくこと」と言ったほうがよいかもしれないが、そこから取り組めばよい。そして、そこに入る扉は、広い土地がなかろうと、たくさんの時間がなかろうと、いつでも誰にでも開かれている。

PERMACULTURE

第4章

「森と風のがっこう」に見る パーマカルチャー

分校跡に設置した「森と風のがっこう」

PERMACULTURE

「森と風のがっこう」に見る
パーマカルチャーの取り組み

酒勾 徹

自然エネルギーの町、葛巻で

「森と風のがっこう」は、岩手県を縦断する北上高地の北部に位置する葛巻町(くずまき)にある。もともと酪農や林業が盛んな静かな山村だった葛巻町は、自然エネルギーを積極的に導入したり、ヤマブドウを生かしたワインづくりを手がけたりすることで全国的にその名を知られることになった。

今では先進地として全国各地から、時には海を越えて多くの人たちが視察に訪れる地域となっている。

岩手の県北地域はその立地条件の厳しさもあって、岩手の他地域と比べても経済成長の恩恵としての便利な暮らしが行き渡るのが遅かった。ただそれが幸いしてか、地域の伝統文化や自然と共生するための暮らしの知恵が色濃く受け継がれている、貴重な地域となっている。他では昔話のようになってしまった結(ゆい)の精神が脈々と息づいていたり、沢水で回る水車や水バッタ（籾すりなどのため臼、杵を水力で動かす装置）が現役で活躍している。

町内の「森のそば屋」さんで実際に製粉に利用している水車を見学する子供たち

宮沢賢治に惹かれて

●分校跡を拠点に活動開始

「森と風のがっこう」を運営しているのは、私も理事を務めさせていただいているNPO法人「岩手子ども環境研究所」。

宮沢賢治をこよなく愛する代表の吉成信夫さんは、知識の獲得競争に明け暮れる「学校」では五感で自然を感知することが困難になった子供たちが、身体まるごと自然を感じられるような遊びの「がっこう」をつくりた

第4章 「森と風のがっこう」に見るパーマカルチャー

懸命に餅をつく子供を温かいまなざしで見守る地域のおばあちゃん

い、という強い願いをもって岩手に移住してきた方だ。その吉成さんが、まるで導かれるように出会ったのは、町の中心からさらに奥に入った標高700mの山間の上外川(かみそでがわ)集落にある、かつてその集落のためにあった分校跡だった。

2001年の夏に開校（成立趣意書を文末に掲載）してからは、さっそく全国廃校再利用フォーラムを開催し、同じような活動を模索している全国の仲間のネットワークづくりを始めた。また「自然エネルギー寺子屋」を始め、専門家を招いて自然エネルギーの基礎を学びながら、小さなソーラーパネルや風車での発電を実際に体験していった。

その翌年は、学校の週休二日制導入を機に、町と協働しての「子どもオープンデー」（月1回）が活動に加わった。この、自主性・自発性に基づく五感による自然体験プログラムは、学生ボランティアたちの活躍もあって予想以上に好評で、参加希望者が多すぎて抽選にさせてもらうほど地域の子供たちに大人気となった。今では子供だけの参加にとどまらず、地域の婦人会から郷土料理の提供を受けるなど、世代間交流の貴重な機会にまで発展している。

開校当初、スタッフやボランティアの皆さんは、盛岡から通いながら少しずつ地域の皆さんの理解を得て活動を始めていた。「そろ

………
これからの本当のべんきやうはねえ
テニスをしながら商売の先生から
義理で教はることではないんだ
きみのやうにさ
吹雪やわづかな仕事のひまで
泣きながら
からだに刻んで行く勉強が
まもなくぐんぐん強い芽を噴いて
どこまでのびるかわからない
それがこれからのあたらしい学問
のはじまりなんだ
ではさやうなら
　……雲からも風からも
　　透明な力が
　　　そのこどもに
　　　　うつれ……

宮沢賢治「稲作挿話」より抜粋

そろスタッフが定住して活動基盤を本格的に整備していきたい」と考えていた時期に、これまた導かれるようにベストのタイミングで、吉成さんと私は出会うことができた。

●「思い」を寄せ合って真価を発揮

お会いしてお話しする中で、設立趣意書に表現されているような吉成さんの熱い思いに触れ、「地元岩手にそんな素晴らしい学びの場が生まれたら、本当に嬉しいなあ」とワクワクした。特に吉成さんが「過去を凝視しなければ未来は見えないし、未来を描かなければ過去は輝いてこない」という言葉で表現している、地域特性や伝統文化に謙虚に学びながら、今のこの時代のニーズに応えられるような新しい可能性を探っていきたいという姿勢に大いに共鳴したことから、「森と風のがっこう」がエコスクールとして機能していく

「森と風のがっこう」整備計画案

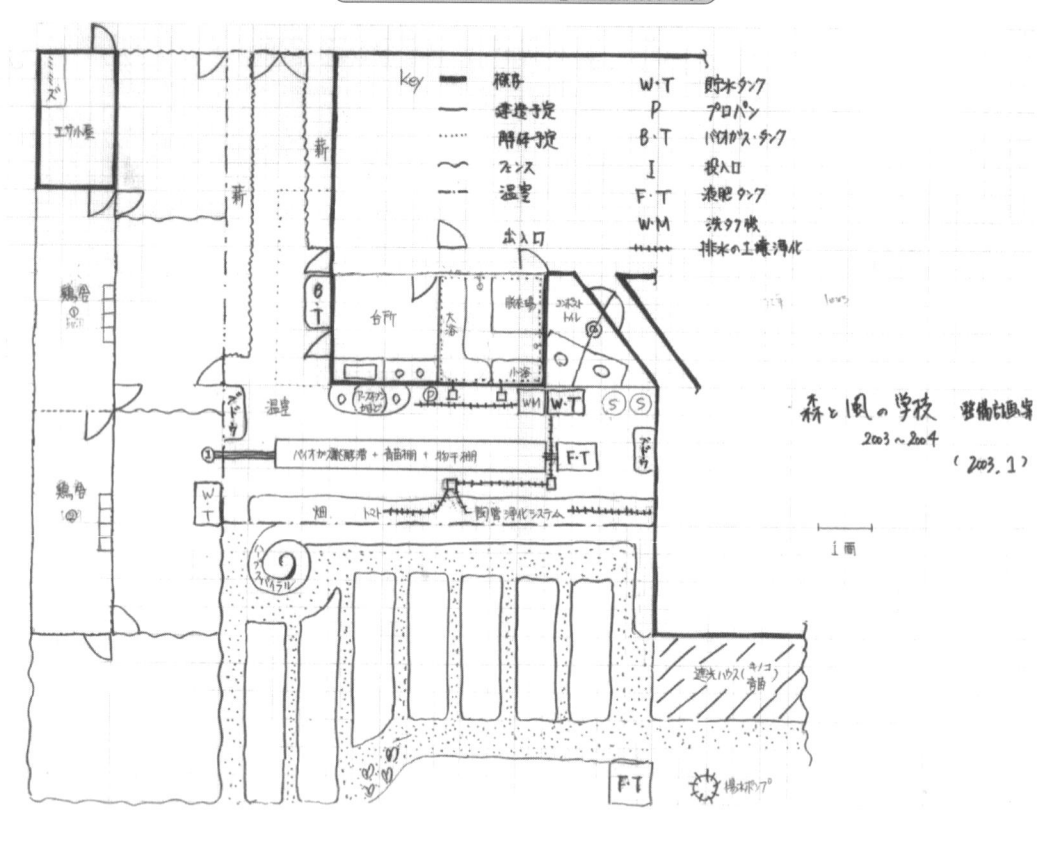

ための基盤整備に私も協力させていただくことになった。

この時点で、吉成さんはパーマカルチャーについてはすでにご存じだったが、一般的にそう理解されがちなように、どちらかというと農業の手法の一つというイメージだったようだ。

もちろん、まわりの自然環境と調和した持続可能な暮らしの場を思い描こうとすれば、農的なことはかなり重要なファクターであることは間違いないが、パーマカルチャーの概念やデザイン手法は、生産性を中心に考えがちな農業の現場よりもむしろ、たくさんの人たちが思いやアイディアを寄せ合って集う「森と風のがっこう」のような「場づくり」でこそ、よりその真価を発揮できると思う。

施設づくり

●みんなの思いを受け入れながら

研究所代表で校長でもある吉成さんは、これまでどこにもないような広場をイメージして岩手の山村に移り住んできたわけで、もちろん自分自身の信念やこだわりを強く持っておられる。それでも「森と風のがっこう」の実際のプロジェクトや運営は、他のスタッフやボランティア、そしてイベントの参加者などとして関わってくれる人たちの思いや発想を受け入れながら進められていった。

例えば2001年11月に開催された「東北環境教育ミーティング」では、吉成さんが「森と風のがっこう」のヴィジョンを参加者の皆さ

んに向けて熱く語り、それを受けていくつかのテーマ別に分かれてグループセッションが行われた。「森と風のがっこう」の活動の3本柱「自然エネルギーと地域資源を活かしたエコロジカルな暮らし」「遊びながら学ぶ子どもの居場所づくり」「北岩手の伝統的な暮らしに出会う」を念頭に「自分だったらこの廃校をこう活かしたい」という発想で意見を出し合い、それぞれのテーマごとに発表するという楽しいワークショップだった。若者や学生たちからはシロウトならではの（？）ユーモア溢れるアイディアも飛び出したが、参加者の中には自然エネルギーの専門家、地元の風土や地域資源に詳しい農家や林業家、環境教育の実践者も少なくなく、かなり建設的な提案も出していただいた。

●**地域の未利用資源を
　考慮したデザインに**

翌2002年はスタッフ一人が常駐し、イベントをこなしながら基盤整備の構想をじっくりと練り上げていった。それには、吉成さんの思いに共感して駆けつける人たちと夜更けまで酒を酌み交わしながら語り合うという時間が、ずいぶん貢献しているようだ。私も実際に何度も出向き、既存の建物や学校の敷地を確認したり、集落の方々から気候風土や地域の歴史などいろいろなことを伺った。

その後、学校の今後の具体的なプロジェクトのプランや将来的な構想、夢を念頭に置きながら、前年のワークショップでの皆さんからの提案をベースに、まずはスタッフやイベント参加者の暮らしが実際にエコロジカルに営まれるような施設整備を思い描いていった。

実際のデザインに落とし込む段階では、子供たちが遊びながら学んでくれるようなしかけを加味しながら、しかもその面白さが分か

それぞれのグループが練りあげた案を実際に紙に表現してみる

りやすく地域の人たちにも伝えられ、できれば地域の人たちにも取り入れていただけるような手法を選ぶように心がけた。

そのためにも、もっとも優先されるべきことは、地域に眠る未利用資源を最大限に活用することだった。例えば町の基幹産業である林業では、搬出にコストがかかりすぎるような条件では主にカラマツの間伐材が放置されていたが、少ない量でも細かい注文に応えてくれるような小さな製材所が残っていた。また、酪農家が多く、牛糞や古い干し草の余りはふんだんにあった。

前頁の図は、これらのことを考慮しながら、当面の懸案を解決できるようにまとめた校舎まわりのデザインである。

廃校になってしばらく経っているとはいえ、いきなり集落の方々の愛着が残っている校舎を大がかりに改修、もしくは造成するということは考えられなかったので、できるだけ既存の建物やスペースを活かしていくことも大切なことであった。

●**コンポストトイレ**

校舎にもともとあったトイレは、イベントでの講義や食事の際に利用している元の講堂に直に面している、昔の汲み取り式のものだった。そのため、「臭いをなんとかできないか」ということも懸案事項の一つだった。そ

モルタルといっしょに積み上げられたショート缶

施工前。夏の間だけだが日が差す南側の貴重な空間

敷地内で雑排水を浄化するシステムを採用

こで、増築されたプレハブ教室への渡り廊下がつくり出していたデッドスペースに、コンポストトイレをはめ込んだ。

コンポストトイレの基本的な構造は、第2章で紹介されているように大きなポリバケツを便槽にして、人間の排泄物におがくずをかぶせるだけのシンプルなスタイルだ。ニュージーランドのジョー・ボラッシャー氏が考案したこのタイプのコンポストトイレは水も電気も使わないので、ニュージーランドでは、水道や電気のアクセスがないような海水浴場でも活用されている。

おがくずがなければ、よく乾いた落ち葉や籾殻薫炭などでも代用可能だ。糞と尿を分けることで臭いもほとんどなくなるし、しっかりと蓋をできるようにすればハエも湧かない。ただ、高温多湿の日本の夏では、おがくずの量や小便での使用頻度を調節しないと臭いが発生したり、堆肥化も発酵分解がスムーズにいかないので注意が必要だ。

コンポストトイレで集まった糞尿は、バイオガスプラントやミミズ養殖などに使用され、最終的には畑の液肥、調理用ガス、ニワトリの餌などに変わる。

● 空き缶風呂

もう一つの懸案事項はお風呂。大人数での合宿では、やはり数人が一度に入浴可能な大きな浴槽が必要だ。そこで、スチール缶を骨材に利用した大浴槽づくりにチャレンジすることにした。

鉄とセメントの相性の良さは言うまでもなく、コンクリートだけの場合よりも缶の中の空気がある分だけ断熱効果が高まる。中空でも缶の丸みが強度を保つ。もちろんタダで手に入る建材であり、時間さえあれば誰でもできる手法だ。仕上げは、白セメントに天然顔料を混ぜ込んだ、温かみのある色合いとなっている。

奥まで手が届く60cmの不耕起ベッドでパセリやバジルとともにトマト苗を植えこむ

普段はスタッフ2名だけが入るため、薪ボイラーで大きな浴槽を焚くのは無駄であり、小さい浴槽もあわせて準備する計画だった。工事中にちょうど釜を提供していただける方が現れたので、小浴槽は五右衛門風呂となった。釜のまわりに積んだ石も周辺で調達したものを利用している。

●排水活用

残念ながら学校当時の雑排水は、裏の川へ直接流されていた。もちろん合成洗剤は使わないにしても、夏には子供たちが泳ぎ、岩魚が棲んでいるような清らかな渓流に、そのまま流し続けることはできない。

そこで、排水を「処理」してしまうのではなく「活用」するという基本的な考えが私たちの活動にピッタリとくる、「新見式毛管浸潤トレンチ」という方法を選んだ。建築基準法でも認められている毛管湿潤トレンチ（溝）は、敷地内で雑排水を浄化する方法であり、排水中に含まれる有機質を微生物と植物の共同作業で養分として活用するものだ。

地下水に影響を与えないよう、まずは最下部に厚手のポリシートを敷き、その上に砂、砂利を敷き詰めて、その中に素焼きの陶管を空つなぎして並べる。これらは微生物の心地よい棲みかとなる。この層に上にかぶせる畑の黒土がつまらないよう、目の細かいネットを挟む。陶管に勾配はなく、排水口もないので排水は中を通り、いったん不透水シート上の層に染み込んでいく。

その水分は毛管現象で徐々に上昇していき、陶管周辺、トレンチ周辺の微生物によって有機物が分解され、余剰水はほとんど蒸散するか、植物に吸収される。ここでは、冬期の保温と外部よりも毛細管現象が活発になってくれることを期待して、直接雨の当たらない温室内に設置している。その上には、これまた雨よけや保温があればよく育つトマトを毎年育て続けているが、6年続いた今でも美味しい果実を提供してくれている。

目には見えないとはいえ、微生物たちも生き物である。彼らに心地よく暮らしてもらうためには、最低限の配慮が必要だ。生分解性でない合成洗剤は使わないのはもちろんのこと、彼らが苦手な油は流さないような工夫（グリーストラップ）、無理のない仕事量（目安は一人当たり2mのトレンチ）、そして彼らにも適度な休みを与えられるよう、同じ長さの2系統を備えることで、随時切り替えられるようにしている。

●温室

「森と風のがっこう」は、本州一寒いところとして紹介される地域に隣接しているだけあって、真冬は-25℃まで下がり、7月にも霜が降りることもあるなど、本当に寒さが厳しい。反対に夏は、南側の森や沢から涼風がそよいでくるため、暑苦しいということはほと

単管パイプとポリカーボネートの板を利用した簡易温室。隣接する鶏舎や菜園にも出入りできる

んどない。

校舎のまわりに寒風を遮るものが何もないということもあり、風除け室もかねた温室を校舎の南東面に付設することにした。日向側に温室を付設した家のつくり方は、温冷帯でのパーマカルチャーデザインの具体例として紹介されている特徴の一つである。

パーマカルチャーではデザインは「物と物とのあいだの関連」を意味する。全面ガラス張り、もしくはプラスチックの温室では、中の温度が上がりやすい半面、外気温が下がればそれにつれて中も下がりやすいという特徴がある。ところが太陽光が差し込むことのない側の壁を蓄熱体にできれば、この温室のマイナス面を解消することも可能となる。さらに、何かほかの建物に付設することによって、その一面分の壁の資材も節約でき、温室で暖められた空気を建物に取り入れることで暖房源としても活用可能となる。このように様々な存在のつながりを常に意識しながら、それらを適所に配置することによって様々なメリットを生み出すことができる。

無加温の温室は極端に冷え込むときほどその落ち込み方を和らげてくれ、真冬でも晴れた日の南向き壁面の最高温度は付近の外気温度よりも10度以上も上昇するというデータも近隣市町村で実際に得られている。さらに温室が付設されることで最低気温の落ち込みを

緩和できることになり、南向きの壁面が土壁やコンクリートといったより効率のよい蓄熱体であればこの相乗効果はさらに高まることは間違いない。

「森と風のがっこう」は、温室内の夏の暑苦しさをほぼ心配しなくてもいい条件だが、それを少しでも和らげるような落葉樹のブドウを、温室内で育てている。日本のほとんどの地域では、期間の長短はあるにせよ夏は高温多湿で蒸し暑い。そのため、その時期の通気をしっかりと確保できる工夫をよほど考えなければ、ブドウの助けだけではかえって不快な空間となりかねない。岩手のような寒冷地ですら、伝統家屋では冬の暖かさよりも夏の涼しさを優先させていたのである。これは、それぞれの現場を理解しようという努力もなしに海外の事例を模倣するだけでは危ういという、一つの典型的な例でもある。

● 微気象の活用

世界中の寒い地域では、昔から南向きの壁面がつくりだしてくれる微気象を積極的に活用してきた。特に、寒さに弱い植物を守るためや、寒すぎて育てるのが難しい植物を育てたい場合などに有効だ。冬の晴天率が高いという条件が必要だが、標高900mのアルプスの麓でも、大きな岩の力を借りてレモンが実ったりする。岩手でも、住宅の前庭でアボカドが実をつけたり、沿岸部では露地で温州ミカンが実っている光景が、毎年ローカル紙の1面を飾っている。南向き斜面の建物の前は、陽だまりで暖かいだけではなく、放射冷却で流れ出す冷気のかたまりである「霜」の障壁にもなってくれる。

● バイオガス

温室内には、厚手のポリシートを利用した簡易式バイオガスプラントも設置している。

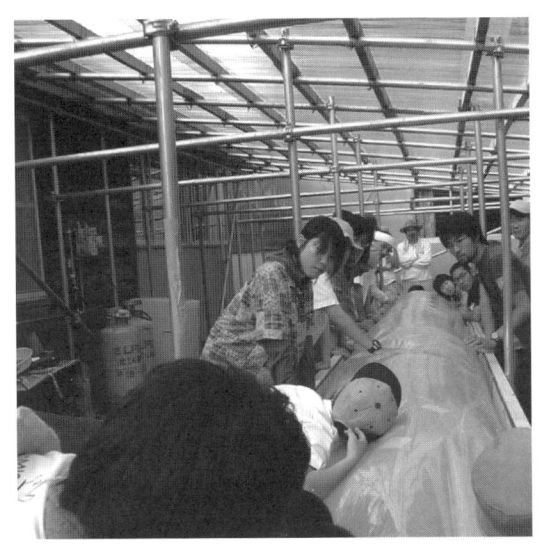

第4章 「森と風のがっこう」に見るパーマカルチャー

発酵槽となる筒状のポリシートの密閉性をみんなでチェック

コンポストトイレの尿だめにたまった自分たちの排泄物を我慢してバイオガスプラントに投入する子供たち

雨水タンクを洗濯機や浴槽より高いところに設置して位置エネルギーを利用する

　これは、バイオガスキャラバン編著『ビニールで作るバイオガスプラント』を参考にしている。バイオガスは、嫌気性のメタン菌が有機物を分解することで発生するメタンガスが主成分だ。年間を通じて一定の温度が保たれていることが重要で、菌の順調な活動には年平均気温14℃が必要だが、「森と風のがっこう」はそれ以下であり保温が必要なため、温室内に設置することにしたのだ。

　長さ9m、縦横1mの発酵槽には、常に6000ℓほどの液体が入っている。こういった大容量の水は、蓄熱体となってまわりの気候をやわらげることができる。つまり温室とバイオガスプラントは、「お互いさま」で相互に助け合う関係になっているのだ。

　パーマカルチャーでは、生物資源の活用を重視するが、どうしても目に見える植物や動物に注目しがちだ。ところがバイオガスにせよ毛管浄化法にせよ、じつは目に見えない微生物たちの活力こそがもっともパワフルなのかもしれない。

　バケツ1杯（約20ℓ）の糞尿から、うまく発酵すれば1日に1m³のガスが発生するが、これは5～6人の家庭の1日分の調理をまかなうことが可能な量に相当する。毎日バケツ1杯以上の糞尿を提供するには、ウシ1頭、ブタ4頭、ニワトリ140羽、人間30人が目安となる。もちろん糞尿だけでなく、生ゴミなどの他の有機質資源も投入可能だが、人間もそうだが草をたくさん食べていて繊維質豊富な糞のほうがガスの発生効率がよいことが分かっている。最近になって、「健康のためには、穀類や野菜中心の粗食のほうがよい」ということがずいぶんと浸透してきたが、メタン菌もやはり腸内細菌と同じように粗食がお好みのようだ。さらにメタン菌が心地よい条件を整えることが肝心で、それには一度に大量に有機質を投入するよりも、毎日バケツ1杯という感じで少しずつ入れたほうが、メタン菌に安心して食事をしてもらえるということである。

　また、ほぼ同量の水で流し込むので、それ

日向側に温室を付設した家

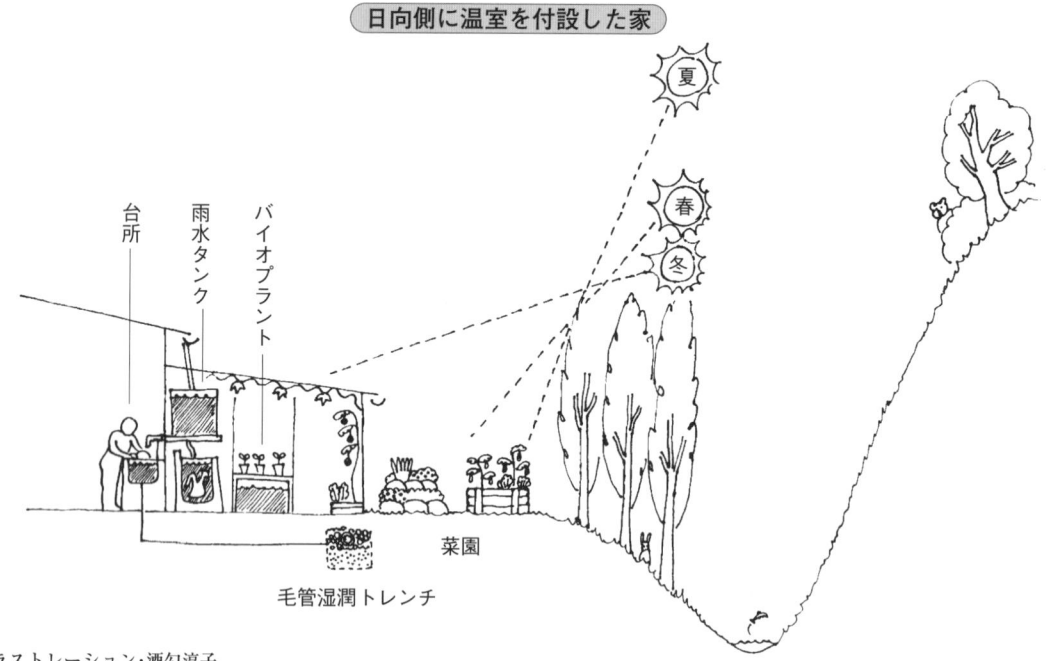

台所／雨水タンク／バイオプラント／夏／春／冬／毛管湿潤トレンチ／菜園

イラストレーション・酒勾淳子

と同じ分、つまり毎日バケツ２杯程度の嫌気性発酵が進んだ液肥が出てくることになる。つまりバイオガスのシステムとは、発酵槽のみで完結するものではなく、それを利用する農地までが含まれるということになる。一般的な栽培方法で必要とされる窒素成分を基準に考えれば、20ａの野菜畑に必要な肥料をまかなえることになる。

　この、「オナラを集めて火をつけるための巨大な実験器具」は子供たちにも大人気で、キャンプで長期滞在する子供たちは、自分たちのウンチを発酵槽に入れることで発生したガスでお湯を沸かしていれる「うんココア」を楽しむ特権（？）を与えられている。

　この発酵槽の上は、春には野菜苗の育苗スペースに、秋には収穫した豆類や種などを乾燥させるスペースとしても利用されている。

●雨水利用

　風呂の焚き口や煙突も温室内にあり、ここから放出される熱も有効利用されているが、万が一に備えての防火用水として、校舎の屋根に降った雨水を農業用タンクに集めている。もちろんこの雨水タンクも、バイオガス発酵槽と同じように蓄熱体として期待されている。

　雨水はそれ以外にも、苗や畑の灌水、野菜や道具の泥落とし、ニワトリの飲み水としても利用している。洗濯機へも利用が可能だ。

　平均的家庭の水道使用量内訳を見ると、炊事用に必要な上水は１割程度でしかない。各家庭で雨水を洗濯、風呂、トイレなどの中水として積極的に利用すれば、巨額の投資や自然破壊を伴う大規模ダムの建設が必要はないほど、日本は降雨に恵まれているのだ。

　この雨水タンクの例のように、一つの要素がなるべく多くの機能を演じること、そして生活用水といった重要な機能がなるべく多くの要素によって支えられることが、パーマカルチャーではデザインの基本原則として大切にされている。そしてこれらのことがうまく表現されているようなシステムは、環境にや

微気象の効用もあって旺盛に生育するハーブスパイラル

さしいデザインというだけでなく、災害に強いデザインにもなり得る。

●菜園スペース

「森と風のがっこう」は南側に山が迫っているが、日射角度の低い冬にはほとんど日が差し込まないような空間でも、作物が旺盛に生育する春から秋までの間は日照に恵まれる可能性はある。特に、もともと春遅くまで寒いこの地域では、作物を露地栽培できる期間は日射角度の高い夏付近に凝縮されている。その期間に日照が6時間程度確保できれば、ほとんどの作物は栽培可能だ。

その際も、やはり南向き壁面は見逃せない。温室の壁沿いにはナスやピーマンといった夏の暑さが必要な野菜を植え、その反射光によって石垣の蓄熱効果を高める狙いで螺旋型ハーブ用花壇も配置した。

菜園スペースは、もともと校舎を建てるために造成した部分であり、土は礫混じりで固く締まっていた。そういう条件でも時間をかけてゆっくり改善できる可能性もあるが、できれば収穫の喜びをすぐに味わいたいという希望も強かったので、役場の世話で公共工事の建設現場から肥沃な表土を譲り受けた。それを1m幅の上床ベッドにして、これまた山に放置されていたカラマツの間伐材をありがたくいただいて枠に活用している。カラマツ

通路のおがくずの下には新聞紙が敷かれているが、化学物質過敏症の方には受け入れられないので、必ずしも敷く必要はない

は建築用材としてはあまり好まれないが、油が多く腐りにくいので土木材には向いている。

畑の通路には雑草を抑えるために、紙とおがくずを敷き詰めた。このおがくずも3年以上熟成させれば作物ベッドのマルチ材に利用できるようになるが、新鮮なものを土に鋤きこむことは避けたい。

このように、作物を育てるベッドと通路を分けることで土を踏み固めてしまうことが避けられるため、不耕起栽培が続けやすくなる。また、境界がはっきりしていれば、野菜のことが何もわからない子供たちなどが自由に出入りしても、作物を踏みつけられることはまずなくなる。

●コンパニオンプランツ

無農薬・有機栽培の菜園では、多種多様な野菜を少しずつ育てることで特定の虫が大発生することを防ぐことができる。またミミズ

作付け1年目の様子。日照の関係で主に夏野菜が中心

卵を産んでもらうスペース以外は床がない。巣についたニワトリをリフレッシュさせる程度にとどめたい

同じく作付け1年目の様子。サヤエンドウ（左）とインゲン（右）のアーチ

ニワトリは強風のストレスには弱いので、強い北風の吹く北国の冬はそれなりの対応が必要

などの土壌生物や微生物は、畑の土が露わになっているよりも、常に作物で覆われているか、敷き草などで表面が保護されている状態で、より活動が活発になる。そこで、相性のよい作物（コンパニオンプランツ）の組み合わせを考え、菜園を立体的に捉えながら作付けを決めていく。

例えば、通路を挟んでツルアリインゲンのアーチをかけ、その隣にトウモロコシを植えている。そのベッドの端にはカボチャを植え、畑から伸び出してその土手に這わせている。また、背の高くなるトマトの隣に、株立ちするトウガラシを隙間を埋めるようにちどり状に交互に植え、さらにそのまわりの半日陰の地面をナスタチウムが覆うように育てている。花も食べられるナスタチウムは、アブラムシを寄せつけない働きもある。

このように、コンパニオンプランツを活用した混作のデザインは、作物同士を時間的にも空間的にも重なり合わせていくことで、より多くの恵みを食卓にもたらしてくれる可能性に満ちている。

●チキントラクター

ニワトリは、しっかりとした鶏舎ができるまではスタッフの研修用に（？）、畳1枚ほどの広さで移動可能な小さなケージのような鶏舎で数羽を飼い始めた。このケージのほとんどの部分に床はなく地面に接しているので、ニワトリが草を食べ、地面をかきちらすことで、その場所を更地のようにきれいにしてくれる。こういった働きは「チキントラクター」と呼ばれている。移動可能でもう少し大きなチキンドームや、畑に区画されたフェンスに導きいれる形などが、海外の事例としてよく紹介されている。

第4章 「森と風のがっこう」に見るパーマカルチャー

給餌は子供たちに人気の仕事。新鮮な緑餌がニワトリの健康の源

ただ実際に取り組んでみると、残念ながら日本ではそれほど有効な手段とは言えないように感じている。ニワトリを狙う野生動物の豊富さもあるが、海外との大きな違いは、やはり作物の生育期間中の雨の多さである。初夏・初秋という雑草の生育ピークの2回とも雨が多い時期なので、そのときこそ活躍してもらいたいのだが、雨で濡れたところに放しても草をひっかいてくれるどころか逆にぐちゃぐちゃに踏みつけてしまうし、ニワトリの健康にもよくない。粘土質土壌では、チキントラクターに活躍してもらえる期間はほぼないし、よほど水はけのいい条件でもない限り、種まき前の適期に仕事をしてもらうのは難しい。また、面積あたりの密度と設置期間を慎重に調節できなければ過剰施肥となり、湿度との絡みでかえって虫や病気を誘因しかねない。

自給用に数羽飼育するにしても、サラサラの砂で砂浴びができる空間と、日光浴のできるような解放感のある空間を準備してあげることのほうが、ニワトリたちもハッピーなはずだ。

● 鶏舎

地域の方々に提供していただいた古材や間伐材だけで、6坪の鶏舎を2棟建てることができた。普段は広い運動場で元気に走り回っているニワトリたちは、子供たちにも大人気だ。時には、引退してもらうニワトリの命をいただく過程を子供たちにも一緒に体験してもらい、ふだん何気なく口にしている「いただきます」という言葉の意味をともにかみしめている。

また、昔ながらの庭先養鶏を続けている農家もほとんどなくなっているので、地域の皆さんにも昔懐かしい地鶏の卵は喜ばれている。エサもほとんどは地域の皆さんに提供していただく、おからや雑穀類の選別クズなどの地場産の未利用資源である。

「もったいない」「ありがたい」「おかげさま」「せっかくですから」

廃校そのものも、いうなれば未利用資源ということになるが、「森と風のがっこう」の活動がいつも未利用資源、つまりもったいないものに着目しているということが地域の皆さんやサポーターの皆さんに知れ渡るにつれ、どんどんもったいないものを提供していただけるようになってきている。ノーベル平和賞を受賞したマータイさんがアピールしてくれるずっと前から活動のキャッチフレーズとしてきた「もったいない」、そしてそんな皆さんの温かいサポートに対して常に感謝の気持ちを表してきた言葉「ありがたい」「おかげさま」が、「森と風のがっこう」の合言葉である。

地域の皆さんや子供たちに、パーマカルチャーをベースにした施設やそこでの暮らしぶりは、これまで書き表してきたような多少理論的な解説では難しすぎて伝わりづらい。そこで学校のスタッフは、これら「もったいない」「ありがたい」「おかげさま」の三つの合言葉に「せっかくですから」を加えて、パーマカルチャーのデザインの基本原則をシンプ

ルな言葉で分かりやすく表現するように努めている。

　子供たちを前にすると、難しい言葉を並べて解説することのほうが、じつは楽だということに気づかされる。私たちが伝えたいことを本当に心の奥深くで実感していなければ、いざ分かりやすくシンプルに伝えようとしても、なかなか言葉が出てこない。そんな場面でこそ、自分自身の理解度もしっかりと試されてしまうのだ。

パーマカルチャー講座からカフェづくりへ

●パーマカルチャー講座

　このような施設整備は、スタッフの日々の地道な作業と並行して、月1回のパーマカルチャー講座を開催しながら多くの参加者の皆さんとともに進めていった。

　1泊2日で正味1日の講座だが、時間的にはテーマごとの講義と作業実習が半々という感じで、夜は決まってワークショップの時間である。いくつかのグループに分かれて「森と風のがっこう」の活動プログラム内容や、そのための未来の姿をイメージしながら話し合い、描き出したデザインを発表し合いながらシェアするという楽しい時間を過ごしている。さらには、その内容を酒の肴にする交流会が夜更けまで続く。日常的には、様々な社会的制約や自分自身の能力を考慮してしまうことで、実現の可能性を勝手に狭めてしまいがちだ。講座の参加者の皆さんは、そんな自分たちでつくり上げてしまった「枠」を取り払って夢を語り合う時間を、本当に心から楽しんでくれていた。

　私たちは、環境問題や様々な課題を克服しようとするときに、その問題の所在を指摘し、批判することにエネルギーを傾注しがちだ。問題と格闘することで多くのエネルギーを消耗してしまう。もちろん社会的不正への毅然とした意思表明は大切なことだが、「ダメダメ」というネガティブな方向にだけ貴重なエネルギーが吸い取られてしまうのは本当にもったいないことだ。問題を乗り越えた先の望ましい姿をイメージするという前向きな方向にこそ、もっとエネルギーを活用できればと思う。「怒り」への同調よりも「喜び」への共鳴こそ、ゆっくりでも、静かでも、小さくても、着実な変化への呼び水となってくれるように感じる。

　本当に嬉しいことに、そんな私たちの思いに共鳴してもらえた講座参加者の方が、パーマカルチャーを素敵な歌として表現してくれた。その後の講座では、「森と風のがっこう」の朝礼のように、この歌をみんなで歌うことが講座の始まりとなっている。参考までに、歌詞をスタッフお気に入りの「伝説の広場の歌」と併せて紹介しておこう。

♪パーマカルチャー♪
作詞・作曲　田島俊治

暮らし方を変えていこう
自然のリズムを感じよう
まわそう小さなサイクルで
まわせば暮らしが変わる

種をまき
食べもの育て
バイオの力でガスをつくり
家をたて
動物をかい
ともに暮らしていこう

まわそう小さなサイクルで

まわせば暮らしが変わる
まわせば世界も変わる

♪**伝説の広場の歌**♪
作詞・作曲　林　光

むかし　つらい　くらしのひび
ひとびとは　ゆめみた
つめたい　みずで　つかれを　いやす
いこいの　いずみ
それがポランのひろば　つめくさのひがともる
だれもが　しっていて　だれも　いったことがないところ

やがて　ゆめは　ふくらんで
ひろばも　おおきく
にくしみは　きえ　こころ　あかるく
おいしい　たべもの
それがポランのひろば　つめくさのひがともる
だれもが　しっていて　だれも　いったことがないところ

こどもたちに　つたわる
ひろばの　でんせつ
しらない　とちで　きょうだいの　ように
はたらき　とりいれる
それがポランのひろば　つめくさのひがともる
だれもが　しっていて　だれも　いったことがないところ

きょうもしごとを　おえて
ひとびとは　さがす
いつか　きっと　いきつける
やくそくの　ちを
それがポランのひろば　つめくさのひがともる
だれもが　しっていて　だれも　いったことがないところ

●えっ、カフェ？

　1年目のパーマカルチャー講座を通じて、今後の「森と風のがっこう」の未来の姿を参加者の皆さんと語り合うなかで、代表の吉成さんに「ここにカフェがあったらいいな」という思いがフツフツと湧き上がってきてしまった。

　その構想を聞いた多くの人が正直「こんなところにカフェを開いて人が来るの？」と感じたことだろう。実際、営業を開始してからも、来店を試みた方の何人かが、どんどん山奥に分け入っていく中で「こんな山奥にあるわけない」と感じて引き返してしまうことがあったという地理的条件なのだ。

　それでも吉成さんは、カフェを食事やお茶を楽しんでもらう場としてだけ捉えるのではなく、ある意味クッションのような役割をイメージしていた。マスコミなどに取り上げられることで少しずつ関心を示してくれる人が増えてきたが、せっかく足を延ばしてくれた方を「どうぞどうぞ」と中にお誘いしても、「私は勉強しに来たわけじゃないから」としり込みされることがよくあったのだ。

　そういった方々にもゆっくりとこの空間を感じてもらい、自然エネルギーの活用や環境に配慮したライフスタイル、そして子供の居場所づくりについてちょっとでも関心の窓を開いてもらうことができれば、という願いであった。

　実際にカフェ（Cafe森風）の営業を始めてからは、親子で釣りに来てたまたま寄ってくれた方が「親子百姓教室」に参加してくれたり、のんびりお茶を飲みに来てくれた方がエコキャビン創出ワークショップに参加して

小口切りした丸太を一つ一つ積み上げた壁。ところどころに空きビンや貝殻がちりばめられている

くれたりと、じわじわとクッションの効き目が表れてきている。

● 接縁効果

　自然界を見渡せば、異なった環境が出会う場は、常にそれぞれの空間よりも多様性に富み生産的だ。海と川が出会う汽水域や、海と陸との境界部の大陸棚などがよい例である。

　こういった多様性に富んだ生産的な境界周辺の空間を、パーマカルチャーでは「接縁部」と表現し、意識的に空間デザインに反映させることがデザインの基本原則の中でも謳われている。

　当初、空間デザインの手法としてスタートしたパーマカルチャーも、最近はエコビレッジといった新たなコミュニティの運営手法や、既存の地域社会の再編などにそのデザインの基本原則が応用されるようになっている。「場」づくりに必要な概念は、たとえそれが目に見える場であろうが目には見えないような場であろうが共通している、という理解が広がっているのだ。

　そういう意味でも、「森と風のがっこう」にとってカフェは大切な接縁である。空間づくりのデザインにおいては、多様性や生産性を高めるために単なる直線をなるべく避けて螺旋や円などの曲線を選ぶように、私たちの活動により多くの方が出会ってもらえる接縁

仕上がった店内の様子。テーブルや椅子もリサイクル材料からの手作り

は、いろいろな姿で存在するほうが効果的なはずだ。そして、環境問題に無関心な人の存在を嘆くよりも、「私たち自身の接縁部が魅力的にデザインできているか」という問い直しこそが、より多くの人の心に届くような生産的な活動につながっていくように感じる。

● 素材は地域の「もったいない」づくし

　2年目のパーマカルチャー講座は、カフェの建設を中心に進められた。以前から敷地内の未利用資源として廃屋状態になっていた20坪ほどの木造平屋建ての旧教員住宅が、傷みがひどい外観ほど構造材は傷んでいないことが確認できたことも、カフェの実現を後押ししてくれた。

　どういうカフェをつくっていくかというコンセプトづくりから始まって、建物の外観から周辺の景観、提供メニューの内容や集客戦略などを、参加者の皆さんとスタッフが一緒に話し合っていった。もちろんすべてにおい

暖炉の蓄熱体として利用するためにつくった日干しレンガ

設計施工でお世話になった光風林(http://www.koufurin.com/)の皆さん。完成した暖炉の前にて

て優先されるべきことは「もったいないものを活かす」こと。この地域に眠る未利用資源をどれだけ活用できるかということが、最大のテーマである。

校舎の改修工事のときから東京から駆けつけてご協力いただいていた建築家集団「光風林」さんは、皆さんでデザインコースを受講されるなどもともとパーマカルチャーへの関心が高く、設計のみならず施工まで一貫して自ら手がけている。もともと自然素材をふんだんに取り入れながら施主さんの個性を反映させた、個性的で美しい自然住宅をていねいにゆっくりと時間をかけてつくり上げてきた光風林さんだが、一番やりがいを感じる仕事は「自力建設（セルフビルド）のお手伝い」という、ありがたい存在である。

そのため、多くの人に参加してもらって一緒につくり上げていきたいということや、地域の未利用資源を活かすという「森と風のがっこう」のコンセプトを十分に理解していただき、これまで蓄積された豊かな知識や技術に基づいて、ここでこそできるという様々なアイディアを提案していただいた。

林業の町を標榜する葛巻町であり、人工林の手入れは他の地域に比べれば行き届いている。それでも搬出の条件がよくなければ、主にカラマツの間伐材は放置されてしまっている。この間伐材をありがたくいただいてき

て、一部は製材して利用し、残りのほとんどは薪をつくるように30cmに切り分け、壁に積んでいった。

その間を埋めるのは昔ながらの土壁のような配合の土で、粘土質の土と砂に藁が加えられている。この「コードウッドハウス」とも呼ばれている手法ならば、専門的な技術がなくても、重厚な土壁の土蔵と同じような季節ごとの温度差が少ない空間が実現可能となる。

広大な牧草地に恵まれた国や地域では、同じようにセルフビルドに向く組積造（そせきぞう）の手法として、あり余る干し草の束を利用する「ストローベイルハウス」が注目されている。急峻な山がちで森に囲まれた葛巻町、もしくは日本全土では、活用されない間伐材がふんだんにあり、人間が関わることで豊かな森が維持される里山がまだまだ存在するのだから、このコードウッドハウスがもっともっと注目されてよいと思う。

重い土を敷き詰める草屋根を支えるための補強に用いた梁、そしてテーブル材や棚板も、地域の皆さんに提供していただいた古材である。床下の調湿と断熱には、地域で生産された規格外の木炭。屋根裏の断熱には、地域の酪農家が使いきれなくて古くなった干し草。基礎を補強する大きな石は、近くの川から。暖炉の耐火レンガや陶器片もリサイク

ル。建築資材はもったいないもののオンパレードだ。

それでも、いわば廃品の寄せ集めということはまったく感じられないような、美しく心地よい空間が誕生した。もちろん、こういった素材を活かしていくためには、それなりの手間がかかる。

そのため、建築中は多くのボランティアの皆さんに力を貸していただいた。参加してくれたボランティアの皆さんは若者が多く、身近ではなかなか体験どころか過程を見ることもなくなってしまった自然素材での家づくりの現場にじっくり関わることに大きな喜びを感じてくれたようだ。夏休みのほとんどをつぎ込んでくれた学生もいて、光風林さんの洗練されたセンスと技術にみんなの思いが加わって、ぬくもりが感じられるような「3番目の皮膚」という表現がぴったりの建物となった。

町役場からのありがたい配慮もあり、自然エネルギー推進の町政視察のために全国から訪れる多くの方々にも、「森と風のがっこう」に立ち寄っていただき、活動の様子を紹介させていただくことが多くなっている。そんなときは、基本的に週末のみの営業となっているカフェをオープンして、昼食やお茶を提供させていただきながら、環境共生型住宅についても考えていただく機会となっている。

カフェの人気メニューの「産みたて卵のシフォンケーキ」を焼いていただいているのは、ここが廃校になるまで給食のおばさんとして子供たちのために毎日料理をしていた集落の方だ。その他にも集落の皆さんには、季節ごとに山菜やキノコなどの山の幸を提供していただいている。

Cafe森風ならではの山の恵みは、なんといっても春先限定の「樹液コーヒー」。白樺やイタヤカエデの樹液をおすそわけいただい

砂漠のようだった校庭が、徐々に食べられる森に進化していく

雨の後に粘土団子から無事発芽したクローバー

ていれたコーヒーは、ほんのりとした甘みが楽しめる。樹液だけでいただくと、喉をやさしくうるおしてくれた後、細胞にじんわりとしみこんでいるような心地よさが感じられる。その他にも、山の恵みを集めてくれるニホンミツバチの飼育を始めたり、冷涼な気候を好むベリー類やルバーブの栽培を始めるなど、カフェ森風ならではの地産地消メニューが続々と登場する予定である。

校庭の緑化に挑戦

● 小さな砂漠

カフェの窓から外に目を向けると、そこにはかつての校庭が広がっている。パーマカルチャー講座の夜のワークショップの参加者の

一人がシェアしてくれた「子供たちが素足になって駆け回っている姿をほほえましく見守りながら、大人はカフェでゆっくりとお茶を楽しめるような場があったら、私は絶対来ます」というイメージは、他の参加者にも大きな共感を呼び、スタッフの心にも強く響いた。

　言うまでもなく、学校の校庭は草が生えないように管理されている。昔は食塩をまいたこともあるそうだ。世界中で灌漑と化学肥料の多投による塩害によって、農地の砂漠が広がっているが、校庭も人工的につくられた、いわば小さな砂漠だ。そこで、パーマカルチャーの農業分野にも多大な影響を及ぼした自然農法の実践、提唱者である福岡正信さんが提唱していた粘土団子による砂漠緑化の試みに倣って、校庭緑化に挑戦した。

　利用されなくなってしばらく時間が経過しているこの校庭も、長年かけてカチカチにかためられており、そういう条件を厭わない雑草がまばらに少し生えている程度であった。校庭や畑では目の敵にされてしまうことが多い雑草たちだが、がむしゃらに排除することをせずにじっくり向き合ってみると、どうもそれぞれの雑草たちにはそこに存在するそれなりの目的があるのではと感じられるようになる。校庭や道端のような固く踏みしめられた場所には、そんなところでも力強く根を差し込んでいけるようなタンポポやオオバコ、地面を覆い尽くそうとするクローバーやスズメノカタビラなどがいつの間にか育ち始める。

●森に向かうエネルギー

　パーマカルチャーでは、大地には森を育もうとするエネルギーが脈々と息づいていると考える。そのため、なんらかの理由で裸地が誕生すると、そこには瞬く間に草が芽生えてくる。少しでも早く森に近づこうと、そのために必要な土壌を整えるために、まずは地面を覆い尽くしてしまおうとがんばってくれるのだ。そう考えると、じつは私たちが耕している田畑に生えてくる雑草たちも決して私たちに嫌がらせをしようと生えてくるわけではないのだとも思える。少しでも早く裸地を覆い尽くそうとする前向きなエネルギーの現れなのだ。

　地面が植物で覆われるにつれて、土壌微生物や動物の活動が盛んになっていく。外部から養分が供給されることがなくとも、植物の根圏での新陳代謝や酸素供給、そしてさらに活発化した微生物たちの活動との相乗効果で、土壌中に腐植質（ふしょくしつ）がゆっくりと蓄積されていく。

●パイオニア

　地面を覆い尽くそうという草たちに続いて、まるで次に育ってくる樹木たちの苗木を守ってくれるように、主に棘のある灌木類が茂りだし、そこから顔を出すことが可能な、他の植物では生育しづらいような痩せた硬い土壌でも生育できる先駆樹（パイオニアツリー）が活躍を始める。草や灌木では届かないような深いところまで根を下ろし、酸素を供給することで土中深くまで生命活動を促す。特にマメ科植物の多くは、根粒菌が共生することで窒素循環を積極的に促しながら、土壌改良を進めてくれる。

　このように自然植生は常に遷移している。このゆっくりとした自然植生の遷移の様子を理解することで、それぞれの土地の土壌条件に合った関わり方を導きだそうということがパーマカルチャーでは大切にされる。私たちが目指す土壌条件を自然界のスピードよりも速く実現できるよう、植生の遷移と進化の加速を促すことが永続的な空間利用では不可欠

だ。

　この校庭では、クローバー緑化に続いて、灌木類としてベリー類を植え込んだ。校庭のような痩せ地でもある程度の生育が見込まれて寒さに強く、カフェからの景観上にもすぐれ、お店のメニューに活用できること、さらには取り組み始めたニホンミツバチにも魅力的な植物を、ということで選ばれたマルチタレントは「サジー」、別名モンゴルグミである。根粒菌が共生して土壌改良も進めてくれるし、あまり濃い茂みをつくらずに枝いっぱいにビタミン豊富なオレンジ色のベリーをつけてくれる。

　直立性で３ｍほどになるサジーの合間には、１ｍほどの灌木となるアロニア（チョコベリー）、そしてそれらのまわりの半日陰には、地を這うルバーブ。また毛管湿潤トレンチの上には、水分が必要なブルーベリーを植えた。このように適地適作を心がけて立体的に空間を活用することは、栽培に要する労力を減らすことにもつながる。

　これまでの農業の近代化の流れの中で、農業技術は単一作物の大規模粗放栽培を中心に研究が進められてきた。基本的な考え方は、雑草には除草剤、害虫には殺虫剤という対応に典型的に表れている「排除の論理」だ。目的とする一つの作物以外の存在は敵とみなし徹底的に排除するという方向性である。

　これに対して自然のあり方に学ぶパーマカルチャーでは、様々な存在が共存することでそれぞれの作物も生き生きと育ち、トータルとしての生産性が高まるという姿を目指す。排除の論理に基づいて無理やり安定感や生産性をもたらすのではなく、森の安定した生態系の様子をモチーフに、多様性が安定感や生産性を支える姿をしっかりとイメージすることがデザインの基調である。

自然エネルギーを体感できるエコキャビン

●楽しく学べるアイディアが盛りだくさん

　「森と風のがっこう」の最新のプロジェクトは、親子で気軽に自然エネルギーだけによる暮らしを体験できるような宿泊施設「エコキャビン」の建設である。

　限られたソーラーパネルによって生み出される電気の発電量や消費電力が一目で分かるモニターも設置することで、お日さまの恵みをより身近に実感してもらいたいと願っている。また、簡易水洗トイレへの雨水利用や、畑と連動させたその浄化システム、夏でも冷たい沢水を屋内に引き込んでかけ流しにしていた昔ながらの「沢水冷蔵庫」など、暮らしの中のエネルギーについて楽しく学べるようなアイディアを盛り込んでいる。なかでも特に力を注いだのが、寒い季節が長く続く森に囲まれたこの場ならではの、森の恵み＝バイオマス資源を最大限活かす仕組みづくりだ。

　このエコキャビンも、カフェと同じように廃屋と化していた古い教員住宅を活かして建築が進められた。基本的な構造は活かしながら、南側に温室兼風除け室兼ボイラー室を付設した。温室内の薪ボイラーは温室の熱源にもなり、子供たちでも手軽に危険なく手伝える仕組みのものだ。また台所や洗面所の給湯設備にも対応可能である。ボイラー自体の薪の燃焼効率や熱効率もよいのだが、ここではさらに太陽熱温水器がバックアップすることで、薪の使用量をさらに減らすことができている。水からお湯を沸かすとき、冷たいものをぬるくするために多くのエネルギーを必要とする。そのため、真冬でも晴れた日には太陽熱温水器によって少しでも温められた水か

第4章 「森と風のがっこう」に見るパーマカルチャー

森と風のがっこう（2010年現在）

イラストレーション・藤井里枝

建物本体は完成したエコキャビン
設計　遠野未来建築事務所http://www.tonomirai.com/

近所の薪割りのベテランに指導を受けている子供たち。コツをつかめば楽しくなってくる

自然エネルギーの専門家(株)ソーラーワールド(http://solar-world.jp/)の武内氏（左から2番目）と子供たち

らスタートできれば、薪の使用量はずいぶん変わってくる。

みんなで集まれる広間には、炎を眺めながらくつろげるような燃焼効率のすぐれたオーブン付きの薪ストーブを中央付近に置いている。この薪ストーブに付設されている熱交換器から温水による床暖房を配備することで、さらにストーブからの熱を余すことなく利用できるようになっている。

● 薪利用

薪で沸かした風呂に入ると芯まで温まりポカポカとしている感じが長く続くことや、薪ストーブで暖められた部屋は室温よりも暖かく感じられることなどを実際に体感してもらうことで、薪＝山の恵みの価値を理解してもらうことが大切だ。そしてじつは、その薪を準備する作業自体が私たちの体を温めてくれるということを実感してもらうことも、さらに大切なことだと思っている。

私たちの暮らしを支えてくれるエネルギーの中で、電気が占める割合がますます高まっている。しかしそのほとんどは熱から生み出された電気で、直接熱をエネルギーとして利用する場合の4割しか活用できていない。さらに、その電気で熱を生み出すということは、二重のロスとなってしまう。暖房、給湯、調理など、これまで薪からガスへという

変化はあったにせよ、直接熱を利用してきた部分まですべて電気でまかなうという最新の住宅設備は、表に出てくる二酸化炭素発生量だけでは判断できない無理や無駄を抱えこんでいるように感じる。再生可能エネルギーとしての薪などのバイオマスは、その成長過程で二酸化炭素を吸収・固定する。エネルギー効率以上にそのぬくもりが感じられる森の恵みこそ、感謝の思いとともに活用できる熱源としてふさわしいと思う。

● エネルギーを実感できる暮らしへ

また、自分たちの日常生活で使用している電気をすべて薪でまかなおうと考えれば、その膨大さも実感できる。よく乾かした薪1本（直径10cm、長さ50mのマツ）は、灯油0.7ℓから得られる熱エネルギーに相当する。平均的な家庭の1日の消費電力をつくり出す

には、なんと2500本も必要となるのだ。実際に薪づくりの作業を体験してみれば、これだけの薪を準備するだけで1日が終わってしまい、電気を消費する時間などなくなってしまうであろうことは、子供たちにも容易に想像できるはずだ。

パーマカルチャーの基本原則にもあるように、一つの大きなシステムに頼ってしまうことは災害にも弱いだけでなく、それぞれのエネルギー利用場面へ関わっているという実感が薄らいでしまう。それぞれの家庭でも、地域社会においても、一見効率がいいように感じられる一極集中型の大規模システムよりも、長い目で見れば小規模分散型のシステムのほうがコストも少なく安定感があるということは、ますます実証されつつある。何よりも、それぞれのエネルギーのありがたみに感謝できる機会が増えてくれるということが、私たちの日々の暮らしにもっと喜びをもたらしてくれることと思っている。

目指す広場の姿

最近の「森と風のがっこう」のビッグイベントは、春夏の長期休みに開催される「こどもESD（持続可能な開発のための教育）スクール」である。春は1週間程度だが、夏は2〜3週間、20人ほどの子供たちが親元を離れて共同生活を体験する。

食事や掃除はもちろん、自分たちの出したものを責任をもって資源化することまで体験する。自然エネルギーの専門家から自然エネルギーの仕組みを学びながら、実際に自分たちでソーラーパネルの向きを調整してみたり、巨大な風車を見学したりすることで理解を深める。

とはいっても、与えられた知識をそのまま

裏の川で実際に水車の回転速度を上げる実験に挑む子供たち

親元を離れた長い合宿生活を終えて、充実感を漂わせる子供たち

丸呑みしてもらうような勉強は一切しない。子供たちが自分たちで実際に五感を働かせて、体を動かして、遊びながら、楽しみながら学ぶプログラムが満載である。

例えば、実際に川に入って水力発電用の水車の回転数をどうしたら上げることができるか、みんなで知恵を出し合いながら試行錯誤する。大きな石を動かして水路をつくり、流れを絞ることで回転数が上がる。もっと上げようといろいろ試すが、かえって逆効果になったりもする。

それまでもくもくと石を積みながら、水の流れを肌で感じていた子が提案した水路の形で、最後に回転数が飛躍的に向上してみんなで大歓声だ。準備された答えに導かれるような学びからは得られない、自分たちで答えを見つけ出すという苦労がもたらしてくれた喜びの大きさと感激は、子供たちのはじけるよ

うな笑顔と瞳の輝きが証明している。

　もっとも、こんなシーンは私が子供の頃はまだ日常の遊びの中でも十分体験できたように思うが、今は岩手の農村部でも、大人の干渉を受けずに子供たちが自らの選択で何かに没頭できる機会は、残念ながらかなり少なくなってしまった。おそらくそれは大人も同じような状況で、怒濤のごとく押し寄せる消費生活を促す情報が、マニュアルのように固定化してしまっている。そのため、日常の暮らしの中で私たちそれぞれの自由な感性を発揮して、自らの手で暮らしに必要なモノをつくり出したり、暮らしのあり方を選んでいくという喜びを放棄してしまいがちになっているのではないだろうか。

　パーマカルチャーは、農業などの風土を活かした仕事、地域社会との関わり、経済活動、健康と心の幸福、文化と教育、道具や技術、建物環境といった暮らしに関わるあらゆる要素を、それぞれの個性や条件を加味しながら織り込んでいくダイナミックなデザイン手法である。同じ表現は二つとない。言い換えれば、「希望に満ちた持続可能な未来の暮らしの姿を描くアート」と言えるだろう。

　いうまでもなく、植物にとって持続可能性のキーは種である。種は、単にコピーを繰り返すだけではない。宇宙からの働きかけに支えられながら、その土地の条件に適応して変化していく可能性を秘めている。

　私たち人間にとって、持続可能性を切り拓くカギは、「感性」ではないかと感じている。未来を担う子供たちが本来の豊かな感性を解き放つことができる広場を、これからもつくり続けていきたいと願っている。

　それでは、最後になるが森と風のがっこうの設立趣意書を参考までに抜粋して紹介しておこう。

森と風のがっこう　設立趣意書

　全国各地に使われないまま放置されている、多くの小中学校の廃校跡には、過去に関わった人々の汗や、涙や、喜びが染みついています。

　新たな施設を作ることの方が簡単なことかもしれませんが、これを再利用して新たな広場を作り出すことは、お金の問題だけでなくて、何かもっと大切な人々の過去の記憶の流れの上にこれからの子ども達の未来を開くことにつながるような気がします。

　かつて地域の結節点であった廃校に、都会を含めた新たな人々と地域の子どもたちがともに、積極的に関わることのできる仕組みを生み出してゆくこと自体が、〈エコマネー〉〈自然エネルギー〉〈コミュニティビジネス〉〈アートと身体〉〈新たな農のスタイル〉といった人間が元気を取り戻すこれからの地域実験の可能性を内包していると私たちは考えます。

　どうしたら地球を守ろうという価値観を私たちは本当に持てるのか。楽しみながら生活を変えられるのか。私たちの生活に必要な科学とは何か。そこには宮沢賢治の童話"グスコーブドリの伝記"に登場するクーボー博士のがっこうのような、やわらかな想像力とユーモアが必要です。

　子どもも大人も、地域の人々も都会の人々も、目で見て、これからのエコロジカルな暮らしを生き生きと感じる〈新たな広場〉をつくり出し、あるいはすでに各地にある廃校の活用情報をつなぎ合い、ゆるやかなネットワークを日本中につくり出したいと思います。それは賢治のふるさとであるこの岩手からであってほしいと強く私たちは願います。

PERMACULTURE

第5章

パーマカルチャーへの理解をより深めるために

カナダの保養施設ホリホック内にあるスパイラル状のセミナーハウス

PERMACULTURE

パーマカルチャーの基礎をなすもの

設楽清和

創発の能力を覚醒させることから始めよう

いつの時代においても、人間の憧れの対象は自然だった。自然は人間の力と、そして理解さえも超えて力強く、繊細で、優しく、残酷で、そして何よりも完璧だった。

その完璧さを自らに望みながらも未だ実現することの叶わぬ人間にとって、自然は常に謎であり、また畏怖と崇拝の対象でもあった。世界各地に今もなお存在し、また、多くの文化の基点となっているアニミズムの神の多くは、表現の違いはあっても自然である。

自然とは何ものであるのか、そして、自然と人間との関係あるいは自然の中における人間の役割とはなんであるのか、その問いに対する答えを探してきたのが人間の歴史そのものであると言っても決して間違いではあるまい。

そして自然は、とらわれることのない人間の自由な精神が行う、全存在をかけた取り組みに対して、その正体を垣間見せてくれる。まれにではあるが、人の知に起こる飛躍的な発展や、決して色褪せることのない人の感性と技術の極みとしての芸術作品の誕生などは、たぶんすべてこの結果なのだろう。人間が自らの内部に眠る大きな力に目覚めるには、自然がその姿をあらわにする瞬間に立ち会うというきっかけが必要なのだ。そして、触発され、作用し始めた力は、やがて人間の事象における、それまでになかった新たな創造と理解に結晶する。

この創発の行為こそが、人間を永遠に結びつけてきたのだ。死という絶対的な限界を持つ人間は、その恐怖を超え、自らの生に意味を持たせるため、永遠を約束する、自らを超えた存在との一体化を希求してきた。創発の行為こそ、自然の真理を究めて、自らのものとすると同時に、自然の一部となって自然そのものをより豊かにする行為である。これによって、人間は自らに求められてきた存在の意義を全うすることができると同時に、永遠との一体化という至高の喜びと、未来への希望とを手にすることができる。

しかし現状として、自然から離れ、自然を破壊するに至ってしまった人間に、新たな創

発の行為は生まれるべくもない。永遠とのつながりの喪失は絶望を産み、一時の快楽への逃避と、自己をもその対象とするさらなる破壊行為が日常を覆い尽くすようになる。自然は口を閉ざして、人間に新たなる示唆を与えることもなく、人間を含まぬ新たなる自らの姿を構築し始めているようにも思える。創発によって新しい命を吹き込まれることのなくなった文化が世界各地で死にかけているのも、当然の結果だろう。

もう一度自然を開示し、我々の中にある創発の能力を覚醒させること。永続可能な文化を取り戻す行為は、ここから始まる。

永続可能な文化の再構築へ向けて

幸いなことに、これを行うに当たって私たちはすでに、十分な能力と手段を持っている。気づいていないだけなのだ。いや、意図的に気づかないようにされてきたと言うべきだろうか。まず、この点について論じておきたい。

●権力の特徴とその排除

現代の自然からの乖離（かいり）と文化の惨状は、私たち人間が個人として望んだことでは決してあるまい。それは、人間の中に形成された権力に由来する。

自然と人間の調和が実現していた社会では、その調和が人間社会のあり方（特にその平等性の確保）により、初めて成立することがはっきりと認識されており、そのための社会的な装置が用意されていた（ネイティブアメリカンのポトラッチなど）。

平等が崩れたところでは富の偏在が生じ、そこに権力が生まれる。権力には二つの基本的な特徴がある。

権力の特徴①　欲望の過剰性を解放

その一つが、権力はその権力を持つ者の欲望を解放するということである。本来過剰である人間の欲望（それが個人のものであれ、あるいは権力を共有する集団のものであれ）は、解放されると決して満足することはなく、富を産み出す二つの源泉である自然と人間の労働の搾取を際限なく拡大する。

人間の歴史上、権力が成立したところではほぼ間違いなく文化は滅び、自然は破壊されている。自然はあらゆる生命を歓待し、生きる場を与えてくれるが、それは全体としての調和のうちになされることで、一部のものが（それが人間であれ、他の生物であれ）生きるに必要以上のものを望むのであれば、それは調和の崩壊を引き起こし、ひいては己自身の生存をも危うくしてしまう。

権力は自らの欲望の過剰性を解放し、それにより自らとそれに追随するものを搾取する対象（自然と被支配者）とともに滅ぼしてしまうのだ。

権力の特徴②　己以上の権威を認めない

もう一つの特徴は（これは①の特徴と密接に関連しているのだが）、権力は決して、己以上の権威が存在することを認めようとはしないということだ。もしそれがすでに存在するか、あるいは生まれようとすることがあれば、自らの権威の一部に取り込もうとするか、それがかなわなければ、抹殺してしまう。

すなわち、個人が自然とつながり、自然の摂理により生きることは、権力にとっては自らの力の基盤を失うことを意味している。また、権力が存在する以前から人間の行動の基準を示してきた伝統的な文化は、地域的な自立性と内部における平等性をその基本的な特徴としているため、権力にとって常に脅威で

あり、忌むべき存在であった。

自然を災厄と見なすこと、あるいは自らを自然の権威の継承者であるかのように位置づけることで、個人と自然との直接のつながりを断ち切り、個人を自らの支配下に組み入れることは、権力の常套(じょうとう)手段であった。また、自然に対する人間の位置づけを行う文化から、その基盤である神を剽窃(ひょうせつ)し、自らの権力と同一化することにより、権力と個人の支配（被支配関係）を正当化し、文化を支配の道具としてきたことも歴史が語る真実だろう。

自然との関係を取り戻すことが基盤に

このような権力を排除し、本来私たちの生の基盤である自然との直接な関係を個人一人ひとりが取り戻すことと、それに基づいた個人と個人の集合としての地域が行う創発の行為により文化に活力を与えることが、永続可能な文化（パーマカルチャー）を新たに構築していくための基盤をなす行為となる。

これを行うにあたって、私たちは自然に触れ、理解し、そしてその仕組みの中に自らを置くことから始めなければならないのだが、それを可能にするのは自らの「感性」と、我々の先人の創設の行為の積み重ねの結果である「伝統文化」、そして、これらが伝えようとする自然からのメッセージをすべての人が理解し得る言語に変える「科学」である。これらはすでに私たちに与えられている道具であり、これらの能力と手段により私たちは永続可能な文化を再構築して行かねばならない。

●基礎をなすもの①「感性」

人間もまた自然の一部であることは、論をまたない。自然は38億年以上にわたる生命の営みの時間的、空間的結果であり、人間もまた、この営みの経過的な結果である。生態学が明らかにしているように、あらゆる生命はこの時間的、空間的過程の中でそれぞれの位置を与えられており、その時空的場における自らの役割を果たすことと、それにより他の生命とのつながりを持ち続けることで、個体的にも種的にもその存在が可能になっている。

無限とも言えるほどに数多くの生命体が織りなす複雑で繊細な網（web of life）の中にあって、あらゆる個々の生命は時間をも超えて互いに影響を与えあっている。それは個々の個体においては、それぞれが他に起こる変化を受け取り、それによって自らを（生理的、行動的に）変化させる能力を持っていることを意味する。人間も生命体であり、自然の一部であることにおいて他の生物と同じようにこの能力を有しているのだが、人間が持つ特性として、それは単なる本能あるいは肉体的な感覚ではなく、常に理性による理解と判断を伴い、さらに、それに基づく行動とに結びつけられている。

この特性は「感性」と名づけられている。この能力は、それが適した環境の中で正常に作用するのであれば、現象の意味を感知するばかりではなく、自然の本質のありかに魂を導き創造の起点を与え、さらには未来に起こる出来事や動きを感知し、それに対する備えを促す働きをする。

多分それは、人間一人ひとりに与えられた生存のための基本的な能力なのだが、この能力が十分に発達し機能するには、それに適した環境が必要となる。すなわち、自然がその本来の仕組みや働きを失っていない自然環境と、自然に対して開かれたままである人間が育まれるような社会環境である。感性の発達や正常な機能には、自然環境のほうがより強い影響を及ぼすように考えられており、いわ

ゆる自然教育などでは自然との触れ合いなどが強調されているが、実際には社会的な環境の影響のほうが大きいように思われる。

感性の発達を促す自然環境の特徴

自然環境と社会環境の境目は時に曖昧であり、後者の問題がいつの間にか前者の問題にすり替えられてしまうことが多い。まず、自然環境から始めたいと思う。

ここで言う自然環境とは、人間の経済や支配構造の中に位置づけられてしまった、予測可能な人工的自然現象の空間的出現としての環境を意味するのではなく、その振る舞いが予測不可能で、高度な文化の中で訓練された感性だけが瞬時にそのメッセージを受け取り、それに基づいて具体的で適切な行動を取ることが可能であり、しかもそのような相互関係のあり方によって、人間の感性を高めながら、人間をより強く自然に結びつけるような自然現象により構成される環境を指す。言い換えれば、自らを超えた存在である神の実在を概念として理解させるのではなく、実感させる環境である。

パーマカルチャーの創始者であるビル・モリソンは、夏から秋にかけては海でサメを捕らえる漁師となり、秋から冬は陸に上がってワラビーやカンガルーを狩る猟師をしていた。彼は狩猟の民として、我が身を自然のもっとも基本的な仕組み（命の循環）の中に置いていたことになる。そこには、農という人間の文化的な行為を緩衝材として挟みこんだ自然との関係に生きる人々（それは直接に農に携わる者ばかりではなく、農を基本とした社会に生きるすべての者が含まれるのだが）が自然に見る景色とはまったく違った光景が広がっている。

彼ら（狩猟の民）にとっては、空気の動き、雨のにおい、木々の葉の色や動物の鳴き声、すべてが大切な自然からのメッセージである。見逃したり、聞き逃すことが、即自らの生存の危機につながる。緊張が日常を覆うなかで、彼らの感覚は研ぎすまされ、それは自然との一体感を生み出す。そして、このような自然と個人との関係は、単なる個別の経験にとどまることなく、常に同じ自然条件を共有する地域ごとの小さなコミュニティの共同生活の中で集積され、時間による検証を受けたうえで普遍化して文化となる。

経験と智慧の集積とも言えるこの文化は、幾世代を超えても色濃く伝えられ、知識としてよりは、むしろ身体にしみ込んだ神経回路的な働きを促すようになり、感覚が与えるメッセージを即座に行動へと変換させる。彼らの行為は、もちろんすべてが自己の判断に基づくものなのだが、その判断を行っているのが、果たして自分であるのか文化であるのかそれとも自然なのか、それぞれの境目さえも判然としない。

このような自然（文化）と個人の相互作用状態こそが、十全な発達を遂げた感性の基本的なあり方である。

ここで再度、同じ問いを出してみよう。そのような感性を育む自然環境（自然と人の関わりの状態ではなく）とは、どのようなものであるのか。

それは月並みな表現だが、自然がありのままの姿である環境ということができるだろう。それは自然が求め、自ら形づくっていく姿としての森である。陸地であれ、海であれ、湖であれ、川であれ、目指すところは自然の仕組みが調和し、可能な限り多くの生命が生きることのできる森となる。山火事が起きようと、火山の噴火により溶岩で大地が覆い尽くされようと、やがては物理的作用と、化学作用と、そして生物的作用により、わずかながらでも土壌が形成されれば、そこに植

物が育ち、その植物が生産する栄養分によってより多くの植物ばかりでなく、動物や微生物が生育するようになり、循環が起こって森が形成される。そして、その森は多くの生物に対して、もっとも生きやすく生殖しやすい環境を提供することで、永続性を自らのものとする。無限とも思えるほど多くの生命の集合体として、森は個々の生命の限界を超えて存在するようになるのだ。

このような森においては、そこに互いの命をやり取りする狩猟者として、あるときには生と死の狭間にある緊張感が全体との一体感を生み出すのだが、一方、それぞれの命を育む時期においては、（私自身もその感覚を求めて時に原生林に入るのだが）身体の内と外、あるいは自身の肉体と環境の間の境目がなくなるという、大きなものとの一体感にこの上ない安らぎを感じるのだ。この動と静二つの一体感こそ、感性が十全に育まれる自然環境の特性と言えるだろう。

人間形成への社会環境の影響力

タンザニアの牧畜民族としばらく暮らしていたときの話だ。

彼らにとって日常の楽しみとは、互いに家を訪ね回っておしゃべりすることなのだが、ある晩、数人の若者が、私がお世話になっていた家を訪ねてきた。彼らはいずれも背の高さが180cmを超え、無駄な脂肪も筋肉も一切ついていない、しなやかな鋼(はがね)のような身体をしているのだが、普段はニコニコしていて動きもゆったりとしている。とても恥ずかしがりやで、そのときも、ためらいがちに家に入ってきて、もじもじしている。家の主で私の通訳をしていてくれた若者が、彼らの言葉で二言三言話をした後、ちょっと苦笑いをしながら私に尋ねてきた。

「彼らはこの前、地球が回っていると聞いたのだが、それが本当かどうか知りたがっているので教えてやってほしい」

「もちろん地球は回って……」と言いかけたところで、私は地球が回っているのかどうかを本当は知らないことに気づいた。私は地球が回っているのを見たこともなければ、感じたこともなく、ただ、それを学校か本だったかで教えられて信じてきただけだったことを、彼らの質問により気づかされた。常に五感に触れる実際の現象を対象として、自らの感性と先祖たちの実際の経験をもとに築かれた文化により、その意味を検証し対処することを日常とする彼らにとって、非現実的な現代社会の常識は、驚きか、笑いの対象でしかないだろう。

いったい現代、あるいは文明との形容をつけられて呼ばれる者たちは、実際には知りもしないこと、あるいはその本当の意味を理解していないことを常識として信じ込むことで、行動や言動の根拠としていることが多い。そして、そのような態度は確実に、私たちをリアリティから遠ざけてしまう。リアリティは多様であり、常に変化し続けていることで、私たちの感覚を刺激し、瞬間的な判断力と行動力を養成する。また、リアリティは未知にも満ちている。知らないことを知り、その意味を理解することは、人間の理解力と創造力を飛躍的に高める。感性がその本来の働きを持ち続けるためには、直にリアリティに触れ、観察し、思考し、行動することが必須である。しかし私たちは現状として、そのリアリティから離れて、できればそのリアリティが語ることに耳を塞いでいようとしているように思われる。

本来は自然現象であれ、人的現象であれ、それらが実際に起こることがすべてであった。リアリティはすべてのものに優先していた。いかなる先人の知恵や知識であっても、

実際のリアリティにそぐわないものであれば、変えられるか放棄されてきた。しかし、いつの間にか自然が示すリアリティの要請ではなく、一部の支配的な人間や集団の意図を優先するために、人の考え方や行動を規制するものとして慣習が生まれ、規則が制定され、常識が形成された。人間が形成する社会の都合が、自然と人間のリアリティに優先するようになったのである。

これによってリアリティは、権力の意図に都合のよいものだけが選択され、それ以外のものは排除されるようになった。人間の思考の内部においても、リアリティは揺るぎないものから、取捨選択も改変も可能なものとして認識されるようになった。社会環境は自然環境よりも人間形成において強い影響力を持つようになったのである。これは、人間の感性に対して大きな影響を与えた。

自然環境は、その構成要素が生命を基本とすることにおいて、無限に豊かであると同時に常に変化し続けている。これに対応して自らを処するには、それらを受け取るのに必要な五感の鋭敏さと、それらの意味を理解する細やかな感受性、そしてそれらとの関係性を積極的につくり出していく好奇心が必須となる。自然の中にあるときには、これら人間の感性の基礎をなすものが、まさしく自然に育まれる。

一方、リアリティから隔絶し、権力構造の中で形成された社会環境では、それらの構成要素は限定され、しかも、環境に対して常に受動的な立場であることが強制される。私たちのまわりにあるものはすべて、その意味を含めてすでに決定されており、変化することなく存在し続けるとされているので、それに疑義を挟むことは非常識であるとして排斥される。また、常識や法律という権力の意図以外には根拠のない行動基準が支配的になることで、個人の創造的な判断力は決定的に削除される。まったく車のない通りで、しかも赤信号が替わるのを待ち続けている人々の姿は、悲しくもこの事実の明確なアレゴリーだ。

もちろん社会環境は、本来このような支配的なものではなかったと考えられる。むしろ社会環境は人間が人間であることを保証する場であったはずだ。ジャン・リュック・ナンシー（フランスの哲学者。著書に『無為の共同体』などがある）は「コミュニティとは人間の本質を成就する場である」と定義しているが、コミュニティがまさしくもっとも身近な社会環境であり、感性が人間の本質と非常に深く関わっていることには疑問の余地はあるまい。「人間の本質を成就する」社会環境がどのようなものであるかを理解し、それをつくり出していくことが、人間が本来持つ感性を正しく育むにあたってまず取り組むべきことであることもまた明らかだろう。

人間の本質と「求める心」

しかし、「人間の本質」という言葉が指し示すものは、それを究明すること自体が人類の最大のテーマであり続けてきたと言ってもいいほどに曖昧であり、広大である。多くの哲学者や宗教者が、これに対して躊躇しながらも、様々な解答を与えてきている。時間の洗礼を受けながら残ってきたそれらの解答は、どれもがいくばくかの時代性を含みながら、「人間の本質」の一面、あるいは一部を明らかにしていると言えるだろう。

哲学者でも宗教者でもない私には、それらを横断して思考するだけの知的な蓄積も能力もないのだが、これまで経験してきた様々な人と文化との出会いから、そこに共通して見ることができるもっとも基本的な人間のあり方を一つ抽出するとすれば、それは「人は常

に求める」ということである。

　もちろん、このあり方そのものが人間の唯一の本質であると言うのではない。しかし、人は決して現状に満足することがなく、常に「今以上」を求めている。それは富の有無や、社会的な格差、あるいは自己と社会の関係性などにより強弱に差があるにしても、文化や地域、あるいは時間さえも超えて人間の本質のもっとも基本的な部分を決定しているように思われる。私が知る限り、フーコーとともに人間についてもっとも深遠な考察を行っているバタイユも、人間を「過剰な存在」と規定している。「吾唯知足（われ、ただ足るを知る）」とは、人が決して行き着くことのない心のユートピアだろう。「求めること」を否定するのではなく（もちろん無制限に肯定するのでもなく）、その理由と方向性を明らかにすることが、人間の本質の理解につながり、それが、「求める心」が過剰に働くのを制御することを可能にもするだろう。実際、文化とは、人間（個人および集団としての）の「求める心」を、自然や人間そのもの（精神的、肉体的、そして社会的な存在としての人間）の破壊へと駆り立てるのではなく、両者をより豊かにしていく原動力とするために育まれてきたと言っても過言ではあるまい。

　人間が求めるものは、一見無限なほどに多様で、しかも常に変化しているので、それを限定あるいは特定することは不可能だろう。しかし、この人間の「求める心」は、人間の生存を危うくするほどの力があるということにおいて常に問題であるばかりでなく、それを制御することができれば、人間の生存の可能性を高める様々な理解と行為をもたらす原動力ともなることが、人間の歴史の早い段階で認識されていたように思われる。すなわち、この「求める心」をその過剰性のままに解放し、飽くことなき欲として自然や他の人々の搾取に向かわせるのではなく、自己を超えた存在との結びつきを求める向上心へと純化することで、人間は個人としてばかりではなく、文化生成の主体である社会としての進化発展を遂げてきたと言える。

　ただ、現状として「求める心」は、前者としての機能しか果たしてはいない。この「求める心」を、創造ではなく破壊の原動力に貶（おとし）めているものが何ものであるかを明らかにすることで、人間の本質とは何かという大切だが曖昧で不毛な思考にふけるのではなく、人間の本質を成就する社会のあり方を理解し、そのような社会を実現する具体的な方策に至ることができるのではないかと思われる。そして、そのような社会こそ、人間の感性をもう一度取り戻す場になると考えられる。

　「求める心」が破壊的になるのは、どのようなときだろう。

　個人的な経験から言えば、それは、求めるものがなんであれ、それを手に入れようと動いているときではない。そのようなときは、むしろ、創造的であることがそれを手に入れる唯一の方法であることを承知しており、どんなに困難な局面に陥（おち）ったとしても、あきらめや怠惰といった破壊を引き起こす感情に抗（あらが）い、その抗いもがくところから解決策を見出そうとしている。しかも、一度でも求めるものをそのような状況の中で手に入れる（それが最初から求めていたものとはまったく別のものになってしまっていることが普通なのだが）ことができたならば、それ以後その経験は、その者に決して破壊的になることを許しはしない。求める心は本来創造的であると言ってよい。

　しかし、現代の状況を見れば、求める心が破壊的であることは明らかである。逆に言えば、現代を特徴づけている何ものが人間の「求める心」を破壊的にしているのだろう。

受け入れ、支えてくれる存在の必要性

現代についてのもっとも奥深い考察を行った社会学者の一人であるアンソニー・ギデンズはその著『モダニティと自己アイデンティティ』において、「人間のあり方を最も決定づけている現代の特徴は、絶対的安心感の喪失である」と述べている。この言葉は心理学から引用されており、その指し示す状態は明確に規定されているのだが、要は、自分を無条件に余すところなく受け入れ、支えてくれる存在を無意識の中に持つことにより生じる心の底のようなものだ。これがあることにより、人間は他の人間や存在に信頼を置くことができるようになり、窮状にあっても孤独から生じる恐怖心や絶望感によって破壊的な活動に走ることがない。逆にこれがなければ、人は自らを認め助けてくれるものの不在による恐怖と不信がいつでも心の大半を占めることになる。

しかも、現代のもう一つの特徴である再帰性（ある概念や常識をそのまま受け入れるのではなく、常に検証し続ける態度）は、すべての事象を常に変化し続ける不確かで予測困難なものにしている。これは、絶望的な現状に対する救いとしての希望ある未来を想定することが極めて困難であることを意味する。結果として、「今、この時」における恐怖や不信からの一時的な離脱、あるいはすべての人間によるそのような状況の共有が「求める心」の対象となってしまう。

このような人間の状態は、当初より意図的につくり出されたものではないと考えられるが、飽くことのない消費を前提とする現在の経済体制にとっては極めて好都合なものであり、その状態を維持し利用することができるように、あらゆるものやサービスがつくり替えられてしまっている。コンピューターやテレビゲームといった現代に生まれたものだけではなく、文学や音楽などの芸術、農業、食といった生活と文化の根幹をなすものもまた、一時的な刺激を与えること、しかも、その刺激が現在の状態を脅かすことがないという枠から逸脱することがないように設えられている。恐怖や不安の原因となっているものは、決して本質的に取り除かれることはなく、それから目をそらすためのものばかりが次々と産み出され、それらを利用する人々が刺激に慣れてしまうまでの間だけ存在し、やがて、捨てられていく。

言い換えれば、「求める心」は常に裏切られ続けており、決して満たされることがないままに、それらを利用して自らの利益に供しようとする者たちに操られている。その結果、絶対的安心感を失った「求める心」が辿り着くのは、求める心の主体（私たち自身）の自分自身に対する無関心と、自らの過剰性に対する責任の虚無的な放棄である。

無関心はその対象に対するイメージの喪失であり、それはすべての事象について、それらがどうあるべきかという答えを自らのうちに見出そうとする人間存在の根源をなす倫理活動の放棄を意味する。さらに無関心は、その対象自体においては拒絶による自己自身の意味の喪失をもたらし、それは生きること自体に対する怨嗟という内的な破壊を生ぜしめる。また、過剰性という人間の本性に対する責任の放棄は、人間であるということはどういうことなのかという、自明的でありながら決して明かされることのない命題からの逃避である。しかも、この逃避は現代においては、生き続けるという種としての命題に対する唯一可能な実際的解答でもあるのだ。

予兆もなく現れる破壊

破壊の主体でありながら、その対象でもあるという矛盾、生き続けることが生の破滅を

生み出してしまうという矛盾。これらが複雑に絡まり合いながら、意識も意図もされない破壊は進んでいく。このような破壊は予兆なく、結果だけが突然のように現れる。だからこそ、権力者は意図的にこれらの破壊の偽りの原因を特定し（ここでは「責任は権力者にあるのではなく、すべての人にある」のだという、ジグムント・バウマン〔ポーランド出身の社会学者〕のいう撤退の方法論が用いられているのだが）、それに基づいて、人の行動と感性を規制し縛りつけようとする。

環境問題がいつの間にか二酸化炭素の排出による地球温暖化の問題にすり替えられ、私たちの行動や思考、そして感性さえも規制する道具に堕してしまっているという事実は、この過程が着実に進行していることを典型的に示している。しかも、矛盾の中で疲弊し絶望してしまった私たちの精神は、そのような規制に抗うのではなく、むしろ、それを積極的に受け入れることで自らの矛盾を解決する偽りの枠組みを手に入れようとしている。

このようにして、各個人の中にある、本来個性的で相異なることで互いに作用しながら有機的に創造性を生み出していく「求める心」は、いつの間にか現代の経済と支配構造の中でその違いと本来の役割を失い、無機化して、同じように無機化した「大衆」を操る道具と化して権力者に利用されるがままになっている。このような状況の中では、その創造性ゆえに感性は恐怖の対象となる。なぜなら人と同じであることがもたらす窮屈な安心感を脅かす存在としてしか感性は意識されることがないからだ。

絶対的安心感のあるとき、「求める心」は恐怖心から解放されて、自己の管理のもとに、破壊ではなく創造に向かうことができるのであり、その創造性こそが文化を形成する原動力となる。人間の本質を成就する場としての社会とは、個人個人のこのような状態から形成されるといって過言ではあるまい。

では、この絶対的安心感を現代（絶対的安心感を放棄すること、あるいは不在化することにより成立している時代）において、どのようにすれば育んでいくことができるのだろうか。

人と人、人と場の濃密な結びつき

状況は絶望的であると言っていいように思われる。多分、絶対的安心感はそれが存在していたときには、比喩的に言えば空気のように「ある」ものであって、意図的に「つくり出す」ものではなかったと考えられる。絶対的安心感に基づく人間関係により形成されていたと考えられる伝統的コミュニティは、例えばラダック（インドのジャンムー・カシミール州の東部の地方。チベット文化圏に属するラダックは小チベットと称され、チベット仏教の中心地の一つになっているが、近代化が進んで伝統文化が失われつつある）のようにそれが消えてしまった状態を前提としてノスタルジーをもって語られる対象となることはあるが、多分それを語る者自身、自分が何について語っているのかを明確に認識することができないでいる。「確かになくなってしまった大切なものがあるが、いったいそれはなんだったのだろう」と。

問題は、そのものを失ってしまったことにあるのではなく、失ってしまったのが何ものであったのかが分からないということにある。分かっていれば取り戻すことも可能だが、分からないものをどうやって取り戻すことができるのか。

そして、それは先に書いたように、リアリティから離れてしまった現状において当然のことでもある。ただ日常の中で繰り返される何気ない、しかし、意味を伝えることにおい

ては他に代わるものがない仕草や反応だけが、本当に大切なものの存在を示唆し保証する。意図や意識を超えて、言葉ではない何ものかによってのみ、それは伝えられ、共有されるのだ。そして、そのような伝達と共有は、人と人、人と場の濃密な時間的空間的結びつきによってのみ可能となる。

　失われたのは、それを表現する言葉ではなく、その言葉を受け止めるための前提条件なのだ。しかも、それらが消えてしまってから、それが掛け替えのないものであったことに気づくまでの時間差は、いつも絶望的なほどに大きく、断片的で曖昧な記憶は、希望ではなく後悔と焦燥のなかにあきらめを生み出していく。そして、見せかけだけの安心感が売買されるようになり、それを手に入れるために人々はさらに大切なものを手放していく。

　そのような状況にあって、しかも、存在の根本を問い直されるような出来事に出会いながら、それでもなお希望へと向かうことができる絶対的な拠りどころとしての安心感を、私たちはこれからどのように構築していくことができるのだろう。多分、これに対する明確で普遍的な答えは未だ存在しない。しかし、答えを探しだそうとする試みは様々なかたちで（いや、少々極端な表現の仕方かもしれないが、すべてのあきらめていない人の心の中で）始まっているとも言えるだろう。

イサカ・エコビレッジ

　アメリカのニューヨーク州にイサカという町があり、そこでイサカ・エコビレッジというコミュニティが築かれている。2005年にそこに一月ほど滞在したことがあり、その後も毎年訪れているのだが、そこに行くと感じるのは、自らの家に帰ってきたという安心感である。これは私自身の生まれた町に戻っても

イサカ（アメリカ・ニューヨーク州）のエコビレッジ居住区建物と裏庭

イサカのファーマーズマーケット。地域通貨で買い物ができる

今では感じることができないものだ。駐車場に車を停め、荷物を降ろしていると、たいてい誰かが通りかかる。振り返ると懐かしい顔があり"welcome back home"の言葉の後には温かいハグが待っている。

　このコミュニティが、なぜ私にとって故郷として感じられるのか。調和ある家並みや人の空間と自然の空間のバランス。車が入ることのない小道を歩きながら、台所の窓越しに家の中で食事の準備をしている人たちに挨拶ができる距離感。しかし、何よりもここに住むすべての人たちが「受け入れるという意志」を持っていることが、故郷にあるべきものを示していてくれるからだと思う。

　受け入れることは、容易いことではない。しかも受け入れるものが、ある人のある一面ではなくすべてであるとき、現代社会に生きる私たちは、大きな負担と戸惑いを感じる。

家庭、学校、会社。私たちは常に自らが置かれた環境において、その環境が求める自分の一面だけを見せることを求められてきた。

それは、自分が他の人に求めることについても同様である。「私にとってあなたはこうでなければならない、それ以外のあなたは要らない」。現代という時代がつくった人と人との基本的な関係である。

それゆえ、人々はプライバシー（privacy）という、本来的な何かが欠けている（deprived）時空間の中へ逃げ込んで、受け入れられない部分の自分を自らに表す機会を与えている。しかし、そのような外的な要請と内的な分裂は、総体としての他、そして自を承認することの不能を意味する。このような受容（受け入れ）ではなく、拒否を基本とする（自と他を対象とした）人間関係は、人間が人間であることを根本的に否定する。

意識的ではないかもしれないが、人々は自分自身も含めて受け入れないこと、あるいは受け入れられることがないというあきらめを、すでに前提としている。しかし、イサカ・エコビレッジに住む人たちは、受け入れることから、このコミュニティづくりを行ってきていた。もちろん、彼ら自身が「受け入れること」を言葉として掲げているわけではない。むしろ彼らの言動のどこにも「受け入れる」ことを意図的に行っているなどと感じさせるものはない。

しかし、彼らの日常での人との接し方、コミュニティとしての仕組み、そして彼らが生活する場の隅々（すなわちエコビレッジ全体）にまで、そのメッセージは盛り込まれている。

子供の頃に生まれ育った場（現在は変わってしまって、そこがふるさととさえ感じられないのだが）で、幼なじみや兄弟たちと走り回り転げ回っていたときの感覚（すべてを知

イサカ・エコビレッジを創出し、リードするリズ・ウォーカー

っており、許されているという）を、そこでふたたび見出している自分に驚き、そこに感謝が生まれたのは、まさしく、いつの間にか失ってしまい、その失ったことさえ気づいていなかった安心感をふたたび見出したからに他ならなかった。

このエコビレッジの創出者であり、現在も中心的な役割を果たしているリズ・ウォーカーの著書『Ecovillage at Ithaca』には、彼らのあり方の基本が「受け入れること」に集約されていく様子が描き出されている。彼らがエコビレッジに求めたものは自由と安心感であったが、それを実現化していく過程の中で彼らは受け入れるという基本的な態度を様々な試行と試練の中で確立していっている。そして、その場を共有した者たちだけではなく、より多くの人たちにこの基本的な態度を、言葉としてではなく、自らの日常における実践をその日常の中に人々を受け入れることにより伝えることで、彼らは絶対的安心感を（彼らは意識的にそれを伝えようとしているのではないが）自らの手でつくり上げていくものとして具現化している。

もちろん、このように意図的につくり上げていく安心感が、伝統的な集落において共有されていた絶対的安心感と同じであることはないだろう。どこかに絶対的安心感として必須なものが抜けていることは、むしろ当然で

あるかもしれない。私たちは未だ、それほどには人間も理解していないのだから。

しかし、もしより多くの人たちがこの安心感の構築に参加し、それぞれの成功と失敗を共有していくのであれば、やがてそれは、集積されながら拡散して、人々の日常の中にそれとは気づかない、あるいは意図性をなくした形で存在するようになるだろう。

空間と時間はメッセージに満ちている

この絶対的安心感があるとき、「求める心」は、その内的な矛盾を創造のエネルギーに変換し、感性はその本来の働きを取り戻す。破壊ではなく創造がすべての瞬間と空間を満たしていくのだ。それは破壊と結びついた一時的な快楽ではない真の喜びを、個人だけではなくコミュニティにももたらし、さらなる安心感の構築につながっていく。このような状態にあるとき、人間の感性は、創造のために本来の働きを取り戻すのだが、それはあらゆるものからメッセージを受け取ることを意味する。

すべての空間と時間は、メッセージに満ちている。そしてそれらのメッセージは、地球の基本的なあり方から言って、生命をよりよく生かすためのメッセージである。ほんのわずかな風に揺れる若葉の動き、昨日とは違う空の色、それらは自然の力をよりよく生かす時期や方法を伝えている。

人の中に現れる（言葉や表情あるいは動きとして）様々なメッセージも、それを的確に受け止めることができれば、私たちは不必要な想像に煩わされたり、惑わされたりすることなく、シンプルに自らの生を自らが望むように全うすることができると同時に、人類としてのあるべき未来の姿の予感に基づいて、その実現というより大きなものとの一体感を味わいながら現在を余すことなく生きることができるだろう。

●基礎をなすもの②「伝統文化」

伝統文化を尊重するということ

文化の役割については、これも無数と言えるほどの論や解釈があるだろう。パーマカルチャーが標榜するのは、持続可能な農業であるよりは未来社会の基底となるような文化と言ってよい。

伝統文化を大切にするとは、その文化の断片を保存しておくことではない。伝統文化がそうであったように、文化を日々創造しながら生きることがその真の意味である。人が祈ることを止めてしまったお寺や仏像を保存することや、お年寄りが語る代々受け継いできた身のまわりの様々な工夫を書き留めたり（さらにはそれらをまとめて出版したり）、データ化することは、一見文化を大切にしているようだが、実際には死んでしまった文化の目録をつくっているようなものだ。文化は日々生きられ、更新されねばならない。

例えば、個人よりもコミュニティが優先するという社会の構図の中で個人の創造性が抑圧され、極めて変化の乏しい均一的な生活が繰り返されていたように見える伝統的な集落であっても、実はその日常において、個人はよりよい生活や高い生産性を実現するために、様々な新しい工夫を絶えず施している。それは私自身が経験した、世界各地の様々な集落において共通する特徴である。

20年ほど前に私は、それまで育ってきた東京近郊を離れて、新潟で百姓を始めた。いや自らを百姓と呼ぶなどとんでもないことで、取りあえず食べ物をつくることを始めてみただけだったのだが、農村という空間に身を置いて気づいたのは、虚構と隷属の空間である都会で生活しながら、先入観とテレビや雑誌などによって与えられる断片的な情報に

よって形づくっていた農村のイメージと、実際の農村の大きな違いであった。もちろんそれまでも農村に行ったことがないわけではないが、簡単に言えば、外から見る農村と内側に身を置いてみる農村とはまったく違っていた。その一番の違いは、農村においてはすべての場に、時間の集積が存在しているということだった。

　その土地から得たものではない多大な資材やエネルギーによって構築される都会では、時間は無惨に断ち切られている。長年人が住み、様々な行為や想いが折り重なりながらつくられてきた場であっても、やがて都会の持つ膨大なエネルギーと無慈悲な仕組みの中に飲み込まれ圧延化され、コンクリートの固まりでしかないビルや道路が建設され、それまでに行われてきた行為とはまったく無関係な行動がその場を占めるようになる。もちろん、新たにその空間を占める人たちは、その場にそれまで起きてきたことなどに、なんの関係も関心もない。時に、その場がなんらかの歴史的な出来事の場であったときにはそれを示す案内板が設置されることもあるだろうが、案内板が伝えることは、現在のその場とはなんの関わりもない。そして、ほどなくその案内板も出来事とともに朽ちていく。

　一方、農村では、畦の道に転がる小さな石ころにも、人の生活との関わりの中でそれが辿ってきた歴史を見出すことができる。もちろん、その石に文字が書かれているわけではない。しかし、その場において営々となされてきた行為に加わるとき、その石がそこに存在するまでの過程が一つの必然として感じられるのだ。一見変わるところなく並んでいる水田も、実は一枚の田ごとに、育てる稲の種類も、育て方も違っており、それは長年にわたるその田に関わる人の研究と工夫の結果である。

　これらのことは、これまで私が訪れた世界中の農村に共通していることだ。人類学者のレヴィ＝ストロースは、伝統文化の特徴をブリコラージュ（器用仕事）と名づけたが、冷たい文化（レヴィ＝ストロースは伝統的な文化をこう呼んでいる）の中では、人間は自らが必要とするものを、自分たちが居住する地域に存在する資源でまかなわなければならない。そのような状況において、人は、極めて繊細な観察と長期にわたって様々な実験を繰り返す忍耐力に基づいて、驚くほどの創造性を発揮する。それは、世界各地にその土地土地の特性とそれを巧みに利用する人間の豊かな発想力を生かした独自の文化が存在することが証明している。

　また、それら文化の中でももっとも象徴的な存在である、各地で発達した手や足などの人間の器官の延長としての様々な道具類は、それぞれが地域の資源によって独自性を持っていると同時に、その用途がそれを使ったことのない者にも即座に理解されるということにおいて、共通性も有している。これは創造性の原点としての様々なものごとの本質に辿り着くことのできる、人間のもう一つの能力を示してもいる。すなわち、行為や現象の本質についての理解に基づく創造性がもたらした、人間の生存を可能にし、生活をより豊かにする無数の有形、無形の工夫や仕事の集積こそがまさしく文化であり、それは自然と同じように人間における必然でもある。

　伝統的文化を大切にすること、あるいは伝統文化に学ぶこととは、このような形（人間が本来持っている能力を十分に発揮すること）での日々の文化の生成に参加することに他ならない。

　では、そのような日常における文化生成への参加が可能となる社会、言い換えれば、そのような文化を可能にした社会のあり方はい

ったいどのようだったのだろう。これは多分、パーマカルチャーが標榜する持続可能な文化を構築していくうえで最初に考察しておかなければならないことのように思われる。

自由という状態

「ある人民が服従することを強いられて服従するならば、これはこれで仕方のないことだ。人民が軛(くびき)を振りほどくことができ、実際に振りほどこうとするなら、それは早ければ早いほど良い。人民は、人民から自由を奪ったものと同じ権利をもって自らの自由を回復することができる。というのも人民には自由を回復するだけの根拠があるし、そもそも人民から自由を奪うことそのものが根拠のないものだったからである」（ルソー：社会契約論）

自由とは、人間のどういう状態であるのか。

人間の常として、私たちは自らが本当に求めているものが何ものであるかを知らない。それが大切なものであればあるほど、その輪郭はぼやけ、手に入れる以前に、それを明確に表現することもできないでいる。いや、表現とは実現の後に来るものだろう。人間がその歴史上、意図的には一度も実現したことがない「自由」を表現できないでいるのは当然のことかもしれない。多くの試みはあったのだろう。また、過去にその実現の幻想を求めることも、それがノスタルジーに終わるのではなく、一つの指標として役立てようとするのであれば、先へ進むための杖にはなるだろう。しかし、杖がその実現へと導いてくれるわけではない。

ただ一つの拠りどころといえば、人はこれまでも自由を欲してきたし、今も自由を欲しているという事実であろう。誰もが自由を、人間としてあるために欠くべからざる何ものかとして理解しており、それを実現することを求めている。そして、人間が求めるものの中で、例えば、幸福がむしろある状態に対する個人の解釈に過ぎない曖昧なものであるのに対して、自由は、個人の解釈を超えた一つの実在（まだ見つけてはいないが、どこかに存在しているものである）という確信を携えており、自分のためだけではなく、むしろ人類すべてが共有しなければならない人間の基本的なあり方として、その実現へと人を駆り立てる。

「外れて生きていく」ということ

私が自由を、単なる言葉としてではなく、実感として感じ始めたのは、「外れたとき」であったように思う。何ものかに依存している状態から脱却するとき、それは、解放されたという意味ではなく、自らの行為を自らの意思で決定し責任をもって行うことによって自分の中にある可能性を現実のものとする喜びにおいて、自由に通じているのではないかと思う。

今から20年ほど前のことだが、1反ほどの水田の面倒を半年以上にわたり下手くそなりに見てきた結果として、自分と家族が食べるに十分な米を収穫することができた。そのときに感じたのは、食べ物を得て、生き続けることが保証された安心感ではなく、それまでにはなかった自分の力で生きていくことができるのだという喜びであり、それは思いがけずに自由という感覚とつながっていた。

当時、すでに脱サラという言葉はあったが、企業や組織から抜けた後に農業を始めようとする者はまだ、ごく稀だった。実際、私には農業どころか、種をまいた経験もなかった。ただ、私が望んでいたのは就農といったような大それたことではなく、自分で食べるものを自分でつくってみるという地平に立つことだった。その地平から見える風景がきっと私の原点となるだろう、そんな曖昧な予感

というか確信だけは持っていたように思う。

しかし、現実は常にあいまいな希望や自信に試練を与える。

まだ吐く息も白い新潟の３月の朝、雪が漸く溶け始めた畑に初めて立って感じたのは、己の無知であった。それほど大きな畑ではなかったが、いったい何をどこから始めればいいのか見当もつかなかった。まだ氷のように冷たい土は私の働きかけも、さらには生命を育むことさえも拒んでいるように思われた。そこは確かに何一つ自らの力により生きる術を持たない者が立っていてよい場所ではなかった。

愕然としながら、私は、それまでの自分の歩んできた道を振り返っていた。いったいこの無知はどこに由来しているのか。そして得た解答は、すべてだった。自分が過ごしてきた時間と空間のどこを探してみても、この場所において、何をすることが正しいのかを示してくれる経験も知識もなかった。

「今まで何してきたんだか……」という自嘲は、しかし、それまでに経験したこともない興奮を伴っていた。「この状態こそが私が求めていたものだ」という興奮。それまで曖昧で、存在するかどうかも分からなかった新しい領域に足を踏み入れることができたという感覚は、それを私に保証してくれていた。

そして私は、役に立たないものを捨てることを決めた。それには、それまでの私を構成していたものがほとんど含まれていた。それらを言葉として表現すれば「常識」だった。それまでに刷り込まれ、根拠なく信じていたそれら常識を一つずつ引き出し、それらが何を目的として自分の行動や考え方を規制し、方向づけしようとするのかを検証していった。

その中で私は、それらの常識の多くは、その根拠が権力に基づいていることに気づいた。学校に行くこと（あるいは学校が必要であるということ）、税金を払うこと（あるいは国家が存在していること）、会社に勤めること（あるいは仕事の代わりに労働すること）など、これらすべては、あたかも自明の理であるかのように捉えられてきており、それに異を唱えることなどとんでもないことであると、新聞やマスコミ、学校、そして何よりも国家という権力が決定していた。

言い換えれば、権力は自らの地位を支えている構造と力を守るために常識をつくり、それらをあたかも人々が自ら望んでいるかのように人々の中に埋め込んでいる。権力の構造は、国や企業ばかりではなく、家庭やあるいは人の心のあり方までに入り込んで、個人の価値観や判断の基準まで決定しているのだ。

真の自由は「自然・人とともに」こそ

しかし、そのような常識は、権威にすがりついて生きるのではなく、大地とともに自立し、日々、自らの生を全うしながら生きている人々に対して、それが権力以外に拠りどころを持たないという皮相な正体を明らかにする。一度その権力構造から離れてしまえば、サービスにせよモノにせよ、その権力が提供するものなどほとんど必要がなくなってしまう。逆に、生きていくために何が本当に必要なのかを知り、それらを自然と人とを信じながら自らの力で一つ一つ具体化してくことができる状態にあるのであれば、そのような権力に脅かされることも、それにへつらうことも、また、与えられた偽りの安心感に惑わされることもなく、自らの意を基軸として生きていくことができる。

もちろん、それは、現代人が自由を誤解しているように、自然や他人と無関係に好き勝手にすることを意味するのではない。自然、そして人とともに生きるとは、自らの意を自

然、そして他の人々が欲するものと一致させることを意味する。自らの我から理解や行動を始めるのではなく、自然や他の人々、あるいは時代が欲するものを見極めて、そこに自らが持つ能力と意志を重ね合わせることである。政治哲学者アンナ・ハーレントは、その著『革命について』のなかで、人が自らの利益を超えて、社会＝公のために生きるときに得る自由を「公の自由」と呼んだが、この自由は、公という政治的な統合体との一体化により得られる自由ではなく、より大きな自然、あるいは種としての人類との一体化という意味において「共の自由」と呼ぶのが相応しいものかもしれない。

外れることにより、常識につくり上げられた自分という個を壊し、自然、そして人とともにあることで、本当の自分の持つ力と限界を知る。しかし、それは、逆に自然、そして存在としての人と一体化し、「共」という無限とも言える可能性を見出すことでもあり、そのような状態こそ、真の自由と呼ぶべきものではないだろうか。

農耕による定住・蓄積の是非
歴史を振り返れば、不平等が生じてしまった社会は必ずと言っていいほど滅んでいる。平等はずっと人間が生き続けていくための必須条件であり続けてきたし、現在も、そしてこれからもそれは変わりあるまい。それゆえ、この条件を満たしていくために、文化は様々な装置を用意してきた。

よく知られている北米のネイティブアメリカンたちのポトラッチもその一つだ。彼らは、ともに生活する者たちの中に財産的な不平等が生じると、散財を目的としたパーティーを行う。財産を蓄えてしまった者たちは、そのパーティーにおいて、自らの財産を他の者たちに分け与える。それによって、不平等は解消されるのだが、持てる者は持つことから生じる不安から解放されると同時に、他の者からの尊敬を受けるという二重の恩恵を受けることができる。また、ただ単に財を蓄えることの無意味さを持たない者に知らしめる機会でもあっただろう。

もちろん、財の蓄積といった経済的な違いだけが不平等を示す指標ではないだろうが、経済的な不平等が、先に書いた「人間の過剰性」の解放をもたらす危険性が高いことは、歴史の例を持ち出すまでもなく、現在の私たちの状態が証明している。すなわち、経済的不平等は、持てる者においては、その優越性を保つためのより以上を、持たざる者においては持てる者たらんとしてのより以上を求める気持ちを生み出す。

この際限のない欲求は、財を生み出す資源となる自然と人を対象とした限界を超えた搾取となり、やがては必ず両者の破壊へと行き着く。古代文明の跡がほとんどすべて砂漠化しているという事実はまた、我々の未来をも物語っているだろう。

人が、その歴史の大半を狩猟採集によってきたという事実は、財の過剰と蓄積を生み出すことがない生活形態を意識的に選んできた結果ではないかと思われる。アリューシャ宣言で知られるタンザニア第2の都市アリューシャから西へ100kmほど入ったエヤシ湖のほとりでは、月に一度、いったいいつから続いているのか分からないほどの歴史を持つと思われる市が開催されているのだが、そこには狩猟採集民族も牧畜民も、そして農民や商いを業とする者も集まってきている。農耕民族の豊かさや安定性を目の当たりにしながら、それでもなお狩猟採集民族は、決して農耕を行おうとはしない。理由は明らかではないが、彼らには農耕、あるいは農耕に基づく生活に対して、ある種の禁忌が存在していた。

農耕は、彼らにとって生活を破壊する存在であり、交易によって農産物を手に入れることはあっても、生活の手段としてこれを受け入れることはなかった。

　農業が始まって1万5000年以上が経っていると言われている。これは私の想像でしかないが、それ以前にも農業が始まり、発達する機会は歴史上繰り返しあったのではないかと思われる。農業は定住を前提とし、富の蓄積を可能にする。気候の変化や、それに伴う動物の移動、また木の実の熟す時期の違いなどによって移動を余儀なくされる狩猟採集の生活に比べれば、農による作物の生産を基礎に置く生活は、ある程度の予測が可能だということも含めて、はるかに容易く安定している。しかも、農がもたらす富の蓄積は、未来に対する安全の担保ともなる。気候のちょっとした変化によって作物の収穫量が減る年があったとしても、蓄えによって生き残ることが可能になるからだ。これは生存し続けるという、人類というよりもすべての生物にとってもっとも重要な課題を克服するための大きなアドバンテージであったはずだ。しかも、作物を育てることはそれほど難しいことでも、特別な技術を要するわけでもない。蓄えておいた草の実から芽が出ているのを見て、これを自分の手で栽培することができると考えることまでにそれほどの飛躍があるとは思えない。望めば、農業を始めてこれによって生きていくことは、いつでもできたのではないかと思われる。

　それでも、彼らは農業を避けた。その理由は、農業が結局は不平等を生み出し、争いと、ひいては自然と人間社会両方の壊滅的な破壊という悲劇的な結末をもたらすことを、彼らが了解していたためではないかと思われる。

　実際、農業が定着してから、不平等は常態となった。それは平等が社会のあり方として常に希求されているという事実が、逆説的に証明している。そしてその延長線上にある現代に生きる私たちは、自らの手による自然と社会および文化の破壊と、これによる存続の危機に遭遇している。

　狩猟採集生活を継続していくことにより保たれる平等な状態は、農業がもたらす一時的な安定や安心よりも（人類が地上に存在し始めて700万年が経っているとして、農業はたかだか1万5000年に過ぎないが、すでに人間の存在を危うくしている）、人類の種としての存続をより確かに保証するものであったと言うことができるだろう。平等は、人間が自らの永続性を保証する手段であり、それは文化の役割という視点から見るとき、まさしく文化の根源をなすものであると言うことができる。

　また、視点は異なるが、平等は、文化が常に生成しながら生き続けていくという、本来の姿を保ち続けるためのエネルギーを生み出す。

平等とは「すべてに対する基本的な態度」

　人間は抑圧・被抑圧を基本とした関係にあるときは、そのどちら側も大きく創造性を失う。ソクラテスは、「真実は人の間にある」と喝破したが、それが真実であるのは、対話が行われる両者が平等であるときだろう。不平等な状態にあるとき、人の心には様々な感情や思惑が生じる。それらには、依存や恐怖、優越感、嫌悪、軽蔑、へつらい、ごまかしといったものがあるだろう。これらはいずれも、真の創造性の発現を妨げる。自らを抑圧、支配しようとする者に対して、自らの真の能力を開示し、これを相手のために使おうとする者などいまい。これは労働と仕事の差異に、もっとも明らかに見られる。自らに与

えられた才の顕現として仕事を行うときに、人はその仕事に取りかかっているすべての瞬間において創造的であるが、つくり出すものが同じであっても（決して同じであることはないのだが）、これをつくり出す行為が労働になるとき、個人の創造性はほとんど完全になりを潜める。ただ、いかに楽をして、より高い賃金をせしめるかが、唯一の創造性を発揮する分野となる。

　一方、支配者側もそのように被支配者を理解しており、相手に対して特別な創造性を求めることはない。個人の創造性を発揮する必要のない仕組み（人間の手を必要としないロボットを用いた機械化がその最たるものだろう）をつくり出し、個人はその者が持っている能力にかかわらず、仕組みの一部として、与えられた役割を果たすだけの存在として取り扱われる。仕組みにとって個人の創造性はむしろ邪魔であり、利益を最大化するという合理化の名の下に圧殺されてしまう。仕組みがうまく作用しなくなったときには、支配者がその権力の一部をそれまでの被支配者に受け渡して、そこに平等性が生じることで新たなる創造性が発現することがあるが、やがて、権力者の常として、その創造により生じる利益の配分をめぐって対立が生まれ、平等性が解消されてしまうために、創造性が継続性を持つことはない。このような単発的な創造は、新たな流行とそれに伴う過剰な消費に終わって、日常的な生成を条件とする文化の域にまで辿り着くことはまずないと言っていいように思われる。

　一方、平等な関係にあるときには、互いに認め合うことと、相手のために自らの能力を生かすことに、なんの躊躇もないだろう。それは、自らがすでに認めている能力を発揮することにとどまらず、会話や共同作業などの互いの関わりの中で、これまで気づくこともなかった自らの才能や創造力が溢れ出てくることに対する驚きさえ伴うものである。平等であることが、個人の創造力を発揮する基本条件になっているばかりでなく、社会としての創造力の温床ともなっているということである。

　平等とは、互いが同一レベルにあることに安心して、そこにとどまることでは決してない。平等という状態がもたらす多様性の尊重と、これに基づく弁証法的創造性の発現によって、そこに存在する個も、個により構成される衆も、共に自らの可能性を現実化しながら、どちらもが理想とする状態に向けて動き続けているからだ。

　そのような状態にあるとき、人は他の存在（人、もの、自然などあらゆるもの）があることの重要性を日々確認する。自らが望む状態にあり得るのは、他との関係性において相互扶助的であること、また、違いが存在することによって創発的であることを前提としていることに気づくのだ。それこそが、個人において平等を永続化する、基本的な認識となる。

　平等とは社会的な制度ではない。すべてのすべてに対する基本的な態度なのだ。

コミュニティ維持の仕組み

　このような平等と、それに基づく創造性の発現は、基本的に個人の結びつきとしてのグループ、あるいはコミュニティといった小規模な人のつながりにおいて生じ、維持されるが、伝統的な文化の中では、そのための仕組みが用意されており、それによって文化の生成が維持されてきている。その一つが、リミナリティと呼ばれている「通過儀礼」である。

　リミナリティとは人類学の用語で、境界にある状態を指し、ある社会において、それま

で個人がまとっていたステイタスをすべてはぎ取られて、もう一度社会的に位置づけられていない平等、あるいは無垢な状態に戻されることを意味する。この状態に置かれた者（主に若者）は、完全に平等で、自発的で、しかも予断のない状況に置かれる。このため、そこに生じる個人同士の関係は、社会的に規定されたものではなく、極めて個人的になり、非常に強い結びつきを生み出す。このような非常に強い感情的な結びつきをコミュニタスと呼ぶ。このコミュニタスは、その後においても平等な関係性を持続していく基盤となる。

　日本における若者組なども、このリミナリティと考えられるが、通過儀礼として、大人社会に入るための教育期間としての側面から捉えられることが多く、この社会的な平等性を維持するための役割が果たされることはあまりないようだ。しかし農村社会において、その成員がお互いに名字よりはむしろ名前で呼び合う習慣などは、この若者組（リミナリティ）期間における平等な関係性の形成に由来するところが多いのではないかと思われる。

　日本の伝統的な集落はイエ、ムラといった、個人よりはコミュニティを尊重する特徴を持ち、閉鎖的で抑圧的な社会であったと考えられているが、社会的な構造が強固であった分、個人的な関係としては平等が基本となって、そこに個人の発想や表現を受け入れる余地が存在することで文化を生成維持していく創造力が確保されていたのではないかと考えられる。

自由・平等の実現と文化の生成

　これまで見てきたことを整理してみよう。
　伝統文化の尊重とは、それらに含まれる、様々な知識や技術を断片的に評価し、復活させることではない。伝統文化が永続性を持ち得たその基本的なあり方を明らかにし、それをこれからの文化（永続可能な文化）をつくり出していく試みに埋め込んでいく作業を行うことを意味する。

　伝統文化の基本的なあり方とは、自由と平等を維持し、それらに基づく創造性を保ち続けることである。伝統文化の中に生きていた者が、その文化の維持を目的として日々の生活を送っていたわけではあるまい。むしろ、意識は常に、生き延びることより、よく生きることに向けられていただろう。

　そして、その課題を克服するうえで、思考と実践の対象となっていたのが自然だった。それは今も変わることはないのだが、現代よりは自然により近いところで生きていた人々にとって、自然は予測不可能であり、人智をはるかに超える存在であった。その自然に対していく（自然に逆らってではなく、対応するという意味において）にあたって、彼らは様々な予測できない事態が起こったときに瞬時に最善の選択を行い、それを実行することが求められていたのだが、それは、常なる創造を行うことを意味していた。

　経験したことのない局面に立ち会ったときに必要とされる能力とは、創造力である。自然は、人間の創造力の常なる顕現を求めてきたのであり、それは、多様な能力を与えられた個人の集合があり、しかもその能力を発現し得る状況が常に確保されていて、初めて応じることが可能な要求であった。そして、自由と平等こそがその状況の基礎をなすものであり、決して実現することがないがゆえに常にスローガンとして掲げられている夢などではなく、人類本来の常態であったと考えられる。

　伝統文化を基礎に置くこととは、現代において失われてしまった、見せかけではない自

由と平等を実現し、顕在化する各個の創造力をもって常に文化を生成していくという、文化本来の姿に立ち戻ることに他ならない。

● 基礎をなすもの③「科学」

生活から切り離された科学

私たちが科学に求めているのは、「理解」と「約束」だろう。もちろん後者は前者を前提としており、それぞれがまったく別なものではない。むしろ、それ以前の不安、あるいは恐怖に始まる一つの文脈の中で科学が果たすべき、密接に関連した二つの役割と位置づけられる。

すなわち、科学は人間の不安の根源である不可知性（特に時間軸上において、現在よりも先の点に位置する未来において何が起こるか知ることができない）を、様々な現象の根本をなす法則を明らかにし、説明、および予測可能にすることで克服することで現在および未来において起こりえる危険を回避し、豊かな実りを約束する手段として存在してきた（占星術はこの意味において、まさしく最初の科学だったのだろう）。それゆえ科学は本来、生活や生きることと密着していたと考えられる。

例えば、雨の多い年には多くの木の実ができ、雨の少ない年には木の実が少ないということが現象として続くと、そこには、雨の多寡と木の実の多寡の間に一つの関係性があるという法則を見出すことができる。これにより、雨の少ない年には木の実の収穫が少ないことを予想して、例えば、移動範囲を変えるなどの対策を講じることが可能となる。さらに雨の降る時期と木の実の収穫量の関係に法則性を見出すことがあれば、予測はさらに正確なものになる。

このように、一見相異なる現象を一つの法則に基づいて位置づけ説明することで、それに関連して生きる人々の理解を促し、さらに各人がその理解に基づいて様々な現象に対処することができるようになる道筋をつけることが、科学本来の役割であろう。すべての文化はこの意味において、科学の上に成り立っていると言ってもよいかもしれない。呪術や儀式も、それが予測される結果をもたらすことが約束されているのであれば、科学と見なすことができるだろう。

しかし現代においては、これとは異なる基準によって、科学かそうでないかが判断される。まず、科学は生活から切り離される。科学を担う役割は、その成果をよりよい生活を築くことに用いようとする生活者ではなく、その利用とはまったく関係ない科学者と呼ばれる集団に特定される。そしてその集団もまた、それらが取り扱う現象によって細分化される。同じ科学であり、科学者であっても、属する集団が違えば、互いを理解することはない。このように専門化され、生活から切り離されたものが科学として認識される。これは、現代における経済を最優先とするパラダイムに適合したものと考えられる。

科学は本来的には、先に書いたように世界を理解するために様々な現象を抽象化することを目的とするが、トーマス・クーン（科学哲学者。パラダイムという語の発案者でもある）が明らかにしているように、それは時代のパラダイムと密接に結びついており、その時代の要請に基づき（すなわち、その時代が抱える問題を解決する具体的な方法として）技術に転換されるときに大きな力や利益を生み出すことから、常に権力により利用されるという宿命をも負っている。現代のパラダイムと結びつけられた科学は、現代の権力の源である経済行為と一体化することで自らもまた変質し、真理の追究あるいは現象の抽象化（法則の発見）による世界の理解という本来

の目的を放棄し、権力者にとってより多くの利益を生み出すための道具と化してしまっている。

科学に基礎を置くことの意味

科学の中枢をなす物理、化学、生物といった分野において行われている先端的な研究もまた、それらにおける理解の深化が人間の未来に大きな影響を持つという重要性を持つにもかかわらず、具体的にどのような利益や力と結びつくかによってその方向性が決められているように思われる。しかも、その研究費用があまりにも莫大であるため、国と企業の共同研究という名目のもとに私たちが払う税金が用いられているにもかかわらず、その方向性に対して私たちが意見を提出することも、その成果を知り生活を改善するために役立てることもできない。ただ、その成果を簒奪した企業が、自らの利益のために実体化した「もの」や「サービス」を法外とも言えるお金を払って購入することで、わずかばかりの恩恵をこうむるだけに過ぎない。

科学がもたらす富の多くは、人々の中で幸福という形をなすのではなく、金や資本に形を変えて、一部の人間の利己的な欲望を満たすために供されることになる。しかも、生活と乖離して巨大化し専門化してしまった科学は、専門家以外の人間（専門家もまた、自分の専門以外のことについては分かっていないという意味では、すべての人間と言ってもよいかもしれない）にとって理解しがたく、しかも権力と結びつくことで抑圧的になっているため、現代社会の疎外構造を強化する役割を果たしている。

疎外構造とは無力感を基本に組み立てられるが、それは自らの意志を及ぼすことができない関係性を基調とする。現代の政治と個人の関係はその典型だろうが、企業と労働者、あるいはすでに個人同士もこの構造に組み入れられていると言えるかもしれない。現代の科学の専門化と複雑化、そして巨大化（装置と消費するエネルギーおよびその影響力における）は、個人あるいは地域のコミュニティなどに、本来の科学が示すべき理解ではなく、理解の不可能性に基づく疎外感を与える存在でしかないからだ。

例えば、世界的に見れば過半数の人間が理解も、その必要性を認識もしていない原子力発電所が、科学（あるいはその分野を専門とする科学者）によりその安全性が保証されていることを理由に、権力者の手によって建設される。しかも、科学が提供する理解の未熟から発生する事故などの災害は、その発生の具体的な理由も含めて、災害を実際にこうむっている、あるいはこうむる可能性にある人々から、権力者の手によって隠蔽されている。これは原子力発電所ばかりでなく、遺伝子研究や新薬の開発、電子機器などにも当てはまるだろう。いずれの場合も、これらの科学の探究の結果も、その応用としてのテクノロジーも、私たちの日常に双方向的な関係性を持つことはなく、多くの場合、その本当の意図や作用、内部的な構造などはブラックボックスに入ったままである。

科学を基礎に置くとは、このような状態にある科学の名のもとに流布している様々な言説に精通し、それらを自らの行動を正当化する理由づけに断片的に利用することではない。科学が本来果たすべき役割である「理解」と「約束」を日常生活の中に落とし込むことであり、そのために科学により触発される理性を最大限に活用することである。

科学とは理性の働きの結晶

環境問題が資本主義と西洋型民主主義を携えたグローバリゼーションにより引き起こさ

れているという、それ自体は正しい認識が広まるにつれて、その強力な基盤となっている科学に対する不信は高まっている。それは先に述べたように、科学が疎外構造の上に成立している以上、必然である。しかし、科学をより広義に捉え、人間の様々な現象に対する「理解」を促し、予測を可能にすることで「約束」を与える存在とするならば、科学は決して否定されるべきものではない。

先に述べたように、私たちは感性をもって自然の振る舞いの意味を感知することができる。それは、自然と共存していくために、人間に用意されたもっとも基本的で有用な能力と言うことができるだろう。

しかし、感性は基本的に個に属する。感性が捉えたものを言語により表現するとき、それがどうやっても個別の事象ではなく抽象化されたものであることにおいて、大切なものが失われている。言葉を換えると、感性が捉えたものは、抽象化・一般化して共有することが極めて難しい。徒弟制をもって伝えられる様々な技術も、この一つだ。書籍やウェブサイトでは様々な技術が言語化（映像化を含めて）され紹介されているが、それらの、実際の体験を伴わないメディアによる技術の伝達は、かえって技術の固定化と劣化を引き起こし、最終的にはその死滅をもたらすだろう。このような技術には現場での言語化できない加減やニュアンス、あるいは仕草などにその生命線があるからだ。

科学もまた、様々な現象の抽象化の過程なのだが、科学が行うのは単なる叙述ではなく、理性による普遍的な意味の抽出であり、しかもその意味は、繰り返し吟味されることにより正当性が高められている。これらの意味を受け取り、それを基準として現象あるいはリアリティを解釈し、理解に導くのもまた、理性の役割である。すなわち、科学はこのように感性と理性の橋渡しをする役割を果たしていると考えられる。

これは人間の、自分自身を含む様々な内的および外的な事象の理解に極めて重要な働きを持つ。世界各地において、その自然条件に適応しながら独自な発達を遂げてきたヴァナキュラー（土着的、風土的）な文化は、基本的に個人の感性により知覚され、理性＝思考による理解よりは、むしろ同じ現象（あるいは同地域に繰り返し起こる現象）を共体験することにより生じる、地域特有の様々な共通認識＝知恵の集積として存在している。

人間の生活圏が限定され、地域にある資源と人間の知恵だけで生存していくことができるときには、これら地域の知恵がより一般化され、地域を越えて他の地における利便に供される必要はほとんどなかった。確かに、例えば生命の維持に関わる植物の栽培などに関係する知恵は、種子とともに各地に伝搬され、そこに生活する人々の自然と人間の事情により様々な変化や改良が加えられていったものと思われるが、それらは基本的に模倣であり、理性による理解や一般化に基づくものではなかったと考えられる。

しかし科学は、人間のもう一つの基本的な能力である理性から生じながら、その生成と発達の過程において理性の基本的なプロセスを決定し、世界の理解の仕方を特定する（すなわち、この宇宙を、そこに起こるすべての事象には因果関係があり、それらを見出すことは可能であり、さらにはそのように関連づけられた事象の総体として理解することができるとする）働きをしてきたのだが、伝統文化との関係においては、それらの文化において経験の蓄積により定式化され、受け継がれてきた様々な有用な習慣や言い伝えを、地域性を超えて存在しかつ理解され得る様々な記号（数や組成原子あるいは言葉）を用いるこ

とにより、地域や文化の差異にかかわらず、理解し、さらには応用しうるものとしたのである。

「発明ではなく、発見があるのみである」とはよく言われることだが、専門化し、巨大化した科学では、確認や実証を行うことや、それらを具体的なテクノロジーに落とし込むことは可能であっても、新たなる発見を行うことさえ難しいだろう。

ただ、人間の理を求める本能が、科学によりその道筋を与えられたとき、それまでに明らかではなかった様々な現象の本質を見極める力が覚醒する。その力は、さらに、それら一見散在し関連もないように見える本質が指し示すものを基点として、それら本質が持つ意味を文脈化し、理を表現し、人々の理解に供する。

次には、それに基づいた新たなる理の発見と予測への道がもたらされる。これが科学の役割であり、その意味において、科学は「理解」と「約束」を生み出す人間の持つ理性の働きが結晶した、一つの形と言えるだろう。

誰もが参加できる科学へ

それでも、科学はいわゆる科学分野の専門的な知識のない人間から、はるかに隔たってしまったように思われる。科学は、その基本的な方法論とともに綿密に定義づけられてしまっており、細分化された科学と呼ばれる分野の専門家以外の人間が、自らの理性と思索によって、科学のもっとも基本的な役割である宇宙に存在している理の探求に介入することなどは、とても不可能のようにも思われる。

一方、そのように専門化し、巨大化してしまった科学に対して、私たちは本能的な危機感を抱いてもいる。実際、多くの人にとって、現実として存在している生活が、どのように科学と関わっているのかを実感することは、ほとんどない。もう少し具体的には、多くの科学的な成果と言われるものは、生活に対して直接的な利益をもたらしてはいない。様々な技術的な応用をもって製品化され、生活に介入することはあっても、それらは必要であることよりは、むしろ、一部の人間に利益と多少の利便をもたらすだけの、余分なものであることが多い。すでに科学自体が、経済行為の仕組みの中に組み込まれ、より多くの利益を生み出すための手段と化していると言っても過言ではあるまい。

それは、教育における科学の扱いについても同様だろう。これは科学に限ることではないが、自らの手で生活を豊かにする手段として、そして、人間本来の「理解したい」という欲求の具体的な作業として学問はあり、それを修めることを目的として教育はある。しかし、教育の目的が現在の支配体制を支える資本主義と、形だけの民主主義を維持することになっているため、教育、そして科学もそれに追随して企業の利益を生み出すための過程と化している。実際、大学などの高等教育機関の多くは、企業や政府からの援助を得ることを当然としており、それをどれだけ得ているかが大学の価値を決めているような風潮さえある。教育も科学も、権力から独立して存在することが、それら本来の目的を果たすための必須条件であろう。

だからこそ、自然が人間の理性に働きかけ、自らの理の存在を知らしめるきっかけともなった自然の現象と、それにより育まれた人間の基本的な現象の理解の仕方に立ち戻ってみることが、科学を生活や日常の一部にもう一度位置づけるための最善の方策ではないかと思われる。すなわち、「かたち」と「ながれ」そして「ふり」である。私たちが日常五感で捉える現象は、これら三つのいずれか

であるか、これらを組み合わせたものと考えられるだろう。「かたち」はパターンであり、「ながれ」とはシステム、「ふり」はリズムだ。これらに対する理解を深めていくことで、私たちは、誰もが参加できる新しい科学を築いていくことができるのではないかと思う。そしてこの科学が、自然と人間の調和ある共進化を促すことも期待できるだろう。

五感で捉える現象

●現象①　パターン（かたち）

パターンからのメッセージ

「かたち」には意味がある。特に自然がつくりあげる「かたち」は、自然の理の具体的な現れであり、様々な人間の創造的な活動（特に芸術活動）において重要な働きをしているように思われる。

　自然界には、様々な「かたち」がある。鉱物や風の流れといった無生物が描き出す様々な「かたち」や模様もあれば、花や昆虫あるいは鳥や動物といった生物が、自らの進化の中で生きていく環境にもっとも適した「かたち」を身につけることもある。自然にはまさしく、無限とも言える多様な「かたち」があり、それらは往々にして、人の目に美しい。これらの「かたち」の美しさの生じる源に踏み入ることで、芸術のモチーフは与えられる。毎日森に出かけていくセザンヌに農民が「どうして森に出かけていくんだね」と問いかけたところ、「モチーフをつかみにいくんだよ」と応えたという逸話は、それを明確に示している。

　テーマを与えられ、創造性を刺激されるという意味においては、科学に対しても自然の紡ぎ出す「かたち」は同じ働きをしていると言えるだろう。ダ・ヴィンチの例を引くまでもなく、科学が専門化する以前は、多くの芸術家は科学者でもあった。「かたち」は常に魅力的で、人間の思索と憧れの対象であったということだろう。

　その「かたち」の中でも、様々な媒体において共通して現れるものがある。これをパターンと呼ぶ。

　例えば、螺旋という「かたち」がある。この「かたち」は、星雲から渦潮、カタツムリ、そして人間のDNAまで数え上げればきりがないほどに存在している。これは何を意味しているのだろう。宇宙を、エネルギーが拡散し変わりゆく過程だと考えるのであれば、この螺旋は多分エネルギーがある条件のもとにあるときになす一つの「かたち」なのだろう。それでは、銀河からDNAまで共通する条件とはなんなのか。それを解明していくことで、人は宇宙の創世と命の創造が同じ現象であることを知るのかもしれない。

　すなわちパターンは、私たちに、一見無限に多様で、脈絡なく起きているように見える様々な現象を貫く、シンプルだが、しかし本質そのものである宇宙の原理を伝えるメッセージなのだ。これらを読み取ることで、私たちは宇宙や命についてのより本質的な理解を得ることができるのではないだろうか。

　これまで、近代科学の発達以前に先人たちが行っていた様々な占いや予言なども、このパターンによるものが多かったのではないかと思われる。諏訪湖の御神渡りなどもその一例だろう。

　もちろんこのような占いの多くは、単なる迷信に過ぎないだろう。未来を予測することによって安心を得ようとすることにおいては、科学と同じ社会的な役割を果たしていたと言えるだろうが、経験に基づく関連性の推測に過ぎないため、論理的な説明が不可能で

あり、実験による実証を行うことができないということにおいて現代の科学の定義に当てはまるものではないだろう。しかし、「かたち」の共通性に基づいて様々な現象の意味や本質を理解することや、それに基づく応用と実用化は、誰もが自らの五感を用いて参加できる科学だと言うこともできるだろう。理解を超えた現象の不思議に対する好奇心があらゆる科学の根本にあることは、誰にも否定しえまい。

専門化し、権力と結びついて産業や軍事（すなわち権力の強化）に役立つことを目的として、莫大なお金とエネルギーを消費しながら、しかも、人間の基本的な生活から乖離していく現代科学よりも、人の好奇心と創造力をエネルギーとしながら、「かたち」を手がかりとして自然、そして宇宙の神秘をひもといてゆくことこそ、太古以来の人間の理解と進歩の基本であったはずだ。パターンは人間をそこに引き戻してくれる。

パターンから見えるもの

春の新緑と秋の紅葉、そして冬の落葉ほど、私たちに生命の営みを美しく示してくれるものはないだろう。春に瑞々しく生まれたものが、秋にその役割を果たして華やかに彩られた後に、次の生命の糧となるために風に散りいくさまは、まさしく自然の摂理としての諸行無常を私たちに感じさせずにはいない。地球に最初に生まれた生物が微生物だったとしても、この生命の惑星としての地球をかたちづくるうえでもっとも大きな役割を果たしてきたのは、これら植物だろう。

リンネは、「かたち」を手がかりとして植物の分類を行ったが、植物の「かたち」には多くのパターンを見出すことができる。例えば、枝分かれを繰り返す樹木の「かたち」は、人間の身体の中の血液の流れや支流と本流がなす川の「かたち」と一致している。木の年輪の描く円は、水の波紋にも見出すことができる。葉の「かたち」もまちまちであるようでいながら、黄金比に従って形づくられているという（「Living Energy」より）。

生命が、この宇宙においてどのような存在であるのかは、たとえすべての遺伝子を解明したところで明らかになりはしないだろう。

生命を除くあらゆる物理的な存在がエントロピーの法則に従うのに対して、生命がその法則に反して、より多様で豊かな生命というエネルギーを拡大再生産していくことができるのは、宇宙の本質であるエネルギーを生命は時間とともに消費し劣化させていくのではなく、循環させることで繰り返し使い続けていく方法を獲得したからではないかと思われる。

逆に言えば、生命とは他の現象では起こりえないエネルギーの循環過程そのものと捉えることができるのではないか。そして、それを可能にしたのが、このパターンなのではないだろうか。

もちろん、パターンそのものが生命を生み出しているわけではないだろう。しかし、パターンをより注意深く研究することで、私たちはエネルギーと生命の関係を理解し、エネルギーを線的に消費していくだけではなく、円還的に生産、あるいはより効率的に利用することができるようになるのではないかと思われる。

私たちが日常的に目にする「かたち」の多くは、人間の今を基準とした効率性や合理性に基づいてつくられている。それらは、多分、生命にとって生きやすいものでもなければ、エネルギーを効率的に利用することに役立っているわけでもない。人間の創造性を刺激し、モチーフを与えることもできはしないだろう。パターンを見つけ出して、それらを利用することは、現代の専門化し、多様な視

点や経験を失ってしまった科学にはできないことであり、だからこそ、多くの人がその日常の中でパターンを見つけて利用しようとする視点を持つことでしかなし得ないことである。それが実現したとき、私たちが目にする世界は劇的に変化し、それはすべての人の参加を得ることで常に変化し続けながら、より多様で、豊かな生命を育む場になっていることだろう

●現象②　システム（ながれ）

現象・活動・働きを捉えるために

システムとは、ある現象や活動に関わるものすべてを一つの流れとして総体的に捉える考え方である。それは現代のような専門化が進む前までは、基本的な外部世界の認識形態だったとも考えられる。

実際、外部世界のほとんどを占める自然は、すべてのものが関連し合いながら構成されており、その一部だけを切り取ってそこだけの理解を深めてみても、全体の理解に辿り着くことはない。逆に全体の働きや機能を一つの流れとして理解することで、部分の持つ意味や果たしている機能を知り、部分を全体のためによりよくしていく方策を考え出すことも可能になる。

エコロジー＝生態学は、19世紀の末にドイツのヘッケルが提唱し始めた学問だが、自然を理解するためだけではなく、様々な現象や物事の本質のありかを、「もの」から「関係性」に移し替えたという意味において重要な役割を果たしている。すなわち生物であれ非生物であれ、そのものの役割や用途などは他の生物や非生物との関係によって決まってくるので、そのもの自体が持っている「かたち」や性質を理解するためには、それが持つ他との関係性を知ることが決定的に重要になるということである。

例えば一本の木があるとしよう。この木を観察することによって、私たちは様々なことを知ることができる。例えば、高さが3mであるとか、途中で何度も枝分かれしているとか、時間があればすべての葉っぱの数を数えることも可能だろう。植物に詳しい者であれば、幹や葉、花を観察することで、その木の種類などを知ることもできるかもしれない。

しかし、例えば、この木がどうしてそこに生えているかというような疑問については、その木を調べただけでは答えを見つけることはできないだろう。それを知るには、風や鳥、あるいは雨や土壌など、他の生物や無生物、あるいは現象などとの関連を知ることが大切になる。生態系とはそのような関連により構成される極めて複雑な四次元の時空間と考えることができるだろう。

生態系の中の関連とは、例えば食物連鎖のように、それらを結びつける媒体が栄養分（あるいは炭素および窒素化合物）であることが明確になっている場合もあるが、木と日陰を好む植物の関係のように、光を遮るという、媒体というよりはむしろ木の行為（あるいは現象）により結びつけられているものもあるだろう。いずれにしても、このような関連性はそれによって結びつけられるもの双方の役割や働きを決定するだけではなく、時には、その生存の可否さえも決定する。

あるものの役割や動きを理解し、しかも、それらの間だけではなく、それらを包含する総体（その一つとして生態系があるのだが）の働きに対しても有益であるようにするためには、このような関連性の端から端までに対する深い理解と慎重な考慮、そして創造的な視点が必要となる。これがシステムとして様々な現象や働きを捉えることであり、それは、特に生命に関わる事象を理解するうえでは必須の方法論である。

システムは関連し合いながら成立

システムの基本的な考え方ついては、フォン・ベルタランフィ（システム論を発展させた生物学者。ノーベル賞を受賞している）の『一般システム論』に詳しいので、ここではその構造の簡単な説明にとどめておく。

システムは右上の図のように、環境とプロセスからなる。システムは環境から、そのプロセスの働きを満たすための資材や、エネルギーなどをインプットとして取り込み、それをプロセスの中で変換して、プロセスの役割であるアウトプットとして環境に排出する。プロセスは基本的に常に期待される（設定された）アウトプットを生み出すことを求められ、それが行われているときにシステムは正常に稼働していることになる。

例えば一本の木について考えてみよう。木自身はプロセスである。では木が必要とするインプットは何か。木が環境から取り込むものは数多くあるだろうが、その中でも生態系内において木が果たすべき役割にとって大切なものは、光と水と二酸化炭素だろう。木はこれらを環境から吸収し、光合成というプロセスを自らの内部において行い、アウトプットとして炭水化物と水と酸素を環境に排出する。

中でも炭水化物は、根などからすぐに排出されるものもあるが、多くは木の中に蓄えられた後に他の生物による捕食などにより環境に排出される（他の生物も木にとっては環境の一部である）。

この一連のシステムの動きの中で、インプットの中のどれか一つが欠けてもアウトプットが正常に生み出されることはなく、それはプロセス（木）の生存をも危うくする。またインプットが正常に供給されていながら、アウトプットに異常がある場合には、プロセスになんらかの故障や欠陥があることが考えられる。木であれば、虫が入ってなんらかの機能が食害にあったのかもしれないし、カビやウィルスによる病気にかかっていることも考えられる。それらの異常は、例えば、木の色や木の皮がはげてしまったり、あるいは時期に合わぬ落葉といった期待されないアウトプットとして現れることが多い。

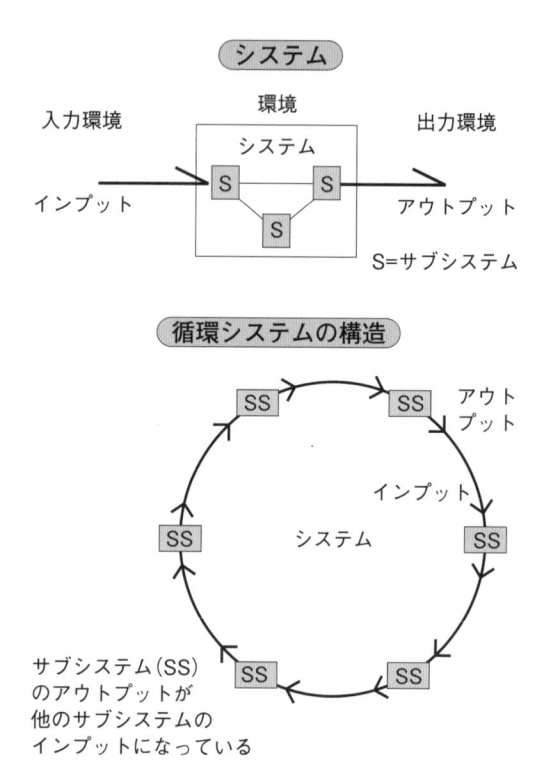

このように、インプットからアウトプットまでは一つの流れであり、システムとして成立するためには、この流れが常に一定であることが条件となる。言い換えれば、システムとはこのように繰り返される一つの変換の過程と考えられる。自然の現象であれ、人間がつくり出した機械であれ、このような変換は常に繰り返されており（生態系は変換の連鎖により構成されると考えることもできるだろう）、それらの多くはシステムとして機能しているということができるだろう。何かを生み出す（つくり出す）現象は、すべてシステムと捉えることができるということでもあ

しかも、システムはすべて、他のシステムと関係することで成立している。他との関係なく独立して存在しているシステムは、システムが生成の過程であることにおいて決してあり得ない。無から有がつくり出されることはないからだ。必ず、あるシステムからのアウトプットが他のシステムのインプットとなるという関係が維持されることで、すべてのシステムはその働きを継続することができる。システムはつながりにより成立している。しかも、多くの場合、ただ線的あるいは円環的につながりを持つだけではない。いくつかのシステムがつながり、それらがサブシステムとなってより大きなシステムを構成することが多い。特に自然の中に見られるシステムは、前頁下の図に見られるように関連し合いながら一つの統一的な機能を持つシステムを形成し、さらにそれらのシステムがより大きなシステムを構築していくことが繰り返される。

　特徴的なのは、それぞれのレベルのシステムは、前段階のレベルのシステムの総和であるということだけでは説明しきれないような新たなる機能を持つ（これをエマージェンプロパティーと言う）ことで、これは生命の誕生や進化および生命が構築していく生態系が複雑で高度化するメカニズムを示しているように思われる。

　このように多層的で、しかも自己生成的な構造を持つことも、システムの一つの特徴である。この多層的なシステム構築の到達点として地球は存在している。

調整機能によって正常に作動

　もう一つのシステムの特徴であり、しかも生命においては特に重要なのが、サイバネティクスである。

　自然界においては、インプットが常に一定していることはないし、時には先に書いたように虫のような望まれないインプットが挿入されてしまって、システムとしての機能が阻害されてしまうことがある。人間がつくり出したシステム（農場などもその一つだろう）であれば、人間がそのインプットの変化に合わせてプロセスを調節したり、アウトプットの様子を見てインプットの量や質を変えたり、プロセスの機能を点検し正常に戻すことで（すなわちフィードバックにより）、システムの恒常性（ホメオスタシス）を保つことは可能だろう。このような調整機能を、システム論においてはサイバネティクスと呼ぶが、このような機能が付加されていることが、システムの正常な作動には必須である。もし適切なフィードバックが行われなければ、すべての動作は一回限りの偶発的なものとなり、それはシステムとしての働きとは別のものとなる。生命が、その恒常性を保つためにフィードバックシステムである神経系を発達させていったのは、まさしく必然であった。

　しかし、生物の個、あるいは個の集合としての群（社会）に存在するこのようなフィードバックシステムは、それを超えたレベルである多様な種が構成する生態系や生物圏、あるいはそれらを統合する概念としての自然には存在しない。それでも、これらの状態はそこに存在する生物が生きていくことができる一定の範囲内に保たれている。ジェームス・ラブロック（イギリスの科学者）が提唱する「ガイア仮説」は、この地球の持つサイバネティクス機能に着目したものだ。

　地球をシステムとして考えた場合、地球はどのようにして、その恒常性を保っているのか。それに対する唯一の解答などは存在しないだろう。繰り返しになるが、そのような機

能あるいは仕組みは、地球における生物と非生物あるいは生物同士の相互作用の繰り返しの中で多大な時間をかけてつくり出されてきたものであり、それを理解するほどには人間の知性も、あるいはその道具としての科学も十分には発達していない。

しかし、これを究明していくこと、そしてそれを人間の行動の基準に置くことは、永続可能というパーマカルチャーの命題を具体的な仕組みや活動に落とし込んでいくためには、必要なことである。

自然と人間の調和のある関わり方

ループフィードバックと呼ばれるフィードバック概念があるのかどうかは知らない。ただ、畑や田んぼに出て作物をつくる時間を重ねながら、自然と人間の調和ある関わり方を模索してきた結果として、人間が直接に管理するのではなく、自然の中にすでに存在する調整機能をこのようなフィードバックによって想定することができるのではないかと納得した。

これは単純化して言えば、互いに複雑に関わり合うサブシステムにより構成され、しかも、これらの関わり合いが、自動的にホメオスタシスを生み出すように働くフィードバックシステムである。すなわち、フィードバックによるコントロールに機能を特化した機関が存在するのではなく、サブシステム同士が互いに（直接あるいは間接的に）その機能を制御し合うことで、システムの異常な働きを抑えるようなフィードバックシステムである。

制御のみに特化したコントロールシステムは、そのコントロールの対象となるシステムが巨大であったり、そのシステム（特にプロセス）の動きについての理解が不十分であるときには、その機能を維持するためのコストが多大にかかるとともに、予期しない異常な動きに対処することが難しいという危険性を併せ持つ。この典型的な例が、原子力発電所だろう。また、逆にコントロールをしやすくするために、システムをできるだけ単純化しようとすると、システムに異常を起こす可能性のある因子はできるだけ事前に省かれることになる。このため、人間という因子も省かれてしまうか、あるいは、それに携わる人間の人間性が排除されてしまう。

このようなコントロールシステムは、結局のところコストと社会性において維持が困難になり、崩壊する。農場というシステムを人間というコントロールシステムがすべて制御しようとすると、多大なコストと手間と知識、そして技術が必要となる。これを省こうとして単純化したのが現代の農場だが、単純化が逆に、害虫や病気による被害の増大を生み出している。

まだ不完全な知識しかない人間には、自然や社会を、そこに生きるものがその存在意義を全うできるように制御していくことは不可能と言ってよい。それを望むことは、ルネ・シュレール（フランスの哲学者。著書に『ノマドのユートピア』などがある）の言う「究極的なおぞましさの場と環境を、ヘーゲルが予見した最終的な安定性を、そして社会的エントロピーの最後の帰結」を生み出すことになり、それは人間性の喪失に他ならない。

ループフィードバックシステムは、様々な現象の複雑な因果関係を単純化し、それに基づいて多大なコストと人間性の圧殺を行う巨大なコントロールシステムをつくって、ある特定の生命（人間）や社会層に利益、あるいは永続生をもたらそうとするものではない。先に書いたように、自然が持つような自律的なシステム、すなわち、システムの重層構造における直接・間接的な相互抑制システムを構築することで、ある特定の集団（生物界お

および人間社会における）による恣意的なコントロールを排して、総体としてのシステムが自走することを可能にするようなフィードバックシステムを指す。

例えば、果樹園というシステムを考えてみよう。果樹園からのアウトプットには様々なものがあるが、人間が果樹園に期待するアウトプットは果実だ。しかし、果樹は往々にして、病気や害虫の害を受けるので、毎年同じ収穫を得るためには、人間による農薬の散布などのコントロールが必要になる。病虫の薬剤に対する耐性は急速に強くなるので、より強い毒性を持った農薬が必要になるなど、人間によるコントロールは、コストも労力も高くなっていく。やがては、農薬の毒性に耐性を持った作物が遺伝子組み換えなどで開発されることにもなる。それらの自然および社会への影響は未だ明らかになっていないが、致命的なものになっていく可能性を秘めている。

ニワトリというサブシステム

しかし、果樹園と人間の間にニワトリという（サブ）システムを置いてみよう。すると、果樹につく虫はニワトリの好物であるため、ニワトリへのアウトプットとなる。食べられた虫は糞となって果樹の根本などに落ちるので、果樹にとってはありがたい栄養便のインプットとなる。実際、このような形でニワトリを放し飼いにした果樹園と放していない果樹園を比較してみたのだが、前者は虫害のない果樹園となり、毎年果実をつけてくれているが、もう一方は、果樹そのものが虫の被害にあって、ほとんど枯れてしまった。

人間社会においても多分、同じことが言えるのではないかと思う。例えば、自治権のある（税も含めて）、自分たちの意志により構成された小さなコミュニティを行政と個人の間に想定すると、人件費なども含めて、立法を含めた行政にかかるコストの大幅削減となるばかりでなく、機敏な経済対策も可能になるだろう。

すでに、生態系が複雑であればあるほどその自律性は高まり、また回復力も強くなることが、長年にわたる研究結果として提出されているが（『基礎生態学』：ユージン・P・オダム＝生態学者）、これは生態系をシステムとして見たときにも同じことが言えるだろう。

ここで大切なことは、ニワトリが一見コントロールシステムの役割を果たしているように見える果樹園においても言えることだが、実際にはニワトリはコントロールのために果樹園にいるのではなく、ただ、自らの欲することをしているだけであるということである。何か一つの役割に特化してそれを果たすことは、多くの生物にとってはストレスでしかない。すべての振る舞いを行うのに十分な環境があり、それらの振る舞いが、他の生物や無生物になんらかの関係性を持っていることが、生物とそれを取り巻く環境にとっての基本的なあり方であり、それが、自然の調和の意味でもある。

人間以外の別の生物にコントロールを任せると考えるのではなく、システムに関係するすべての生物と無生物がそれら本来の役割を果たすことができるように、それらシステムの構成要素を理解し、関連づけることが、このループフィードバックシステムの基本的な仕組みだと考えられる。

ポジティブとネガティブ

ここでもう一つ、システムの働きにおいて大切な考え方を検討しておく必要があるだろう。それはポジティブフィードバックとネガティブフィードバックという、まったく逆方向のベクトルが働くフィードバックシステム

についてである。

　これまで述べてきたフィードバックは、基本的にはネガティブフィードバックの働きを前提としていた。これは、すでにお分かりのように、元に戻す働きである。これが働くことにより、システムはアウトプットを一定にすることが可能なのだが、フィードバックによるインプット、あるいはプロセスの調整をするだけでは、システムが目的とするアウトプットを提出することが難しくなることがある。

　例えば、車のエンジンというシステムを考えたとき、これを動かすためのインプットはガソリンなどの化石燃料が現在では未だ大半を占める。アウトプットは動力と、二酸化炭素や窒素化合物などの排気ガスおよび熱などと考えられるが、すでにインプットのガソリンなどが原料として限界に近づいている。燃料の効率的な利用をするためにエンジンはフィードバックによる改良を重ねてきたのだが、インプットの限界が見えたことから、今度はハイブリッドなど、それまでにはなかった内燃機関が登場している。これは、インプットの変化によるプロセス部分の調節が限界に達したことから、新しいシステムが発生したことを意味している。

　このように、ネガティブフィードバックによる調整が限界に達すると、その変動をエネルギーとして新しいシステムが構築されることを、ポジティブフィードバックと言う。

　イリヤ・プリゴジーヌ（ロシア出身でベルギーの化学・物理学者。散逸構造理論で1977年、ノーベル化学賞を受賞している）の『散逸構造理論』は、このようなポジティブフィードバック現象が起ることを物理学において証明したものだが、システムを考えていくうえでこれらのフィードバックシステムは、どちらもシステムが目的を遂行していくために必要な動きだと言うことができるだろう。

　科学哲学者であるトーマス・クーンが言う科学におけるパラダイムの錬磨と変換も、ネガティブフィードバックとポジティブフィードバックの繰り返しと見ることができる。さらに、これまでの人間の歴史に見られる革命も、ポジティブフィードバック現象と捉えることができるだろう。

　大切なのは、時代の要請の見極めである。ネガティブとポジティブのどちらが、その時代にとってより必要であるのか適切に判断しないと、システムそのものが破壊されてしまうだろう。

●現象③　リズム（ふり）

　タンザニア（アフリカ）北部の小高い丘から湖を見下ろしたとき、そのほとりにヤシの木が並んでいた。それらはとてつもなく高いヤシの木で、しかも、一定のリズムを刻んでいた。それは、高さでもあり、間隔でもあったのだが、それらが重なりあって、地球の鼓動とも言えるリズムを刻んでいた。「命はリズムによって生まれるのだ」と、そのときはなんの理解もなくただ直感として感じただけだったのだが、その地は人類生誕の地と考えられている場所でもあり、命の誕生とその進化が何ものによって起こるのかを感じさせてくれる場だったのだろう。

　胎児は、母親の鼓動を聞くことで安心感を得ているのだという。一定のリズムある動きほど、私たちに命を感じさせるものはあるまい。虫の体節や葉脈、あるいは樹木の葉の出方（対生や互生など）、それに私たち人間の体型なども、単純な同じリズムの繰り返しではないが、それらが美や調和を感じさせるのはあるリズムを刻んでいるからだとも考えられる。

　太鼓を叩くときや踊るときに感じる陶酔感

も、リズムから生じたものだろう。音楽というリズムを基調とした芸術が、文化や言語を超えて理解され感動を与えるのも、リズムのありかを示していると言える。

リズムを「振ること」（あるいは振動や身振り）と捉えると、そこには「受胎」や「胎動」といった「生命誕生」の契機と、「見立て」や「比喩」「模倣」という二つの宇宙生成のプロセスが秘められているという（『デザイン学』向井周太郎）。

これは、私自身の経験なのだが、狩猟民族と暮らしていた最後の日のこと、朝から少女たちが歌を歌い始めた。それは歌というよりは歌詞もなく、ただ誰かが声を出しメロディーを奏で始めると、他の少女たちが和音をつくって声を合わせていく。その音はサバンナの青い空を軽やかに舞い上がっていくようだった。

夕方になると、大人の女性たちがその合唱に加わった。重なる音は徐々に複雑になり、やがて空間が重く震え始めた。そして完全に夕陽が沈み、闇が訪れると、今度は、鳥や獣に化粧した男たちが大地を踏みならして踊り始めた。空間と大地が共鳴し合い、渦をまき、その中にすべてが解け合うような感覚がもたらされたその瞬間、確かに神はその場に存在していた。神が何ものであるかは知らぬ。存在を信じているわけでもない。しかし、根源的なリズムは私の中の何ものかを呼び起こし、普段は触れることも感じることもできぬものの存在に私を結びつけたのだ。

多分リズムは、宇宙や命の生成と深い関わりを持っているのだろう。それを理解することは、単なる原子の集合体に閉じ込められているエネルギーを解放し、劣化させていくのとは違った、物質と生命を融合し、尽きることのない生成のエネルギーを生み出すという新たな次元の生命と人間のあり方に、私たちを導いていくのではないかとも思われる。

精緻な実証と思考を積み重ねていく科学のあり方には、なんの疑問もない。人間の理性の具体的な表現として、科学は常にそうあるべきだ。しかし、私たちが科学に求めるのは、テクノロジーへの応用を前提とした実用と実利だけではない。宇宙や生命が存在する意味を知る道筋であり、それは人間の可能性を開示することでもある。時に起こるパラダイムの変換は、私たちにその理解の新しい地平を示してくれる。

時代が科学に求めているのはすべてが相対的であることの先にある一致であろう。リズムはそこへと辿り着く道を拓く過程に参加する可能性をすべての人間に与えてくれるように思われる。

パーマカルチャーの基礎をなすものとして、「感性」「伝統文化」、そして「科学」を設定した。これらは、ある意味、私たち人間が生き続けていくために備えているすべてであると言えるだろう。それらは、個人あるいは社会の中で統合され、様々な行動や現象の基底をなしている。

今、私たちに必要なのは、これらを意識化して理解することであり、それらを消そうとしているものや、私たちの生活から遠ざけてしまっているのが何ものであるのかを見極め、排除し、自らの中でこの三つを掛け替えのないものとして育てていくことではないだろうか。

PERMACULTURE

パーマカルチャーの倫理

設楽清和

倫理とは、自由であるために自らの中に持つ行為の基準点と考えられる。ゆえにそれは、他の人や組織、ましてや権力により強制される、自らの行動や心の動きに対する規制であってはならないものだ。

パーマカルチャーの倫理も、この原則から離れて存在するものではない。真に自由であるためには、自然、人（社会）、そして自分自身とどのように向き合い、それぞれとどのような関係を結んでいくのか。これらの問いに対する絶対的な正解が存在するとは思えないが、それを求める過程において、私たちは、それを理解し、身につけることができるのだろう。

自己に対する配慮

●葛藤から「本質のありか」へ

倫理が働くのは、自らの行為や行動に対してである。それゆえ、それぞれの行為や行動の対象が自分以外の人や、あるいは地球であ

パーマカルチャーの倫理
1　自己に対する配慮
2　地球に対する配慮
3　人に対する配慮
4　余剰物の共有

る場合には、そのものと自己の関係に基づいて対象からの発想（配慮＝そのものが望むこと）を基準として倫理的な行動を規定することができる。しかし、その行為や行動の対象が自分自身であるとき、すなわち自分自身の望むことを自分が行うという局面、倫理性あるいは配慮の基準が自分自身にあるときに、倫理はもっとも純粋なかたちで現れるのだが、そのとき倫理は、自らの未熟と矛盾を映す鏡となる。それをアンナ・ハーレントはその著書『革命について』の中で、以下のように表現している。

「正しく身を処し、自由を立派に実践するためには、自らに気を配り、自己に配慮しなければならなかった。それは、自らを知るためでもあり、自らを形成し、自らを超えるため、人を駆り立てかねない欲望を自らの中で

第5章 パーマカルチャーへの理解をより深めるために

統御するためでもある」

自らを過剰な欲望を持つ存在として認識すると同時に、そこに収まらない余白部分に潜む自らの能力に気づき、高めることで、自らの輪郭を明確にしていくこと、そして、もっとも大切なのは、それらの葛藤から生じるより高い次元への移行によって、本質のありかへと辿り着く道標を得ることである。

同じくハーレントは自己に関する技術について、それを「個々人が自分自身によって、自らの身体、自らの魂、自らの思考、自らの行動にいくつかの操作を加えながら、自らの変容をもたらし、完成や幸福や純粋さや超自然的な力などのある一定の段階に達することを可能にする技術」と定義している。これは、様々な宗教が提示する悟りや、至高といった概念が自己に対する配慮から派生しており、それらを現実のものとするための方法として宗教における修行や信仰があることを意味している。

●自身を構成し、変容させるもの

すなわち自己に対する配慮とは、参照点が自己でしかないことによって自己を超え出て真理にまで到達し、しかもその真理を言語化し、語り、さらにはそれによって自分自身を構成し、変容させることを意味するのである。倫理とは、この自己に対する配慮がすべてであると言っても過言ではあるまい。

ただし、倫理とは内に働くものでありながら、必ずそれをもって外部に対して働きかけるときに、それが真に倫理の名に値するものであるかが明らかになるという性質を持つ。そして、それが働きかける対象とは、地球と人である。

地球に対する配慮

●生命が自らつくり上げた生きるための空間

地球は何を望んでいるのだろう。

配慮するとは、配慮する対象が望むことがかなうように手を添えることに他ならない。しかし、それが自分自身であれ、本当に望むものがなんであるのかを特定することも、それをどのように実現することができるのかを知ることも極めて難しい。まして地球という、あまりに大きな存在が何を望んでいるかなど、知ることさえ不可能にも思われる。

それでも、地球の歴史を振り返ってみれば、地球が進もうとしている方向は明らかであるように思われる。地球の他の惑星にはない特徴とは、生命の存在だ。

様々な考えや憶測はあるにしても、宇宙の中で生物がいることが確認されている星は、地球だけだ。38億年という、現実感のないほどにはるか昔に地球に芽生えた命は、その後一度も途切れることなく、その命をつないできた。それは多分、どんな奇跡よりも起こりえないことだ。

ただ、それは単なる偶然ではないだろう。最初に生まれた生命が生き続けようとする強い意志を持っていたことが、その後の生命の基本的なあり方を決定した。それは今も変わってはいない。あらゆる生物にとってもっとも大切な使命とは、命をつないでいくことだ。種の保存の本能という言い方をするが、その本能は意志から生まれたものだ。それがなければ、生物が小惑星の衝突などの多くの危機を乗り越え、しかもその危機を乗り越えるたびにより多様性を増すことで、命をつないでいく可能性を高めることなどできはし

かっただろう。

　しかも、それは自己自身の進化だけではなく、環境の進化（環境を生きるのに適したものに変えていく）をももたらした。確かに地球は、他の惑星のように単なる様々な元素が構成する物理的な存在ではない。生命が自らの手でつくり上げてきた、生きるための空間なのだ。

　地球に対する配慮とは、このような地球の基本的なあり方についての理解を前提とすべきだろう。地球はより多様な生命が繁栄することを望んでいる。フランスの哲学者ルネ・シェレールの表現を借りるのであれば、まさしく生命を歓待する地としての地球に私たちはおり、その慈悲により存在が許されている。生命がより豊かに生きていくことができる場となるよう地球に配慮していくことは、私たち自身のより豊かな生を生きることにもつながっているのだ。

●森へ帰るということ

　私たちは森に帰ろうとしている。

　人間は森を出て、サバンナに最初の足跡を印したときに、人間となったのだろう。失楽園とは自らが望んだことだったのか、それとも環境的な圧力による必然であったのか、それとも聖書にあるように自らの過失によるものだったのか、それは知り得ぬことだろう。

　しかし、人は楽園であった森を出て世界放浪を始めた。求めていたのは新たなる楽園だったのか、楽園を出ることによって可能となった自らの可能性を試すことだったのか。

　いずれにしても、自らの意志によって、人は海を渡り、山を越えて世界の端々まで移動して行った。

　当時、森は世界を覆うほどに発達していたと思われる。しかし、移動する途中で森に住むことを選んだ者はそれほど多くはなかった。

　その理由は、草原地帯における大型動物の棲息や、森よりも草原のほうが視界が利くので他の動物に襲われる危険が少なかったなど、様々考えられているが、いずれにしても想像の域を超えるものではない。ただ、森に戻ることなく草原で生きる生活は、森あるいは自然に対する人間の態度と、人間と自然との関係を変化させていったものと思われる。それは極めて大まかな言い方ではあるが、一体的な存在から、自らとは分離した様々な行為や思考の対象となる客観的な存在への変化であった。すなわち、森は信仰の対象であると同時に、様々な食べ物やエネルギー、あるいは資材などを供給してくれる場となったのである。

　それからの人間の文化的な進化の度合いは、森との関係性を基軸に計ることができるだろう。それは、文化の発達が森の破壊を促すといった単純な関係ではない。むしろ、文化のゆっくりと時間をかけた進化は、人の営為と自然の動きの微妙なバランスを生み出し、文化と森の共進化を促してきたと言える。森を破壊することなく利用していくことは、文化を永続させるための必須条件であり、森もまた人間が介入することで、多様性と生産性を高めることができた。

　それでも、人間の自然に対する理解の部分的な深化と、様々な道具の発達や自由になるエネルギーの増大は、人間をより自然の仕組みから遠ざけていった。特に産業革命がもたらした、人間の肉体的な力を超えた動力の発達と、石炭や石油などの人間の時間をはるかに超えて地質学的な時間をかけて蓄えられたエネルギー源の開発は、人間を森に対する依存から解放し、多くの人間を、森のない場所＝都会での生活に駆り立てていった。結果として、人の生活空間の中から森は消えてしま

第5章　パーマカルチャーへの理解をより深めるために

季節によっては緑のジャングル、森にもなる自然農の畑
（静岡県沼津市）

森は生命の到達点であり、生物多様性の宝庫

った。

　もちろん、都会の中でも公園などのように一定以上の樹木が生育する場は存在しているが、それらは森本来の役割を果たしてはいない。多くの人にとって、日常生活の中で森の必要性を感じることなど、ほとんどあるまい。毎日乗る満員電車の車窓から森が見えたとしても、その存在を認めることさえないのではないだろうか。

　多分、この50年は、人間が森から完全に離れてしまったことを歴史的な特徴としている。そして、その喪失感によって、私たちはその場所に帰らなければならないと感じ始めている。

　森は、生命の到達点であると同時に、出発点でもある。人間もまた生命であることにおいて、森が自らの故郷であることを直感している。

　多くの地において、森が神として祀られていること、あるいは、また、森にいるときに感じる安らぎにも、人にとって森が何ものであるかは明らかだろう。それゆえ、森は人間とともにあらねばならない。それは単に、すでにある森に出かけることを意味するのではない。自らの生きる場を、森を理念としてつくりかえていくことである。

●表土を守り、生物が転生する場

　それにはまず、森を理解することが必要である。パーマカルチャーの創始者であるビル・モリソンは、「パーマカルチャーが目指すのは世界中をジャングルにすることである」と言っている。彼は、もともと猟師であった。しかも、春から夏にかけては海でサメを狩り、秋から冬は陸に上がってワラビーやカンガルーを狩るという、自然の恵みを一年を通じて追いかける猟師だった。一方で、大学の研究などに協力して生物調査なども行っていた。自然は楽しみや慰めを与えてくれる場などではなく命をかけて挑む対象であり、思考と理解の場だったということだ。それゆえ、森が果たす役割の大きさは、彼にとっては日常的な実感だったのだろう。それを土台にして彼の森の理解がある。地球において生物が生きていく上で欠かすことのできない水。その水の循環に果たす森の役割を、彼は以下のように示す（『森－ガイアからの緑の贈り物』より）。

　大気の組成作用の80％は森が行っているが、その主な作用として、

　1．大気の流れの圧縮と乱気流の調節
　2．液化現象
　3．水を大気に戻すことにより湿潤化する
　4．雪と融水の貯水
がある。

　これらが示しているのは、森は雨に頼るこ

263

とがなくても、必要とする水の80%を循環や貯水によりまかなうことができるということであり、さらに、内陸部に降る雨は、じつは海岸部に近い森から排出される水蒸気や葉などの小片と、森に当たった風が起こす乱気流や圧縮現象によりつくり出されるものであるということである。大きな木1本の葉には40エーカー分もの葉面積があり、それらは海からの風に含まれた水分や、夜間に土から出る水蒸気や草の呼吸により排出される水分を液化現象によって捉えることもできる。そのような木が1エーカーに40本以上も生育する森は、実際、島や海岸部の地域の降水量の80〜86%をまかなっているという。それ以外にも森は表土を守り、多くの生物が転生していく場でもある。彼は最後にこう結んでいる。

「森は、私たちと同様にすべてがつながっている全体として理解すべきものです。リスを殺して木に置き換えたり、あるいは松ぼっくりの代わりをリスにするのであれば、それは私たちの心に巣くう差別の現れ以外の何ものでもありません。動物は木のメッセンジャーであり、木は動物の庭です。あらゆるエネルギー、細胞、そして生命体はすべて森のバイオマスなのです。」

森は、多分人間が理解している以上に多くの、そして大切な役割を果たしており、それらは先にも書いたように、あるいはビル・モリソンが述べているように、生命の総体でもある。森に帰るとは、聖書にあるように、エデンに帰って楽園の中に生きることではない。森が完成する過程に自らの感性と理性をもって参加し、その過程の中で己自身の完成を目指すことでもある。

地球とは、生命を育んできた宇宙においても希有な場である。これに配慮するとは、より多くの命が助け合いながら育ち、そして育てていく森を、人間が手を添えながら完成させていくことに他ならない。

人に対する配慮

●自由と平等は前提条件

人は何を望んでいるのか。それは、人間が誕生して以来、無限なほど繰り返されてきた質問だろう。すでに答えは出ているようでありながら、未だ人間はそこに辿り着いていないような気もする。

「パーマカルチャーの基礎をなすもの」（228頁〜）では、人間が人間として生きることの基本的な条件としての「自由」と「平等」について触れたが、これは望むものというよりは、人間が種として、そして個人として誕生したときすでに手にしているものであり、それを望まなくてはならない状況がむしろ異常であると言っていいだろう。

しかしこれらは、歴史上のある時点で多くの人々の手から奪われてしまい、19世紀以降に世界各地で起こった革命によって、再度獲得しなければならなかったものでもある。

実際、自らの手で取り戻すという行為によって初めて、私たちはそれらの意味とそれらが持つ価値、そしてそれらを持ち続けていくために、自分たちが何をしなくてはならないのかを理解し、それに基づいて行動することができたのであり、アメリカ憲法にも日本国憲法にも、そのような歴史的過程が明確に反映されている。

だが、現状として、これらの人間としての基本的な条件が地球上のすべての人々に保証されているかと言えば、答えは否であり、その実現を求める闘いは今も続いている。

それでもこれらは、人間の望むものを実現

するための前提となる条件であって、本来、望んで得るものではない。また、同じく「パーマカルチャーの基礎をなすもの」で述べた「絶対的信頼感」も、人間が持っている創造性を発現するための基本条件であり、本来人間が生きていくことにおいて欠くことのできないものである。

これらの基本条件を取り戻すことを、人間が望むものとして設定するのであれば、私たちの現状は極めて危うく、未来は惨めなものに過ぎないだろう。人間が望むものは、これらが本当に実現した先にあるものでなければならない。

さて、そこに何があるのか。歴史に学ぶとすれば、アンナ・ハーレントがローマ時代に、ミシェル・フーコーがギリシャ時代に見出した、自由と平等が実現した社会があるだろう。いや、それよりずっと以前に、いわゆる原始共同体においては、たぶんそのような言葉が存在しないほどに、それらは、例えば空気のように、生きることの基本条件だった。そのような状態にあって彼らが目指したものは、なんであったのか。

その答えの一つに、「永遠」があるのかもしれない。人間は、個が自であることの意識を持つことで、永遠から切り離されている。あらゆる生命にとって死は必然であるが、人間以外の生命は、個が自であるよりも衆、あるいは種の一部であることによって個としての死から免れている。しかし、人間は、自と他を区別することができる意識を持つ。死する自分の傍らには、生きる他が常に存在している。死は、生物として生を欲する存在である人間の、もっとも根源において受け入れがたいものになっている。

文化とはある意味、この死を受け入れるために人間が行ってきた様々な探求の結果として存在しているとも言えるのではないか。すなわち、文化を構成する宗教、哲学、芸術、財産、仕事、コミュニティなど、これらはすべて、人を人の死を超えて存在するものと結びつける手段として人間が形づくってきたものと捉えることができるだろう。

●一人ひとりが参加可能にすること

しかし、これらの多くは現在すでに消滅したか、あるいは、その本来の役割を放棄している。人は、永遠と結びつく術を失っているのだ。

現在、多くの人々の心に芽ぶきはじめている永続可能性の希求とは、人間の生活基盤である自然の減衰や、人間自らがつくり出した様々な制御不能な技術がもたらす不安から生じたものではない。あらゆる意味で人間を規定してきた人間の死という限界性を、永続不可能性を捉え直して、そこから永続性へと続く一つの体系（日常の作業から、宇宙に対する理解まで）を構築する必要性を、人間が種として感じ始めたことによるのだ。これは、真の永続可能性を自らの存在の意義と重ね合わせて具体化する機会であると捉えるべきものだろう。

宇宙物理学が明らかにしはじめているように、宇宙を一つの物理的な存在と捉えるのであれば、それは空間的にも時間的にも、無限でも永遠でもない。一方、生命はオートポイエシス（自動調節機能）の力を持ったことにより、自らを永続化するための様々な手法を創造する（例えば、有性生殖など）と同時に、互いに役割を分担することで生きる環境を整えてきた。そして、その進化の最終的な形態として存在している人間は、感性と理性に基づく思考により、肉体の時間的空間的限界性を超えて、永遠のありかへ辿りつき、その意味を理解し、表現し、共有することで、仏教が示すように永遠を今と結びつけること

ができる。それは、未だ認識に過ぎず、内的な平安をもたらすものに過ぎないのだが、生命の目指すところが永遠の存在の証明だとすれば（私にはそのように思えるのだが）、人間は自らに与えられた意志と知性という力によってそれを成し遂げることができるのではないかと思う。

人間への配慮とは、そのような過程に人間一人ひとりが参加することを可能にすることではないだろうか。

すでに人間は自らを超えた存在をつくり出し、それらに自らの存在を託すか、あるいはそれらと結びつくことで、永遠を安らぎや喜びとともに感じること、そしてその感覚とともに生きることをしてきている。しかしそれは、修行といった自主的な過程はあるものの、受動的な参加でしかなかった。しかも多くの場合、そのような存在は内的にのみ存在し、説明不可能な（そのため、それが本当に永遠とつながっているものであるのかを証明することもできない）ものであった。それゆえ、それらが創設されたことの意味やその創設の行為に宿っていた生命力が失われると、形骸化し、それらが持つ本来の役割は消えてしまった。ただ幸いなことに、私たちは、それらを表象としては受け継いでおり、また、革命を経験することで、それらの持っていた現実としての生命力を追体験することはできている。

●具体的な形と活動で表現

そして、それらの歴史と体験が示しているのは、それらを統合する必要性である。それは人間の一つの到達点でもあるのだろう。

まず、いわゆる「精神」と言われる内的な理解、および感覚としての永遠との結びつきから、人と人との結びつきにより個人ではなし得ない様々なものや出来事を具体化し、そ

れらを継承していくことで、やはり人間を超えて存在する「コミュニティ」。

つぎに人間の才と英知の集合としてやはり個人を超えていく、財の生産と人間が永続するための基本的な条件である自由と平等を保証する「社会」。

さらに人間一人ひとりの生きるための工夫の時空間的な集積でありながら、総体としては人間を超えた存在の表現あるいは理解として人間が生命としてのみの存在ではないことを証明している、芸術や技術、科学といった概念により表象される「文化」。

そして、そのような文化の根本を形成しながら、しかも文化による理解と表現の対象としても存在し、人間との協働において永遠を具現化するその主体でもあり媒体でもある「自然」。

これらすべてが統合された姿を具体的な形と活動により表現することこそが、人間がもっとも追い求める永遠の存在の証明ではないだろうか。

まず行うべきことは、具体的には、これらを一つの学として統合し、その理解に基づいて、一人ひとりが自らの生活を構築していくことだろう。それこそがパーマカルチャーの目指すところであり、この本は、その具体的な方法論と、様々な試行錯誤の過程を示したものであるとも言えるだろう。

余剰物の共有

●自然は生命を生かしたがっている

余剰物の共有とは、単なるリサイクルやリユースではない。自分にとって余っているものや不要品を人に分けたり売ったりすることなどでは決してない。逆に言えば、この意味

をそのようにしか捉えることができない人間は、大地とも人ともつながることができなくなってしまったことを自ら証明しているようなものだ。

　余剰物とはなんなのだろう。余剰物という視点から世界を見渡したときに気づくのは、余剰と欠乏が共に存在しているということだろう。エネルギーや食料の90%は豊かな生活をしている10%の人々により消費されており、残りの10%を貧しい90%の人々が分け合っているという。その数字が示すのは、どこにも余剰などはなく、むしろ欠乏が多くの人々にとっては常態となっているということだろう。余剰に見えるものは、持たざる者の搾取に基づく、持てる者の過剰に過ぎないのではないか。すでに、地球が支えることができる人口を超えてしまっているという話も聞く。人口の過密と富の偏在が顕著となった現在、地球上のどこにも余剰物などはないと結論づけるべきなのだろうか。限定されたパイをより多くの者で争うのであれば、未来に待っているのは（現在すでにそうなっているのかもしれないが）争いと略奪、そして絶望だけかもしれない。

　しかし、余剰は常に存在している。現在の価値観と経済システムでは、それに気づかないだけなのだ。

　5年ほど前（2005年頃）だったので今もまだ残っているのかどうかは不明だが、JR原宿駅にビワの木が育っていた。5月だったろうか、見上げた初夏の抜けるような空にビワが橙（だいだい）に染まっていた。手を伸ばせば届くところにビワがなっていた。

　「こんなところにビワなんだ」と不思議に思ってしばらく見ていた。竹下口から少し代々木方向に進んだところで、多くの人は竹下通りや表参道に流れてしまうからだろうか、あまり人通りのないところだったのだが、他に気づく人もなさそうで、ちょっと飛び上がって一つ実をいただいた。

　青山の国連大学の脇にもヤマモモの木がある。実のなる時期には、歩道がところどころ落ちた実の汁で染まっている。ここでも実をとって食べている人を見たことはない。

　食べるものはどこでもできる。しかも、人間が少し手をかければ、自然から、その手間よりもちょっと多めのお返しがある。それこそフランスの哲学者シュレールの言う大地の歓待性であり、自然の人間に対する日常的な態度なのだ。繰り返しになるが、自然（大地）は、人間を含むすべての生命を生かしたがっている。それゆえ、必要以上のものを私たちに与えてくれる。「田舎に行くと、野菜のお裾分けがある」と、田舎暮らしを始めた人は誰しも嬉しそうに話す。一方、都会のほうがお金を持っている人がたくさんいると思うのだが、都会でお金のお裾分けをしてもらった人の話は聞いたことがない。

　人間のつくり出した経済システムと違って、自然は誰に対しても、常により以上を与えてくれる。すなわち余剰は常にそこにある。だから、その余剰を天の恵みとして、感謝を込めて他の人にお裾分けすることには、なんのためらいもない。そこに人と人とのつながりも生じる。そうやって人はずっと生きてきた。

●百姓とは百のことができる人間

　天はもう一つ、余剰を私たちに与えてくれている。それは、自分にしかない才だ。

　日本には百姓という言葉がある。日本が経済大国になる過程では、この言葉は農民をどちらかと言うと軽蔑的に指す言葉だった。また、歴史的には様々な解釈があるようだ。

　私はこの言葉を「百のことができる人間」として受け取っている。すなわち、生活を支

えていくのに必要なことすべてができる人間のことだ。第二次世界大戦前は、ほとんどすべての人が百姓だったのだから、昔の人はなんでもよく知っていたというのは当たり前だ。私も、新潟で百姓のまねごとを始めたときに、お年寄りたちがなんでもよく知っており、また、なんでもできるのに驚いた。

それも現代の知識人のように知っていることを自分の拠りどころとしているのではなく、尋ねると恥ずかしそうに答えてくれるのであって、それをひけらかすのでもなく、口癖は「田舎もんで、何も知らんで」であった。生活の中での経験と、先人からの教えによって身につけた知識は体に染み込んでいて、言葉だけではなく動作や生活のリズムにも、当時ただの一姓もなかった私には学ぶことだらけだった。

誰もが百姓である社会は、一人ひとりが自立して生きることができることで、様々な思いがけない出来事への対応力も強く、また、大きなシステムを構築する必要もなかったので、社会的な仕組みを維持するためのコストも生活費も低くて済んだのではないかと考えられる。

また、農村の中では、百姓は相互に助け合うことはあったにしても、生きるための衣食住を得るために企業や行政といった自分でそのコントロールに参加できないシステムに依存し続けることはなく、基本的に自分の意志と自然の状況、そしてまわりの人々との関係性に基づき生活していたのではないだろうか。多分この人のあり方に、経済と自治の新しい仕組みのヒントもある。

●新しい生活と経済のかたち

人間が行う活動には、労働と仕事がある。労働とは、自らの（あるいは他の）生命を支えていくために行う活動であり、仕事とは自己表現として行う活動である。また、アンナ・ハーレントの表現を借りれば、労働は日々消費されるものを生産する過程であり、仕事はより長く、多分は人の寿命よりも長く存在し続けるものを生産する行為であり、人を人と超えた存在と結びつける手段であるという。

古代ギリシャのアテネやスパルタなどの都市国家においては、市民は仕事には携わっても、労働からは解放されなければならないとされており、そのために労働を担う奴隷制が成立していた。すなわち、市民は労働から解放され、一方で生命を保証されることで、自己の生きるための欲望、あるいは本能的な欲望からも解放されて、公のためという視点により自らの行動を設定し、自らが果たすべき役割として自分にしかできないこと（すなわち一姓）を行うことができた。これこそが市民の理想的な姿であり、それは西洋社会の市民像としてそれ以降の人間のあり方の基本になってきたと言えるだろう。

科学や技術の発達を基盤とした文明の進化も、この考え方の延長線上にあると捉えるのであれば、人間を労働から解放するための手段であった。しかし現実として、文明の発達は人間を農作業や肉体労働から解放する一方で、人間を奴隷化してしまった。もちろん、制度として奴隷制が残っているわけではない。しかし、多くの人間が、自らの時間を自らの望むことに費やすという根本的な自由を失っている状況は、なんら奴隷制と変わることがない。何が間違っていたのか、それを検証する時期に私たちは来ているのではないかと思う。

偽りの解放から真の解放へ

私たちの生活を見れば、自らの生命を直接支えるもの（例えば食べ物や衣類など）を直

接自らの手で生産することはほとんどない。その意味ではまさしく、労働から解放されているとも言える。

しかし、実際にはそれらの生産物を手に入れるために、あるいは、そのためのお金を手に入れるために、すなわち生き延びるために労働をしている。生命を支えるための労働は相変わらず続いているのだが、その労働には、自らの命と自らに関わるものを自らの手で支えているという誇りも、ある生産の過程に最初から最後まで関わること（すなわち完結させること、エンツィオ・マウリ『プロジェクトとパッション』参照）から得られる満足感も、さらには、人とともに生きるという人間の根源的な喜びと安心感の具体的な現れもない。

しかも、自分が奴隷であることを認識することがない（自らの手で自由を獲得したという経験がないことと、権力やシステムに対して隷属的であることを当然とする教育を受けているために）という状況は、それを変えるに必要なエネルギーの不在という絶望的な状況を生み出している。

まずは、食べ物を自らの手でつくることから始めてみることだろう。食べ物を育てることは、先に書いたように、大地の助けを得ることができるので、それほど難しいことではない。種をまけば芽は出る。作物は人の足音を聞いて育つというが、毎日面倒を見ることができれば、必ず育って、それを収穫し、食べることはできる。そこに見出すのは、自然と自らの関係だけではなく、自分の中にある様々な可能性だろう。これを嚆矢とすれば、その後に様々な姓が目覚めてくるのは、決して特別なことではない。

自らの手で自らの命を支えていくことができるようになれば、私たちは、現代の労働から解放され、奴隷ではない、自由と自立の人に向けての歩みを始めることができる。そして、歩んでいく先にはさらなる可能性、すなわち、自分にのみ与えられた天与の才、自分だけの一姓が見えてくるだろう。

人は百一姓となることで、初めて人間であることの意味と役割を知ることができる。しかも、百一姓になることは、決して個人の問題にとどまるものではない。そこには、人間としての生を全うすることと、社会、そして人の生活がより豊かになることが一体となった新しい経済の姿が現れる。

●労働の経済から仕事の経済へ

先にも書いたが、生命を支えるための労働が生み出すものは、それらが人間が生きていくための基本的なニーズを満たすものであることから、以下のような二つの特徴を持つ。

一つめは、それらがなければ人間は生きていくことができないこと。二つめは、世界中で同じものを生産することができるということである。

一つめの特徴から言えることは、これを生活者から切り離してしまえば、生活者はこれを得るために、それを独占する者の言うことを聞かざるを得なくなるということである。私たちは、科学と技術の発達によって労働から解放されたはずであったのだが、人間に代わってその労働を行う様々な道具やそれらを購入するための資金を「資本」として特定の人間に独占されてしまったために、生きるための労働ではなく、資本家という一定の社会層（あるいは彼らの手段としての企業）の利益を生み出すための奴隷と化してしまったのである。

資本が生産する「生きていくための財」は現在、市場と流通の経済システムの中にのみ存在している。私たち市民がそのシステムに参加することができるのは唯一、時間と自由

を売る労働者となってようやく手に入れることができるいくばくかの金銭で、消費者としてそれらを購入することでさらなる利益を資本家たちに手渡すときのみである。

このシステムに参加することができなければ、生命の維持は即座に困難となるように仕組まれており、それは無言の脅しとなって、すべての人々にこの奴隷的なシステムへの服従を促している。

二つめの特徴は、経済を際限のない競争へと導いていく。例えば食物について言えば、地域で生産される食物がその地に生きる人々の体に適しており、人間の身体を健康に保つことができることは確かだろうし、食物の範囲は文化により限定されている（例えば、生の魚を食べる文化を持っている国はかなり限られているだろう）が、現実として、どこでどのように生産された食物であれ、それが食物であるかぎりは、すべての人間にとって生きるための糧となり得ることは間違いないだろう。

それゆえ、需要の高い食物は多大な利益を生み出す可能性があるために、世界中のその生産に適した自然条件（気候や日照条件など）、および社会的条件（交通条件や政府による援助など）を持つ地域で生産されるようになり、世界市場での価格競争に晒されるようになる。

すなわち、同じ生産物であるがゆえに、価格の高低が市場での取引量を決定するため、生産コストを引き下げることが至上命題となり、それは行き着くところ、大量生産・大量販売という資源の浪費と安価な労働力の収奪に収斂していく。しかも、そのようなシステムをつくり出し維持することができるのは、巨大な資本力を持つ大企業だけだ。そのような資本力を持たない中小規模農家は、やがてそのシステムの一部となるか、農地を明け渡して、生産の場から去っていく。その結果、現在すでにそうなっているように、食物に関係する様々な製品（種や肥料、そして食物そのもの）は少数の企業に独占され、最大の利益を生み出すような生産方法と種類に限定されて生産されるようになる。

本来、地域の自然条件や文化条件に合わせて、生産者の伝統的な技術および理解と創造により行われていた食物の生産＝農は、自然と人から離れて、ただ利益のために食物という商品を生産する産業となっている。同じような過程は、すべての労働の生産物について進行していると考えて間違いはないだろう。

労働による生産物＝生命を維持するための生産物を「商品」とする経済は、以上見てきたように、奴隷化と競争の激化による人間性の破壊と、自然の破壊をもたらさずにはおかない。それは、すでに政府と企業、そしてマスコミが一体となった見せかけだけの環境キャンペーンでは隠し通すことができないほどに顕在化してきているが、これは現在の経済システムが自然と人間の破壊を取り返しのつかないところまで押し進めてしまっていることを意味している。

私たちは、人間のもう一つの活動である、仕事を交換する経済に移行しなければならない時期に来ている。仕事とは、一姓を形にする行為である。幸いなことに科学と技術の発達は、自らの命を支える百姓としての行為にかける時間と肉体的な力の大幅な削減を可能にしてくれた。すなわち、百姓をしながらも自らの一姓を育て、形にすることが可能な状況はすでに存在している。私たちは望めば、すぐにでも奴隷的な状況から抜け出し、百一姓として、自らの生を安定的に支えながら自己表現を行うとともに、より大きな存在とつながる喜びを味わうことができるのである。しかもそれは、誰か、あるいは何ものかの犠

性の上に成り立つものではない。むしろ、人間一人ひとりの価値がすべての人間にとっての価値として認められ、社会の富の源泉となる過程に参加することであり、しかも、人と自然の関係が復活することで、人は自然を破壊するのではなく、より豊かにする人間本来の役割に戻ることもできるようにもなる。

●自らの手で生きるパラダイムを築く

まずは、この現代の経済・社会システムから抜け出てみることだろう。このシステムに依存することは、マスコミや政府が宣伝（あるいは教化またはマインドコントロール）しているように、決して楽で安全な生活が保証されることを意味しているのではない。仮にそれがごく一部の人々にとって真実であるように見えるのは、その人々の楽の陰に、より苦しく、悲惨な生活をしている人の犠牲が横たわっているからであり、しかもその真実の姿が私たちの目から覆い隠されているからだ。政府を含めて、現在権力を手にしているすべての機関と、それに従属している人々を疑おう。そして、自らの手で生きることに真摯に取り組みながら、その経験を基に新しいパラダイムを築こうとしている人を信じ、彼らの取り組みに、自らのできることを重ね合わせることだ。そこに現代の経済の破滅的な性格（実際、社会経済学者エマニュエル・ウォーラーステインはこの資本主義システムを、すべてを巻き込み破壊していく悪魔のすり鉢と呼んでいる）は明らかになり、新しい経済を始めることが決して不可能ではなく、むしろ喜びに満ちたものであることを知るだろう。

次には百一姓になることだ。先に百姓になる大切さについて説明したが、なにも百すべてのことができるようになるまで待つ必要はない。いや、待つことなどできないだろう。自らの可能性を現実にしていくうちに、自分が本当に望んでいること、そしてそれを実現するために自分でできることがはっきりと形をなしてくる。それこそが自らの一姓である。そして、それに気づいたときに、自らを苦しめてきたエゴ＝自我が消え去るのも同時に感じるだろう。一姓とは、自らの欲望を満たすために天より与えられた才ではない。自分にしかないからこそ、他の人あるいは社会のためにそれを役立てることが自らの喜びとなる、そういう態のものだ。それらを互いに感謝しながら交換すること。それこそ、新しい経済の形であろう。

これまでに見てきたように、余剰物の共有とは、すべての人を豊かにする経済のあり方を指す。天から授けられた自然の恵みと人の恵みを、特定の人間や集団が独占するのではなく、またそれらを使い尽くすのではなく、すべての人が共有しながら、より豊かなものへと育てていく過程なのだ。

永続する文化の創造へ

●人間を人間たらしめているもの

自らが何者であるかを問い続けることが、人間を人間たらしめている基本的なあり方だとして、その解答をもっとも単純化すれば、生命と文化に行き着くだろう。そしてそのどちらもが目指すのは永遠である。

生命は個として、種として、そしてそれらの統合体である生態系として常に進化し続ける。その進化が合目的であるのか、それとも単なる偶然の積み重ねであるのか、それとも変化する環境に対する適合の結果であるのか、それらのいずれでもないのか。

生命が誕生してからの過程が語るのは、じ

つは単に進化が起こってきたということだけであり、多分それで十分なのかもしれない。エントロピーの法則に逆らって、永遠に生き続け、増殖するために進化し、生きる環境を変えてきたのが生命であり、それはこれからも変わりなく限りなく続けられていくだろう。

この生命のあり方は、宇宙という曖昧だが絶対的な存在の埒外にあるようでいて、じつは宇宙の意味そのものであるかもしれない。さらに進化の究極として人間が存在するのであれば、生命の意味と役割を知るためには人間に与えられた「イデア」（事物の本質、真実在）の出所を明らかにすることも必要となるだろう。

いったい「イデア」は何から生じ、そして、どこに人間を導いていこうとするのか。このようなある意味、絶対的な前提条件に対して疑問を提出し、その解答を見出していく過程の中にしか、生命の本質と人間が存在している理由、そして永続の真の意味が現れることはないだろう。

生命を単なる物質とエネルギーの集合と捉えて、宇宙に存在する様々な物質を混ぜ合わせて莫大なエネルギーを注ぎ込んだところで、そこに生じるのはせいぜいアミノ酸程度のものに過ぎず、それは決して生命を解き明かすきっかけにさえなりはしない。死んで豚肉になったものと生きている豚がまったく違うものであるところに生命が存在していることは、命あるものすべてが、自らに命があることにより直感している。

それと同様に、生命が永続を目指す存在であり、あらゆる生命がその目指すところに向かって果たすべき役割を持っていることもまた、その誕生以来、生命が共有しているもっとも根源的な意識だろう。

死はあらゆる生命にとって必然だが、その個としての死を次の生命をつくり出す糧とすることにより生命は永遠を紡ぎ出す。個の死や消滅を超えて生き続けていくことこそ生命の本質であり、それは環境との共進化という方法に具体化されている。

●生命と文化の永続性の一致点

現在、私たちが立ち会っている未曾有の危機もまた、一つの進化への機会なのだろう。しかも、その危機が小惑星の地球への衝突といった偶発的な災害ではなく、人間によって引き起こされているという事実は、人間自身の進化（あるいは、人間が本来持っている能力の現前）の予兆と捉えることができるだろう。そしてその進化は人間が自らの意志によってその方向性を決めるという、かつてない意図的な進化となるだろう。

それは、形態的な変化ではなく、人間に与えられた能力としての感性と理性の各個人における統合による「理解」に基づく「創造」の相互的触発により起こるものであり、そこにおいて生命の永続性と文化の永続性は一致点を見出す。すなわち「イデア」と生命は一つになる。

人は、生命を理解し、生命がより豊かでしかも永続していくことを目的とした文化、すなわち本当の意味でのパーマカルチャーを見出すだろう。そして、その創設を可能にするのは、すべての人がその文化の形成に参加することである。

人間一人ひとりにはその者にのみ与えられた天分が必ずあり、それは、この地球を生命にとってより豊かにするために存在する。なぜ、それらが現在においては抑圧されているのかといえば、それらが顕在化することで、現在の権力がその役割を失うからである。

権力は、必要とする者たちの総意として存在する。それ自体は、人間が共に生きることの目的の具体的な現れに過ぎないだろう。し

かし、権力に依存して生きていこうとする「弱者」の存在は必ず、権力の腐敗とその独占の永続化のための仕組みづくりへと向かう。権力が腐敗したところほど、法律や行政による抑圧が強くなるのはそのためである。天分によって生きることができる者たちに抑圧を目的とした権力は不要な存在でしかない。すなわち、権力に依存して生きる者たちにとってそれを必要としない者たちは大きな脅威なのだ。

パーマカルチャーの実践とは、そのような権力が課す枷からの解放のために自らの天分を実体化し、それらを自らのためではなく、他の人のために用いることで、固着することも停滞することもない、常に生成し続ける文化の創造に参加すること以外のものではない。それは決して難しいことではないだろう。

●すぐれた学と実の体系への参加

パーマカルチャーは1970年代にオーストラリアにおいてビル・モリソンとデビット・ホルムグレンがつくり出した、持続可能な社会と世界を育んでいくための価値観から具体的な方法までを包括する、すぐれた学と実の体系である。現在では世界中にその実践の輪が広がっている。

しかし、パーマカルチャーとはそれを永続可能な文化とするのであれば、すべての伝統文化が持つ本質であろう。目指すべきは、ビルとデビットがまとめ上げた体系を復唱することでも模倣することでもない。それをきっかけとして文化が何ものであるかを理解し、その生成の過程に参加していくことである。

望むらくは現在だけではなく、これからの時を刻んでいくすべての人々がその過程に参加することである。これから生きる人間が何千億あるいは何兆あるのかは知らぬ。しかし、それだけの輝ける才能が文化としてつながり、ともに創造していくのであれば、そこには、今の私たちには想像もつかぬ人と自然のあり方とそれらに基礎を置く全地球的でありながら、地域と個人が尊重された「文化」が現れているだろう。

◆主な参考・引用文献集覧

〈書籍〉

『パーマカルチャー〜農的暮らしの永久デザイン〜』ビル・モリソン、レニー・ミア・スレイ著　田口恒夫、小祝慶子訳(農文協)
『パーマカルチャーしよう！』安曇野パーマカルチャー塾編(自然食通信社)
『惑星の未来を想像する者たちへ』ゲーリー・スナイダー著　山里勝巳ほか訳(山と溪谷社)
『場所を生きる』山里勝巳著(山と溪谷社)
『「場所」の詩学』生田省吾、村上清敏、結城正美編(藤原書店)
『風景の中の自然地理』杉谷隆、平井幸弘、松本淳著(古今書院)
『森を読む』大場秀章著(岩波書店)
『森林観察ガイド』渡辺一夫著(築地書館)
『緑環境と植生学』宮脇昭著(NTT出版)
『樹木社会学』菊池多賀夫著(東京大学出版会)
『生態学からみた自然』吉良龍夫著(河出書房新社)
『畑のある生活』伊藤志歩著(朝日出版社)
『医食農同源の論理』波多野毅著(南方新社)
『存在の知とは何か』中村雄二郎(岩波新書)
『日本人はなぜキツネにだまされなくなったのか』内山節著(講談社現代新書)
『熊から王へ』中沢新一著(講談社選書メチエ)
『人間尊重の心理学』カール・ロジャーズ著　畠瀬直子監訳(創元社)
『ホリスティック医学』日本ホリスティック医学協会編(東京堂出版)
『ホリスティック教育論〜日本の動向と思想の地平〜』吉岡敦彦著(日本評論社)
『ネイティブ・マインド〜アメリカ・インディアンの目で世界を見る〜』北山耕平著(地湧社)
『パタン・ランゲージ〜環境設計の手引〜』クリストファー・アレグザンダー著　平田翰那訳(鹿島出版会)
『土の生きものと農業』中村好男著(創森社)
『モダニティと自己アイデンティティ〜後期近代における自己と社会〜』アンソニー・ギデンズ著　秋吉美都、安藤太郎、筒井淳也訳(ハーベスト社)
『一般システム理論』ルートヴィヒ・フォン・ベルタランフィ著　長野敬、大田邦昌訳(みすず書房)
『デザイン学(思索のコンステレーション)』向井周太郎著(武蔵野美術大学出版局)
『東アジア4000年の永続農業　上・下』F・H・キング著　松本俊朗訳(農文協)
『有機農業ハンドブック〜土づくりから食べ方まで〜』日本有機農業研究会編(日本有機農業研究会)
『カラー版　家庭菜園大百科』板木利隆著(家の光協会)
『絵とき　金子さんちの有機家庭菜園』金子美登著(家の光協会)
『野菜の種はこうして採ろう』船越建明著(創森社)
『オーガニック・ガーデンのすすめ』曳地トシ・曳地義治著(創森社)
『育てて楽しむ雑穀〜栽培・加工・利用〜』郷田和夫著(創森社)
『食べ方で地球が変わる〜フードマイレージと食・農・環境〜』山下惣一、鈴木宣弘、中田哲也編(創森社)
『風土産業』三澤勝衛著(農文協)
『パーマカルチャー菜園入門』設楽清和監修(家の光協会)
『玉子と土といのちと』菅野芳秀著(創森社)
『自然農への道』川口由一編(創森社)
『自然農の野菜づくり』川口由一監修　高橋浩昭著(創森社)
『いのちの種を未来に』野口勲著(創森社)
『栽培環境』角田公正ほか著(実教出版)
『土の世界』「土の世界」編集グループ編(朝倉書店)
『土壌のバイオマス』日本土壌肥料学会編(博友社)
『土壌動物による土壌の熟成』レオポルド・バル著　八木久義、新島渓子訳・監修(博友社)
『図解　土壌の基礎知識』前田正男ほか著(農文協)
『土壌生態学入門』金子信博著(東海大学出版会)
『土の中の生き物』青木淳一著　渡辺弘之監修(築地書館)
『ミミズと土』チャールズ・ダーウィン著　渡辺弘之訳(平凡社ライブラリー)
『土と微生物と肥料のはたらき』山根一郎著(農文協)
『根の活力と根圏微生物』小林達治著(農文協)
『フィールドガイドシリーズ3　指標生物』日本自然保護協会編集・監修(平凡社)
『新・土の微生物2』土壌微生物研究会編(博友社)
『植物の根圏環境制御機能』日本土壌肥料学会編(博友社)
『微生物の生態19』日本微生物生態学会編(学会出版センター)
『農環研シリーズ　農業生態系における炭素と窒素の循環』独立行政法人農業環境技術研究所編(養賢堂)
『動物と植物はどこがちがうか』高橋英一著(研成社)
『温暖化防止のために〜科学者からアル・ゴア氏への提言〜』清水浩著(ランダムハウス講談社)
『住まいの伝統技術』安藤邦広ほか著(建築資料研究社)
『「消費する家」から「働く家」へ』長谷川敬ほか著(建築資料研究社)

〈雑誌・ムック〉

『NHK知るを楽しむ　この人この世界』2005年6月号(NHK出版)
『野菜の達人』No. 5　2009年7月30日(枻出版社)

〈洋書〉

『PERMACULTURE:A Designers' Manual』Bill Mollison (TAGARI)
『The Permaculture Home Garden』Linda Woodrow (Penguin Books Australia)
『THE FORESTS OF JAPAN』Jo SASSE (Japan Forest Technical Association)
『Ecovillage at Ithaca』Liz Walker (New Society Pub)
『PERMACULTURE Principles & Pathways Beyond Sustainability』David Holgren (Holmagren Design Servibes)
『Earth user's gudie to Permaculure』Rosemary Morron (Kangaroo Press)
『THE EARTH CARE MANUAL』Patrick Whitefild (Permanent Publications)

◆パーマカルチャー・インフォメーション

・住所、連絡先などは2011年1月現在。順不同
・全国各地でパーマカルチャーに取り組む組織や実践家、さらに本書内容に関連する組織などを掲載しています

北海道エコビレッジ推進プロジェクト（坂本純科）
住民が互いに支え合う仕組み、環境に負荷の少ない暮らし方を求める人々によるコミュニティ形式を目指しています。座学や実習、視察などを組み込んだエコビレッジ体験塾を開催しています。
〒069-1317 北海道夕張郡長沼町東5線北18番地
TEL 093-1303-6485　FAX 011-640-8422
E-mail junkasakamoto@gmail.com

森と風のがっこう
（NPO法人 岩手子ども環境研究所）
標高700m、12世帯の山間の集落にある廃校跡に「森と風のがっこう」を葛巻町の協力を得て、2001年に開校。自然エネルギーや足元にある資源を活かした循環型の生活が楽しみながら、子供も大人も体験できるプログラムを提供しています。
〒028-5403 岩手県岩手郡葛巻町江刈42-17
（小屋瀬小中学校上外川分校跡）
TEL&FAX 0195-66-0646
http://www5d.biglobe.ne.jp/~morikaze
E-mail morikaze@mvb.biglove.ne.jp

自然農園ウレシパモシリ（酒勾徹）
中山間地域の耕作放棄地で、パーマカルチャーデザインに基づいた農園を築き始め、2010年で17年め。もともとある自然植生を活かしながら米や雑穀を育て、鶏や豚を育てる専業農家として、地域の皆さんとも共同で無農薬・無肥料の自然栽培などに取り組んでいます。
〒028-0113 岩手県花巻市東和町東晴山1-18
TEL&FAX 0198-44-2598
http://www.ureshipa.com
E-mail info@ureshipa.com

アーバンパーマカルチャー・宮城（大谷圭一）
都市部でのパーマカルチャーデザインの実践を、ガーデニングを糸口にして取り組んでいます。持続可能な都市部でのパーマカルチャーデザインを実現するため、木工、塗り壁、石組み、種採りなどのワークショップや勉強会を定期的に開催しています。
〒981-3111 宮城県仙台市泉区松森字内町83-2
㈲COTOCOTO内
TEL 022-371-1915 FAX 022-371-1916
http://www.cotocoto.co.jp/upcm/index.html
E-mail k.otani@cotocoto.co.jp

Earth Spiral@裏磐梯
磐梯朝日国立公園内に位置し、森の暮らしから自然界と人間のつながりと共存を感じられる場づくりを行っています。また、「経済の時間」から「生命の時間」を取り戻すための講座、ワークショップ、個人セッションなどを開催しています。
〒969-2701 福島県耶麻郡北塩原村大字檜原字曽原山1096-108
http://www.earthspiral.jp
E-mail anju.earthspiral@gmail.com

NPO法人 日本オーガニック・ガーデン協会（JOGA）
生活圏にある身近な緑を安全・安心、健康なものとし、自然循環型の持続可能な社会を築くことを目指して設立。代表理事は曳地トシ。庭という小さな空間でのいのちのめぐる生物相、生態系の大切さを発信したり、人間と多様な生物が有機的に共存できる庭づくりや、自然素材を原料にした手づくりオーガニック・スプレーの使用を提案しています。また、農薬・化学肥料に頼らない庭づくりを総合的に学ぶ「オーガニック・ガーデン・マイスター講座」を開講しています。
http://www.joga.jp

自然農園レインボーファミリー（笠原秀樹）
無農薬・有機肥料で年間50種類の野菜を栽培し、広い小屋でニワトリ（約300羽）の放し飼いを行っている農園です。ここでは、野菜くずはニワトリの餌に、鶏糞は畑の肥料となり、循環型農業を実践しています。かつてニュージーランドでパーマカルチャーを学んだこともあり、また、都心から比較的近いこともあって、定期的な農場見学会や農業体験なども行っています。
〒270-0145 千葉県流山市名都借965
http://rainbowfamily.blog101.fc2.com/
E-mail organicrainbowfamily@gmail.com

一級建築士事務所
株式会社設計計画水系デザイン研究室（神谷博）
水を手がかりとしたエコロジカルデザインがテーマです。建築、造園、土木、まちづくり全般について水系デザインを実践。ビオトープづくりや源流の木で家をつくる活動を行っています。
〒152-0072 東京都世田谷区祖師谷3-48-16
TEL 03-3789-2041　FAX 03-6822-5981
E-mail suike@mbd.sphare.ne.jp

ピースフードアクションnet.いるふぁ

雑穀と野菜でつくるカラダとココロとセカイを平和に導く「つぶつぶピースフード」を伝え、広めるための活動を展開。「いるふぁ」の名称はインターナショナル・ライフ&フード・アソシエーションの英語頭文字ILFAによります。活動の柱に、1雑穀をテーマに現代食を見直す、2雑穀料理を食べられるレストランの展開、3雑穀、および雑穀種子の頒布、4雑穀料理講習会の開催、および出版活動、5雑穀栽培などの普及活動をすえています。

〒162-0851 東京都新宿区弁天町143
E-mail info@ilfa.crg

一級建築士事務所
ビオフォルム環境デザイン室（山田貴宏）

パーマカルチャーによるデザイン手法などを導入。地域の風土に合った自然素材、国産材などと環境のもつポテンシャルをうまく組み合わせ、自然と調和した家づくりを行っています。

〒185-0034 東京都国分寺市光町2-1-25-1F
Tel/Fax 042-572-1007
http://www.bioform.jp
E-mail tyamada@bioform.jp

EarthDreaming

持続可能でホリスティックなライフスタイルやこころのあり方を探究する場づくりを、最新の心理学やスピリチャリズムの視点を取り入れながら行っています。

http://earthdreaming.jp
E-mail earthdreaming@gmail.com

NPO法人
パーマカルチャー・センター・ジャパン（PCCJ）

パーマカルチャーの考え方に共鳴し、日本型のパーマカルチャーの構築を目指そうと1996年、神奈川県の藤野町（現、相模原市）に創設。古い民家と畑を借り、施設として整備し、活動を続けています。1998年からパーマカルチャーを広く一般に普及するため、パーマカルチャー塾を毎年開催。また、様々な団体、グループなどとも連携を図りながら、環境と調和する持続可能な循環型の場づくりに取り組んでいます。2004年、NPO法人としてパーマカルチャーによる環境づくりのコンサルティングなど、ますますその活動領域を広げています。

〒252-0186 神奈川県相模原市緑区牧野1653
Tel 0426-89-2088　Fax 0426-89-2224
http://www.pccj.net
E-mail info@pccj.net

日本大学建築・地域共生デザイン研究室
（糸長研究室）

地域の自然、文化、生活資源を総合的に調査し、その持続的な活用方法を地域住民とともにプランニングします。研究のキーワードは、パーマカルチャー（農的暮らしの永続デザイン）、エコミュージアム、コハウジング（共生型の共同住宅）、エコビレッジ、パウビオロバー（建築生物学）、バイオリージョン（生命地域）などです。

〒252-8510 神奈川県藤沢市亀井野1866
日本大学 生物資源科学部 生物環境工学科
建築・地域共生デザイン研究室
http://hp.brs.nihon-u.ac.jp/~areds/
E-mail cnesp3@brs.nihon-u.ac.jp

有限会社 相模浄化サービス（関野てる子）

シマミミズの養殖・販売、およびミミズ糞の販売、ミミズによる生ゴミリサイクル容器（みみ蔵、みみ蔵キット、キャノワームなど）の製造・販売を行っています。

〒259-1103 神奈川県伊勢原市三ノ宮116
Tel 0463-90-1332　Fax 0463-95-9667
E-mail ij9t-skn@asahi-net.or.jp

富士エコパークビレッヂ

パーマカルチャーの「持続可能な暮らしのデザイン」という考え方を基本に地球環境に配慮した暮らしの提案をおしゃれに実践し、体験しながら学べる施設です。

〒401-0338 山梨県南都留郡富士河口湖町
富士ヶ嶺633-1
TEL 0555-89-2203　FAX 0555-89-3377
http://www.fujieco.co.jp
E-mail fepv@fujieco.co.jp

株式会社ソイルデザイン（四井真治）

パーマカルチャーデザイン・施工、土壌診断・土壌改良をベースにしながら、農的暮らしの道具・資材などの考案、普及まで行っています。

〒408-0036 山梨県北杜市長坂町中丸1659
TEL 0551-32-6697　080-6515-5386
E-mail soilsoul421@soildesign.jp

安曇野パーマカルチャー塾

循環型社会を目指すシャロムコミュニティーを拠点に新しいライフスタイルを考え、自然と共生する暮らしを築いていくための実践的な技術を身につけ、学んでいく場です。暮らしに関わること全般を対象に、パーマカルチャーの考え方、取り組み方を体得していきます。

〒399-8602 長野県北安曇野郡池田町会染552-1
シャンティクティ内
http://www.ultraman.gr.jp/perma/
E-mail earth@food.gr.jp

舎爐夢ヒュッテ

自然の中でのんびり過ごしたり、穀菜食を楽しんだりする小さな宿。シャロムは「平和」を意味するヘブライ語で、「炉辺で夢を見られるヒュッテ」という意味を込めて、名づけました。オーガニックレストラン＆カフェ、自然食品店、フェアトレードのエコロジー雑貨店などを併設しています。

〒399-8301 長野県安曇野市穂高有明7958
TEL&FAX 0263-83-3838
http://www.ultraman.gr.jp/shalom/
E-mail shalom@ultraman.gr.jp

NPO法人アース・スチュワード・インスティテュート（ダグラス・ファー）

自然から知恵とシステムを学び、自然と共存しながら循環型のエコライフを築くことを目標に、家づくりの基本、コンポストトイレの設置、水浄化システムの確立などをテーマにしたパーマカルチャーセミナーを毎夏（冬はネパールで実施）行っています。

〒399-4321 長野県駒ケ根市東伊那3586
TEL 0265-82-6770　FAX 0265-82-6771
http://www2.gol.com/users/esi/index.html
E-mail esi@gol.com

はぐくみ自然農園（横田淳平）

伊豆半島南端の南伊豆町で築150年以上の古民家に住みながら野菜（約40種）、米麦、庭先果樹などを手がけています。かつてニュージーランドで研修を受けたパーマカルチャーの考えをもとに農薬・化学肥料は使わず、太陽の下で草や虫とともに自然に育つ農園を切り盛りしています。

〒415-0304 静岡県賀茂郡南伊豆町加納482
TEL&FAX 0558-62-1487
http://www.hagukumi-farm.com/
E-mail info@hagukumi-farm.com

妙なる畑の会（川口由一）

「耕さず、肥料、農薬を用いず、草や虫を敵としない」という教えは、自然農の実践・提唱者である川口由一の言葉として知られています。定期的に見学会、合宿会などを開催しますが、全国各地（40か所以上）にも学びの場があり、自然農の考え方、取り組み方を伝え広めています。

〒633-0083 奈良県桜井市辻120
TEL&FAX 0744-43-0824

NPO法人パーマカルチャー関西

美しい里山に囲まれた140坪ほどの敷地をデザインの場として、コンパニオンプランツや積層マルチなどを利用して野菜や穀物、果樹の栽培を行っています。パーマカルチャーの基礎を学べるデザインコース、仲間と協力しながら実践を通して学ぶ実習コースなどのスクールを開催しています。

〒651-1603 兵庫県神戸市北区淡河町淡河1448
http://pckansai.exblog.jp/
E-mail percul-kansai@yahoo.co.jp

パーマカルチャーネットワーク広島（村上知嘉子）

瀬戸内海に浮かぶ小さな島で、放棄されつつあった柑橘園をパーマカルチャーの考え方に基づいて再生し、野菜やミカンを手がけています。マクロビオティック料理教室なども開催しています。

〒722-0073 広島県尾道市向島町15187-1
TEL&FAX 0826-72-8064
http://pcn2006.web.fc2.com
E-mail pcn@4leaves.jp

NPO法人パーマカルチャーネットワーク九州

パーマカルチャーを学び、実践する仲間たちとのネットワークを広げ、九州を拠点として地域社会への貢献と健康で豊かな永続可能な社会を創造し、実践することを目的に設立。また、パーマカルチャーのデザインコースなどの研修を行うこともあります。

〒869-0222 熊本県玉名市岱明町野口918-1
TEL 0968-71-1106　FAX 096-202-4055
http://www.pcnq.net/
E-mail info@pcnq.net

NPO法人沖縄パーマカルチャーネットワーク（OPeN）

沖縄において「パーマカルチャーの理念に基づく活動」を広め、その体系を学び実践し、地域社会とそこに暮らす人々とともに交流し、真の豊かさを享受できるコミュニティを創造し、伝承することを目的に設立。毎月、本県の3カ所でワークショップを行っています。年末から年始にかけてパーマカルチャー塾（デザインコース）を実施しています。

〒903-0815 沖縄県那覇市首里金城町3-46-306
TEL&FAX 098-884-3123
http://okinawa-pcn.com/
E-mail contact@okinawa-pcn.com

◆執筆者プロフィール一覧（五十音順）

・所属、役職などは2011年1月現在
・執筆頁は、もくじに記載しています

安珠（あんじゅ）
1964年、福島県生まれ。Earth Spiral主宰。アロマセラピスト、パーマカルチャーハーバーリスト

池竹則夫（いけたけ のりお）
1963年、東京都生まれ。荒川知水資料館環境学習コーディネーター、パーマカルチャー塾（PCCJ）講師（植物調査）

今井雅晴（いまい まさはる）
1954年、広島県生まれ。農業法人富士エコパークビレッヂ代表取締役、株式会社コスモウェーブ代表取締役

神谷博（かみや ひろし）
1949年、東京都生まれ。建築家。新宿区景観アドバイザー、水みち研究会代表、東京都野川流域連絡会座長。法政大学兼任講師

酒匂徹（さかわ とおる）
1968年、岩手県生まれ。自然農園ウレシパモシリ主宰。NPO法人岩手子ども環境研究所理事。岩手大学農学部共生環境課程非常勤講師

設楽清和（したら きよかず）
1956年、埼玉県生まれ。国際認定パーマカルチャーデザイナー。NPO法人パーマカルチャー・センター・ジャパン代表

村松知子（むらまつ さとこ）
1966年、京都府生まれ。Earth Dreaming主宰。臨床心理士、ホリスティックライフ研究家

田畑伊織（たばた いおり）
1973年、長崎県生まれ。株式会社自然教育研究センター特別研究員。NPO法人パーマカルチャー・センター・ジャパン理事

山田貴宏（やまだ たかひろ）
1966年、神奈川県生まれ。ビオフォルム環境デザイン室代表。一級建築士、NPO法人パーマカルチャー・センター・ジャパン理事

四井真治（よつい しんじ）
1971年、福岡県生まれ。株式会社ソイルデザイン代表取締役。パーマカルチャーデザイナー、パーマカルチャー塾（PCCJ）講師（土壌）

パーマカルチャー・センター・ジャパンの建物正面

編著者プロフィール

●パーマカルチャー・センター・ジャパン
　（PCCJ=Permaculture Center Japan）
　パーマカルチャー・センター・ジャパンは、日本の風土に適合したパーマカルチャーを構築し、普及することを目指し、1996年に神奈川県藤野町（現、相模原市）に創設。古い民家などの施設や田畑などを整備して拠点とし、日本型のパーマカルチャーの考え方、取り組み方を追求している。1998年より、人と自然が豊かに生き続けていくための実践の場としてパーマカルチャー塾を開講。デザインコース、実習コースを設けており、これまで1300名余りが卒塾。また、2004年よりNPO（特定非営利活動法人）として永続可能なライフスタイルを提唱し、実践者、関係者による全国的な交流の場を設けたり、パーマカルチャーの実践と活動の領域を着実に広げたりしている。

〈連絡先〉NPO法人 パーマカルチャー・センター・ジャパン
〒252-0186 神奈川県相模原市緑区牧野1653
TEL 050-1319-5988
E-MAIL：info@pccj.jp
URL：https://pccj.jp/

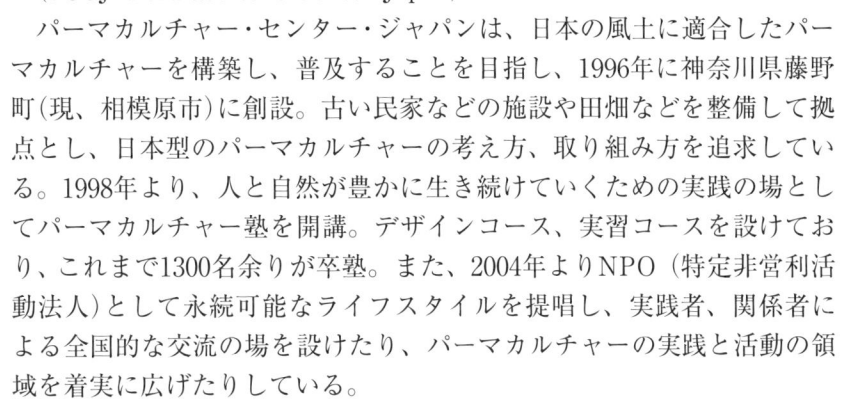

PCCJのロゴマーク
（伝統性、多様性、エッジなどを表現）

パーマカルチャー〜自給自立(じきゅうじりつ)の農的(のうてき)暮らしに〜

　　　　　　　　　　2011年3月22日　第1刷発行
　　　　　　　　　　2022年9月14日　第3刷発行

編　著　者——パーマカルチャー・センター・ジャパン

発　行　者——相場博也
発　行　所——株式会社 創森社
　　　　　　〒162-0805 東京都新宿区矢来町96-4
　　　　　　TEL 03-5228-2270　FAX 03-5228-2410
　　　　　　http://www.soshinsha-pub.com
　　　　　　振替00160-7-770406
組　　　版——有限会社 天龍社
印刷製本——精文堂印刷株式会社

落丁・乱丁本はおとりかえします。定価は表紙カバーに表示してあります。
本書の一部あるいは全部を無断で複写、複製することは、法律で定められた場合を除き、著作権および出版社の権利の侵害となります。

©Permaculture Center Japan 2011　Printed in Japan　ISBN978-4-88340-257-1 C0061

〝食・農・環境・社会一般〟の本

創森社　〒162-0805 東京都新宿区矢来町96-4
TEL 03-5228-2270　FAX 03-5228-2410
http://www.soshinsha-pub.com
＊表示の本体価格に消費税が加わります

農福一体のソーシャルファーム	新井利昌 著	A5判160頁1800円
西川綾子の花ぐらし	西川綾子 著	四六判236頁1400円
解読 花壇綱目	青木宏一郎 著	A5判132頁2200円
ブルーベリー栽培事典	玉田孝人 著	A5判384頁2800円
育てて楽しむ スモモ 栽培・利用加工	新谷勝広 著	A5判100頁1400円
育てて楽しむ キウイフルーツ	村上覚ほか 著	A5判132頁1500円
ブドウ品種総図鑑	植原宣紘 編著	A5判216頁2800円
育てて楽しむ レモン 栽培・利用加工	大坪孝之 監修	A5判106頁1400円
未来を耕す農的社会	蔦谷栄一 著	A5判280頁1800円
農の生け花とともに	小宮満子 著	A5判84頁1400円
育てて楽しむ サクランボ 栽培・利用加工	富田晃 著	A5判100頁1400円
炭やき教本～簡単窯から本格窯まで～	恩方一村逸品研究所 編	A5判176頁2000円
九十歳 野菜技術士の軌跡と残照	板木利隆 著	四六判292頁1800円
エコロジー炭暮らし術	炭文化研究所 編	A5判144頁1600円
図解 巣箱のつくり方かけ方	飯田知彦 著	A5判112頁1400円
とっておき手づくり果実酒	大和富美子 著	A5判132頁1300円
分かち合う農業CSA	波夛野豪・唐崎卓也 編著	A5判280頁2200円
虫への祈り―虫塚・社寺巡礼	柏田雄三 著	四六判308頁2000円
新しい小農～その歩み・営み・強み～	小農学会 編著	A5判188頁2000円
とっておき手づくりジャム	池宮理久 著	A5判116頁1300円
無塩の養生食	境野米子 著	A5判120頁1300円
図解 よくわかるナシ栽培	川瀬信三 著	A5判184頁2000円
鉢で育てるブルーベリー	玉田孝人 著	A5判114頁1300円
日本ワインの夜明け～葡萄酒造りを拓く～	仲田道弘 著	A5判232頁2200円
自然農を生きる	沖津一陽 著	A5判248頁2000円
シャインマスカットの栽培技術	山田昌彦 編	A5判226頁2500円
農の同時代史	岸康彦 著	四六判256頁2000円
ブドウ樹の生理と剪定方法	シカバック 著	B5判112頁2600円
食料・農業の深層と針路	鈴木宣弘 著	A5判184頁1800円
医・食・農は微生物が支える	幕内秀夫・姫野祐子 著	A5判164頁1600円
農の明日へ	山下惣一 著	四六判266頁1600円
ブドウの鉢植え栽培	大森直樹 編	A5判100頁1400円
食と農のつれづれ草	岸康彦 著	四六判284頁1800円
半農半X～これまで・これから～	塩見直紀ほか 編	A5判288頁2200円
醸造用ブドウ栽培の手引き	日本ブドウ・ワイン学会 監修	A5判206頁2400円
摘んで野草料理	金田初代 著	A5判132頁1300円
図解 よくわかるモモ栽培	富田晃 著	A5判160頁2000円